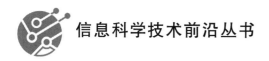

信息科学技术前沿丛书

面向退化机理的雾天图像清晰化方法

付　辉　蒋栋年　李亚洁　龚祈踉　卢延荣　**编著**

U0291045

北京邮电大学出版社
www.buptpress.com

内 容 简 介

　　雾天图像清晰化技术作为机器视觉、视频监测、医学探镜、智能驾驶等现代工业、国防、医学、空间技术相关应用领域或场景中不可或缺的前端处理方法,因此对此展开研究具有显著应用价值。本书根据雾天环境特点,基于雾天环境图像降质的退化模型,将雾天图像场景分为 4 类——均匀轻雾图像、均匀浓雾图像、非均匀或合成雾天图像和特殊场景雾天图像;根据雾天图像分类和图像清晰化技术之间的联系,完成 4 类雾天图像场景的分析,并研究对应的雾天图像清晰化方法。本书希望丰富雾天图像清晰化理论,为实现更可靠的各类去雾应用系统提供科学理论支撑。

图书在版编目(CIP)数据

面向退化机理的雾天图像清晰化方法 / 付辉等编著 . -- 北京:北京邮电大学出版社,2023.10
ISBN 978-7-5635-7042-3

Ⅰ. ①面… Ⅱ. ①付… Ⅲ. ①雾-关系-图像处理-研究 Ⅳ. ①TP391.413

中国国家版本馆 CIP 数据核字(2023)第 189929 号

策划编辑:姚　顺　刘纳新　责任编辑:姚　顺　谢亚茹　责任校对:张会良　封面设计:七星博纳

出版发行:北京邮电大学出版社
社　　址:北京市海淀区西土城路 10 号
邮政编码:100876
发 行 部:电话:010-62282185　传真:010-62283578
E-mail:publish@bupt.edu.cn
经　　销:各地新华书店
印　　刷:保定市中画美凯印刷有限公司
开　　本:787 mm×1 092 mm　1/16
印　　张:20.5
字　　数:548 千字
版　　次:2023 年 10 月第 1 版
印　　次:2023 年 10 月第 1 次印刷

ISBN 978-7-5635-7042-3　　　　　　　　　　　　　　　　　　定　价:88.00 元

前　　言

近年来,伴随工业化经济的快速发展,雾霾现象变得越来越普遍和严重,尤其在秋冬季节。在这样的雾天环境下,由于空气中悬浮颗粒的存在,目标图像常出现细节模糊与失真,给观察者带来麻烦,因此降低雾霾对观测目标的影响以及清晰化处理观测目标已经变得相当必要。然而,单纯提升硬件设施所需要的成本往往很高,这使得不断地优化图像清晰化方法显得更为实用,因此,对降质后的目标图像运用清晰化方法进行处理,对实现目标图像清晰化具有重要的意义和价值。

雾天图像清晰化技术在现代工业、国防、医学、空间技术等领域有着广泛的应用前景。雾天图像清晰化技术在实际应用中很大程度上依赖于现代图像处理与模式识别技术,它们是各自性质不同但又自成体系的研究领域。另外,实际的雾天图像清晰化技术应用具有 2 个目的:一方面是使机器向更高的智能化方向发展,另一方面则是满足人类对生活环境提出的各种不同的需求。本书研究的雾天图像场景可分为 4 类——均匀轻雾图像、均匀浓雾图像、非均匀或合成雾天图像、特殊场景(大天空区域或白色景物干扰)雾天图像,根据这 4 类雾天图像提出 4 种清晰化处理方法。这些方法均是在大气散射模型与暗通道去雾方法的基础上,完成对大气散射模型这个四项三未知量的病态方程的求解。即,对已知的雾天图像凭借有关技术处理,完成大气光值 A 与透射率 $t(x,y)$ 的运算,进而实现观测图像的清晰化还原。本书正是按照这样一种思想而撰写的。本书的一个基本主题是雾天图像分类和图像清晰化技术之间的联系,这也是将其取名为《面向退化机理的雾天图像清晰化方法》的理由之一。

本书是作者在研究雾天图像清晰化算法所取得成果的基础上,广泛阅读国内外相关文献总结而成的。全书共分 6 章,各章内容如下。

第 1 章,重点围绕雾天图像清晰化技术的研究背景、国内外相关技术、雾的形成和光学特性、人眼的成像机理、图像处理技术和相关硬件设备的发展与应用等部分展开。

第 2 章,主要介绍雾天图像清晰化研究基础,重点介绍大气散射物理模型、DCP 去雾技术、雾天图像清晰化的基本技术和雾天图像清晰化效果主客观评价指标。其中,雾天图像清晰化的基本技术主要围绕图像的描述、存储、显示、点运算、代数运算、几何运算、邻域操作、傅里叶变换及其性质、Radon 变换及其逆变换、滤波方法与滤波器设计、二值形态学基本运算以及图像增强与复原类技术展开。

第 3~6 章分别针对均匀轻雾图像存在的模糊图像细节和晕轮效应的问题,均匀浓雾图像存在的细节缺失和噪声过大的问题,非均匀或合成雾天图像存在的图像模糊程度不同的问题,特殊场景雾天图像(存在大天空区域或白色景物干扰的图像)存在的复原图像易产生色偏、色斑和过曝光的问题,分析这 4 类雾天图像场景的特点,采用一系列解决方案完成清晰化处理,并通过相关仿真实验结果验证算法的可行性和有效性,使还原后的图像更加真实、生动和自然。

此外,本书内容虽已给研究生讲授了数遍,而且做了两次重大修改,但尚感不理想,因它涉及的知识面广,编写的难度大,不当之处恳请读者批评指正。本书写作过程中得到了西南科技大学吴斌教授的帮助,我爱人的付出也使得本书能够顺利完成,在此一并表示诚挚的感谢。

付 辉

目　　录

第1章　雾天图像清晰化背景知识·· 1

1.1　雾的形成和光学特性 ·· 1

　1.1.1　雾的形成 ·· 1

　1.1.2　雾的定义与特点 ·· 3

　1.1.3　雾的形成机理 ··· 3

　1.1.4　光在传播过程中的衰减机理 ·· 4

　1.1.5　雾天图像的降质原因与基本特征 ·· 4

　1.1.6　关于雾霾形成的其他观点 ·· 6

1.2　人眼的成像机理 ··· 7

　1.2.1　人眼的构造及功能 ·· 7

　1.2.2　人眼成像的物理原理 ·· 8

　1.2.3　人眼立体成像的原理 ·· 9

1.3　人眼视觉向机器视觉的转化········16 ·· 13

　1.3.1　计算机视觉的基本内容与核心问题 ·· 13

　1.3.2　知识在视觉信息理解中的重要性 ·· 15

1.4　人机交互特点与重要性·· 16

1.5　图像处理的发展与应用·· 18

　1.5.1　数字图像概述··· 18

　1.5.2　图像处理技术内容与相关学科 ·· 19

　1.5.3　图像处理技术的发展现状 ·· 20

1.6　研究雾天图像清晰化的意义 ··· 22

1.7　雾天图像处理硬件设备分析·· 24

　1.7.1　图像采集设备的发展 ·· 25

　1.7.2　图像处理设备的发展 ·· 28

　1.7.3　图像输出设备 ··· 44

1.8　图像处理技术的应用及发展·· 50

　1.8.1　数字图像处理发展概况 ··· 50

　1.8.2　数字图像处理主要研究的内容 ·· 51

　1.8.3　数字图像处理的基本特点 ·· 52

　1.8.4　数字图像处理的优点 ·· 53

    1.8.5　数字图像处理的应用 ……………………………………………… 53

  1.9　研究现状 ………………………………………………………………… 55

    1.9.1　传统的去雾算法分类 ……………………………………………… 55

    1.9.2　本书的分类方式 …………………………………………………… 58

  本章参考文献 ………………………………………………………………… 61

第 2 章　雾天图像清晰化研究基础 …………………………………………… 76

  2.1　大气散射物理模型 ……………………………………………………… 76

    2.1.1　光的衰减模型 ……………………………………………………… 78

    2.1.2　自然光线的成像模型 ……………………………………………… 78

    2.1.3　环境光模型 ………………………………………………………… 79

  2.2　DCP 去雾 ………………………………………………………………… 79

    2.2.1　DCP 去雾机理 ……………………………………………………… 79

    2.2.2　DCP 去雾技术 ……………………………………………………… 81

  2.3　雾天图像清晰化的基本技术 …………………………………………… 84

    2.3.1　图像的描述 ………………………………………………………… 84

    2.3.2　图像的存储 ………………………………………………………… 86

    2.3.3　图像显示 …………………………………………………………… 90

    2.3.4　图像的点运算 ……………………………………………………… 98

    2.3.5　图像的代数运算 …………………………………………………… 104

    2.3.6　图像的几何运算 …………………………………………………… 109

    2.3.7　图像的邻域操作 …………………………………………………… 115

    2.3.8　傅里叶变换及其性质 ……………………………………………… 119

    2.3.9　Radon 变换及其逆变换 …………………………………………… 127

    2.3.10　滤波方法与滤波器设计 ………………………………………… 129

    2.3.11　二值形态学基本运算 …………………………………………… 136

    2.3.12　图像增强与复原类技术 ………………………………………… 143

  2.4　雾天图像清晰化效果主客观评价指标 ………………………………… 151

    2.4.1　雾天图像清晰化效果主观评价指标 ……………………………… 151

    2.4.2　雾天图像清晰化效果客观评价指标 ……………………………… 152

  本章参考文献 ………………………………………………………………… 156

第 3 章　针对均匀轻雾的雾天图像清晰化方法 ……………………………… 163

  3.1　快速双线性最小二乘去雾方法 ………………………………………… 163

  3.2　基于回归模型的单幅图像快速去雾方法 ……………………………… 171

  3.3　环境光模型暗通道快速去雾处理 ……………………………………… 177

  3.4　基于视觉效果提升的去雾方法 ………………………………………… 182

  本章参考文献 ………………………………………………………………… 185

第4章　针对均匀浓雾的雾天图像清晰化方法 ································· 195

4.1　基于大气光特性的自适应维纳滤波去雾方法 ··············· 195

4.2　基于大气光幂雾图清晰度复原方法 ························· 204

4.3　基于细节还原的雾天图像清晰化方法 ······················ 211

4.4　自适应维纳滤波的二叉树分解单帧图像去雾方法 ············· 217

本章参考文献 ··· 222

第5章　针对非均匀或合成雾天图像的清晰化方法 ····················· 232

5.1　基于多特征双向深度卷积网络的去雾方法 ·················· 232

5.2　基于深度神经网络的交错残差连接和半监督由粗到细图像去雾方法 ··· 245

5.3　基于深度学习模型的域随机化图像去雾方法 ················ 247

5.4　端到端密集残差扩张型去雾网络 ··························· 250

5.5　DeeptransMap:基于深度透射估计网络的图像去雾方法 ········· 254

本章参考文献 ··· 258

第6章　针对特殊场景雾天图像的清晰化方法 ························ 271

6.1　基于精准搜索的各向异性型高斯滤波去雾方法 ·············· 271

6.2　基于天空区域阈值分割的去雾方法 ························· 280

6.3　基于视觉感知的快速雾天图像清晰度复原方法 ·············· 285

6.4　基于暗原色先验的改进图像去雾方法 ······················ 293

6.5　基于雾气深度的图像去雾方法 ···························· 297

6.6　基于图像分割的去雾方法 ································· 304

本章参考文献 ··· 309

第1章

雾天图像清晰化背景知识

生活在当今社会,现代化大型工业迅猛发展,随之而来的环境问题,特别是大气污染,已成为人类难以回避的全球性问题[1]。排向天空的胶体状颗粒,经过光线的散射和吸收引发雾霾现象。此现象的出现对于监控(室外场景中侦查犯罪动态、车流量状况监控等)、检测(工业区日常检测、特殊要求生产检测等)、观测(汽车在雾霾状态下的行驶观测和天文爱好者对天际的探索等)都有诸多不利。

雾天图像清晰化技术通过对相应图像进行处理来减弱雾气对图像的影响,从而提升图像的可视化效果和清晰度,该方法属于计算机技术的处理进程,为后续完成目标追踪、识别、辨析和理解等处理过程打下基础;尽管雾天图像清晰化技术的研究起步较晚,但其现已成为诸多领域的研究热点。实际的去雾清晰化处理中,主要针对采集到的雾霾图像做清晰化处理,而采集图像的过程,也会存在诸多影响因素。例如,所应用的采集图像的器材质量、使用器材的方式、拍摄场景当时的光线强度,以及场景中图像信号的干扰等都能造成图像的降质[2]。此外,图像信号在传输的过程中以及图像编码被压缩和转码时,待处理的图像会受到更为严重的降质。因而,对雾天状态下的降质图像做清晰化处理是必要而且实用的[3-5]。

通过去雾清晰化技术对前端获取的图像进行处理,将最大程度地消除雾霾对图像的影响,进而提高后续处理环节的处理质量和效果,最终实现好的用户体验。

1.1 雾的形成和光学特性

1.1.1 雾的形成

伴随工业化经济的快速发展,雾霾成为非常常见的天气状况[6-11],据我国环保局的数据统计,全国部分区域的雾霾时长已超过半年。若空气中含水量达到饱和程度,则出现大雾气象,而霾主要由悬浮在气体中的颗粒物所构成[12-14],雾与霾两者都是影响视线的障碍物[15]。通过对大气介质的主要组成成分的研究可知,气体分子非常小,其消光性能不佳[16];水蒸气分子比较大,能够对可见光进行遮蔽;而气溶胶成为悬浮在空气中的颗粒物质,其大小介于气体分子与水蒸气粒子之间[17,18]。由于气溶胶属于吸湿性的颗粒,在水蒸气凝结的过程中可起到凝结核心的作用,其大小和该环境中的相对湿度、水蒸气含量和微粒间互相碰撞而产生的聚集状态等因素相关[19]。

去雾清晰化算法不是单方面的图像处理学知识,它还融合了物理学原理,是多学科的交叉叠加。由 McCartney 观测和统计得出的微粒大小与气象条件之间的关系,户外拍摄条件对于图像的影响可分为以下几类:雾气、微尘、雨天[20]。表 1-1 表述了天空中悬浮微粒与气象状况间的关系[21,22]。

表 1-1　天空中的悬浮颗粒与气象状况间的关系

气象状况	颗粒类型	颗粒半径/μm	颗粒浓度/cm^{-3}
晴天	气体分子	10^{-4}	10^{18}
霾	胶体颗粒	$(10^{-4}\sim1)$	$(10\sim10^{3})$
雾	小水滴	$(1\sim10^{2})$	$(10\sim10^{2})$
雨	水滴	$(10^{2}\sim10^{4})$	$(10^{-6}\sim10^{-2})$

从气象学的角度而言,雾与霾的重要差别在于湿度,两者可通过湿度互相转换[23]。雾对光线的影响程度更大,而霾的能见度更低[24]。

国内外科研工作者经过对大气光学[25]的研究,得出结论:在良好的气象环境下,大气环境中的各类成分均不会对景物反射的光线带来成像过程的影响;而在雾天环境下,光线在从景物到接收设备的传输过程中,会与大气环境中的气溶胶微粒产生相互作用,使光能量在空间中按照相应的规律重新排布[26]。大气微粒和光线的相互影响有 3 种模式:散射、吸收与辐射[8]。其中,吸收与辐射对雾天成像过程影响微弱,而散射过程对空间中悬浮颗粒的影响会导致可见光波段下图像降质的现象[27-29]。若从能量的层面解析,散射可被视为光线在空气中的传播进程;而光线所包含的能量和气体分子及气溶胶间的互相作用,使得入射光线的能量按照一定的规则在各个角度重新分布,从而导致光的色度与强度等性状的改变。由于散射的原理与属性均很复杂,空气中的传播介质微粒与入射光的特性均会对散射产生影响,不同天气情况下空气粒子的构成与排布状况存在不同,使得散射对光存在不同程度的影响。

近年来,PM2.5 逐渐受到大众的关注,它是空气质量差、雾霾天频繁出现的原因。对于雾天环境下捕获的图像[30],由于浑浊介质对光的吸收、衰减与散射产生的影响,"透射光"程度衰减,光学传感装置获得的光强发生改变,因而图像对比度减弱、动态范围缩减、细节数据弱化、各类特征被覆盖和数据辨识度降低等问题出现[31-33];此外,所获得的图像色彩保真度降低,产生严重的色彩偏移和失真情况[34],从而很难呈现令人满意的视觉效果。

散射对雾霾的形成有着重要的影响。阳光的散射使得天空中处处弥漫着散射光线,这是天空颜色变化的主要原因[35]。散射主要由散射介质的电极化性质引起,即入射光线的电场使得介质微粒随着电场振荡频率的变化而震动。如清晨和傍晚,当阳光穿越大气层时,由于部分蓝光被散射,人眼可以捕获到很多透射能力很强的红色光线和橙色光线[36]。

雾霾环境下捕获的图像的失真状态与光线的衰减有紧密的关系[37,38]。图 1-1 表示光线衰减的几何模型:将光路模拟为圆柱体,y 表示观测地点与场景点间的距离,dy 表示单位距离。从景物表面反射出的光线在进入传感设备前被悬浮微粒的散射影响,使得原先沿直线传输的光线发生路径偏离,很难全部进到成像装置中,使得光线能量衰减;由散射产生的衰减越强烈,进入成像传感装置的入射光线就越少,从而形成光的衰减[39]。

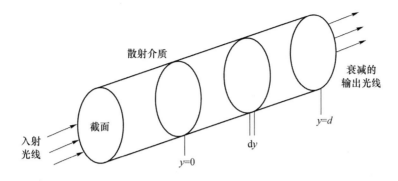

图 1-1　光线衰减的几何模型

1.1.2　雾的定义与特点

雾是一种常见的天气现象,依据美国气象学和国际气象组织给出的定义,雾由大量小水滴或小冰晶构成,其悬浮在地面附近的大气中,是能见度低于 1 km 的自然现象[40]。浓雾的实质为悬浮在大气中的微小颗粒形成的气溶胶,其颜色通常为乳白色,也可被视为近地云[41]。薄雾指悬浮在空气中的微小颗粒,是空气湿度比较大时所构成的微小水粒,在视觉上展现为灰蒙蒙的状态。薄雾实际上是细小的吸湿小水珠,其大小在气体分子和雾滴之间,当薄雾出现时能见度变高,将能见度为 1～10 km 的薄雾称为轻雾,轻雾大多呈现灰白色。

悬浮颗粒的种类不同,形成悬浮颗粒的原因、过程和其物理与化学特质也存在差别[42]。目前,依据能见度可将雾划分为轻雾、雾、大雾和浓雾[43-45]。薄雾常在早晚间出现,能见度在 1～10 km 之间;雾的能见度小于 1 km;大雾的能见度在 0.2～1 km 之间;浓雾的能见度小于 0.2 km。本书只讨论轻雾和浓雾情况,将能见度小于 0.2 km 的雾天图像定义为浓雾图像,将能见度大于 0.2 km 的雾天图像定义为轻雾图像。此外,常规拍摄所获取的雾天图像可视为雾霾分布均匀情况下的图像,而短时间内工业大量排泄废气或采用无人机倾斜航拍及云下飞行航拍所捕获的雾天图像,可视为雾霾分布非均匀情况下的图像。本书研究的雾天图像场景为四类,即均匀轻雾图像、均匀浓雾图像、非均匀或合成雾天图像、大天空区域或白色景物干扰的(特殊场景)图像[46]。

1.1.3　雾的形成机理

雾的形成主要有 3 个方面的气象条件[47]:

(1) 风力不够强,使得天空中悬浮的大气颗粒很难快速被扩散或稀释;

(2) 空气湿度比较大,并达到或超出水蒸气的凝结阈值;

(3) 若夜晚天空较为晴朗,为便于地面温度散出,则原先湿度较高的气体逐步饱和并且凝结。

通过生产和生活排放的废气也是雾形成的诱因之一[48]。在北方的冬日,城市供暖需要燃烧煤炭,会释放大量的废气与尘埃到天空中[49]。此外,随着工业生产规模的扩大和汽车数量的增多,排放的废气给环境带来巨大的压力;而这些工业废气中的反应性气体污染物会在空气湿度较大时,迅速转变为液态颗粒物,导致雾天环境进一步恶化[50]。

1.1.4 光在传播过程中的衰减机理

可见光的光波在传输介质中进行传播时,能量的衰减机制有两种[52]:其一为吸收作用;其二为散射作用。从物理角度看,吸收作用主要指光波在传输介质中进行传播时,其部分能量会被传输介质吸收转化为其他形式的能量;而散射作用主要指光波在传输介质中进行传播时,传输路径分布不均匀使得传输方向发生转变[53]。图 1-2 所示为入射光线被散射和吸收的示意图,其中,图 1-2(a)表示入射光线被散射的情况,图 1-2(b)表示入射光线被吸收的情况。

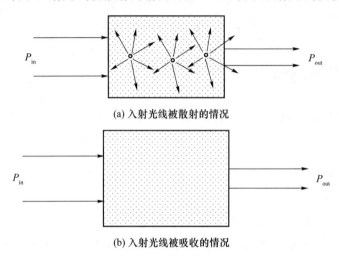

(a) 入射光线被散射的情况

(b) 入射光线被吸收的情况

图 1-2　入射光线被散射和吸收的示意图

雾天环境中的悬浮颗粒会使光线在传输时被散射和吸收,使成像装备所捕获到的图像出现整体效果模糊、泛白、对比度变低、图像细节数据损失严重的情况,不利于图像的后续处理。

1.1.5 雾天图像的降质原因与基本特征

伴随科技的进步,人类进入了被信息包围的时代,而信息获取的途径是纷繁复杂的。人类作为信息的接收方,通过视觉、听觉、嗅觉、味觉和触觉五种感官接受信息[54],其中视觉信息占据了信息获取量的 80%,听觉信息占据了 10%,其余三觉信息占据了 10%。视觉获取的信息来源于图像,无论是单幅图像还是视频(由连续的图像在视觉暂留效应下产生)。图像融合了大量的数据,传输速度快,可远距离传输。

进入新世纪,生产生活的每个角度都与图像相关,而计算机视觉给人类的生活带来了不可估量的方便与快感。从大量图像信息中选取有利数据以及对图像数据进行处理是必要的,相关技术称为图像处理技术,是计算机视觉的关键技术。在这样的大背景下,图像处理技术应运而生,已被应用在经济、军事、文化、政治等各个领域,并在当前的主流科技中占领了重要地位,如智能交互系统,智慧城市,户外监控系统等。

在现实生活中,由于天气的突变,雾霾污染日益加剧,再加上采集图像设备落后,采集图像的距离远以及采集者的技术水平不足等,会造成图片质量发生某种类型的降低[55]。提高降质图像的清晰度是后续技术处理和辨识的关键,各种各样的行业、科别和项目的监控系统需要清晰可见的图像,高端技术的前端处理需要清晰可见的图像,艺术、摄影爱好者也需要清晰可见的图像。因而,去雾清晰化处理算法具有极其重要的地位和意义。本书针对去雾清晰化算法给出了具体而实用的处理策略,该算法在提高图像清晰度的前提下,具备高效的处理速度。

1. 雾天图像的降质原因

雾天环境中,大气微粒使光线从景物表面传输到相机的进程中发生散射与吸收的现象,这是因为光的衰减伴随景深的增加呈指数形式衰减,导致传感器处的光强产生不均匀变化,进而出现图像灰度值的改变[55]。具体来说,衰减现象的产生是由于光强变化不均匀,使得图像灰度值发生变化,进而带来的影响有:图像细节模糊不清、动态范围减小、清晰度下降、对比度降低、图像细节数据丢失、场景图像可辨识度降低等[56-58]。其中,大气散射引发图像降质的原因有:

(1)在雾天环境下,空气中气溶胶微粒对光线存在散射效应,使得场景反射的入射光线在与大气微粒的交互进程中能量衰减[59],进而使获取的图像对比度降低。此外,由于周边环境中杂质微粒的影响,光线被散射后进入硬件系统设备,因此所成的图像的饱和度与分辨率降低。

(2)大气中所存在的气溶胶微粒本身就是一类干扰信号,其自身的非线性特征会使得图像的细节数据被掩盖,边缘与轮廓不明确。

(3)在浓雾环境中,参与成像的光线在单次反射时可能产生多重散射的状况,当各类散射部分叠加时,就会导致图像的模糊。

(4)在雾天环境中,云层的遮挡使场景的光线亮度减弱,导致所获得的图像亮度减弱。

(5)在雾天环境中,大气中的光偏离原先的传播路径而进入传感器中与目标景物的反射光线共同成像。成像装置离观测物越远,越容易引起图像颜色的偏离,使图像整体呈现灰白色。由于散射作用的存在,波长干扰也会导致降质图像颜色的偏离。

综上,雾天环境下获得的图像出现降质现象的原因是大气微粒的散射效应,因而通过研究大气散射模型下的清晰化方法具有重要的意义和价值[60]。

2. 雾天降质图像的基本特征

1)雾天降质图像空域特征

雾天环境中获取的图像比无雾环境中获取的图像降质的程度更严重,这是光的强烈散射导致的。从大气散射模型的研究可知,由于光散射的影响,景物发出的反射光线往往会被其他景物的散射光线影响,使得传感装置获得的图像出现细节模糊等问题。此外,大气光线受到雾霾的影响,使得图像亮度比实际情况偏亮,若图像被浓雾影响则会色彩泛白,这是因为浓雾环境中的微粒对不同波长可见光的散射影响一样,因此降质图像整体偏白[61]。

景物和传感设备间距越大,反射光线被雾气影响的程度越大,结构和纹理数据损失越多,图像模糊程度越大、复原难度越大等。此外,雾天环境中的自光源强度也会影响图像的质量,并在图像周边产生渐变光晕,使得景物颜色相互作用,很难复原[62]。

2)雾天降质图像频域特征

从频域角度完成图像结构解析主要是通过获得图像的频域信息来实现的。其中,图像的低频数据往往表示色彩的亮度级,中频数据表示图像中的架构,高频数据则表示图像中的细小边缘与细节数据,通过不断完善这三类数据可进一步优化图像效果[63]。雾气的浓度越高,雾天环境下获取的图像比无雾环境下获取的图像所包含的高频数据越少;而高频数据缺失越多,雾天图像模糊度越高,细节丢失越严重[64]。因此,在评价算法优劣时,可将图像中增加的细节信息作为评价指标。

1.1.6　关于雾霾形成的其他观点

除了 1.1.3 节中提到的雾的形成机理,也有一些关于雾霾形成的观点,尚未得到主流学术界的一致认可。

1. 无线传播是雾霾形成的原因之一

一种观点是,无线传播是雾霾颗粒悬浮的支撑者之一。我们知道,无线传播是电磁波粒子在空间各个方向运动的结果,而雾霾发生在人口密度较大的城市,二者之间可能存在必然联系。在人口密集的大城市,电磁波发生器较多、功率较大,再加上几乎每人都有手机——小型的电磁波发射器[66],这样必然会形成密集、较强的电磁波网。由于电磁波是运动的,有推动粒子运动的功能,还有托起粒子的功能,因此这个电磁波网能在冷空气活动偏弱、风速小、形成稳定大气的情况下托起形成雾霾的颗粒,从而形成雾霾。在远离人口密集的大城市的地区,这个电磁波网的密度、强度减弱,不足以托起形成雾霾的颗粒,便不容易形成雾霾。就像电荷形成的电场一样,远离电荷中心的位置电场强度较弱、作用力弱[66]。

PM2.5(细颗粒物)是雾霾成分之一,并且是危害人类健康的主要成分。细颗粒物一般来说密度大于空气,是下沉的,并且颗粒越小其密度越大(大颗粒是由小颗粒组合而成的),因此比 PM2.5 小的颗粒更不应该悬浮在空气中。是什么原因使 PM2.5 及比 PM2.5 小的颗粒悬浮在空中呢?无线传播是原因之一[67]。诚然,雾霾的形成和空气的湿度、空气的流动性等有关,但是和无线传播息息相关。

空气的湿度一般来说是由水蒸气造成的,而水蒸气的密度是小于空气的密度的,晴天的大气压高于阴天的大气压可以从侧面说明这一客观事实[68],所以水蒸气的运动是向上的。只有水蒸气液化成的小液滴的运动是向下的。由此可以得出:空气的湿度对雾霾的形成的影响是双重的,当影响空气湿度的是水蒸气时,水蒸气的作用是托起形成雾霾的颗粒,当影响空气湿度的是小液滴时,小液滴使形成雾霾的颗粒下沉。这样,夜间和白天的雾霾应该有明显的不同,然而事实并非如此[69]。雾霾经常出现在人口密集的大、中城市,在城市周边减弱是客观事实。空气的流动使雾霾消失,这是流动到人口稀疏、无线传播强度弱的地方雾霾颗粒下落的结果,所以人们猜测雾霾极可能是无线电波托起的,即向上运动着的电磁波"托"住了雾霾颗粒[70]。

再来分析一个事实——雾霾的形成一般都在夜间或清晨,固然清晨、夜间有雾霾形成的独特条件,但是不能否认,夜间、清晨太阳光线弱,即光压对雾霾颗粒作用弱,当太阳在中午仍然不能下压雾霾颗粒时,雾霾就可能持续较长的时间。通过观察发现,中午的雾霾程度比早上、晚上轻一些[71]。光是电磁波,也就是说,电磁波能影响雾霾的形成。雾霾形成之后,驱散雾霾的自然条件为刮风、下雨、下雪、光照(光压的作用)。刮风对电磁波粒子的运动状态影响不大,但是对雾霾颗粒的影响较大,它能改变雾霾粒子原来几乎竖直运动的状态,从而驱散雾霾;下雨、下雪对电磁波粒子的运动状态影响也不大,但是由于小液滴、小冰晶能增大雾霾颗粒的质量,使电磁波粒子的"能力"不足以托起雾霾颗粒,从而使雾霾消失;光照给雾霾粒子的压力能抵消人为电磁波粒子(无线传播)对雾霾粒子的向上的托力,从而使雾霾消失[72-74]。

由上述分析可知,雾霾是科技进步带来的一个负面影响,无线传播可能是雾霾形成的原因之一[75]。应用科技造福人类的同时,也应该考虑科技带来的负面影响。

2. 地球气温变化是雾霾形成的另一原因

同样的道理,即类比推理,太阳的辐射使太阳的质量、半径减小,而密度增大。恒星最后变成中子星的客观事实——中子星的质量、体积虽然没有原恒星的大,但是密度很大——是自然规律对此观点的佐证[76]。也就是说,太阳对地球气温的影响随夏季向冬季的推移在逐渐减弱,这一过程影响显著的是高空气温,表现为从夏季到冬季,地球的平均气温在降低,低空气温在升高。在垂直方向,热空气总是向上流动的,热气球是很好的例证。而在冬春、春夏、秋冬交替的时节之内,温度适宜时(冷、热空气交流波动较大、空气湿度也较大),热空气向上流动,在流动的过程中,向上"托"住雾霾颗粒停在上空或带动雾霾颗粒向上运动而形成雾霾。

总之,雾霾是空气中各类悬浮颗粒形成的混合体系。悬浮颗粒能够在一定程度的空气湿度下迅速完成转变,变换为类似于悬浮微粒包被水汽的大颗粒,从而形成雾霾[77]。而雾霾往往会导致图像的视觉效果变差,给观测者的可视化图像带来坏的影响。为便于描述,本书将雾和霾统称为"雾"。

1.2 人眼的成像机理

1.2.1 人眼的构造及功能

人的眼睛是一个近似球状体,前后直径约为 23~24 mm,横向直径约为 20 mm,通常称为眼球。眼球是由屈光系统和感光系统两部分构成的,如图 1-3 所示。

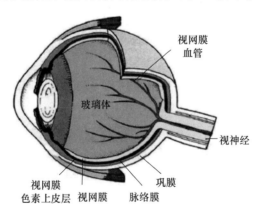

图 1-3 人眼的构造及其功能

(1)眼球壁。眼球壁由三层质地不同的膜组成。

① 角膜和巩膜。眼球壁的最外层是角膜和巩膜。角膜在眼球的正前方,约占整个眼球壁面积的 1/6,是一层厚约 1 mm 的透明薄膜,折射率约为 1.336。角膜的作用是将进入眼球的光线进行聚焦,即折射并集中进入眼球的光线。巩膜是最外层中、后部色白而坚韧的膜层,约占整个眼球壁面积的 5/6,厚度约 0.4~1.1 mm,也就是"眼白",它的作用是保护眼球[78]。

② 虹膜、睫状体和脉络膜。虹膜、睫状体和脉络膜组成了眼球壁的中层。虹膜是位于角

膜后方的环状膜层,它将角膜和晶状体之间的空隙分成两部分,即眼前房和眼后房。虹膜的内缘为瞳孔,它如同照相机镜头上的光圈,可以自动控制入射光量。虹膜可以收缩和伸展,使瞳孔在光弱时放大,光强时缩小,使其直径在 2 mm～8 mm 范围内变化[79]。睫状体在巩膜和角膜交界处的后方,由脉络膜增厚形成,内含平滑肌,功能是支持晶状体的位置,调节晶状体的凸度(曲率)。脉络膜的范围最广,紧贴巩膜的内侧,厚约 0.4 mm,含有丰富黑色素细胞。它如同照相机的暗箱,可以吸收眼球内的杂散光线,保证光线只从瞳孔射入眼睛,以形成清晰的影像[80]。

(2) 眼球内容物。眼球的屈光系统除了角膜还包括眼球内容物(晶体、房水和玻璃体),它们的一个共同特点是透明,可以使光线畅通无阻[81]。

① 晶体,又名水晶体或晶状体,是有弹性的透明体,位于虹膜和玻璃体之间,通过悬韧带和睫状体连接。性质如双凸透镜,作用如同照相机的镜头。它能够由周围肌肉组织调节厚薄,根据景物的远近自动拉扁减薄或缩圆增厚,对角膜聚焦后的光线进行更精细的调节,保证外界景物的影像恰好聚焦在视网膜上[81]。在未调节的状态下,它前面的曲率半径大于后面的曲率半径,折射率从外层到内层约为 1.386～1.437。

② 房水。角膜与晶体之间充满了透明的液体——房水,它是水样透明液体,折射率为 1.336。房水由睫状体产生,充满眼前房(角膜和虹膜之间)和眼后房(虹膜和晶体之间)。它的功能是保证角膜和晶体无血管组织的新陈代谢,维持眼睛的内压[82]。

③ 玻璃体。晶体的后面是透明的胶状液体——玻璃体,内含星形细胞,外面包以致密的纤维层。它的折射率约为 1.336。角膜、虹膜、房水、晶体和玻璃体等结构共同组成了一个接收光线的精密光学系统[83]。

(3) 视网膜。视网膜是一层极薄的但又非常复杂的结构,它贴于眼球的后壁,传递来自视网膜感受器的神经信号,经由视神经到达大脑。视网膜的分辨能力是不均匀的,黄斑区的分辨能力最强[84]。视网膜包含三层[85]:第一层是视细胞层,用于感光,它包括锥细胞和柱细胞;第二层叫双节细胞层,约有 10 到数百个视细胞通过双节细胞与一个神经节细胞相联系,负责联络作用;第三层叫节细胞层,专管传导。从光学观点出发,视网膜是眼光学系统的成像屏幕,它是一凹形的球面。视网膜的凹形弯曲有两个优点:① 眼光学系统形成的像有凹形弯曲,所以弯曲的视网膜作为像屏具有适应的效果;② 弯曲的视网膜具有更广宽的视野[86]。视网膜上既有锥体细胞,又有杆体细胞①。

1.2.2　人眼成像的物理原理

人的眼睛就像一个照相机。来自外界的光线,经过角膜以及水晶体的折射,成像在视网膜上。景物上每一点的光线进入眼球以后会聚到视网膜的不同点上,这些点在视网膜上形成左右换位、上下倒置的影像。但是人感觉到的景物由于"心理回倒",看到的并不是倒像,而是自

---

　　① 杆体细胞大约有一亿二千万个,均匀地分布在整个视网膜上,其形状细长,可以接受微弱光线的刺激,分辨景物的形状和运动,但是不能够分辨景物的颜色和形状[87]。由于杆体细胞对光线极为敏感,因此能够在月光下,甚至星光下也能够观察到景物的存在。锥体细胞分布在视网膜的中央窝内,其密度由中间向四周逐渐降低,到达锯齿缘处完全消失。锥体细胞在解剖学中呈锥形,是人眼颜色视觉的神经末梢,与视神经一对一的连接,便于在光亮的条件下精细地接受外界的刺激,所以锥体细胞能够分辨景物的颜色和细节。大约 700 万个锥体细胞密集在 2°视场内,超出 2°视场,则既有锥体细胞也有杆体细胞。所以在要求高清晰度、高分辨力的场合,应该采用 2°视场,使像直对视轴,而其影像恰好聚焦在中央窝内[88]。

然状态的正立的影像[89]。

"心理回倒"是一个被证明了的心理自行调节问题。心理学家斯托顿做过一个实验,用两片聚焦很短的凸透镜装在一根管子的两端,做成一个小型的室内望远镜,装在的右眼上,使旁边不漏光,并且将左眼遮蔽起来。通过右眼上的望远镜来观察景物,因为望远镜所成的像是倒立的,所以在视网膜上形成的像与景物相同,是正立的。但是大脑的感觉则与平常相反,一切景物看起来都是倒立的。在开始实验的时候,他很不习惯这种情形,视觉与触觉、动觉之间经常是矛盾的,用手触摸景物,在空间上行动都发生了困难,想拿上面的景物,手却伸到下面,想取右边的景物,手却伸到了左边,"觉得自己的手不听指挥"。虽然对这种混乱现象很不习惯,但是他还是耐心地坚持锻炼下去,三天后,混乱的现象消除了一些,到了第八天,混乱的现象完全消失,视觉与触觉动作非常协调,行动自如,适应这些新的空间关系了。要取什么地方的东西,就会把手伸到那里,看景物的感觉也和平常一样。

人们用眼睛观察不同距离的景物时,要在视网膜上形成清晰的图像,必须靠眼睛的水晶体的调节作用来实现。水晶体是透明的,形状像两个凸透镜,是扁圆形、中间厚、边缘薄、富有弹性的固体。根据注视景物距离的远近,水晶体前面的曲率半径能够自动精细调节,以达到形成清晰图像的目的。

对于视觉正常的人,当眼睛处于没有调节的自然状态时,"无限远"的景物正好成像在视网膜上,即眼睛的像方焦面正好与视网膜重合;当观察近距离景物时,水晶体周围的肌肉向内收缩,使水晶体的表面半径变小,这时眼睛的焦距缩短,后焦距由视网膜向前移从而形成清晰的影像。一般人的眼睛能够从"无限远"到 250 mm 的范围进行调节。但是眼睛的调节能力会随着人的年龄的变化而变化,年龄越大,肌肉的调节性能越弱,因而能够看清的景物的最短距离也就越大,即"老花"。在适当的照度下,正常人看到眼前 250 mm 距离的景物是不费力的,而且很清楚,这个距离称为明视距离。明视距离内景物大小、现状及颜色的感觉和知觉,即形成了视觉[90]。

1.2.3 人眼立体成像的原理

人眼通过心理知觉和生理知觉产生三维视觉。根据三维视觉信息的多少,现有的显示设备可以分为 4 级。第 1 级是传统的 2D 显示,仿射、遮蔽、光影、纹理、视觉蕴涵这几个方面的先验知识都是心理知觉线索,能够"欺骗"大脑产生的伪影 3D 视觉。第 2 级是 3D 电影,它可以提供一些生理的视觉信息(双目视差),但缺乏移动视差和焦距模糊。第 3 级是虚拟现实(Virtual Reality, VR)科技,它有更多的生理的视觉信息,可以同时提供双目视差和移动视差,但仍然缺乏对焦模糊。第 4 级是光场显示,可以提供所有的心理和生理的视觉信息,可以在视觉上再现真实世界。

1. 心理知觉

众所周知,人眼能够感知距离和深度信息的一个重要方面是因为人类有两只眼睛,所以该能力可以通过双眼视差来判断景物的深度。然而,双眼视差并不是感知三维世界的唯一方式。人眼对三维环境的感知可分为心理知觉和生理知觉。心理知觉主要是通过仿射、遮蔽、光影、纹理、视觉蕴涵这五个方面的先验知识,"欺骗"大脑感知三维信息。

人眼知觉深度的心理感知信息包括如下 5 种。

(1) 仿射:直观感觉是"近而远",随着景物与人眼之间距离的减小,景物在人眼中的形象逐渐增大。

（2）遮蔽：较近的景物挡住较远的景物，遮蔽景物之间的相对关系可以通过它们之间的关系来判断。

（3）光影：不同方向的光线在景物表面产生阴影，通过判断阴影图案可以推断出景物的三维形状。

（4）纹理：通过有规律的重复运动/静态特征分布产生立体视觉。

（5）视觉蕴涵：人类在观看大量景物后，会总结出一些基本的经验，例如，空中的飞机和风筝都很小，但飞机比风筝离人眼更远。

2. 生理知觉

以上五种心理知觉上的三维视觉都可以通过平面媒介呈现出来，如手机屏幕、电视屏幕、画布等。然而，立体视觉的生理知觉需要对人眼进行特殊的视觉刺激，无法得到二维平面介质的呈现。立体视觉的生理知觉主要包括双目视差（Binocular parallax）、移动视差（motion parallax）、对焦模糊（调节），具体描述如下。

（1）双目视差：同一景物的左右差。观察到的景物越近，视差就越大。观察到的景物越远，视差就越小。为了避免左右眼视差引起的鬼影，人眼会动态调整视线的收敛方向。当看满天的星星时，眼睛的视线几乎是平行的；当看鼻尖时，眼睛的视线会在鼻尖相交，通过眼睛的收敛角度可以判断景物的距离。因此，双目视差的感知必须依靠双眼的配合。

（2）移动视差：调节与感知深度即当远近景物在空间中移动时，人眼中的位移会不同。当发生相同的空间运动时，距离较远的景物引起人眼的位移较小，距离较近的景物引起人眼的位移较大。例如，当在行驶的汽车上向窗外看时，附近的树总是向后移动得很快，远处的山移动得很慢。与双目视差不同，移动视差可以用一只眼睛感知。例如，鸽子虽然有眼睛，但两只眼睛都在头的两侧，两只眼睛的视野并不重合，因此，鸽子不能依靠双目视差来感知深度，而是主要依靠移动视差来判断景物之间的距离，完成着陆和啄食。

（3）对焦模糊（调节）：根据运动视差与显示景深的关系，人眼的睫状肌用于实现相机镜头的聚焦功能，使对焦平面上的景物能够清晰成像，非对焦平面上的景物的图像是模糊的。当睫状肌绷紧时，人眼聚焦于近处的平面。当睫状肌放松时，人眼聚焦于远处的平面。焦点模糊可以被一只眼睛感知。当竖起大拇指，用一只眼睛观察拇指上的纹理时，门口的盆栽和墙上的油画就变得模糊了。当试图用一只眼睛看清一盆植物或一幅油画时，拇指是模糊的。根据睫状肌屈伸的程度和相应的焦点模糊反馈，视觉系统可以判断景物的相对距离。

3. 如何满足人眼的视觉要求

1）传统显示器

从黑白到彩色，从 CRT 到 LCD/OLED，从 720p 到 4K，显示设备的色彩还原和分辨率都在不断提高，但始终没有显示出尺寸的突破[91]。根据 7D 全光功能的描述，当前 2D 显示屏可在 (x, y) 位置显示不同像素点。但每个像素都处于一个可视角度（一般来说是 120°），可视角度范围内朝不同方向发出的光几乎相同（或同一方向）。因此，2D 显示器只能提供各向同性光，不能显示光的方向 (θ, Φ)。换一种说法，传统显示器只能显示 (x, y, λ, t) 四个维度的信息，并可以提供仿射、遮蔽、光影、纹理、视觉蕴含这五种心理知觉信息，但对于双目视差、移动视差、对焦模糊三个方面的生理知觉是无能为力的。第一，左右眼从显示器接收到完全相同的图像，没有双目视差。第二，当人眼在屏幕前左右移动时，显示屏上显示的内容会产生相同的位移,没有办法提供移动视差。第三,显示屏上所有像素的实际发光位置与人眼之间的距离是相同的,不会引起睫状肌的屈曲和拉伸,因此显示器不提供动态聚焦。

2) 3D 电影

3D 电影除了提供传统显示屏的心理知觉信息外,还可以提供双目视差等生理知觉信息,实际上就是运用了人眼的生理感知能力。通过一副立体眼镜,左右眼分别观察到有轻微偏差的两个图像(取下立体眼镜后,直视大屏幕,会看到两个重叠的图像),即让人眼感知到双目视差,然后让大脑融合左右眼图像产生三维信息。立体眼镜的工作原理包括分束式、偏光式、快门式三种,这里就不多说了。然而,3D 电影只提供了一种双目视差的生理视觉信息,并没有提供移动视差和对焦模糊。例如,如果是现场表演,左边的观众应该看到演员的右脸;右边的观众应该看到演员的左脸。然而,在 3D 电影中,左边和右边的观众看到的是演员的同一面,即观众戴着立体眼镜跑到电影院的任何一个地方,看到的仍然是同一个画面。换一种说法,3D 电影由于观看位置的移动,在影院中呈现的图像不会更新视点图像。在电影中,双目视差告诉大脑看到的是 3D 场景,而移动视差和对焦模糊告诉大脑看到的是 2D 场景,大脑会在 3D 和 2D 两种状态中不断切换。双目视差与移动视差和对焦模糊的冲突会导致"烧脑",这也是大多数人第一次体验 3D 电影时感到不适的主要原因。当大脑适应了这种冲突的 3D 视觉后,不适感会显著减少,但所体验到的视觉效果并不能与真实的三维世界相比[92]。

长期的研究表明,人眼可以通过多种因素来感知深度,主要分为心理因素与生理因素。心理因素包括空气透视、阴影与明暗、线性透视关系等,生理因素主要包括辐辏、调节、双目视差和移动视差等。在 3D 显示技术的实现中,需要重点考虑的是生理因素。

(1)辐辏:当人眼观察真实世界中的场景时,双目会通过转动共同对准景物。人脑会根据双目视线的汇聚角度的不同判断深度信息。

(2)调节:人眼的晶状体可以看作一个焦距可变的透镜。当观看内容的距离发生变化时,晶状体会根据需要调节曲率半径,使得视网膜上呈现清晰的像。人脑会感知晶状体的变化对不同的深度进行判断[93]。

(3)移动视差:人眼在观察客观世界中的景物时,可以从不同位置获得 3D 场景不同的侧面信息,每一个角度上的侧面信息都是一张视差图像。当人眼位置连续变化时,人眼接收到的视差图像也会连续变化,从而形成移动视差。在人眼相对场景位置不断变化的过程中,人脑可以根据观察景物移动速度的快慢来判断远近关系,距离人眼越远的变化越快,距离人眼越近的变化越慢。

(4)双目视差:由于人的左右眼之间存在一定的间距,因此它们会从不同的角度观察 3D 场景,采集 3D 景物的不同侧面。通过两个瞳孔呈现在视网膜上的内容会略有差异,这种差异就是双目视差。人的大脑通过对双目视差进行融合,获取空间中 3D 场景的深度关系,便可以形成立体感,这就是双目视差形成立体视觉的原理。双目视差是公认的带来深度感知的最重要因素。当观看者的左眼观察到显示屏上的 A 点,右眼观察到与 A 点相对应的像素点 B 点时,通过人脑的融合作用,观看者可以感知到出屏的 3D 物点 E,此时 A 点与 B 点之间存在负视差。当人的左眼观察到 D 点,右眼观察到与 D 点相对应的像素点 C 点时,通过人脑的融合作用,观看者可以感知到入屏的 3D 物点 F 点,此时 C 点与 D 点之间存在正视差。根据视差控制显示景深的原理可知,通过调整匹配像素点在显示屏幕上的间距便可以给人眼带来不同显示深度的视觉效果。

3）虚拟现实

虚拟现实头盔，又称 VR 头盔，是头戴式显示设备（Head Mounted Display，HMD）的一种，VR 头盔如图 1-4 所示。对比 3D 电影，虚拟现实头盔不仅提供双目视差，还提供移动视差，从而带来更生动的立体视觉体验。虚拟现实头盔主要使用准直放大镜（collimating lens）放大和缩小面前的屏幕图像。虚拟现实头盔的显示屏与镜头光学中心之间的距离略小于镜头的焦距，屏幕上真实像素发出的光经镜头折射进入人眼，在折射光延伸的相反方向上，人眼会感知到远处的虚拟像素。同一套准直和放大光学显示系统分别为左右眼提供不同的图像。

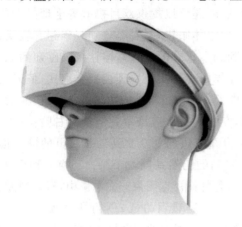

图 1-4　VR 头盔

相比 3D 电影，VR 头盔最大的改进在于提供了移动视差[94]。当人眼移动到不同的位置或旋转到不同的方向时，VR 头盔将提供不同视点的图像。还是以看演员为例，对于 3D 电影，无论观众移动到电影院的任何位置或旋转到任何方向，看到的都是演员的相同轮廓。而在 VR 中，随着观众的移动，演员的左脸、右脸、下巴等都能被看到。正是 VR 提供的移动视差，让观众脱离了导演预设的观看角度，可以从自己喜欢的角度进行观察，这是 VR 提供强烈沉浸感的主要原因之一。

头盔能在视觉上再现真实的三维世界吗？不能。原因是有一个关键元素——对焦模糊——缺失了。VR 头盔可以同时提供双目视差和移动视差，但现在正在销售的 VR 头盔没有实现对焦模糊。头盔使用的显示屏和主流手机使用的显示屏都属于 LCD/OLED 的范畴。例如，在现实环境中，人眼看到的远处的山和附近的人物是来自不同地方的光，而屏幕上的山和人物是屏幕上的光，与人眼的距离相同。人眼是聚焦于"远处的山"还是"附近的人物"，睫状肌的屈伸程度是相同的，这与人眼在观看实际景观时的模糊聚焦状态不一致[95]。

VR 引起眩晕的原因主要有两个：

（1）心理知觉与生理知觉的冲突；

（2）生理知觉中双目视差与对焦模糊的冲突。

人体知觉主要依赖于前庭、本体感觉，人体的位置可以从视觉、运动状态、姿态等三种感知方式推断出来。一方面，在人耳前庭有 3 个半规管，每个半规管就像半瓶水，当人体运动时，前庭中的"半瓶水"就会晃动，加上本体感觉的信息，大脑就会推断出当前运动的加速度和姿势。另一方面，人的视觉可以感知周围的三维环境，因此可以推断出当前的位置等信息，类似SLAM。早期 VR 在设备上，由于定位精度、渲染速度、屏幕刷新率等技术限制，当身体移动时，VR 头盔的显示并不准确和及时。例如，在早期的 VR 游戏中，身体移动了，双目图像却没有及时更新，前庭和本体感觉告诉大脑身体移动了，而 VR 视觉告诉大脑身体没有移动，这导致了大脑的混乱，可以总结为"身体移动了，而屏幕没有移动"。另一个例子是在 VR 中"坐过山车"，双目图像的快速切换让大脑以为身体在快速上下移动，但实际上身体仍然坐在椅子上，这就会导致大脑的混乱,这可以总结为"图片动了,而身体不动"。随着 VR 设备在屏幕刷新率上的提高、移动图像渲染帧率的提高、交互定位精度的提高以及通用跑步机和身体椅的出现,VR 眩晕已经大大缓解。

由于某些原因导致的 VR 眩晕是目前需要解决的主要问题。VR 头盔的佩戴者总是以固定的距离聚焦在虚拟屏幕上[96],它不能随着虚拟显示对象的距离重新聚焦。例如,当通过 VR 头盔看着远处的山脉时,人眼通过双目视差感知山脉的距离,但人眼实际上并没有聚焦那么远。当通过 VR 头盔看着附近的角色时,人眼仍然聚焦在虚拟屏幕上,它与双目视差显示的角色之间的距离也不匹配。由于双目视差和对焦模糊呈现不同的距离,因此大脑深层知觉冲突,进而引起视疲劳[97],这种现象在学术上被称为适应-收敛冲突(accommodation-vergence conflict)。同时,目前 VR 头盔的像面是固定焦距的,长期佩戴存在近视的风险。如果希望 VR 取代手机成为下一代移动计算平台,首先需要解决 VR 设备长时间安全使用的问题。目前,光场显示是解决这一问题的最佳方案之一。

4)光场显示

光场显示在全光学功能中包含了各个维度的光信息,它可以提供上述所有心理知觉和生理知觉的信息。目前,光场显示主要包括三维体显示(volumetric 3D display)、多视图投影阵列(multi-view projection array)、集成成像(integral imaging)、数字全息、多层液晶张量显示等技术解决方案,将进一步分析光场显示技术的实现原理[98]。

1.3 人眼视觉向机器视觉的转化

1.3.1 计算机视觉的基本内容与核心问题

为了理解计算机视觉研究的基本内容,本节先介绍以下两个基本事实。

(1)自然界中一切生命形式都表现出一种与其环境相互作用,并以一种协调、稳定的行为方式适应其环境的能力。在感知和行为控制(动作)之间产生的交互影响,促进了这种相互作用。对于绝大多数具有智能的生物来说,视觉感知是最重要的。

(2)在现代制造业中,制造商非常关心其产品的外观设计与质量,消费者在选择商品时,也常常把外观、质量与商品的性能同等看待。因此,为了保证商品在市场上的竞争地位,制造商要在产品包装之前对其进行视觉检验,而这个检验过程要在没有人介入的情况下自动完成。

以上两个事实从自然界智能生物的视觉感知和直接的实际应用这两个不同的角度说明了对视觉图像处理、分析和理解的必要性[99]。

自然界存在着各种各样的景物,人类通过视觉才能知道这个世界上究竟存在着什么。如果视觉是通过最终手段——"看",那么计算机视觉的应用研究追求的也是这一目的,也就是通过图像对客观景物建立明确、有意义的描述。毫无疑问,这是一个高度概括的定义。据统计,人所感知的外界信息有 80% 以上是由视觉得到的,而在这些视觉数据中含有大量的无关或者甚至使人误解的偏差,并且数据本身不会显示出相应的相关性和不变性。但人类的视觉系统,从视网膜到认知的各个阶段,却能以某种方式理解或整理这些杂乱无章的视觉输入数据。因此,从应用的观点来看,计算机视觉这一研究课题的内容是很明确的,即在物理学和光学的基础上对一幅图像必须完成哪些处理,如何表示和利用客观世界模型及知识。后一个问题自然地要求计算机视觉具有认知信息处理的功能。

计算机视觉是通过三维世界所感知的二维图像研究和提取三维景物世界的物理结构的。有必要对"图像"这个词下一个确切的定义。图像是通过观察(更准确地说是感知)一个景物而产生的一个二维函数,这个二维函数取决于观察的几何学(景物与传感器之间的投影关系)、景物的照明光源及其性质、传感器的特性(如焦距、频响和几何性质等)。景物是一组具有某种几何排列并受自然界物理定律支配的若干三维景物,辐射能量是景物图像最基本的信息[100]。在投影过程中,传感器将三维景物的空间关系、物理性质及表面反射特性综合成二维图像的灰度值,这种变换是不可逆的也不是唯一的。视觉过程作为成像过程的逆过程,其目的是从带噪声、畸变的二维灰度图像中恢复三维场景的有关信息(如形状、位置、运动等物理特性)。但在图像的投影过程中,不可避免地要丢失一部分重要信息,正是这种丢失信息的恢复形成了计算机视觉研究的核心问题——从景物图像或序列图像求出景物的精确三维几何描述,并定量地确定景物的空间性质。

20 世纪 80 年代初,马尔(Marr)提出了视觉的计算理论,这一理论把视觉过程看作一个信息处理过程,并把这一过程分为三个层次:①计算理论;②算法与数据结构;③硬件实验。马尔的理论强调了当时并不受人重视的计算理论层次,他在这一层次,把视觉过程主要地规定为定量地恢复图像所反映的场景中的三维景物的形状和空间位置,并将这一恢复过程分成三个阶段:

① 要素图。它包含图像边缘灰度变化率、边缘的几何特征,或者纹理元的排列、描述等。

② 2.5 维图。它是要素图和三维图像模型之间的中间表示层次,包含景物表面的局部内在特征。

③ 三维图。它是以景物为中心的三维描述,由要素图和 2.5 维图得到。

马尔的理论比较系统和一般性地揭示了用二维图像恢复三维景物形态的可能性和基本方法,具有划时代意义,为计算机视觉成为一门独立的学科奠定了重要的基础。但是,马尔的计算视觉理论也存在不足之处,它将视觉处理过程分为多个相互独立的单向过程,而视觉过程本身具有反馈机制。此外,马尔也没有考虑视觉处理过程中不同层次的粒度问题。

10 多年来,马尔的计算视觉理论成为计算机视觉研究中的主流。在这一理论的指导下,众多学者辛勤探索,Shape from X(由图像的结构或非结构特征信息恢复形状)成为重要又带有普遍意义的热门课题。许多数学家与计算机科学工作者相结合,在严格的理论分析、系统的误差分析等方面做了大量卓有成效的工作,如提出了立体视觉中的外极线(epipolar)约束、运动分析的光流方程、视觉系统的数据结构和各种并行算法。此外,在硬件结构方面,如图像理解的锥体分层结构的试验系统,也取得了令人注目的成果。

但是,在解决从景物图像或序列图像求出景物的精确的三维几何描述并定量地确定景物中景物的性质——"景物恢复问题"——的实际应用中,马尔的视觉计算理论遇到了困难。困难的起因在于:在解决诸如 Shape from X 等问题时,都隐含分割问题已解决或者根本不存在分割问题的假设。例如,将正则化技术应用于存在不连续位置的情况时就会发生困难。通常,这些技术是基于某种局部平滑性假设而论的,而恰恰是平滑性约束不满足的地方,蕴含了图像中最重要的信息。图像分割是计算机视觉研究中的一个极为重要的基本问题,分割结果的优劣影响着随后的图像分析、理解和景物恢复问题求解的正确与否[101]。引入景物模型将有助于分割,但是在大多数情况下人们并不知道场景中有什么景物,因而在初始分割时很难应用模型知识约束和改进分割效果。综合利用图像几何结构与强度信息的统计特性,采用并行自适应层次化网络模型是二维图像分割的一种较为有效的方法。

早期的大多数图像分割方法依赖于图像中景物表面的强度特性,现在有不少研究者已开始利用深度信息、景物的三维模型以及成像过程来改进分割效果。尽管图像分割这一步骤本身是病态的,因为二维的"封闭区域"的概念在三维空间已不适用,但这并不排除在具体应用中,根据特定的环境需求获得成功的图像分割结果,特别是在一些二维图像处理与识别的应用中。另外,在视觉应用的许多问题中,往往无需精确的分割就能达到应用的目的。

1.3.2　知识在视觉信息理解中的重要性

初级视觉的研究在许多重大问题上已取得了进展,但是在高层次视觉中符号处理(不同于计算机所处理的符号)和知识的利用收效甚微。从事计算机视觉研究的学者们都清楚这样一个事实:用机器模仿一个儿童来区分一幅图画中的人与景物是极为困难的,但这对儿童来说却是一件相当简单的事。图画中各个组成部分实际上都有着不同的属性,如人有年轻与年老之分,或者穿有不同的衣服,景物具有不同的形状和大小。人的视觉系统可以迅速理解视觉辨认的复杂性,而丝毫不显得费力。而在机器中,最复杂的程序在解决某些简单视觉问题时仍是困难重重。从理论上说,人眼视网膜上所形成的二维图像可以是许多三维景物的投影。这就是说,由视觉感知任务提出的问题是一类"随机问题":问题的求解需要系统所有可能状态的知识,如人的视觉系统如何在百分之一秒内将感知到的图像解释成三维景物,又如何无需在意就能将景物识别出来,即便它们是相互遮蔽的,或是在照明情况很差的条件下;能否制造出一部具有人的视觉系统能力的机器来完成某些视觉方面的任务。尽管目前在计算机视觉这一研究领域中用机器系统地模仿人的视觉系统还没有成功的例子,但理解人的视觉感知机理能够指导计算机视觉系统的进一步研究与发展。视觉生理学和心理学就是以揭示人的这种视觉机理为主要研究目标的学科。要使计算机视觉完全具有或接近人的视觉能力是一个遥远的目标。因此,在近期的计算机视觉研究中,要使机器实现人的某些视觉功能,使机器的"自动化""智能化"向更高层次发展,就需要建立机器视觉可行的理论基础,需要在实际应用中检验理论与方法的有效性[102]。

建立机器视觉理论,需要深入地了解人的视觉的"认知"过程。但早期的多数视觉研究工作大都集中于各种图像算子的研究与论证,忽视了诸如知识表示、推理,知识库的构造,以及在不同模块融合时如何控制其不确定性等问题。如果希望建造一个具有一定智能的视觉系统,必须掌握视觉感知系统中各种形式的基本知识。

大量的心理学和神经生物学的实验已经证实,人的视觉系统使用了不同暗示并将它们组合起来获得景物信息进而理解三维世界,这就意味着一个用于视觉信息处理的神经计算机系统中很可能包含许多模块,每一种模块能够实现一种特定的暗示,并且根据视觉环境采用不同的加权将各种模块组合起来解决复杂的视觉问题。这一结论表明,应当从信息结合及多种约束条件和知识的利用角度研究视觉系统。这就导致以下两个问题:如何利用不同层次的暗示或知识使系统自动地组织具有连续特性的结构,以及如何将这些组织原则映射到基于 VLSI 的高度并行的视觉系统结构中,使视觉系统通过自顶向下或自底向上的处理选择最好的解释,同时完成各种算法的映射。在这一研究过程中应该强调结合具体对象引入知识,但同时也应注意感知的一般原理和基础研究。

此外,无论是生物感知系统还是机器感知系统,都需要构造一个现实世界的模型,并用这个模型与物理世界发生相互作用。在构造这样一个模型的过程中,系统要用到物理的知识、传感器的知识和该系统所涉及的应用领域中的一般知识。从目前的研究来看,初级视觉处理大多采用信号处理和统计推断的方法,利用具有普遍意义的知识,如边缘、灰度、区域特征等。高层处理过程则要用到明确的景物模型。图像理解中涉及的知识有如下 5 种:

(1) 环境,包括光照;

(2) 景物,包括几何特性以及其他特性;

(3) 不同表示之间的关系;

(4) 图像形成过程;

(5) 算子在不同处理任务下的作用情况。

在多数的研究问题中,往往需要引入一些约束条件,如平滑性、景物的刚性等。这些条件仅在很局限的情况下是成立的。它们之所以被计算机视觉引用,主要是由于其简单性和数学上的易解性。

为了有效且稳定地实现对三维景物的恢复,必须用几个层次表述所利用的信息。信息的表示是感知系统中最重要的问题之一。景物表示层次中一般蕴含着丰富的信息,并且允许不确定性和不完全性的存在,能够用来表示许许多多的彼此差异不大的三维景物。仅使用若干抽象的特征表示景物或是使用多个视点的特征表示景物,只适用于特定的环境和对象[103]。基于若干特征的表示方法过于抽象,无法表示景物之间的细微差别;而基于多个视点的表示方法应该重视同一景物在多个视点下的内在自然关系。

感知中的另一目的是要概括与推广过去的经验,同时,在需要时能有效地调用这些信息。因此为了合理有效地利用知识,在机器视觉系统中,应针对不同任务使用结构化的表示方法。

特别是在近期的研究中,应结合某些具体应用的事例,分析、识别对象的性质和特点,把有关对象和工作环境的知识有效地体现在视觉系统的各个处理环节中,并在必要的环节进行人机交互,就能部分地克服前面讨论的种种困难,从而使视觉系统在更多的领域和场合得到应用,进一步推动计算机视觉应用研究的发展。其中,双平面数字减影系统中的立体定量测深就是一个成功的例子。

1.4 人机交互特点与重要性

人机交互是对人(用户)和计算机之间的交互进行研究的学科,它主要涉及设计和评估供人们使用的交互式计算机系统,其目的是提高人与计算机之间交互的效率。如今,人机交互已经成为非常重要的理论和应用学科。随着人类社会的发展和科学技术的进步,计算机的功能越来越强大,所能完成的工作越来越多[104]。在人类的发展史上,"人类的进化,特别是智能的进化,不仅依靠天然器官的变化,而且主要依靠'人造器官'——工具的变化。人类要过河,可以造船;人类要快跑,可以造出汽车、火车;人类要上天,可以造出飞机和飞船,等等"。早期的人类一方面通过改进自己的身体去适应环境、求得生存,另一方面也借助制造出来的工具去适应环境,只有后一种情况才显现出人类对环境改造的积极性和主动性。人类之所以借助于工具,是因为人类自身有许多局限性。例如,人类的视听受到时间和空间的限制,短时记忆容量(7×2 个单元)有限,运算速度不够快等。通过工具就可以弥补人类自身的缺陷,进而提高工作效率,因此广义的人机交互不只局限于计算机,还包括人类使用的各种工具系统,但其最终都是使用户在使用系统时达到最高的效率和满意度。人机交互示意图如图 1-5 所示。

作为一种自动的高速计算工具,计算机首先被广泛地应用于工程计算和测量中。计算机所具有的自动执行存储程序的能力和超强的存储容量,使其成为取代人脑的"电脑",从而把人类从烦琐的劳动中解放出来,投身到更具创造性的活动中去。在提高生产效率和生产力的同时,计算机还提高了工作质量:借助计算机(及网络),人们可以快速获取所需的网络资讯;借助文字排版系统,人们可以编排出更加光彩夺目的作品:借助计算机辅助设计系统,人们可以快速设计出更加合理、更加美观的汽车和服装;借助计算机应用程序,人们可以规划自己的日程

图 1-5　人机交互示意图

时间安排、建立自己的电子账本等;借助计算机教学软件,人们可以学习和掌握不同的知识和技能;借助计算机游戏,人们可以模拟各种活动或角色,丰富自己的业余生活等。总之,计算机的发展不仅可以极大地促进科学的探索,还可以丰富个人的文化娱乐生活。上述所提到的各种应用系统都离不开人机交互这一话题,而人机界面的设计和开发在整个系统研制中所占的比重为 40%。再加上不同人群对界面的要求不尽相同,人机界面技术已经成为世界各国软件工作者着重研究的关键技术之一。

人机交互的研究在计算机科学相关领域引起越来越大的兴趣,逐渐成为计算机系统研究的重要组成部分。人机交互在软件中的地位日益突出,其重要性得到了学术界、产业界的认同。在以人为本的理念下,自然、和谐而高效的人机交互相关理论和技术,将成为重要的研究课题。从其发展就可以看出人机交互对于新技术的普及和应用具有重要的影响,如在互联网普及之前,目前已经熟知的电子邮件、即时通信和数据库管理系统从技术上讲已比较成熟,但直到浏览器的出现,这些新技术才真正贴近生活,可以说互联网的迅速普及与人机界面的突破密不可分,或者说人机界面的革新能够给人类的生产和生活带来巨大的变革。

随着物联网、信息物理系统等新概念、新技术的出现,人机交互技术的重要性日益凸显[105]。设想一下,如果能够设计出不用学习(或者只需极少的学习)就可以极大地方便用户使用的人机交互界面,那么这对于新技术和新产品的推广和市场的占有具有深远的意义,这是微软在人机交互领域的资金投入力度非常大的原因,这一目标也成为计算机相关领域的科学家共同关注的焦点。人机交互是最接近大众的信息技术,可以说所有技术都无法摆脱人机交互这一"紧箍咒",谁拥有解开这一"紧箍咒"的钥匙,谁就拥有巨大的市场和发展前景。

目前,国内很多高校已将人机交互作为一个重要的科研方向,亦显示出人机交互的重要性。由于人机交互涉及多个学科,具有多学科性,因而是所有学科里最需要跨学科参与的研究之一。人不但要与计算机、机床打交道,还要与手机、智能汽车打交道,这些都离不开人机交互。从人机交互的信息加工模型或者人机交互的概念中可以看出,在人机交互中存在两个主体:一个是用户,另一个是计算机。人机交互就是两个主体之间的交流与对话,而要保证双方对话的自然、高效、和谐,双方应该建立一个有效地用于沟通和交流的平台,这个平台就是人机界面。由于其是面向用户的,因此也称为用户界面,它是用户与系统进行交互的各种手段的总称,包括输入和输出,系统向用户展示用户操作所带来的变化或结果。例如,在驾驶汽车时,驾驶员(用户)通过方向盘来控制汽车(系统)行驶的方向,通过加速踏板、刹车踏板和变速杆来控制汽车(系统)的速度;同时,通过前挡风玻璃、后视镜来判断汽车的位置,以及通过读取仪表盘

上的速度计来获知目前的行驶速度。一般来说,用户界面常指人与计算机或电子产品交互时的界面,而人与机械系统、交通工具或工业设备交互时的界面常称作人机界面,不论何种称谓,都是指将用户与机器本身(系统)分隔开来的层。因此,人机交互的构成包括三个要素:用户、界面和计算机[106]。

1.5　图像处理的发展与应用

数字图像处理,指的是使用计算机对图像信号进行快速处理。20 世纪 50 年代,美国在太空探索计划中首先研究并应用了数字图像处理技术。1964 年,美国喷气推进实验室(Jet Propulsion Laboratory,JPL)使用数字电子计算机首次对"徘徊者 7 号"太空船送回地球的4 000 多张月球图片进行处理,得到了前所未有的清晰度,从而揭开了月球表面的神秘面纱;后又利用数字图像处理技术对"阿波罗 11 号"载人太空船登月飞行及"水手者 4 号"太空船靠近火星飞行时发回的数万张图片进行处理,使图像信息得到了增强与复原。数字图像处理技术还在生物医学工程及军事侦察卫星通信领域得到了充分应用,并取得了重大成功。总之,这门数字图像处理技术已具有完整的理论体系和多门类的操作处理系统,已成为新兴的独立的工程学科,进入了现代学科之林。

数字图像处理技术在 20 世纪 60 年代因客观需要而兴起,到 20 世纪 90 年代它已处于发展的全盛时期。一个原因是人们发现每天从客观外界获得的总信息量中的图像视觉信息占80％以上,因此开发人的视觉领域将成为各国充分利用图像媒体传递信息的必然途径。图像处理技术进一步发展的另一原因是计算机硬件(尤其是固体超大规模集成电路的出现)的开发与软件系统的进一步完善,这使得数字图像处理技术的精度更高、成本更低、速度更快及灵活性更好,它将成为人们认识世界、改造世界强有力的工具,为人类开辟更高分辨率,达到理想的通信服务效果。

1.5.1　数字图像概述

图像是用各种观测系统以不同形式和手段观测客观世界而获得的,可以直接或间接作用于人眼而产生视知觉的实体。图像是人们从出生以来体验到的最重要、最丰富、信息量获取最大的信息类型。

图像能够以各种各样的形式出现,例如,可视的和不可视的,抽象的和实际的,适于计算机处理的和不适于计算机处理的。就其本质来说,图像可以分为以下两大类。

一类是模拟图像,包括光学图像、照相图像、电视图像等。例如,在生物医学研究中,人们在显微镜下看到的图像就是一幅光学模拟图像,照片、用线条画的图、绘画也都是模拟图像。模拟图像的处理速度快,但精度和灵活性差,不易查找和判断。

另一类是将连续的模拟图像经过离散化处理后变成计算机能够辨识的点阵图像,称为数字图像。严格的数字图像是一个经过等距离矩形网格采样,对幅度进行等间隔量化的二维函数,因此,数字图像实际上就是被量化的二维采样数组。

本书中涉及的图像处理都是指数字图像的处理。与模拟图像相比,数字图像具有以下显著优点。

(1) 精度高:目前的计算机技术可以将一幅模拟图像转化为任意的二维数组,即数字图像可以由无限个像素组成,每个像素的亮度可以被量化为 12 位(4 096 个灰度级),这样的精度使得数字图像与彩色照片的效果相差无几。

(2) 处理方便:由于数字图像本质上是一组数据,所以可以用计算机对它进行任意方式的修改,例如,放大、缩小、改变颜色、复制和删除某一部分等。

(3) 重复性好:模拟图像(如照片)即便是使用非常好的底片和相纸,也会随着时间的流逝而褪色、发黄,而数字图像可以存储在光盘中,上百年后再用计算机重现也不会有丝毫的改变[107]。

1.5.2 图像处理技术内容与相关学科

图像处理就是将图像转换为一个数字矩阵存放在计算机中,并采用一定的算法对其进行处理。图像处理的基础学科是数学,最主要的任务是各种算法的设计和实现[108]。目前,图像处理技术已经在许多不同的应用领域中受到重视,并取得了巨大的成就。根据应用领域的不同要求,可以将图像处理技术划分为许多分支,其中比较重要的分支有以下 6 种。

(1) 图像数字化:通过采样与量化过程将模拟图像变换成便于计算机处理的数字形式。图像在计算机内通常用一个数字矩阵来表示,矩阵中的每一个元素称为像素。图像数字化的设备主要是各种扫描仪与数字化仪器。

(2) 图像增强与复原:其主要目的是增强图像中的有用信息,削弱干扰和噪声,使图像清晰或将其转换为更适合人或机器分析的形式。图像增强并不要求真实地反映原始图像,而图像复原要求尽量消除或减少获取图像过程中产生的某些退化,使图像能够反映原始图像的真实面貌。

(3) 图像编码:在满足一定的保真度条件下,对图像信息进行编码,可以压缩图像的信息量,简化图像的表示,从而大大压缩图像描述的数据量,以便于存储和传输。

(4) 图像分割与特征提取:图像分割是将图像划分为一些互不重叠的区域,通常用于将分割的对象从背景中分离出来。图像的特征提取包括形状特征、纹理特征、颜色特征等。

(5) 图像分析:图像分析是指对图像中的不同对象进行分割、分类、识别、描述和解释。

(6) 图像隐藏:图像隐藏是指媒体信息的相互隐藏,常见的有数字水印和图像的信息伪装等。

上述图像处理技术的内容往往是相互联系的,一个实用的图像处理系统往往需要结合应用几种图像处理技术才能得到所需要的结果。例如,图像数字化是将一个图像变换为适合计算机处理的形式,这是图像处理的第一步;图像编码技术可用于传输和存储图像;图像增强与复原一般是图像处理的最后目的,当然也可作为进一步进行图像处理工作的准备工作;通过图像分割与特征提取得到的图像特征既可以作为最后结果,也可以作为下一步图像分析的基础。图像处理技术涉及的知识很广泛,也很复杂[109]。例如,图像的编码理论基础是信息论和抽象数学的结合,进行图像识别需要掌握随机过程和信号处理方面的知识,不少课题还需要更加专业的知识,如小波变换、神经网络、分形理论等。另外,图像处理是一门应用性很强的学问,必须与计算机技术的发展相适应。例如,傅里叶变换是图像处理常用的方法,到目前为止,库利-图基快速傅里叶变换算法一直是实际应用中的主要算法,该算法需要的乘法数目大大少于一般的傅里叶变换算法,而加法数目则大大增加,因而对于大部分 CPU 来说,总的运算速度提高了很多。但是,Intel 公司的 CPU 现在加入了 MMX 指令,用该指令计算乘法和加法所用的时间是一样的,所以在 MMX 指令面前,加法数目的增加反而导致快速算法更慢,因此也就产生了新的适应 MMX 指令的快速算法。

图像处理的另一个特点,也是难点,就是其算法的优劣与被处理对象的内容高度相关,很难找到一种适用于各种情况的通用方法。因此,图像处理按照被处理的对象类别又可以分为遥感图像处理、医学图像处理等。另外,以下介绍的学科也和图像处理有着密切的关系。

(1) 计算机图形学:用计算机将由概念表示的景物(不是实物)图像进行处理和显示。计算机图形学主要是根据给定景物的描述模型、光照及想象中的摄像机的成像几何生成一幅图像,其中包括被称为"计算机艺术"的艺术创作。图形和图像本身有着非常密切的关系,因而计算机图形学与图像处理也是相互关联的,但两者的区别也很显著:前者是用点、线、面描述景物的,多采用几何手段;后者基本上只和像素点打交道。

(2) 模式识别:图像处理的最重要目的之一就是识别,而模式识别技术也是图像处理技术重要性的体现,如指纹鉴别、人脸识别等,都要和模式识别打交道。

(3) 人工智能:可以说图像处理、模式识别和人工智能是三位一体的学科。目前,模式识别技术遇到的最大困难就是自动化程度不够,即智能程度不高。例如,人眼可以很容易从人群中找到自己要寻找的目标,但对于计算机来说,就连判断图像中是否有人存在这样看似简单的问题都很难解决。神经网络技术给人工智能开辟了一个新的方向,但目前该技术还不够成熟。

(4) 计算机视觉:研究计算机视觉的目的是开发出能够理解自然景物的系统。在机器人领域中,计算机视觉能够为机器人提供眼睛的功能,但是这门学科的难度很高。

1.5.3　图像处理技术的发展现状

图像处理是人类视觉延续的重要手段,可以使人们看到任意波长上所测得的图像。例如,借助伽马相机、X 光机,人们可以看到红外和超声图像;借助 CT 可看到景物内部的断层图像;借助相应工具可看到立体图像和剖视图像[110]。几十年前,美国在太空探索中拍回了大量月球照片,但是由于种种环境因素的影响,这些照片是非常不清晰的,为此,人们对这些照片应用了一些图像处理手段,使照片中的重要信息得以清晰再现。这一方法产生的效果引起了巨大的轰动,从而促进了图像处理技术的蓬勃发展。

总体来说,图像处理技术的发展大致经历了初创期、发展期、普及期和实用化期四个阶段。初创期开始于 20 世纪 60 年代,当时的图像采用像素型光栅进行扫描显示,大多采用中大型机对其进行处理。在这一时期,由于图像存储成本高,处理设备造价高,因而其应用面很窄。图像处理技术在 20 世纪 70 年代进入了发展期,开始大量采用中小型机对图像进行处理,图像处理也逐渐改用光栅扫描的显示方式,特别是 CT(Computerized Tomography)和卫星遥感图像的出现,对图像处理技术的发展起到了很好的促进作用。到了 20 世纪 80 年代,图像处理技术进入普及期,此时的微机已经能够担当起图形图像处理的任务。VLSI 的出现更使得处理速度大大提高,其造价也进一步降低,极大地促进了图形图像系统的普及和应用。20 世纪 90 年代是图像技术的实用化期,此时图像处理的信息量巨大,对处理速度的要求极高。

21 世纪的图像技术要向高质量化方面发展,主要体现在以下几点。

(1) 高分辨率、高速度:图像处理技术发展的最终目标是要实现图像的实时处理,这对移动目标的生成、识别和跟踪有着重要意义。

（2）立体化：立体化所包括的信息最为完整和丰富，未来采用数字全息技术将有利于达到这个目的。

（3）智能化：其目的是实现图像的智能生成、处理、识别和理解。

图像处理技术主要的应用领域有以下几个方面。

（1）通信技术：包括图像传真、电视电话、卫星通信、数字电视等。

（2）宇宙探索：包括对星体图像的处理。

（3）遥感技术：包括农林资源调查，作物长势监视，自然灾害监测、预报，地势、地貌以及地质构造测绘，找矿，水文、海洋调查，环境污染检测等。

（4）生物医学：包括 X 射线、超声、显微镜图像分析，内窥镜图、温谱图分析，CT 及核磁共振图分析等。

（5）工业生产：包括无损探伤、石油勘探、生产过程自动化（识别零件、装配、质量检查）、工业机器人视觉的应用与研究等。

（6）气象预报：包括天气云图测绘、传输。

（7）计算机科学：包括文字、图像输入的研究，计算机辅助设计，人工智能研究，多媒体计算机与智能计算机研究等。

（8）军事技术：包括航空及卫星侦察照片的判读，导弹制导，雷达、声纳图像处理，军事仿真等。

（9）侦缉破案：包括指纹识别，印鉴、伪钞识别，手迹分析等。

（10）考古：包括恢复珍贵的文物图片、名画、壁画等的原貌。

数字图像处理除了上述发展情况外，还在以下几方面得到广泛应用。

（1）在遥感技术中的应用：遥感图像信息必须通过计算机处理才能使人们得到所需要的信息与特征参量，才能使人们宏观了解自然界的山川、森林、气象、农作物与海洋资源，才能使人们探明地下的宝藏。如 20 世纪 70 年代美国发射的第一颗陆地卫星就是通过对获取的遥感图片进行处理后达到上述目的的；随后，美国又陆续发射了海洋卫星、气象卫星及军用卫星，从而取得了大量遥感资料。当前，世界上约有 150 多个国家利用遥感技术与图像处理技术相结合，取得了大量经济上与军事上的宝贵资料。

（2）在生物医学工程上的应用：数字图像处理技术从它一诞生就应用于医学方面。20 世纪 60 年代，数字图像处理首先在细胞分类、染色体分类及放射学分类等方面得到应用；在 20 世纪 70 年代其应用于研究 X 射线断层摄影技术（CT 技术）并取得了成功，同时又开发了白细胞自动分类仪；20 世纪 80 年代，美国梅约生物医学研究所又研制了 X 射线动态空间重建仪，将心脏活动的立体图像在数字图像处理技术中展示在四维空间中，大大促进了这门学科的发展。

（3）在工业中的应用：20 世纪 70 年代初发达国家就将数字图像处理技术应用于工业领域，如研究机器人与生产自动化中的视觉检验、零部件选取及过程控制等流程，均需用数字图像处理技术（如电子工业中集成电路芯片的自动定位及焊接中的焊缝自动跟踪、熔深的自适应控制等技术）[111]。只有这样才能检测出各种缺陷，提高产品质量，降低生产成本。

（4）在军事及通信方面的应用：随着科学技术日新月异的发展，数字图像处理技术在国防及经济建设各方面的应用日益突出。所谓电子战、通信信息战，在一定程度上就取决于数字图像处理技术的应用深度与广度，这方面的技术越先进，作战成功的把握也就越大。如火炮的控制，导弹的制导，卫星的飞行轨迹；图像信息的压缩，退化图像的恢复与重建，信息的伪、假彩色化等；公安部的指纹照片、人头相片、视纹照片及图章等的识别；其他如字符的识别，信息的传输、显示及记录等均需数字图像处理技术才能完成。总之,图像通信与数字图像处理技术是国防与经济建设中不可缺少的重要关键技术。

总而言之,研究数字图像处理技术最早的目的是改善人类分析判断时采用的图像信息,随着计算机技术与人工智能技术的发展,主要目的演变为处理自动装置感受的景物数据,如计算机视觉(computer vision)、模式识别(pattern recognition)等。

第一类应用最早可追溯到 20 世纪 20 年代,当时是借助打印技术以及半调技术改善图像视觉质量的。第二类应用的发展主要受限于计算机技术,1946 年第一台电子计算机诞生后的很长一段时间内,由于速度慢、容量小,计算机主要用于数值计算,还不能满足处理大数据量图像的要求。直到 20 世纪 60 年代,第三代计算机研制成功,以及快速傅里叶变换算法的发现和应用,才使得计算机对数字图像处理的某些应用得以实现。推进数字图像处理技术发展的最重要的应用,是于 1964 年在喷气推进实验室中进行的太空探测工作。当时,利用计算机处理"旅行者七号"发回的月球图像,这些图像退化严重,主要干扰来源于电视摄像机的各种不同形式的固有的图像畸变,以及在传送过程中因大气、磁场等因素产生的噪声。在这一领域发展起来的图像处理技术成为图像增强和图像复原的基础。

20 世纪 70 年代,图像处理技术又在医学图像处理领域获得了极大的成功,早期的代表为自动血球计数仪。其真正的临床应用始于 1983 年,MR 设备给影像医学带来了空前的活力。由于计算机技术、CT、PET(Positron Emission Tomography)、MRI(Magnetic Resonance Imaging)等技术的发展,以及近年来出现的图像引导手术(Image Guided Surgery)等,在这一领域又掀起了新的研究热潮,主要研究方向有图像分割、图像校准、结构分析、运动分析、图像重建。由于医学图像处理研究与实际应用紧密结合,世界上不少国家在这一领域投入了大量的人力和财力进行研究开发,并且取得了一定的成功。但是目前三维生物医学图像重建与显示仍然停留在实验阶段,并没有在临床中得到普遍应用。三维重建及生物组织的可视化难以实现的主要障碍之一是:难以实现不同生物组织的成功分割,以至于重建出的三维景物只能给人一个整体印象,医生难以依赖此三维图像深入各个生物组织进行研究。

20 世纪 80 年代,各种图像处理专用硬件迅速发展,三维图像获取设备研制成功,图像自动分析系统进入商业应用,使得图像处理技术受到更为广泛的重视。20 世纪 90 年代,多媒体计算机的应用研究,使图像处理技术出现新的热点,如图像信息的压缩、图像传输、图像数据库、虚拟现实等。目前,自动景物分析与理解是最困难的课题,该研究领域不仅对计算机的速度、体系结构,而且对人脑的认知研究提出了新的挑战。

总而言之,经过几十年的发展,图像处理与识别技术不仅替代了人的部分工作,而且延伸了人类的能力,目前至少在以下方面做出了显著的成绩。

(1) 从可见光谱扩展到各波段:如遥感图像的多光谱处理、雷达波段的侧视雷达遥感图像处理、红外波段的图像处理(如夜视仪、热像仪等)、超声图像处理等。

(2) 从静止图像到运动图像的处理:如运动模糊图像的恢复、心脏搏动序列图像的处理、对运动目标的跟踪、巡航导弹的地形识别及瞄准等。

1.6　研究雾天图像清晰化的意义

图像是自然界的景象通过硬件系统所构成的客观映射,也是人类感知自然界和各类具象世界的视觉基础。图像的可视化程度对高级视觉应用体系中的目标识别、分解和应用具有重要的影响,而采用传感装置所获取的图像往往不能够被直接应用在目标识别的领域,需要通过相关处理来实现高度清晰化,此过程即为图像处理。随着科学技术的快速发展,数字图像处理技术[1]通过应用计算机来完成图像的各类处理和运算,在大众生活和各行业领域已取得显著的成绩,给人们的生活带来更多便捷。

传统的传感装置在成像过程中往往会受到各种不确定因子的干扰,例如,由于相机设备抖动带来的图像散焦的拍摄技术问题,以及恶劣天气状况(主要是雾霾天气现象)对室外成像造成的图像降质问题[2],这些问题均需要利用硬件或软件技术解决。单纯通过提升硬件技术所需要的花销较大,而采用软件算法提升图像质量则更为实用。

雾霾是由空气中各类悬浮颗粒形成的混合体系,悬浮颗粒能够在一定程度的空气湿度水平下完成迅速转变,变为类似于悬浮微粒包被水汽的大颗粒,从而形成浓雾。而雾霾往往会导致图像的视觉效果变差,给观测者的可视化图像带来影响。薄雾中的主要组成部分是水滴,而霾是由干性颗粒构成的,霾颗粒的直径相对较小。现实世界中,空气中既存在干性胶体颗粒(霾)[112],也存在水性颗粒(雾),当彼此相互混合时,被称作"雾霾现象"。为便于描述,本书将雾霾统称为"雾"。

雾天图像的获取通常可分为户外捕获雾天图像和人工合成雾天图像。其中,人工合成雾天图像[4]即对任意图像甚至是室内捕获的图像进行人工加雾。实际应用中的雾天图像处理多是针对户外捕获雾天图像。我国各区域雾霾分布情况差异大,依据雾霾对视觉能见度的不同影响可将雾天图像划分为轻雾图像和浓雾图像;其中,本书将能见度小于 0.2 km 的雾天图像定义为浓雾图像,将能见度为 1 km~10 km 的雾天图像定义为轻雾图像。常规拍摄所获取到的雾天图像可视为雾霾分布均匀情况下的图像,而短时间内工业大量排泄废气、采用无人机倾斜航拍以及云下飞行航拍所捕获的雾天图像,可视为雾霾分布非均匀情况下的图像。因此,可将雾天图像划分为四类场景,即均匀轻雾图像、均匀浓雾图像、非均匀或合成雾天图像、大天空区域或白色景物干扰(特殊场景)的雾天图像。

雾天图像清晰化技术通过对相应图像进行处理,来减弱雾气对图像的影响[5],从而提升图像可视化效果和清晰度,该方法属于计算机技术的处理进程,为后续完成目标追踪、识别、辨析和理解等处理过程打下基础;尽管雾天图像清晰化技术的研究起步较晚,但现已成为诸多领域的研究热点。由于雾天图像清晰化技术要随时应对天气变换等各种复杂情况的出现,而现有的技术几乎均存在一定的局限性,因此需不断地发展和改进。

在雾天环境中获取的图像,由于视觉效果差,易出现数据缺失,给目标识别带来难以避免的困难,并且对室外目标识别、追踪、智能巡航、公路监测、卫星遥感视觉、军事侦测等体系的应用,带来生产和生活方方面面的负面影响[113]。以公路监测为例,在雾天条件下,路面能见度极大地减弱,司机利用人眼视觉所获得的路面信息易出现偏差,进而对路况形成错误估计引发交通事故;若此时封闭交通,则给大众出行带来更多不便。在雾天环境下捕获的降质图像也给交通监测带来严重的困扰,据不完全数据统计,我国在 2018 年由于雾天引发的交通事故有三千多起,给国家和人民带来严重的生命和财务损失。在军事侦测和卫星遥感导航方面,在雾天环境下捕获的降质图像对数据的识别与后续处理带来偏差,导致很难精确识别目标,从而导致恶劣的后果;在很多情况下,侦测与监控工作往往很难重复,因而现场捕获的图像数据以及目标的精确度是非常关键的。此外,在地质灾害出现之前常伴有浓雾等恶劣气象,这种气象条件对地质灾害监控设备的应用带来很多不利影响,尤其是对机载可见光体系的影响往往会延误现场救援工作,从而导致不可估量的后果。户外航拍系统是生产和生活的一项重要辅助设备,通过减弱和还原雾天环境下捕获的降质图像,可保障航拍图像的稳定性和可靠性[114]。

图 1-6 展示了雾霾天气下采集的图像。可以看出,由于被浓雾影响,图像产生严重的降质,图中很多细节和信息被覆盖或不清晰,很难识别和获取景物特征。因此只有深度研究雾天图像清晰化技术,降质图像的颜色、亮度、对比度和景物细节数据才能够复原,进而有助于优化交通监控、侦测、巡航、遥感监测等户外成像体系,突破天气情况的制约,提升系统工作的可靠程度和实际价值。

图 1-6　雾霾天气下采集的图像

本书针对不同雾天图像场景的特点,应用不同方法完成清晰化处理,所提出的方法均通过大气散射模型来完成,该模型是雾天图像退化的本质模型。针对雾天条件下单幅图像降质以及现有去雾方法时间复杂度高的问题,以大气散射模型与暗通道去雾方法为基础,根据四类雾天图像场景的情况和特点提出四种雾天图像清晰化方法。在求解大气散射模型这个四项三个未知量病态方程的过程中,借助图像处理的技术和方法,再结合已知的雾天图像,完成大气光值 A 与透射率 $t(x, y)$ 的运算,从而实现图像的清晰化还原。

1.7　雾天图像处理硬件设备分析

简单地说,雾天图像处理硬件设备由图像采集设备、图像处理设备和图像输出设备组成。本书主要介绍雾天图像清晰化算法,因而在此主要分析图像采集和处理设备。要完成算法的设计、分析和测试,应建立雾天图像数据集,通过图像采集设备获取各类雾天图像样本。

1.7.1 图像采集设备的发展

1. 照相机的发展

最早的照相机结构十分简单,仅包括暗箱、镜头和感光材料。现代照相机比较复杂,具有镜头、光圈、快门、测距、取景、测光、输片、计数、自拍、对焦、变焦等系统,是一种结合光学、精密机械、电子技术和化学等的复杂产品。

在公元前 400 年前,墨子所著《墨经》中已有针孔成像的记载;13 世纪,在欧洲出现了利用针孔成像原理制成的映像暗箱,人可以走进暗箱观赏映像或描画景物;1550 年,意大利的卡尔达诺将双凸透镜置于原来的针孔位置上,使映像的效果比暗箱更明亮、清晰;1558 年,意大利的巴尔巴罗在卡尔达诺的装置上加上光圈,使成像清晰度大为提高;1665 年,德国僧侣约翰章设计制作了一种小型的可携带的单镜头反光映像暗箱,因为当时没有感光材料,所以这种暗箱只能用于绘画。

1822 年,法国的涅普斯在感光材料上制出了世界上第一张照片,但成像不太清晰,而且需要八个小时的曝光。1826 年,他又在涂有感光性沥青的锡基底版上,通过暗箱拍摄了一张照片。

1839 年至 1924 年是照相机发展的第一阶段,这段时间出现了一些新颖的纽扣形、手枪形等照相机。

1839 年,法国的达盖尔制成了第一台实用的银版照相机,它由两个木箱组成,把一个木箱插入另一个木箱中进行调焦,用镜头盖作为快门来控制长达三十分钟的曝光时间,能拍摄出清晰的图像。

1841 年,光学家沃哥兰德发明了第一台全金属机身的照相机。该照相机安装了世界上第一只通过数学计算设计的最大相孔径为 1:3.4 的摄影镜头。

1845 年,德国人冯·马腾斯发明了世界上第一台可摇摄 150°的转机。

1849 年戴维·布鲁司特发明了立体照相机和双镜头的立体观片镜。

1861 年,物理学家马克斯威拍摄了世界上第一张彩色照片。

1860 年,英国的萨顿设计出带有可转动的反光镜取景器的原始的单镜头反光照相机;1862 年,法国的德特里把两只照相机叠在一起,一只用于取景,一只用于照相,构成了双镜头照相机的原始形式;1880 年,英国的贝克制成了双镜头的反光照相机。

1866 年,德国化学家肖特与光学家阿具在蔡司公司发明了钡冕光学玻璃,制造了正光摄影镜头,使摄影镜头的设计制造迅速发展。

随着感光材料的发展,1871 年出现了用溴化银感光材料涂制的干版,1884 年又出现了用硝酸纤维(赛璐珞)做基片的胶卷。1888 年,美国柯达公司生产出了新型感光材料——柔软、可卷绕的"胶卷"。这是感光材料的一个飞跃。同年,柯达公司发明了世界上第一台安装胶卷的可携式方箱照相机。

随着放大技术和微粒胶卷的出现,镜头的质量也相应地提高了。1902 年,德国的鲁道夫利用赛得尔于 1855 年建立的三级像差理论和 1881 年阿贝研究成功的高折射率低色散光学玻璃,制成了著名的"天塞"镜头,由于各种像差的降低,照相机的成像质量大为提高。不过这一时期的 35 mm 照相机均采用不带测距器的透视式光学旁轴取景器。

1906 年,美国人乔治·希拉斯首次使用了闪光灯。1913 年,德国人奥斯卡·巴纳克研制出了世界上第一台 135 照相机——使用底片上打有小孔的 35 mm 胶卷的小型莱卡照相机(莱卡单镜头旁轴照相机)。

1925 年至 1938 年为照相机发展的第二阶段。这段时间内,德国的莱兹(莱卡的前身)、禄来、蔡司等公司研制生产出了小体积、铝合金机身等双镜头及单镜头反光照相机。

1930 年,彩色胶卷出现。

1931 年,德国的康泰克斯照相机已装有运用三角测距原理的双像重合测距器,提高了调焦准确度,并首先采用了铝合金压铸的机身和金属幕帘快门。

1935 年,德国出现了埃克萨克图单镜头反光照相机,使调焦和更换镜头更加方便。为了使照相机曝光准确,1938 年柯达照相机安装硒光电池作为曝光装置。1947 年,德国开始生产康泰克斯 S 型屋脊五棱镜单镜头反光照相机,使取景器的像左右不再颠倒,并将俯视调焦和取景改为平视调焦和取景,使摄影更为方便。

1956 年,联邦德国首先制成自动控制曝光量的电眼照相机;1960 年以后,照相机开始采用电子技术,出现了多种自动曝光形式和电子程序快门;1975 年以后,照相机的操作开始实现自动化。

20 世纪 50 年代以前,日本的照相机生产主要是引进德国技术并加以仿制,如 1936 年佳能公司按照莱卡相机仿制了 L39 接口的 35 mm 旁轴相机,而尼康在 1948 年才仿照康泰克斯制造出了旁轴相机。

随着日本侵略战争的扩大,日本军队对光学仪器的需求急剧增加,尼康、宾得和佳能等日本光学仪器厂都接到了大量的军队订单,为侵华日军生产望远镜、经纬仪、飞机光学瞄准仪、瞄准镜、光学测距机等军用光学仪器。随着战争的结束,战后军工企业为了生存不得不转向民用品的生产,光学仪器厂商尼康、佳能、宾得先后开始了照相机的生产。

1952 年,宾得公司引进德国技术并引入德国"PENTAX"品牌,生产出了"旭光学"的第一部相机。1954 年,日本第一部单镜头反光照相机在旭光学-宾得公司制成。1957 年,宾得公司作为日本照相机行业的后起之秀,又制造出了日本的第一部五棱镜光学取景的单反照相机。此后,美能达、尼康、玛米亚、佳能、理光等公司争相仿制、改进单反照相机及镜头技术,从而推动了民用照相机技术在日本的发展,使世界单反照相机技术重心逐渐由德国转移到了日本。

1960 年,宾得公司推出的 PENTAX SP 相机问世,开创了照相机 TTL 自动测光技术的先河。

1971 年,宾得公司为 SMC[①] 镀膜技术申请了专利,并应用 SMC 技术开发生产出了 SMC 镜头,使得镜头在色彩还原和亮度、消除眩光和鬼影两方面都得到极大改善,从而显著提高了镜头品质。得益于 SMC 镀膜技术,宾得镜头的光学品质得到了极大的改善,有多只宾得镜头被职业摄影师们推崇,甚至超越了德国顶级的蔡司镜头,成就了宾得相机一时的辉煌。虽然当时几乎所有厂商生产的照相机镜头都声称采用了 SMC 技术,但是实测证明,在这一点上做得最好的还是宾得镜头。

1969 年,CCD 芯片作为相机感光材料,在美国的阿波罗登月飞船上搭载的照相机中得到应用,为照相感光材料电子化打下技术基础。

1981 年,索尼公司经过多年研究,生产出了世界上第一款采用 CCD 电子传感器做感光材

---

① SMC 是英文 Super-Multi Coating 的缩写,意思是超级多层镀膜技术,应用这一技术,镜头中镜片间光线的单次反射率能够由 5% 下降到 0.96%~0.98%,使整只镜头的光透过率超过 96%。

料的摄像机,为电子传感器替代胶片打下基础。紧跟其后,松下、Copal、富士以及美国、欧洲的一些电子芯片制造商都投入了 CCD 芯片的技术研发,为数码相机的发展打下技术基础。1987年,采用 CMOS 芯片做感光材料的照相机在卡西欧公司诞生。

历经 40 年的发展,数码相机的传感器尺寸达到了 53 mm×44 mm,像素数已经高达 8 000万,采用数码相机拍摄的照片解像力、分辨率、成像质量已经全面超越采用 6 英寸×9 英寸胶片底片相机拍摄的照片。此外,数码相机形成新的硬件摄像科技,如云台、全景相机产品、运动相机、量子视觉设备、3D 全景相机等。数码相机进入消费级市场,更多外形简洁的相机产品推出,并可实现 360°旋转拍摄。例如,量子视觉科技有限公司发布的摄影机 AURA 搭载了 20 个完全同步的 1 200 万像素的广角镜头,图像覆盖达到水平 360°×垂直 180°;由于是专业设备,AURA 价格较高,但是对比国外竞品依旧有巨大的价格优势。

可以预见,随着技术的进步,功能更强大的数码相机将会被不断开发出来。

2. 照相机零部件的发展

其实,就照相机的基本功能而言,无论是早期的"银版照相机",还是已经高度电子化、自动化、电脑化的照相机,基本原理没有多大区别。照相机品种繁多,按用途可分为风光摄影照相机、印刷制版照相机、数码照相机、文献缩微照相机、显微照相机、水下照相机、航空照相机、高速照相机等;按照相胶片尺寸,可分为 110 照相机(画面 13 mm×17 mm)、126 照相机(画面 28 mm×28 mm)、135 照相机(画面 24 mm×18 mm、24 mm×36 mm)、127 照相机(画面 45 mm×45 mm)、120 照相机(包括 220 照相机,画面 60 mm×45 mm、60 mm×60 mm、60 mm×90 mm)、圆盘照相机(画面 8.2 mm×10.6 mm);按取景方式,可分为透视取景照相机、双镜头反光照相机、单镜头反光照相机。图 1-7 所示为某摄像机外观。

图 1-7 某摄像机外观

任何一种分类方法都不能包括所有的照相机,而某一照相机又对应若干分类。例如,135照相机按其取景、快门、测光、输片、曝光、闪光灯、调焦、自拍等方式的不同,构成了一个复杂的型谱。照相机利用光的直线传播性质和光的折射与反射规律,以光子为载体,把某一瞬间的被摄景物的光信息量,以能量形式经照相机镜头传递给感光材料,最终成为可视的影像。照相机的光学成像系统是按照几何光学原理设计的,通过镜头使景物影像利用光的直线传播、折射或反射准确地聚焦在像平面上。摄影时,必须控制合适的曝光量,也就是控制到达感光材料上的光子量。因为银盐感光材料接收的光子量有一限定范围,光子量过少形不成潜影核,光子量过多又会过曝,使图像不能分辨。照相机是用光圈改变镜头通光口径大小,来控制单位时间到达感光材料的光子量的,同时用改变快门的开闭时间来控制曝光时间的长短。

从完成摄影的功能来说,照相机大致要具备成像、曝光和辅助三大结构系统。成像系统包括成像镜头、测距调焦、取景系统、附加透镜、滤光镜、效果镜等;曝光系统包括快门机构、光圈机构、测光系统、闪光系统、自拍机构等;辅助系统包括卷片机构、计数机构、倒片机构等。

镜头是用以成像的光学系统,由一系列光学镜片和镜筒组成,每个镜头都有焦距和相对口径两个特征数据;取景器是用来选取景物和构图的装置,通过取景器看到的景物,凡能落在画面框内的部分,均能拍摄在胶片上;测距器可以测量出到景物的距离,它常与取景器组合使用,通过连动机构可将测距器和镜头调焦联系起来,在测距的同时完成调焦。

光学透视或单镜头反光式取景测距器都须手动操作,并用肉眼判断。而光电测距、声纳测距、红外线测距等方法,既可免除手动操作,又能避免肉眼判断带来的误差,可以实现自动测距。

快门是控制曝光量的主要部件,最常见的快门有镜头快门和焦平面快门两类。镜头快门由一组很薄的金属叶片组成,在主弹簧的作用下,连杆和拨圈的动作使叶片迅速地开启和关闭;焦平面快门是由两组部分重叠的帘幕(前帘和后帘)构成的,装在焦平面前方。两帘幕按先后次序启动,以便形成一个缝隙。缝隙在胶片前方扫过,以实现曝光。

光圈又叫光阑,是限制光束通过的机构,装在镜头中间或后方。光圈能改变光路口径,并与快门一起控制曝光量。常见的光圈有连续可变式和非连续可变式两种。

自拍机构是在摄影过程中起延时作用,以供摄影者自拍的装置。使用自拍机构时,首先释放延时器,延时后再自动释放快门。自拍机构有机械式和电子式两种,机械式自拍机构是一种齿轮传动的延时机构,一般可延时 8 s~12 s;电子式自拍机构利用一个电子延时线路控制快门的释放。通常,照相机的主要元件包括:成像元件、暗室、成像介质与成像控制结构。

成像元件可以进行成像,通常是由光学玻璃制成的透镜组,称为镜头。小孔、电磁线圈等在特定的设备上都起到了"镜头"的作用。成像介质则负责捕捉和记录影像,包括底片、CCD、CMOS 等。暗室为镜头与成像介质提供一个连接场所并保护成像介质不受干扰。

改变成像控制结构可以改变成像或记录影像的方式,形成现代影像最终的成像模式:光圈、快门、聚焦控制等。传统相机成像过程包括:镜头把景物影像聚焦在胶片上成像;胶片上的感光剂随光照发生变化(景物的反射光线经过镜头的会聚,在胶片上形成潜影,这个潜影是光和胶片上的乳剂产生化学反应的结果);胶片受光后,变化了的感光剂经显影液显影和定影,形成和景物相反或色彩互补的影像。

数码相机的成像过程是:通过光学系统将影像聚焦在成像元件 CCD/CMOS 上,通过 A/D 转换器将每个像素上光电信号转变成数码信号,再经 DSP 处理成数码图像,存储到存储介质当中;光线从镜头进入相机后,CCD 进行滤色、感光(光电转化),按照一定的排列方式将拍摄景物"分解"成一个一个的像素点,这些像素点以模拟图像信号的形式转移到"模数转换器"上,转换成数字信号,传送到图像处理器上,处理成真正的图像,之后压缩存储到存储介质中。

1.7.2 图像处理设备的发展

1. 图像处理设备的发展阶段

图像处理设备的硬件发展大致分为这样几个阶段:晶体管阶段、IC 阶段、LSI 阶段、VLSI 阶段。1975 年以后的硬件结构处理方式逐渐转为并行处理和流水线处理,其主要目的是提高处理速度。数字图像处理(Digital Image Processing)起源于 20 世纪 20 年代,将图像信号转换成数字信号并利用计算机对其进行处理,目前已广泛地应用于科学研究、工农业生产、生物医学工程、航空航天等领域。

20 世纪 60 年代初期,开始出现了光学文字读入装置(OCR)。当时的 OCR 在组装上使用了晶体管、电阻和电容等分立元件,这样的分立元件在 32 开本书那么大的印刷线路板上只能装几个触发器。即使只装 15×15 的二进制移位寄存器,其整机大约也要 100 块~200 块这样的印刷线路板。虽然它受到了当时的硬件规模的限制,并且是以文字识别为目的的,没有完全明确是否用于图像处理,但在 3 像素×3 像素、5 像素×5 像素的存储以及处理方面所构成的主体思想对以后的图像处理技术的发展有很大的影响。

20 世纪 70 年代初期,不同结构的图像处理系统涌现出来。这些系统是在 IC 技术、LSI 技术制造出的存储器、触发器、运算器等大规模高速化的器件的推动下而产生的。在这一期间,除了标准泛用计算机之外,还出现了数组处理机(array processor),用于实现高速数据处理。虽说它是以处理石油探查等物理探矿信号为主而开发的,但其在信号处理、向量计算等方面产生了巨大的效果。Floating Point 公司的 AP-120B,日本宇宙开发事业团地球观测中心的 LANDSAT 信息接收处理机,以及 NASA/JPL(喷气推进实验室)的雷达图像再生处理装置等,都是这一时期的产物。

20 世纪 70 年代中期以来,各种各样的图像处理系统如雨后春笋一般被开发出来。这些系统的开发是以半导体器件为中心的器件发展以及组装方法的改进为背景的。这个时期,不仅图像处理的方法被编入教科书,而且对其具体程序的编辑工作也开始进行。

对 20 世纪 70 年代的图像处理以及与其相关联的信息处理具有总结性的系统,要数在日本通产省主持的大型计划中实现的 PIPS。PIPS 在系统的规模、处理的多样性、复杂性等方面,可以说是 20 世纪 70 年代的图像处理、声音识别、模式识别等的集合体。

从工程的角度来看,近年来图像处理设备发展的主要标志是:处理速度提高,处理时间缩短;人机之间的相互作用性提高;图像存储器的大容量化与高性能化;处理的灵活性提高;并行化的高速处理方式的实现;价格降低。

2. 图像处理设备的硬件结构发展

在硬件结构高速化方面,有代表性的技术进步是:元件、设备的高速化;高速算法的开发;硬件结构的处理系统的高速化(流水线、并行、存储器与设备之间的高速数据传送)。

3. 图像处理设备的处理方式

1) 并行处理方式

将同时处理多个数据以提高整体速度的并行处理方法用于图像数据处理,能够自然而然地被人们想到。并行处理的思想从 Unger machine 中就可找出。虽然它看上去并非什么新概念,然而在某种程度上讲,实现这样的硬件结构,也不容易做到。Unger machine 是由格状的四面联结的基本处理群(PE)和通用命令的控制部构成的。以前,由于硬件的限制,图像处理设备的主要部分采用局部并行型。局部并行是指设备对某一适当的区域内的图像数据有并行存取数据的能力或并行处理回路,由区域的大小来决定处理能力。目前,在已经开发了的系统中有代表性的是:瑞典林雪平大学的 PPM(Parallel Picture Processing Machine)、日本东芝公司的 PPP(Parallel Pattern Processor for Image Processing)。更进一步提高处理速度的完全并行方式,是将一帧的所有像素用相同的运算模块同时进行处理。但这种设备由于需要极大规模的硬件系统以及存在经济方面的制约,所以要想在今后实用、普及还有相当大的困难。

2) 流水线方式

流水线方式广泛地应用于信号处理、向量运算、图像处理等方面,对高速化处理具有相同性质的大量数据是十分有效的。它将一系列处理动作分成更为细致的处理步骤,虽然处理单个数据需要较长的时间,但可大大缩短大批量数据同时处理的时间。这种方法以高速化元件为背景,较全面地考虑了系统的高速化,即 CRAY 型号的超级计算机,设备的机器周期为

12.5 ns,进行加法、乘法等运算时,据有 80 MFlops 的高速度。

随着流水线方式的发展,人们开始在提高其灵活性上下功夫,即在处理内容变更的情况下,一种流水线方式能容易地变化成另一种流水线方式。有代表性的是 CDC 公司的 AFP。由于灵活性加大,有些设备已从流水线方式中脱出,成为变异型。NEC 公司的 TIP 是以流水线方式为基础、处理单元根据数据的到来而启动的,这就使数据处理过程中可以跳过一些不必要的处理区和控制区。目前研制的处理机多数采用并行处理与流水线处理相结合的方式,两者之间取长补短,提高了设备的速度和灵活性[110]。

4. 常用的图像处理设备之 DSP

1) DSP 处理器

DSP 的全称为 Digital Signal Process,即数字信号处理。DSP 芯片是指能够实现数字信号处理技术的芯片。近年来,DSP 芯片已经广泛用于自动控制、图像处理、通信技术、网络设备、仪器仪表和家电等领域;DSP 芯片为数字信号处理提供了高效而可靠的硬件基础。DSP 芯片内部采用程序和数据分开的哈佛结构,具有专门的硬件乘法器,可以用来快速地实现各种数字信号处理算法;广泛采用流水线操作,提供特殊的 DSP 指令。在当今的数字化时代背景下,DSP 芯片已成为通信、计算机、消费类电子产品等领域的基础器件。图 1-8 为 DSP28335 核心板。

图 1-8   DSP28335 核心板

2) DSP 处理器发展史

DSP 芯片的诞生是时代所需。20 世纪 60 年代以来,随着计算机和信息技术的飞速发展,数字信号处理技术应运而生并得到迅速的发展。在 DSP 芯片出现之前,数字信号处理只能依靠微处理器来完成。但微处理器的处理速度不快,根本就无法满足越来越大的信息量的高速、实时要求。因此,应用更快、更高效的信号处理方式成了日渐迫切的社会需求。

20 世纪 70 年代,DSP 芯片的理论和算法基础已成熟。但那时的 DSP 仅仅停留在教科书上,即使是研制出来的 DSP 系统也是由分立元件组成的,其应用领域局限于军事、航空航天。

1978 年,AMI 公司发布了世界上第一个单片 DSP 芯片 S2811,但它没有现代 DSP 芯片所必须有的硬件乘法器;1979 年美国 Intel 公司发布的商用可编程器件 2920 是 DSP 芯片的一个重要里程碑,但其依然没有硬件乘法器;1980 年日本 NEC 公司推出的 MPD7720 是第一个具有硬件乘法器的商用 DSP 芯片,从而被认为是第一块单片 DSP 器件。

1982 年,世界上诞生了第一代 DSP 芯片 TMS32010 及其系列产品。这种 DSP 器件采用微米工艺 NMOS 技术制作,虽功耗和尺寸稍大,但运算速度却比微处理器快了几十倍。DSP 芯片的问世是个里程碑,它标志着 DSP 应用系统由大型系统向小型化迈进了一大步。至 20 世纪 80 年代中期,CMOS 工艺的 DSP 芯片应运而生,其存储容量和运算速度都得到了成倍的提高,为语音处理、图像硬件处理技术奠定了基础。

20 世纪 80 年代后期,第三代 DSP 芯片问世。其运算速度进一步提高,应用范围逐步扩大到通信、计算机领域;20 世纪 90 年代 DSP 发展最快,相继出现了第四代和第五代 DSP 芯片。第五代与第四代相比,系统集成度更高,将 DSP 芯核及外围元件集成在了单一芯片上。

进入 21 世纪后,第六代 DSP 芯片横空出世。第六代芯片在性能上全面优于第五代芯片,同时基于商业目的的不同发展出了诸多个性化分支,并开始逐渐拓展新的领域。

3) DSP 芯片的应用领域

DSP 芯片强调数字信号处理的实时性。DSP 处理器作为数字信号处理器将模拟信号转换成数字信号,用于专用处理器的高速实时处理。它具有高速、灵活、可编程、低功耗的界面功能,在图形图像处理、语音处理、信号处理等通信领域起到越来越重要的作用。

市场上应用 DSP 芯片的领域较多,且新应用领域有望层出不穷。根据美国的权威资讯公司统计,目前 DSP 芯片在市场上应用最多的是通信领域,占 56.1%;其次是计算机领域,占 21.16%;消费电子和自动控制占 10.69%;军事/航空占 4.59%;仪器仪表占 3.5%;工业控制占 3.31%;办公自动化占 0.65%。

DSP 芯片在多媒体通信领域、工业控制领域、仪器仪表领域、汽车安全与无人驾驶领域和军事领域的应用如下。

① DSP 芯片在多媒体通信领域的应用。媒体数据传输产生的信息量是巨大的,多媒体网络终端在整个过程中需要对获取的信息量进行快速分析和处理,因此 DSP 被运用在语音编码、图像压缩和减少语音通信上。如今,基于 DSP 技术在语音解码领域计算产生的实时效果和设计协议要求已经形成一条最基本的国际标准。

② DSP 芯片在工业控制领域的应用。在工业控制领域,工业机器人被广泛应用,对机器人控制系统的性能要求也越来越高。机器人控制系统的重中之重就是实时性,在完成一个动作的同时会产生较多的数据和计算处理,因此可以采用高性能的 DSP。DSP 被应用到机器人的控制系统后,充分利用自身的实时计算速度特性,使得机器人系统可以快速处理问题,不断提高 DSP 数字信号芯片速度,在系统中容易构成并行处理网络,大大提高控制系统的性能,使机器人系统得到更为广泛的发展。

③ DSP 芯片在仪器仪表领域的应用。DSP 芯片丰富的片内资源可以大大简化仪器仪表的硬件电路,实现仪器仪表的 SOC 设计。仪器仪表的测量精度和速度是一项重要的指标,使用 DSP 芯片开发产品可使这两项指标大大提高。例如,TI 公司的 TMS320 F2810 具有高效的 32 位 CPU 内核、12 位 A/D 转换器、丰富的片上存储器和灵活的指挥系统,为高精密仪器搭建了广阔的平台。高精密仪器现在已经发展成为 DSP 芯片的一个重要应用,正处于快速传播时期,将推动产业的技术创新。

④ DSP 芯片在汽车安全与无人驾驶领域的应用。随着汽车电子系统的日益兴旺发展,诸如装设红外线和毫米波雷达,都需用 DSP 芯片进行分析。如今,汽车愈来愈多,防冲撞系统已成为研究热点。而且,利用摄像机拍摄的图像数据需要经过 DSP 芯片处理,才能在驾驶系统里显示出来,供驾驶人员参考。

⑤ DSP 芯片在军事领域的应用。DSP 的功耗低、体积小、实时性反应速度快,是武器装备中特别需要的。如机载空空导弹,在有限的体积内装有红外探测仪和相应的 DSP 信号处理器等部分,完成目标的自动锁定与跟踪;先进战斗机上装备的目视瞄准器和步兵个人携带的头盔式微光仪,需用 DSP 技术完成图像的滤波与增强,智能化目标搜索捕获。

此外,DSP 技术还可以用于自动火炮控制、巡航导弹、预警飞机、相控阵天线等雷达的数字信号处理中。

DSP 芯片的具体应用主要有:①信号处理,如数字滤波、自适应滤波、快速傅里叶变换、相关运算、频谱分析、卷积等;②通信,如调制解调器、自适应均衡、数据加密、数据压缩、回坡抵消、多路复用、传真、扩频通信、纠错编码、波形产生等；③语音，如语音编码、语音合成、语音识别、语音增强、说话人辨认、说话人确认、语音邮件、语音储存等；④图像/图形，如二维和三维图形处理、图像压缩与传输、图像增强、动画、机器人视觉等；⑤军事，如保密通信、雷达处理、声纳处理、导航等；⑥仪器仪表，如频谱分析、函数发生、锁相环、地震处理等；⑦自动控制，如引擎控制、深空、自动驾驶、机器人控制、磁盘控制；⑧医疗，如助听、超声设备、诊断工具、病人监护等。

4) DSP 芯片市场

DSP 的高端市场被国外公司垄断，目前，世界上 DSP 芯片制造商主要有 3 家：德州仪器 (TI)公司、模拟器件(ADI)公司和摩托罗拉(Motorola)公司。其中，TI 公司独占鳌头，占据绝大部分的国际市场份额，ADI 公司和摩托罗拉公司也有一定市场。

TI 公司在 1982 年成功推出了其第一代 DSP 芯片 TMS32010。TMS320 系列 DSP 芯片由于具有价格低廉、简单易用、功能强大等特点，逐渐成为目前最有影响、最为成功的 DSP 系列处理器。TI 公司的 DSP 产品主要应用在机器视觉、航空电子和国防、尺寸、重量和功耗 (SWAP)、音频、视频编码/解码与生物识别领域。在 TI 公司主打的三个系列中，C2000 系列现在所占市场份额较小，如今 TI 官网上的 DSP 产品主要以 C6000 与 C5000 为主。其中，C2000 系列主要用于数字控制系统；C5000 系列(C54x、C55x)主要用于低功耗、便携的无线通信终端产品；C6000 系列主要用于高性能复杂的通信系统。特别地，C5000 系列中的 TMS320 芯片和 C54x 系列的 DSP 芯片被广泛应用于通信和个人消费电子领域。此外，C6000 系列的主打产品为 C6000 DSP＋ARM 处理器(12)——OMAP-L1x (5)、66AK2x (7)，C6000 DSP (94)——C674x DSP (5)、C66x DSP (11)；C5000 系列主打产品为 C55x 超低功耗 DSP，为超低功耗的紧凑型嵌入式产品提供高效的信号处理。

ADI 公司有六款主打产品，分别应用在语音处理、图像处理、过程控制、测控与测量等领域。

摩托罗拉公司的产品包括定点的和浮点的，专用的和通用的，16 位、24 位以及 32 位的。其生产的 DSP 芯片主要应用于语音处理、通信、数字相机、多媒体、控制等领域，主打产品有 DSP56000 系列、DSP56800 系列、DSP56800E 系列、MSC8100 系列、DSP56300 系列等。

5) DSP 芯片的特点

DSP 芯片是一种具有特殊结构的微处理器。该芯片的内部采用程序和数据分开的哈佛结构，具有专门的硬件乘法器，广泛采用流水线操作，提供特殊的指令，可以用来快速地实现各种数字信号处理算法。

TMS320x24x 系列数字信号处理器是 TI 公司推出的一种面向数字马达控制、嵌入式控制系统和数字控制系统开发的新型可编程 DSP 芯片。LF2407 是 x240x 系列 DSP 控制器，是性能最强、片上设施最完备的一个型号，被广泛用于代码开发、系统仿真及实际系统中，其主要特点为：①采用高性能静态 CMOS 技术，使得供电电压降为 3.3 V，减小了控制器的功耗；②30 MIPS 的执行速度使得指令周期缩短到 33 ns(30 MHz)，从而提高了控制器的实时控制能力；③有两个事件管理器模块——EVA 和 EVB，每个包括两个 16 位通用定时器和 8 个 16 位的脉宽调制(PWM)通道；④适用于控制交流感应电机、无刷直流电机、步进电机和逆变器等；⑤10 位 A/D 转换器最小转换时间为 500 ns，可选择由两个事件管理器来触发两个 8 通道输入 A/D 转换器或一个 16 位通道输入 A/D 转换器。

6) DSP 的分类

基于 DSP 芯片构成的控制系统实际上是一个单片系统，因为整个控制所需的各种功能都可由 DSP 芯片来实现。因此,可以减小目标系统的体积,减少外部元件的个数,增加系统的可靠性。对于那些对性能和精度要求高、实时性强、体积小的场合,基于 DSP 芯片构成控制系统是具有很高性能价格比的实现方法。DSP 芯片可以按照下列三种方式进行分类。

(1) 按基础特性分类。如果在某时钟频率范围内的任何时钟频率上,DSP 芯片都能正常工作,这类 DSP 芯片一般称为静态 DSP 芯片。如果有两种或以上的 DSP 芯片,它们的指令集和相应的机器代码机管脚结构相互兼容,则这类 DSP 芯片称为一致性 DSP 芯片。

(2) 按数据格式分类。数据以定点格式工作的 DSP 芯片称为定点 DSP 芯片,不同浮点 DSP 芯片所采用的浮点格式不完全一样,有的 DSP 芯片采用自定义的浮点格式,而有的 DSP 芯片则采用 IEEE 的标准浮点格式。

(3) 按用途分类。按照 DSP 的用途来分,可分为通用型 DSP 芯片和专用型 DSP 芯片。

7) DSP 技术的发展方向

未来 DSP 技术将在以下几个方面继续发展与更新。

(1) DSP 芯核集成度越来越高。缩小 DSP 芯片尺寸一直是 DSP 技术的发展趋势,当前使用较多的是基于 RISC 的结构,随着新工艺技术的引入,越来越多的制造商开始改进 DSP 芯核,并且把多个 DSP 芯核、MPU 芯核以及外围的电路单元集成在一个芯片上,实现了 DSP 系统级的集成电路。

(2) 可编程 DSP 芯片将是未来的主导产品。随着个性化发展的需要,DSP 的可编程化为生产厂商提供了更多灵活性,满足厂家在同一个 DSP 芯片上开发出更多不同型号特征的系列产品,也使得广大用户对于 DSP 的升级换代备受期待。如冰箱、洗衣机,这些家电原来装有的微控制器如今已换成可编程 DSP 来实现大功率电机的控制了。

(3) 定点 DSP 占据主流。目前,市场上所销售的 DSP 器件中,主流产品依然是 16 位的定点可编程 DSP 器件,随着 DSP 定点运算器件成本的不断降低,能耗越来越小的优势日渐明显。未来定点 DSP 芯片仍将是市场的主角。

5. 常用的图像处理设备之 FPGA

1) FPGA 芯片定义及物理结构

FPGA(Field Programmable Gate Array)芯片作为专用集成电路(ASIC)领域中的半定制电路面市,克服了定制电路灵活度不足的问题以及传统可编程器件门阵列数有限的缺陷。FPGA 芯片基于可编程器件(PAL、GAL)发展而来,是半定制化、可编程的集成电路。

赛灵思联合创始人 Ross Freeman 于 1984 年发明了 FPGA 集成电路结构。全球第一款商用 FPGA 芯片为赛灵思 XC4000 系列的 FPGA 产品。FPGA 芯片按固定模式处理信号,可执行新型任务(计算任务、通信任务等)。FPGA 芯片与专用集成电路(如 ASIC 芯片)相比更具灵活性,与传统可编程器件相比可添加更大规模电路以实现多元功能。

FPGA 芯片主要由三部分组成,分别为 IOE(Input Output Element,输入输出单元)、LAB(Logic Array Block,逻辑阵列块,赛灵思将其定义为可配置逻辑块 CLB)以及内部连接线(Interconnect)。

2) FPGA 芯片特点及分类

FPGA 芯片在实时性(数据信号处理速度快)、灵活性等方面具备显著优势,在深度学习领域占据不可替代地位,同时具有开发难度高的特点。具体特点描述如下。

(1) 设计灵活:FPGA 芯片物理结构属于硬件可重构的芯片结构,内部设置数量丰富的输入输出单元引脚及触发器。

（2）兼容性强：FPGA 芯片可与 CMOS、TTL 等大规模集成电路兼容，协同完成计算任务。

（3）并行计算：FPGA 内部结构可按数据包步骤的多少搭建相应数量的流水线，不同的流水线处理不同的数据包，实现流水线并行、数据并行功能。

（4）适用性强：FPGA 芯片是专用电路中开发周期最短、应用风险最低的器件之一（部分客户无需投资研发即可获得适用 FPGA 芯片）。

（5）地位提升：早期，FPGA 芯片在部分应用场景中是 ASIC 芯片的批量替代品；近期，随微软等头部互联网企业数据中心规模扩大，FPGA 芯片的应用范围扩大。

FPGA 厂商主要提供基于两种技术类型的 FPGA 芯片——Flash 技术类、SRAM 技术类（Static Random-Access Memory，静态随机存取存储器），两类技术均可实现系统层面编程功能，具备较高的计算性能。

核心区别：基于 Flash 的可编程器件具备非易失性特征，即电流关闭后，所存储的数据不消失。然而，基于 SRAM 技术的 FPGA 芯片不具备非易失性特征，是应用范围最广泛的架构。

3）FPGA 芯片与其他主流芯片的对比

FPGA 架构偏重计算效率，依托 FPGA 的并行计算处理视觉算法可大幅提升计算速率，降低时延。以下是 FPGA 芯片与其他主流芯片的详细对比。

（1）FPGA 视觉算法与 CPU 视觉算法比较

CPU 通过专用译码器接收任务指令，接收过程分为两步：指令获取（CPU 从专门存放指令的存储器中提取指令）以及指令翻译（根据特定规则将指令翻译为数据并传输至计算单元）。其中，计算单元为晶体管（CPU 基本元件），"开""关"分别对应"1""0"机器码数字。

CPU 物理结构包括 Control（指令获取、指令翻译）、Cache（临时指令存储器）、计算单元 ALU（约占 CPU 空间的 20%）。CPU 为通用型计算任务处理核心，可处理来自多个设备的计算请求，可随时终止当前运算，转向其运算。逻辑控制单元及指令翻译结构较为复杂，可从中断点继续计算任务，为实现高度通用性而牺牲计算效率。

CPU 用于处理视觉算法时需按指定顺序执行指令，在图像处理算法运行完成第一条指令后，第二指令开始运行；在 4 步操作指令环境下，设定单个操作指令运行需 10 ms，完成总算法耗时约 40 ms。FPGA 用于处理视觉算法时采取规模化并行运算模式，可于图像不同像素内同时运行 4 步操作指令；设定单个操作指令运行需 10 ms，则 FPGA 完成图像整体视觉算法处理时间仅为 10 ms。FPGA 图像处理速度显著快于 CPU。在"FPGA＋CPU"架构下，图像在 CPU 与 FPGA 之间传输，包含传输时间在内的算法整体处理时间仍低于纯 CPU 架构。

以卷积滤镜图像锐化计算任务为例，系统需设置阈值运行算法生长二进制图像。CPU 架构下，系统需在阈值步骤前完成图像整体卷积步骤。而 FPGA 架构支持相同算法同时运行，与 CPU 架构相比，其卷积计算速度提升约 20 倍。

（2）FPGA 芯片与 GPU 芯片比较

GPU 物理结构采用 GPU 为图形处理器，针对各类计算机图形绘制行为进行运算（如顶点设置、光影操作、像素操作等）。标准 GPU 包括 2D 引擎、3D 引擎、视频处理引擎、显存管理单元等。其中，3D 引擎包含 TL 单元、Piexl Shader 等。

GPU 处理计算指令流程包括：①顶点处理，GPU 读取 3D 图形顶点数据，根据外观数据确定 3D 图形形状、位置关系，建立 3D 图形骨架；②光栅化计算（矢量图形转换为像素点为光栅化计算过程),显示器图像由像素组成,系统需将图形点、线通过算法转换至像素点;③纹理贴图,通过纹理映射对多变形表面进行贴图处理,进而生成真实图形;④像素处理,GPU 对光栅化完成的像素进行计算、处理,确定像素最终属性,多通过 Pixel Shader(像素着色器)完成。

GPU 与 FPGA 的特点对比如下。

① 峰值性:GPU 计算峰值(10 TFlops)显著高于 FPGA 计算峰值(小于 1TFlops)。GPU 架构依托深度流水线等技术可基于标准单元库实现手工电路定制。相对而言,FPGA 设计资源受限,型号选择决定逻辑资源上限(浮点运算资源占用较高),FPGA 逻辑单元基于 SRAM 查找表,布线资源受限。

② 内存接口:GPU 内存接口(双倍数据传输率存储器等)带宽优于 FPGA 使用的 DDR(双倍速率同步动态随机存储器)接口,满足机器学习频繁访问内存需求。

③ 灵活性:FPGA 可根据特定应用编程硬件,而 GPU 设计完成后无法改动硬件资源,远期机器学习使用多条指令平行处理单一数据,FPGA 硬件资源灵活性更能满足需求。

④ 功耗:GPU 平均功耗(200 W)远高于 FPGA 平均功耗(10 W),因此使用 FPGA 芯片可有效解决散热问题。

(3) FPGA 芯片与 ASIC 芯片比较

FPGA 芯片与 ASIC 芯片在开发流程上的区别如下:

① ASIC 需从标准单元进行设计,功能需求及性能需求发生变化时,ASIC 芯片设计需经历重新投片,设计流程时间成本、经济成本较高;

② FPGA 包括预制门和触发器,具备可编程互连特性,可实现芯片功能重新配置。相对而言,ASIC 芯片较少具备重配置功能。

ASIC 与 FPGA 芯片在经济成本、时间成本上的区别如下:

① ASIC 设计过程涉及固定成本,设计过程造成的材料浪费较少,比 FPGA 的重复成本低,非重复成本高(平均超百万美元);

② FPGA 重复成本高于同类 ASIC 芯片,规模化量产场景下,ASIC 芯片的单位 IC 成本随产量增加而持续走低,总成本显著低于 FPGA 芯片;

③ FPGA 无需等待芯片流片周期,编程后可直接使用,比 ASIC 更有助于企业节省产品上市时间;

④ 技术未成熟阶段,FPGA 架构支持灵活改变芯片功能,有助于降低器件产品成本及风险,更适用于 5G 商用初期的市场环境。

4) 中国的 FPGA 芯片行业产业链分析

FPGA 芯片构成人工智能芯片的重要细分市场,产业链细长,FPGA 厂商作为中游企业对上游软、硬件供应商及下游客户企业议价能力均较强。

中国 FPGA 芯片行业产业链由上游底层算法设计企业、EDA 工具供应商、晶圆代工厂、专用材料及设备供应商,中游各类 FPGA 芯片制造商、封测厂商及下游包括视觉工业厂商、汽车厂商、通信服务供应商、云端数据中心等在内的应用场景客户企业构成。

(1) 中国 FPGA 芯片行业产业链上游分析

FPGA 芯片作为可编程器件,流片需求较少,对上游代工厂依赖程度较低,需要专业设计软件、算法架构的支持。FPGA 芯片设计对底层算法架构依赖程度较低,上游算法供应商对中游 FPGA 芯片研发制造企业议价能力有限。境外算法架构设计企业包括高通、ARM、谷歌、微软、IBM 等。FPGA 芯片企业需通过 EDA 等开发辅助软件(Quartus、Vivado 等)完成设计,而可提供 EDA 软件的国际一流企业向芯片研发企业收取高昂的模块使用费。

中国市场中可提供 EDA 产品的企业较少，以芯禾电子、华大九天、博达微科技等为代表，这些 EDA 企业研发起步较晚，软件产品稳定性、成熟度有待提高。中国 FPGA 芯片研发企业采购境外 EDA 软件产品成本高昂，远期有待国内 EDA 企业消除与国外同类企业的差距，为中游芯片企业提供价格友好型 EDA 产品。

当前，中国主流晶圆厂约 30 家，在规格上分别涵盖 8 英寸晶圆、12 英寸晶圆。其中，8 英寸晶圆厂比 12 英寸晶圆厂数量多。2021 年，中国本土 12 英寸晶圆厂以武汉新芯、中芯国际、紫光等为例，平均月产能约 65 千片。特别地，武汉新芯 12 英寸晶圆以平均月产能 200 千片，而海力士平均月产能 160 千片。（在中国设立晶圆厂的境外厂商包括 Intel、海力士等。）

（2）中国 FPGA 芯片行业产业链中游分析

中国 FPGA 芯片行业中游企业拥有较大利润空间，随研发能力积累及应用市场成熟，中游行业格局或发生裂变，从发展硬件、器件研发业务转向发展软件、平台搭建业务。

FPGA 芯片产品可快速切入应用市场，具备不可替代性，现阶段应用场景较为分散。随技术成熟度提升，终端厂商或考虑采用 ASIC 芯片置换 FPGA 芯片以降低成本。

FPGA 芯片利润空间巨大。与 CPU、GPU、ASIC 等产品相比，FPGA 芯片利润率较高。中低密度百万门级或千万门级 FPGA 芯片研发企业的利润率接近 50%（可参考 iPhone 毛利率接近 50% 的水平），而高密度亿门级 FPGA 芯片研发企业的利润率近 70%（以赛灵思、Intel 收购的阿尔特拉为例）。

中国中游企业面临市场潜力释放节点。相较赛灵思、Intel 等巨头，中国 FPGA 在研发方面起步晚，但研发进度逐渐赶上，与全球头部厂商从相差 3 代缩短至相差约 2 代。2017 年起，中国 FPGA 迈入发展关键阶段（从反向设计向正向设计全面过渡）。本报告期内中美贸易摩擦加剧背景下，完成初期积累的中国 FPGA 行业中游企业面临较好发展机遇。与全球集成电路领域超 4 600 亿美元市场规模相比，中国 FPGA 市场规模较小，存在增量释放空间。

（3）产业格局或发生变化

随 FPGA 行业中游企业集中度提高，行业格局或发生裂变。中国企业可通过市场策略调整，从硬件研发业务转向软件设计，从器件研发转向平台建设。

中国 FPGA 芯片行业产业链下游分析，中国 FPGA 芯片行业下游应用市场覆盖范围广泛，以电子通信、消费电子为头部，在工业控制、机器人控制、视频控制、自动驾驶和服务器等多领域具备巨大发展潜力。

（4）FPGA 厂商偏重通信市场及消费电子场景

中国 FPGA 应用市场以消费电子、通信为主。本土芯片在产品硬件性能等方面落后于国外高端产品，在高端民用市场尚不具备竞争力，但短期在 LED 显示、工业视觉等领域出货量较高。随着中国企业技术的突破及 5G 技术的成熟，中国 FPGA 厂商在通信领域或取得的市场份额高增长。

汽车、数据中心应用紧随其后，预计 2025 年后，边缘计算技术及云计算技术将在智慧交通网络、超算中心全面铺开，自动驾驶、数据中心领域 FPGA 应用市场成长速度将超过通信、消费电子市场。

FPGA 芯片下游应用市场规模增长情况为：2018 年，通信、消费电子、汽车三大场景构成全球 FPGA 芯片总需求规模约 80% 以上，且市场规模持续扩大。FPGA 器件作为 5G 基站、汽车终端设备、边缘计算设备核心器件，加速效果显著，下游市场增量需求旺盛。随中游本土企业实力提升,远期国产 FPGA 芯片产品或以低价优势切入下游市场,降低下游企业采购高端可编程器件的成本。

(5) 中国 FPGA 芯片行业市场规模

应用场景对 FPGA 芯片存量需求持续提升,5G、人工智能技术发展推动中国 FPGA 市场扩张,刺激增量需求释放。随下游应用市场拓展,中国 FPGA 行业市场规模持续提升。2018 年,中国范围 FPGA 市场规模接近 140 亿元。

5G 新空口通信技术及机器学习技术的发展将进一步刺激中国 FPGA 市场扩容。预计到 2023 年,中国 FPGA 芯片市场规模接近 460 亿元。

全球 FPGA 市场规模潜力将释放,主要得益于以下因素。

① 下游应用场景趋于广泛:FPGA 芯片比 ASIC 芯片更具灵活性,可节省流片时间成本,上市时间短,应用场景从通信收发器、消费电子等拓展至汽车电子、数据中心、高性能计算、工业视觉、医疗检测等,短期内中国 FPGA 应用场景保持分散格局,存量市场、增量市场均存在扩容空间。

② 部分应用场景不可替代性:FPGA 芯片在技术不稳定、灵活度需求高、需求量小的场景中,具备 ASIC、CPU、GPU 不可替代的低研发成本、制造成本优势(器件可根据具体需求完成现场编程需求)。

③ 亚太地区市场需求显著,亚太地区市场是 FPGA 的主要应用市场,占全球市场份额超 40%。截至 2018 年底,中国 FPGA 市场规模接近 140 亿元,且随 5G 通信基础设施的铺开而面临较大增量的需求空间。

④ 北美龙头企业把持头部市场,北美地区赛灵思、Intel(收购阿尔特拉)保持 FPGA 市场双寡头垄断格局。中国 FPGA 市场中,赛灵思份额超过 50%,Intel 份额接近 30%。

5) FPGA 芯片技术在计算密集型任务和通信密集型任务方面的优势

矩阵运算、机器视觉、图像处理、搜索引擎排序、非对称加密等类型的运算属于计算密集型任务,该类运算任务可由 CPU 卸载至 FPGA 执行。FPGA 可用于处理多元计算密集型任务,依托流水线并行结构体系,FPGA 比 GPU、CPU 在计算结果返回时延方面更具备技术优势。FPGA 执行计算密集型任务时的性能表现如下。

(1) 计算性能与 CPU 相比:Stratix 系列 FPGA 进行整数乘法运算时,其性能与 20 核 CPU 相当;进行浮点乘法运算时,其性能与 8 核 CPU 相当。

(2) 计算性能与 GPU 相比:FPGA 进行整数乘法、浮点乘法运算时,性能与 GPU 存在数量级差距,可通过配置乘法器、浮点运算部件接近 GPU 的计算性能。

FPGA 执行计算密集型任务时的核心优势如下:

(1) 搜索引擎排序、图像处理等任务对结果返回时限要求较为严格,需降低计算步骤时延。传统 GPU 加速方案下数据包规模较大,时延可达毫秒级别。而在 FPGA 加速方案下,PCIe 时延可降至微秒级别。尤其在远期技术推动下,CPU 与 FPGA 数据传输时延可降至 100 ns 以下。

(2) FPGA 可针对数据包步骤数量搭建同等数量的流水线,形成流水线并行结构,数据包经多个流水线处理后可即时输出。GPU 数据并行模式依托不同数据单元处理不同数据包,数据单元需一致输入、输出。针对流式计算任务,FPGA 流水线并行结构在延迟方面具备天然优势。

对称加密、防火墙、网络虚拟化等运算属于通信密集型计算任务,通信密集数据处理复杂度比计算密集数据处理复杂度低,易受通信硬件设备限制。FPGA 用于处理通信密集型任务时不受网卡限制,在数据包吞吐量、时延方面的表现优于 CPU 方案,时延稳定性较强。FPGA 执行通信密集型任务的具体优势如下。

(1) 数据包吞吐量优势

CPU 方案处理通信密集型任务需通过网卡接收数据,易受网卡性能限制(线速处理 64 字节数据包网卡有限,CPU 及主板 PCIe 网卡插槽数量有限)。

GPU 方案(高计算性能)处理通信密集任务数据包缺乏网口,需依靠网卡收集数据包,数据吞吐量受 CPU 及网卡限制,时延较长。

FPGA 可接入 40 Gbit/s、100 Gbit/s 网线,并以线速处理各类数据包,可降低网卡、交换机配置成本。

(2) 时延优势

CPU 方案通过网卡收集数据包,并将计算结果发送至网卡。受网卡性能限制,在 DPDK 数据包处理框架下,CPU 处理通信密集任务时延近 5 μs,且 CPU 时延稳定性较弱,高负载情况下时延或超过几十微秒,造成任务调度的不确定性。

FPGA 无需指令,可保证稳定、极低时延。FPGA 协同 CPU 异构模式可拓展 FPGA 方案在复杂端设备的应用。

(3) FPGA 部署方式特点及限制

① 部署方式:FPGA 部署方式包括集群式、分布式等,逐渐从中心化过渡至分布式,不同部署方式下,服务器沟通效率、故障传导效应表现各异。

② FPGA 嵌入功耗负担:FPGA 嵌入对服务器整体功耗的影响较小,以 Catapult 联手微软开展的 FPGA 加速机器翻译项目为例,加速模块整体总计算能力达到 10^3 Tops/W,与 10 万块 GPU 计算能力相当。相对而言,嵌入单块 FPGA 导致服务器整体功耗增加约 30 W。

③ 集群部署特点及限制:FPGA 芯片构成专用集群,形成 FPGA 加速卡构成的超级计算机,如 Virtex 系列早期实验板于同一硅片上部署 6 块 FPGA,单位服务器搭载 4 块实验板;专用集群模式无法在不同机器的 FPGA 之间实现通信;数据中心的机器需集中发送任务至 FPGA 集群时,易造成网络延迟;单点故障导致数据中心整体加速能力受限。

(4) 网线连接分布部署

为保证数据中心服务器的同构性(ASIC 解决方案无法满足),人们提出网络连接分布部署方案。该部署方案于不同服务器嵌入 FPGA,并通过专用网络连接,可解决单点故障传导、网络延迟等问题。类同于集群部署模式,该模式不支持不同机器 FPGA 间的通信;此外,其搭载 FPGA 芯片的服务器,具备高度定制化特点,运维成本较高。

(5) 共享服务器网络部署

共享服务器网络部署模式下,FPGA 置于网卡、交换机间,可大幅提高加速网络功能并实现存储虚拟化。FPGA 针对每台虚拟机设置虚拟网卡,虚拟交换机数据平面功能移动至 FPGA 内,无需 CPU 或物理网卡参与网络数据包收发过程。该方案显著提升虚拟机网络性能(25 Gbit/s),同时可降低数据传输网络延迟为原来的 1/10。分享部署指分享服务器网络部署模式下,FPGA 加速器有助于降低数据传输时延,维护数据中心时延稳定,显著提升虚拟机网络性能。

① 分享服务器网络部署模式下 FPGA 加速 Bing 搜索排序

Bing 搜索排序于该模式下采用 10 Gbit/s 专用网线通信,每组网络由 8 个 FPGA 组成。

其中,部分负责提取信号特征,部分负责计算特征表达式,部分负责计算文档得分,最终形成机器人即服务(RaaS)平台。FPGA 加速方案下,Bing 搜索时延大幅降低,延迟稳定性呈现正态分布。该部署模式下,远程 FPGA 通信延迟相对搜索延迟可忽略。

② Azure 服务器部署 FPGA 模式

Azure 服务器针对网络及存储虚拟化成本较高等问题采取 FPGA 分享服务器网络部署模式。随网络计算速度达到 40 Gbit/s,网络及存储虚拟化 CPU 成本激增(单位 CPU 核仅可处理100 Mbit/s吞吐量)。通过在网卡及交换机间部署 FPGA,网络连接扩展至整个数据中心。通过轻量级传输层,同一服务器机架时延可控制在 3 μs 内,触达同数据中心全部 FPGA 机架时延可控制在 20 μs 内。此外,该模式包含了加速层和数据中心加速层。

加速层:依托高带宽、低时延优势,FPGA 可组成网络交换层与服务器软件之间的数据中心加速层,并随分布式加速器规模扩大实现性能超线性提升。

数据中心加速层是 FPGA 嵌入数据中心的加速平面,位于网络交换层(支架层、第一层、第二层)与传统服务器软件(CPU 层面运行软件)之间。

加速层的优势如下:

- FPGA 加速层负责为每台服务器提供云服务,即提供网络加速、存储虚拟化加速支撑,加速层剩余资源可用于深度神经网络(DNN)等计算任务;
- 随分布式网络模式下 FPGA 加速器规模的扩大,虚拟网络性能提升呈现超线性特征。加速层性能提升原理:使用单块 FPGA 时,单片硅片内存不足以支撑全模型计算任务,需持续访问 DRAM 以获取权重,受制于 DRAM 性能。加速层通过数量众多的 FPGA 支撑虚拟网络模型中的单层或单层部分计算任务。该模式下,硅片内存完整加载模型权重,可突破 DRAM 性能瓶颈,FPGA 计算性能得到充分发挥。加速层需避免计算任务过度拆分而导致的计算、通信失衡。

③ eFPGA 技术和其技术优势

嵌入式 eFPGA 技术在性能、成本、功耗、盈利能力等方面优于传统 FPGA 嵌入方案,可针对不同应用场景、不同细分市场需求提供灵活解决方案。器件设计复杂度提升伴随设备成本下降的经济趋势促进市场对 eFPGA 技术的需求。

器件设计复杂度提升:SoC 设计实现过程相关软件工具趋于复杂(如 Imagination Technologies 为满足客户完整开发解决方案需求而提供的 PowerVR 图形界面、Eclipse 整合开发环境),工程耗时增加(工程耗时包括编译时间、综合时间、映射时间,FPGA 规模越大,编译时间越长)、制模成本提高(FPGA 芯片成本为同规格 ASIC 芯片成本的 100 倍)。

设备成本下降:20 世纪末期,FPGA 平均售价较高,这是因为传统模式下,FPGA 与 ASIC集成设计导致 ASIC 芯片管芯面积、尺寸增大,复杂度提升,早期混合设备成本较高。进入 21世纪,与批量生产的混合设备相比,FPGA 更多应用于原型设计、预生产设计,成本相对传统集成持续下降(最低约 100 元),应用灵活。

eFPGA 的技术优势如下:

- 更优质:eFPGA IP 核及其功能模块的 SoC 设计与传统 FPGA 嵌入 ASIC 解决方案相比,在功耗、性能、体积、成本等方面表现更优。
- 更方便:下游应用市场需求更迭速度快,eFPGA 可重新编程特性有助于设计工程师更新 SoC,使产品可更长久地占有市场,利润、收入、盈利能力同时大幅提升。eFPGA 方案下 SoC 可实现高效运行,一方面迅速更新升级以支持新接口标准,另一方面可快速接入新功能以应对细分化的市场需求。

- 更节能：SoC 设计嵌入 eFPGA 技术可在提高总性能的同时降低总功耗。利用 eFPGA 技术可重新编程特性，工程师可基于硬件，针对特定问题对解决方案进行重新配置，进而提高设计性能、降低功耗。

④ FPGA 云计算技术

云计算：FPGA 技术无需依靠指令、无需共享内存，在云计算网络互联系统中提供低延迟流式通信功能，可广泛满足虚拟机之间、进程之间的加速需求。

FPGA 云计算任务执行流程：主流数据中心以 FPGA 为计算密集型任务加速卡，赛灵思及阿尔特拉推出基于 OpenCL 的高层次编程模型，模型依托 CPU 触达 DRAM，向 FPGA 传输任务、通知执行，FPGA 完成计算并将执行结果传输至 DRAM，最终传输至 CPU。

FPGA 云计算性能升级空间：受限于工程实现能力，当前数据中心 FPGA 与 CPU 之间通信多以 DRAM 为中介，通过烧写 DRAM、启动 kernel、读取 DRAM 的流程完成通信（FPGA DRAM 比 CPU DRAM 数据传输速度慢），时延近 2 ms（OpenCL、多个 kernel 间共享内存）。CPU 与 FPGA 间的通信时延存在升级空间，可借助 PCIe DMA 实现高效直接通信，时延最低可降至 1 μs。

FPGA 云计算通信调度新型模式：新通信模式下，FPGA 与 CPU 无需依托共享内存结构，可通过管道实现智行单元、主机软件之间的高速通信。云计算数据中心任务较为单一，重复性强，主要包括虚拟平台网络构建和存储（通信任务）以及机器学习、对称及非对称加密解密（计算任务），算法较为复杂。新型调度模式下，CPU 计算任务趋于碎片化，远期云平台计算中心或以 FPGA 为主，并通过 FPGA 将复杂计算任务卸载至 CPU（区别于传统模式下的 CPU 卸载任务至 FPGA 的模式）。

（6）全球 FPGA 大厂竞争

全球 FPGA 芯片市场竞争高度集中，头部厂商占领"制空权"，新入局的企业通过产品创新为行业发展提供动能，智能化市场需求或将 FPGA 技术推向主流。FPGA 市场四大巨头为 Xilinx（赛灵思），Intel（英特尔，收购阿尔特拉）、Lattice（莱迪思）、Microsemi（美高森美），四大厂商垄断 9 000 余项专利技术，把握行业"制空权"。截至 2018 年底，全球范围 FPGA 市场规模由赛灵思占据首位，英特尔（阿尔特拉）占比超 30%，莱迪思及美高森美占据全球市场规模均超 5%。相对而言，中国厂商整体占全球 FPGA 市场份额不足 3%。

FPGA 芯片行业形成以来，全球范围约有超 70 家企业参与竞争，新创企业层出不穷（如 Achronix Semiconductor、MathStar 等）。产品创新为行业发展提供动能，除传统可编程逻辑装置（纯数字逻辑性质）外，新型可编程逻辑装置（混讯性质、模拟性质）的创新速度加快，具体如 Cypress Semiconductor 研发了具有可组态性混讯电路（Programmable System on Chip，PSoC），再如 Actel 推出了 Fusion（可程序化混讯芯片）。此外，部分新创企业推出现场可编程模拟数组（Field Programmable Analog Array，FPAA）等。

随智能化市场需求的演进，高度定制化芯片（SoC ASIC）因非重复投资规模大、研发周期长等特点导致市场风险剧增。相对而言，FPGA 在并行计算任务领域具备优势，在高性能、多通道领域可以代替部分 ASIC。人工智能领域多通道计算任务需求推动 FPGA 技术向主流演进。

基于 FPGA 芯片在批量较小（流片 5 万片为界限）、多通道计算专用设备（雷达、航天设备）领域的优势，下游部分应用市场以 FPGA 应用方案取代了 ASIC 应用方案。

（7）中国 FPGA 芯片行业驱动因素

通信场景是 FPGA 芯片在产业链下游应用最广泛的场景，随着 5G 通信技术的发展、硬件设备的升级（基站天线收发器的创新），FPGA 面临强劲市场需求驱动。5G 通信规模化商用在即，推动了 FPGA 芯片用量提升、价格提升空间释放。

（8）新型基站天线收发器采用 FPGA 芯片

在 5G 时期 Massive MIMO 基站技术条件下，基站收发通道数量从 16T16R（双模解决方案）提升至最高（128T128R），可采用 FPGA 芯片实现多通道信号波束成形，如 64 通道毫米波 MIMO 全 DBF 收发器中频和基带子系统采用赛灵思 Kintex-7 系列 FPGA。中频和基带子系统叠加可实现通用无线接入功能。

FPGA 芯片行业内具有 10 年以上产品开发、算法研究经验的行业专家表示，FPGA 与 CPU、GPU 在功耗及计算速度方面相比更具备优势，通信设备企业将加大 FPGA 器件在基站天线收发器等核心设备中的应用（如头部移动通信设备厂商京信通信于新型收发器产品中嵌入 FPGA 芯片）。

（9）全球 FPGA 通信市场快速增长

截至 2018 年年底，全球 FPGA 通信市场占据应用市场整体近 45%。2020 年至 2025 年，全球 FPGA 通信市场规模年复合增长率预计近 10%。一个典型的例子是 5G 基建项目。

5G 通信市场增长具备确定性。相关基础设施（机房、宏站、微站等）渗透物联网、边缘计算等多元领域，5G 基建项目以 FPGA 为核心零部件，推动 FPGA 价格上升空间释放。

① 未来 10 年，小基站数量或超 10 000 座，基站数量带动 FPGA 器件用量提升；

② 5G MIMO 基站面临数据高并发处理需求，单个基站的 FPGA 用量整体提高（从 4G 时期的 2 至 3 块增加至 5G 时期的 4 至 5 块）；

③ 现阶段基站用 FPGA 均价处于 100 元以内，技术复杂度提高等因素推动价格走高（> 100 元）。

（10）自动驾驶规模化商用提升量产需求

自动驾驶领域 ADAS 系统、传感器系统、车内通信系统、娱乐信息系统等板块对 FPGA 芯片产品产生增量需求，全球头部 FPGA 厂商积极布局自动驾驶赛道。

（11）FPGA 巨头看好自动驾驶赛道

截至 2023 年，全球汽车半导体行业市场规模接近 516 亿美元，其中，FPGA 应用于汽车半导体领域市场仅占约 2.8%。自动驾驶系统对车载芯片提出更高要求，主控芯片需求从传统的 GPU 拓展至 ASIC、FPGA 等芯片。现阶段，FPGA 芯片在车载摄像头、传感器等硬件设备中的应用趋于成熟。此外，得益于编程灵活性，FPGA 芯片在激光雷达领域应用广泛。自动驾驶汽车高度依赖传感器、摄像头等硬件设备及车内网等软件系统，因此对 FPGA 芯片数量需求显著。头部 FPGA 厂商（如赛灵思）抢占智能驾驶赛道，逐步加大与车企及车联网企业的合作，截至 2018 年底，赛灵思 FPGA 方案嵌入车型拓展至 111 种。

（12）FPGA 在自动驾驶系统领域应用覆盖面广

FPGA 芯片在自动驾驶领域可应用于 ADAS 系统、激光雷达、自动泊车系统、马达控制、车内娱乐信息系统、驾驶员信息系统等板块，应用面广泛。以魔视智能自动泊车系统为例，该系统将 FPGA 芯片接入车内网 CAN 总线，连接蓝牙、SD 卡等通信组件，并通过 MCU 等与摄像头、传感器装置连接。FPGA 大厂赛灵思积极布局 ADAS 领域。远期 ADAS 系统更趋复杂（包括前视摄像头、驾驶监视摄像头、全景摄像头、近程雷达、远程激光雷达等），推动 FPGA 用量空间增大。2025 年,自动驾驶进入规模化商用阶段,将持续推动 FPGA 与汽车电子、车载软件系统的融合。

(13)中国 FPGA 芯片行业制约因素

FPGA 设计人才团队实力匮乏、FPGA 芯片设计领域门槛高(高于 CPU、存储器、DSP)、本土厂商起步晚(处于产业生态建设初期阶段)、在人才资源储备方面基础薄弱,都是制约中国 FPGA 芯片行业发展的因素。

① 与国际市场相比,中国 FPGA 芯片设计人才储备不足,中国 FPGA 领域人才储备约为美国相应人才储备的 1/10。根据中国国际人才交流基金会等机构发布的《中国集成电路产业人才白皮书》显示,截至目前,中国集成电路产业存量人才约 67 万人,而该产业人才需求于 2023 年突破 90 万人,存在约 23 万的人才缺口;在 FPGA 板块,美国头部厂商 Intel、赛灵思、莱迪思等及高校和研究机构相关人才近万人,相对而言,中国 FPGA 设计研发人才匮乏,头部厂商如紫光同创、高云半导体、安路科技等研发人员储备平均不足 300 人,产业整体人才团队不足千人,成为制约中国 FPGA 芯片行业技术发展、产品升级的核心因素。

② 行业发展起步晚,产学研联动缺失。中国 FPGA 行业于 2000 年起步,美国则具备自 20 世纪 80 年代研发起步的背景。2010 年,中国 FPGA 芯片实现量产。美国高校与芯片厂商联动紧密,将大量技术输送给企业,相较而言,中国企业缺乏与高校等研究机构的合作经验,产学研联动不足,行业现有核心人才多从海外引进。

③ 研发实力匮乏制约企业成长。全球头部 FPGA 厂商依托专利技术积累、人才培养以及早于中国企业 20 年的发展经历,在全球范围牢固占据第一梯队阵营。FPGA 行业进入门槛高,中国头部企业较难取得后发优势。现阶段,赛灵思已进入 7 nm 工艺亿门级高端 FPGA 产品研发阶段,中国头部厂商如紫光同创、高云半导体等启动 28 nm 工艺千万门级(7 000 万)中高密度 FPGA 研发工作,与全球顶尖水平相差约 2 代至 3 代,亟需人才资源的支持。

(14)中国 FPGA 芯片行业政策法规

为进一步引导 FPGA 行业有序发展,凸显集成电路产业战略地位,国家政策部门整合行业、市场、用户资源,为中国集成电路企业向国际第一梯队目标发展打造政策基础。"十二五"以来,国家强调集成电路产业作为先导性产业的地位,更加重视芯片科技发展对工业制造转型升级和信息技术发展的推动力。国家从市场需求、供给、产业链结构、价值链等层面出发,出台多项利好政策。

2016 年至 2018 年,全球 FPGA 研发领域高性能、高安全性可编程芯片设计项目比重提高,FPGA 芯片设计复杂度日趋提升。以安全特性设计增加为例:安全特性需求增加,高性能 FPGA 芯片设计复杂度提高,安全特性需求增加以安全关键标准、指南增加为主要表现。2016 年及历史 FPGA 开发项目多基于一个安全关键标准进行,2018 年及以后,更多 FPGA 研发项目以一个或多个安全关键标准、指南进行开发。

(15)安全保证硬件模块设计项目增加

安全保证硬件模块设计多用于加密密钥、数字权限管理密钥、密码、生物识别参考数据等领域。与 2016 年相比,2018 年全球 FPGA 安全特性模块设计项目占比显著增加(增幅超 5%)。安全特性提升增加设计验证需求及验证复杂度。

(16)设计项目提高芯片验证复杂性

① 嵌入式处理器核心数量增加:与 2016 年相比,2018 年更多 FPGA 设计趋向 SoC 类 (SoC-class)设计。2018 年,超过 40% 的 FPGA 设计包含 2 个或 2 个以上嵌入式处理器,接近

15%的 FPGA 设计包含 4 个及以上嵌入式处理器,SoC 类设计增加验证流程复杂性。

② 异步时钟域数量增加:2018 年,约 90%的 FPGA 设计项目包含 2 个及以上异步时钟域,多个异步时钟域验证需求使验证工作量增加(验证模型趋于复杂,代码异常增加)。

(17)广泛应用于机器学习强化项目

医学诊断、工业视觉等领域对机器学习的需求增强,且面临神经网络演化带来的挑战。与 CPU、GPU 相比,FPGA 技术更适应非固定、非标准设计平台,与机器学习融合度加深。

因此,FPGA 芯片更适用于非固定、非标准机器学习演化环境,即 FPGA 在机器学习领域表现优越。

① 性能对比可参考赛灵思公开测试结果。针对 GPU、FPGA 在机器学习领域的性能表现,赛灵思曾公布 reVISION 系列 FPGA 芯片与英伟达 Tegra X1 系列 GPU 芯片的基准对比结果。数据显示,FPGA 方案在单位功耗图像捕获速度方面比 GPU 方案快 6 倍,在计算机视觉处理帧速率方面比 GPU 方案快 42 倍,同时,FPGA 方案时延为 GPU 方案时延的 1/5。

② 赛灵思 FPGA 与 Intel 芯片能效对比。与 IntelArria 10 SoC 系列 CPU 器件相比,赛灵思 FPGA 器件可助力深度学习、计算机视觉运算效率提升 3 倍至 7 倍。

(18)企业采取新架构(视觉数据传输至 FPGA 加速边缘服务器集群)

① FPGA 对流处理进行优化:FPGA 方案可针对视频分析、深度学习推理进行流处理(大数据处理手段技术之一)优化。基于灵活可编程特点,FPGA 方案可满足重新配置需求,适用于库存管理、欺诈控制、面部识别等普通模型以及跟踪、自然语言交互、情感检测等复杂模型。

② 初创企业积极采取 FPGA 方案:初创企业如 Megh Computing、PointRai 等积极采用 FPGA 方案建立新型视频数据处理架构,发挥紧凑、低功耗计算模块优势。

6. 常用的图像处理设备 DSP 与 FPGA 的对比

1)FPGA 芯片与 DSP 芯片的对比

FPGA 即现场可编程门阵列,它是作为专用集成电路(ASIC)领域中的一种半定制电路而出现的,既克服了定制电路的不足,又克服了原有可编程器件门电路数有限的缺点。有了 FPGA 芯片,可以用程序编一个新发明的 CPU 内核出来,嵌到 FPGA 芯片中去,并且可以嵌入多个。

2)FPGA 的基本架构

国际 FPGA 市场被四大巨头垄断,分别是赛灵思、阿尔特拉(后被 Intel 收购)、美高森美以及莱迪思。阿尔特拉和赛灵思是 FPGA 的发明者,其中阿尔特拉于 1983 年发明了世界上第一款可编程逻辑器件,赛灵思于 1985 年推出的全球第一款 FPGA 产品 XC2064。根据 2017 年公司财务数据统计,赛灵思营收 23.49 亿美元,阿尔特拉为 19.02 亿美元,美高森美 FPGA 业务为 4.21 亿美元,莱迪思为 3.86 亿美元。赛灵思和阿尔特拉两家公司几乎占据了整个国际市场的 90%。

3)FPGA 的四巨头市场占有率

FPGA 芯片与 DSP 芯片是有区别的。DSP 是专门的微处理器,适用于条件进程,特别是较复杂的多算法任务。FPGA 包含大量实现组合逻辑的资源,可以完成较大规模的组合逻辑电路设计,同时还包含相当数量的触发器,借助这些触发器,FPGA 又能完成复杂的时序逻辑功能。

4)FPGA 芯片的应用领域

FPGA 芯片与 DSP 芯片是有区别的。DSP 芯片是专门的微处理器,适用于条件进程,特别是较复杂的多算法任务。FPGA 芯片包含大量实现组合逻辑的资源,可以完成较大规模的组合逻辑电路设计,同时还包含相当数量的触发器,借助这些触发器,FPGA 又能实现复杂的时序逻辑功能。

综上所述,DSP 芯片的通用性相对弱,FPGA 芯片的通用性更强;DSP 芯片具有软件的灵活性,而 FPGA 芯片具有硬件的高速性。DSP 芯片对较低速的事件串联执行,但是处理前可能会有些时延,而 FPGA 芯片不能处理多个事件,因为每个事件都有专用的硬件,但是采用这种专用硬件实现每个事件的方式可以使各个事件同时执行。DSP 芯片是按照指令的顺序流来编程的,而 FPGA 芯片是以框图方式编程的,后者更容易看数据流。

1.7.3 图像输出设备

图像输出设备是计算机的重要组成部分,它包含显示设备和硬复制设备两个方面。图像显示是为了方便用户对系统实现交互、对图像实现分析和识别,图像复制则是以数据或像点阵列的形式将处理后的图像永久地保留下来。图像显示当前以液晶显示设备(Liquid Crystal Display,LCD)为主流,其显示质量好、亮度高、制作成本低,屏幕分辨率高。液晶显示设备也因显示稳定、辐射小而表现出了较强大的生命力,现在已成为手提微型计算机的首选显示器。图像硬复制设备有打印机、绘图仪、鼓式扫描器、激光扫描器等。

1. CRT 显示器与液晶显示器

CRT 显示器(学名为"阴极射线显像管")曾是使用较广泛的显示器。根据采用显像管种类的不同,CRT 显示器可分为球面显示器和纯平显示器,其中纯平显示器又可分为物理纯平显示器和视觉纯平显示器两种。从 12 英寸黑白显示器到 19 英寸、21 英寸大屏彩显,CRT 显示器经历了由小到大的过程,曾广泛使用的尺寸有 14 英寸、15 英寸和 17 英寸等。CRT 显示器主要由电子枪(electron gun)、偏转线圈(deflection coils)、荫罩(shadow mask)、高压石墨电极和荧光粉涂层(phosphor)、玻璃外壳五部分组成。其中,玻璃外壳也叫荧光屏,它的内表面可以显示丰富的色彩图像和清晰的文字。CRT 显示器是怎样应用三基色原理来显像的呢?当然,并不是直接将三基色画在荧光屏上,而是用电子束来进行控制和表现的。

LCD 显示器是一种采用液晶控制透光度技术实现色彩的显示器。它具有辐射小、无闪烁、机身薄、能耗低和失真小等优点。液晶显示屏的缺点是色彩不够艳丽,可视角度不高等。目前,LCD 显示器已逐渐成为主流显示设备。

LCD 显示器和 CRT 显示器的参数对比如下。

(1) 亮度与对比度。亮度的测量单位为 cd/m^2(每平方米烛光)。目前,TFT 薄膜液晶显示器的屏幕亮度大部分都是 150 cd/m^2 起步,在 200 cd/m^2 以上才能比较好地显示画面。对比度就是黑与白两种色彩不同层次的对比测量度。人眼可分辨的对比度约在 100:1,当显示器的对比度超过 120:1 时,就可以显示生动、丰富的色彩,对比度高达 300:1 时便可以支持各阶度的颜色。目前,大多数 LCD 显示器的对比度都在 100:1~300:1,CRT 显示器的亮度和对比度都超过了 LCD 显示器。

(2) 反应速度。所谓反应速度,指的是像素由亮转暗(Falling)并由暗转亮(Rising)所需的时间,单位是 ms。反应速度的数值越小越好。目前,主流 LCD 显示器的反应速度都在 25 ms 以上,在一般商业用途中(如字处理或文本处理)不太在意 LCD 显示器的反应速度,但如果是用来玩游戏、观看高速动态影像,反应速度就很重要了,因为反应时间过长,画面会出现拖尾、残影等现象。而 CRT 显示器完全没有这个问题,因为 CRT 显示器的反应时间只有 1 ms,绝对不会出现拖尾现象。

(3) 色彩表现力。说到色彩,LCD 显示器逊色于 CRT 显示器。从理论上讲,CRT 显示器可显示的色彩跟电视机一样,都是无限的,而 LCD 显示器只能显示大约 26 万种颜色。虽然现在绝大部分 LCD 显示器都宣称能够显示 32 位颜色,看起来和 CRT 显示器无异,但实际上都是通过抖动算法(dithering)来实现的,与真正的 32 位颜色相比还有很大差距。所以,在色彩的表现力和过渡方面,LCD 显示器仍然不及传统的 CRT 显示器。同样地,LCD 显示器在表现灰度方面的能力也不如 CRT 显示器。可以试验一下:让一台 17 英寸特丽珑显像管的(CRT)显示器和一台 15 英寸的 LCD 显示器同时显示一幅 32 位色的图像,CRT 显示器显示出来的画面十分鲜艳,而 LCD 显示器则显得有些"假",虽然说不出来哪里不对,但看着就是没有CRT 显示器舒服。

(4) 刷新率。CRT 显示器的屏幕刷新频率因分辨率、色彩数量的不同而不同,分辨率越高,刷新率就越低。一般来讲,屏幕的刷新率在 75 Hz 以上,人眼才不易感觉出屏幕的闪烁。对于 LCD 显示器来说,根本不存在刷新频率的问题,因为它根本就不需要刷新。LCD 显示器中每个像素都在持续不断地发光,直到不发光的电压改变并被送到控制器中,所以 LCD 显示器不会有"不断充放电"而引起的闪烁现象。

(5) 可视面积。可视面积指的是在实际应用中可以用来显示图像的那部分屏幕的面积。因为 CRT 显示器的尺寸实际上等于其显像管的尺寸,但用来显示图像的部分屏幕根本达不到这个尺寸,因为显像管的边框占了一部分空间。对于 LCD 显示器来说,标称的尺寸大小基本上就是可视面积的大小,被边框占用的空间非常小,15 英寸 LCD 显示器的可视面积大约有14.9 英寸左右,这也是 LCD 显示器看起来比同样尺寸的 CRT 显示器更大一些的原因。不过,目前流行的 TFT-LCD 是 15 英寸左右的显示器,而 CRT 显示器却是 17 英寸左右的。

(6) 显示效果。目前绝大部分家用级 CRT 显示器都不同程度地存在着聚焦、会聚等方面的问题,这与厂家的技术工艺是分不开的。如果生产厂家设计的相关控制电路不够先进,就很容易出现这些问题。这就是同样都是特丽珑显像管,Sony 原厂生产的显示器和其他厂家生产的显示器表现截然不同的原因。而 LCD 显示器则完全没有聚焦等问题,因为它根本就不需要聚焦。不过失真方面的问题,LCD 显示器也有可能会出现,CRT 显示器则更容易出现。

(7) 体积。CRT 显示器的深度约等于它对角线的长度,也就是说 CRT 显示器的显示面积越大,它的体积也越大,占据用户越大的桌面空间,而且越沉重。对于 LCD 显示器,无论是14 英寸、15 英寸的还是 19 英寸的,其厚度都只有几厘米或十几厘米,甚至可以挂在墙上。LCD 显示器的体积小、形状薄、重量轻的特点,是 CRT 显示器无论如何都比不上的。

(8) 辐射和能量消耗。CRT 显示器都宣称自己通过了"TCOXX"认证,以表明其辐射之低,对人体危害之小,但辐射再小也是一定会有的。而 LCD 显示器的工作原理决定了它根本不存在任何辐射,所以 LCD 显示器往往都标明自己"零辐射"。LCD 显示器的工作电压低(1.5～6 V),耗能也很少,一般为几瓦,而 CRT 显示器的功率一般在 50 W 左右。因此,LCD显示器的发热比较少,屏幕也无静电感应现象。

(9) 平面显示。LCD 显示器是绝对的纯平显示器,而 CRT 显示器要达到纯平却要经过很复杂的步骤。当然,现在 CRT 显示器中的纯平显示器是主流了。

因此,LCD 显示器的体积小、无辐射、无静电、低耗能等特性,适用于那些防辐射和静电的特殊场合,如医疗、电力等控制与显示应用领域。特别是 LCD 显示器的豪华外表和高新技术所表现出的秀丽与轻巧,对某些讲究气派的特殊领域与行业有一定的吸引力。如星级宾馆、酒店的主管台,既要反映现代化管理水平,又要讲究档次,还要节省空间,更要考虑漂亮,非 LCD 显示器莫属。

如果 LCD 显示器在技术上进一步提高,价格进一步降低,在大部分场合取代 CRT 显示器是大势所趋。但由于其在有些方面永远比不上 CRT 显示器,所以 CRT 显示器并不会消亡,将长期占有一席之地。从目前的市场情况看,降价的 LCD 显示器都是质量有待提高的低档 LCD 显示器,在未来几年内,这些 LCD 显示器必将被淘汰出局。LCD 显示器要想占有主导地位,就必须等待新技术的出现。

2. LED 显示器

LED 显示器是一种通过控制半导体发光二极管进行显示的显示器。LED 显示器集微电子技术、计算机技术和信息处理于一体,以其色彩鲜艳、动态范围广、亮度高、寿命长和工作稳定可靠等优点,成为具有优势的新一代显示媒体,已广泛应用于大型广场、体育场馆等场所实现信息传播、新闻发布和证券交易等功能。由于 LED 显示器是以 LED 为基础的,所以它的光、电特性及极限参数意义大部分与发光二极管的相同。但由于 LED 显示器内含多个发光二极管,所以需有如下特殊参数:

① 发光强度比。由于数码管各段在同样的驱动电压下,各段正向电流不相同,所以各段发光强度不同。所有段的发光强度值中的最大值与最小值之比为发光强度比。比值可以在 1.5～2.3,最大不能超过 2.5。

② 脉冲正向电流。若手持显示器(如手机,平板等)每段典型正向直流工作电流为 100 mA,则在脉冲下,正向电流可以远大于 100 mA。脉冲占空比越小,脉冲正向电流可以越大。

LED 液晶显示器,无疑是显示器市场上的热门词汇。无论是显示器还是电视,都有大量的产品上市。事实上,LED 液晶显示器并不是一个准确的叫法,其全称应该是 LED 背光源液晶显示器。根据液晶显示器的原理,液晶显示器是由液晶分子折射背光源的光线呈现出不同的颜色的,因为液晶分子自身是无法发光的,所以主要通过背光源的照射来实现。绝大部分液晶显示器的背光源都是 CCFL(冷阴极射线管),它的原理近似于日光灯管。而 LED 背光源则是用于替代 CCFL 的一个新型背光源。

作为 CCFL 的替代者,LED 背光源到底比 CCFL 好在什么地方?第一,发光更均匀。由于 CCFL 的灯管通常为条形或者 U 型,很容易出现发光不均匀的问题,而 LED 背光源由于原理的不同,发光体分布均匀,根本不用担心发光不均匀的问题。第二,寿命更长。普通 CCFL 的使用寿命为 50 000 小时,而 LED 背光源的使用寿命则大于 100 000 小时,因此使用 LED 背光源的液晶显示器或液晶电视在使用时间较长后,背光源的亮度衰减情况要好于使用 CCFL 的。第三,LED 液晶显示器的环保性更好。采用 CCFL,永远无法避免使用"汞"这种有毒物质,这是由其发光原理所决定的。对比日光灯管就可知一二。平日使用的日光灯管中均含有"汞"元素,和日光灯管原理相似的 CCFL 显示器自然也无法解决这个问题。但是 LED 液晶显示器就没有这一问题。第四,LED 液晶显示器比使用 CCFL 的显示器更节能,以 21.6 英寸的显示器为例,LED 背光源液晶显示器功耗约为 CCFL 背光源显示器的 60%。

3. 折叠裸眼式 3D 显示器

裸眼 3D 显示器,利用人两眼具有视差的特性,在不需要任何辅助设备(如 3D 眼镜、头盔等)的情况下,即可获得具有空间、深度的逼真立体形象的显示系统。

在计算机里显示 3D 图形,相当于在平面里显示三维图形。现实世界是真实的三维空间,有真实的距离空间,而计算机显示的空间只是看起来很像真实世界,因此计算机显示的 3D 图形,就是让人眼看上去像真的一样。

人的视觉有一个特性就是近大远小才会形成立体感。裸眼立体影像以其真实生动的表现力、优美高雅的环境感染力、强烈震撼的视觉冲击力,深受广大消费者的青睐。最新的裸眼 3D 技术是"分布式光学矩阵技术"。

裸眼 3D 显示器,由 3D 立体现实终端、播放软件、制作软件、应用技术四部分组成,是集光学、摄影、电子计算机、自动控制、软件、3D 动画制作等现代高科技于一体的交差立体显示系统。裸眼 3D 显示技术是影像行业最新、前沿的高新技术,它的出现改变了传统平面图像给人们带来的视觉疲惫,掀起了图像制作领域的一场技术革命,是一次质的变化,它以新特奇的表现手法、强烈的视觉冲击力、良好优美的环境感染力,吸引着人们的目光。

裸眼式优点:无需借助任何辅助设备即可观看三维立体影像效果;与当前世界 3D 显示器各厂商的产品相比,有更高的亮度,对环境光线没有任何要求,适用于各个场所的立体展示;专门算法能有效去除摩尔纹,使双眼没有障碍地接受视频图像,如身临其境。

裸眼式缺点:该技术在分辨率、可视角度和可视距离等方面还存在很多不足。

以下介绍两种折叠裸眼式 3D 显示技术。

(1)折叠光屏障式技术。光屏式 3D 技术的实现方法是使用一个开关液晶屏、偏振膜和高分子液晶层,利用液晶层和偏振膜制造出一系列方向为 90°的垂直条纹。这些条纹宽几十微米,通过它们的光就形成了垂直的细条栅模式,即"视差障壁"。而该技术正是利用了安置在背光模块及 LCD 面板间的视差障壁,在立体显示模式下,应该由左眼看到的图像显示在液晶屏上时,不透明的条纹会遮挡右眼视线;同理,应该由右眼看到的图像显示在液晶屏上时,不透明的条纹会遮挡左眼视线。这样,通过将左眼和右眼的可视画面分开,使观者看到 3D 影像。这种技术的优点是成本较低,像夏普的 3D 手机和任天堂的 3DS 游戏机都采用了这种技术。不过采用这种技术的屏幕亮度偏低。

(2)折叠柱状透镜技术。柱状透镜技术也被称为微柱透镜 3D 技术,使液晶屏的像平面位于透镜的焦平面上,这样在每个柱透镜下面的图像的像素被分成几个子像素,透镜就能向不同的方向投影每个子像素。于是,双眼从不同的角度观看显示屏,就能看到不同的子像素。柱状透镜技术并不会像折叠光屏障式技术那样影响屏幕亮度,所以其比后者的显示效果要好。

4. 等离子体显示器

等离子体显示器又称电浆显示器,是继 CRT 显示器、LCD 显示器后的最新一代显示器,其特点是厚度极薄、分辨率佳。从工作原理上讲,等离子体技术同其他显示方式相比,在结构和组成方面领先一步。其工作原理类似于普通日光灯和电视彩色图像,由各个独立的荧光粉像素发光组合而成,因此图像鲜艳、明亮、干净而清晰。另外,等离子体显示设备最突出的特点是可做到超薄,可轻易做到 40 英寸以上的完全平面大屏幕,而厚度不到 100 mm。实际上这也是它的一个弱点,即不能做得较小。目前,成品最小只有 42 英寸,只能面向大屏幕需求的用户。

等离子显示器(Plasma Display Panel,PDP)从 20 世纪 90 年代开始进入商业化生产以来,其性能指标、良品率等不断提高,而价格不断下降。特别是 2005 年以来,其性价比进一步提高,从前期以商用为主转变成以家用为主。

等离子体显示技术的工作原理为:在两片薄玻璃板之间充填混合气体,施加电压使之产生等离子气体,然后使等离子气体放电,与基板中的荧光体发生反应,产生彩色影像。而等离子体显示器以等离子管作为发光元件,大量的等离子管排列在一起构成屏幕,每个等离子管对应的小室内都充有氖氙气体,在等离子管电极间加上高压后,封在两层玻璃之间的等离子管小室中的气体会产生紫外光,并激发平板显示屏上的红、绿、蓝三基色荧光粉发出可见光。每个等离子管作为一个像素,由这些像素的明暗和颜色变化组合使之产生各种灰度和色彩的图像,类似于显像管发光。

对于具有 VGA 显示水平的等离子显示器,其前玻璃板上分别有 480 行扫描和维持透明电极,后玻璃板表面上有 2 556(852×3)行数据电极,这些电极直接与数据驱动电路板相连。根据显示水平的不同,电极数会有所变化。等离子显示器的后玻璃板上的数据电极上覆盖着一层电介质,红、绿、蓝彩色荧光粉分别排列在不同的数据电极上,不同荧光粉之间用障壁相隔。早期等离子显示器数据电极上的三种荧光粉的宽度一致,由于红、绿、蓝三种荧光粉发光效率各不相同,三种色光混色产生的彩色范围及亮度与 CRT 显示器的差别比较大。名为"非对称单元结构"的专利技术根据三种荧光粉的发光效率,将荧光粉非等宽地排列在数据电极上,使显示器在彩色还原度和亮度方面比以前的产品有很大提高,屏幕峰值亮度可达 1 000 cd/m² 以上,整机峰值亮度可达 400 cd/m² 以上(带 EMI 滤光玻璃),对比度可达 10 000∶1(暗室,无外保护屏)。在前玻璃板上,成对地排列着扫描和维持透明电极,其上覆盖一层电介质,并将 MgO 保护层覆盖在电介质上。前后玻璃板拼装、封口并充入低压气体,在两玻璃板间放电。

以 42 英寸等离子体显示器为例,这一尺寸的等离子显示器有 1 226 880 个像素点,子场驱动系统等离子体显示器的亮度控制通过改变等离子体放电时间实现,即子场驱动技术。一个子场包括初始化、写入和维持三个阶段。

等离子体显示器具有以下优点:

(1) 高亮度、高对比度。等离子显示器具有高亮度和高对比度,对比度达到 500∶1,能满足视觉需求,所以其色彩还原性非常好。

(2) 纯平面图像无扭曲。等离子体显示器的 RGB 发光栅格在平面中分布均匀,这样就使得图像即使在边缘也不会变得扭曲。而在纯平 CRT 显示器中,由于边缘的扫描速度不均匀,很难控制到不失真的水平。

(3) 超薄设计、超宽视角。等离子技术显示技术的原理,使其整机厚度大大低于传统的 CRT 显示器,与 LCD 显示器厚度相差不大,而且能够多位置安放。用户可根据个人喜好,将等离子显示器挂在墙上或摆在桌上,大大节省了空间,既整洁、美观,又时尚。

(4) 具有齐全的输入接口。为配合接驳各种信号源,等离子体显示器具备了 DVD 分量接口、标准 VGA/SVGA 接口、S 端子、HDTV 分量接口(Y、Pr、Pb)等,可接收来自电源、VCD、DVD、HDTV 和电脑等的各种信号。

(5) 环保无辐射。等离子显示器一般在结构设计上采用了良好的电磁屏蔽措施,其屏幕前置环境也能起到电磁屏蔽和防止红外辐射的作用,对眼睛几乎没有伤害,且具有良好的环境特性。

等离子显示器比传统的 CRT 显示器具有更多的技术优势,主要表现在:①等离子显示器的体积小、重量轻、无辐射;②由于等离子显示器中的各个发射单元的结构完全相同,因此不会出现显像管常见的图像的几合变形;③等离子显示器的屏幕亮度非常均匀,没有亮区和暗区之分,而传统显像管屏幕的中心亮度总是比四周高一些;④等离子显示器不会受磁场的影响,具有更好的环境适应能力;⑤等离子屏幕不存在聚集的问题,解决了显像管某些区域因聚焦不良或年份久导致的散焦问题,不会产生显像管的色彩漂移现象;⑥表面平直,使大屏幕边角处的失真和颜色纯度变化得到彻底改善。高亮度、大视角、全彩色和高对比度,使等离子图像更加清晰,色彩更加鲜艳,效果更加理想,令传统 CRT 显示器叹为观止。

等离子显示器比传统的 LCD 显示器具有更高的技术优势,主要表现在:①等离子显示亮度高,因此可在明亮的环境下欣赏大幅画面的影像;②色彩还原性好,灰度丰富,能够提供格外亮丽、均匀平滑的画面;③对迅速变化的画面响应速度快。此外,等离子显示器平而薄的外形也使得其优势更加明显。

然而,实际应用中采用这种新型等离子显示器,当输入 PAL 信号,在全屏白场或蓝背景时,图像有明显的闪烁感,类似于 50 Hz 隔行扫描电视系统出现的行间闪烁和大面积闪烁。而根据等离子显示器的原理进行分析,此现象不应在等离子显示器中出现,实际上,这是输入的彩色信号的制式与等离子显示器的彩色显示制式之间的差异造成的。等离子显示器本身的彩色显示制式处理的信号场频固定为 60 Hz,而输入彩色信号的场频是 50 Hz,正是这 10 Hz 的差异,加上新型等离子显示器特有的 12 子场驱动显示技术,造成了图像的闪烁感。

消除闪烁感可采取以下两种方式。一是利用目前已在普通彩电上大量应用的变频技术,先将输入信号场频转换为 60 Hz,然后输入等离子显示器。利用此办法,能彻底消除 PAL/50 Hz 信号闪烁感;二是开发等离子显示器显示的多种制式。此方法要采用专门芯片,应在等离子显示器信号接口电路开发阶段考虑,若信号接口电路已固定在等离子显示器中,则必须采用第一种方式。在实际开发应用中,与液晶投影、液晶显示器、CRT 背投电视及普通 CRT 电视比较,等离子显示器完全能在现有的各种显示器中占有重要一席,特别是在电视演播室数字化发展上将具有特殊用途。本书所介绍的等离子显示技术仅是目前等离子显示器新技术层出不穷的一隅,相信随着等离子显示器的大量应用,将会有更多更新的技术出现。

5. 打印机

打印机是计算机系统常用的输出设备,主流的打印机已是一套完整、精密的机电一体化的智能系统。按其工作方式,打印机可分为针式打印机、喷墨打印机、激光打印机以及用于印刷行业的热转印式打印机等。另外,日常生活中人们也时常看到 3D 打印在飞机制造、医疗、工业生产方面应用的信息。

(1)针式打印机

针式打印机具有中等分辨率和打印速度,耗材便宜,同时具有高速跳行、多份复制打印、宽幅面打印、维修方便等特点,是办公和事务处理中打印报表、发票等的优选机种。针式打印机曾经在很长时间内占据重要的地位,但因打印质量低、工作噪声大,针式打印机已无法适应高质量、高速度的商用打印需要。

(2)喷墨打印机

根据产品的主要用途,其可分为普通型喷墨打印机、数码照片型喷墨打印机和便携式喷墨打印机。随着数码相机的广泛使用,购买打印精度高的照片打印机的人逐渐增多。喷墨打印机的优点是噪声小、色彩逼真、速度快;不足的是打印成本高。彩色喷墨打印机因打印效果好、购机价位低,已成为广大中低端市场的主流。

(3)激光打印机

激光打印机可分为黑白激光打印机和彩色激光打印机两类。精美的打印质量、低廉的打印成本、优异的工作效率和极高的打印负荷是黑白激光打印机最突出的优点。彩色激光打印机具有打印色彩逼真、安全稳定、打印速度快、寿命长和成本较低等优点。

（4）专用/专业打印机

专用打印机一般是指各种存折打印机、平推式票据打印机、条形码打印机和热敏印字机等用于专用系统的打印机。专业打印机有热转印打印机和大幅面打印机等机型。热转印打印机的优势在于专业、高质量的图像打印效果，一般用于印前及专业图形输出。大幅面打印机的打印原理与喷墨打印机基本相同，打印幅宽一般都能达到 24 英寸（约 61 cm）以上，它的主要用途集中在工程与建筑领域。随着其墨水耐久性的提高和图形解析度的增加，大幅面打印机开始被越来越多地应用于广告制作、大幅摄影、艺术写真和室内装潢等领域，已成为打印机家族中重要的一员。

1.8　图像处理技术的应用及发展

1.8.1　数字图像处理发展概况

数字图像处理又称为计算机图像处理，它是将图像信号转换成数字信号并利用计算机对其进行处理的过程。数字图像处理最早出现于 20 世纪 50 年代，当时的电子计算机已经发展到一定水平，人们开始利用计算机来处理图形和图像信息。数字图像处理作为一门学科大约形成于 20 世纪 60 年代初期。早期的图像处理的目的是改善图像的质量，它以人为对象，以改善人的视觉效果为目的。图像处理中，输入的是质量低的图像，输出的是改善质量后的图像，常见的图像处理方法有图像增强、复原、编码、压缩等，首次获得实际成功应用的是美国的喷气推进实验室。人们对航天探测器徘徊者 7 号在 1964 年发回的几千张月球照片使用了图像处理技术，如几何校正、灰度变换、去除噪声等方法，并考虑了太阳位置和月球环境的影响，最终用计算机成功地绘制出了月球表面地图。随后，他们又对探测飞船发回的近十万张照片进行了更为复杂的图像处理，最终获得了月球的地形图、彩色图及全景遥感图，获得了非凡的成果，为人类登月创举奠定了坚实的基础，也推动了数字图像处理这门学科的诞生。在以后的宇航空间技术对如火星、土星等星球的探测研究中，数字图像处理技术都发挥了巨大的作用。

数字图像处理取得的另一个巨大成就是在医学上获得的成果。1972 年，英国 EMI 公司工程师 Housfield 发明了用于头颅诊断的 X 射线计算机断层摄影装置，也就是通常所说的 CT（Computer Tomograph）。CT 的基本原理是根据人的头部截面的投影，用计算机处理重建截面图像，称为图像重建。1975 年，EMI 公司又成功研制出全身用的 CT 装置，获得了人体各个部位鲜明、清晰的断层图像。1979 年，这项无损伤诊断技术获得了诺贝尔奖，说明它对人类作出了划时代的贡献。与此同时，图像处理技术在许多应用领域受到广泛重视并取得了重大的开拓性成就，这些领域有航空航天、生物医学工程、工业检测、机器人视觉、公安司法、军事制导、文化艺术等，使图像处理成为一门引人注目、前景远大的新型学科。随着图像处理技术的深入发展以及计算机技术、人工智能和思维科学研究的迅速发展，从 20 世纪 70 年代中期开始，数字图像处理向更高、更深层次发展。人们逐渐开始研究如何用计算机系统解释图像，实现用类似于人类视觉的系统理解外部世界的功能，这被称为图像理解或计算机视觉。很多国家,特别是发达国家投入更多的人力、物力到这项研究中,取得了不少重要的研究成果,其中代表性的成果是 20 世纪 70 年代末 MIT 的 Marr 提出的视觉计算理论,这个理论成为计算机视觉领域其后十多年的主导思想。图像理解虽然在理论方法研究上已取得不小的进展,但它本身是一个比较难的研究领域,存在不少困难,由于人类本身对自己的视觉过程了解甚少,因此计算机视觉是一个有待人们进一步探索的新领域。

国内外在过去的十几年中,随着 LSI、YLSI 技术的发展,成像技术应用领域的不断扩大,数字计算机和有关信号处理技术在规模、速度以及经济效果上的改进,使图像处理技术日趋成熟。它被广泛地应用于宇宙飞船拍摄的图像的处理,从遥感图片中识别农作物、森林、湖泊和军事设施,数字传输载波电视电话,医用 X 射线、超声成像,智能机器人的视觉系统,交通管理,邮政自动分函等各个领域。图像处理在一、二十年间能以如此之快的速度发展成为现代社会所不可缺少的一种应用技术,其中的关键在于硬件的集成化、高速化和经济化,以及成像设备、存储设备、输入输出设备的高度完善。

目前,图像处理的主要应用国和应用领域是美国的宇航图像处理和日本的机器人视觉系统。了解这两个有代表性的领域,便可知现代图像处理设备和技术发展的前沿。最近,国外又在积极研究超声、X 射线断层图像的三维成像,它们可用于对人体器官进行精密、细致的观察和诊断,以及对运动器官的定位。图像处理已经开始渗透到人类生活的各个领域。随着自动化工厂、自动化办公室、自动化家庭的不断发展,它必将成为无所不在的一项应用技术。

1.8.2 数字图像处理主要研究的内容

1. 图像变换

由于图像阵列很大,直接在空域中进行处理,涉及的计算量很大。因此,往往采用各种图像变换的方法,如傅里叶变换、沃尔什变换、离散余弦变换等间接处理技术,将空域的处理转换为变换域的处理,不仅可减少计算量,而且可获得更有效的处理(如傅里叶变换可在频域中进行数字滤波处理)。目前,新兴研究的小波变换在时域和频域中都具有良好的局部化特性,它在图像处理中也有着广泛而有效的应用。

2. 图像编码压缩

图像编码压缩技术可减少描述图像的数据量,即比特数,以节省图像传输、处理时间和减少所占用的存储器容量。压缩可以在不失真的前提下获得,也可以在允许的失真条件下进行。编码是压缩技术中最重要的方法,它在图像处理技术中是发展最早且比较成熟的技术。

3. 图像增强和复原

图像增强和复原的目的是提高图像的质量,如去除噪声、提高图像的清晰度等。图像增强不考虑图像降质的原因,只突出图像中所感兴趣的部分。若强化图像高频分量,则可使图像中景物轮廓清晰,细节明显;若强化低频分量,则可减少图像中的噪声影响。图像复原要求对图像降质的原因有一定的了解,一般应先根据降质过程建立"降质模型",再采用某种滤波方法,恢复或重建原来的图像。

4. 图像分割

图像分割是数字图像处理中的关键技术之一。图像分割是将图像中有意义的特征部分提取出来,其有意义的特征有图像中的边缘、区域等,这是进一步进行图像识别、分析和理解的基础。虽然目前已研究出不少边缘提取、区域分割的方法,但还没有一种普遍适用于各种图像的有效方法。因此,人们对图像分割的研究还在不断深入,该技术也是目前图像处理中研究的热点之一。

5. 图像描述

图像描述是图像识别和理解的必要前提。对于最简单的二值图像可采用其几何特性描述景物的特性,而对于一般图像可采用二维形状描述,它有边界描述和区域描述两类方法,对于特殊的纹理图像可采用二维纹理特征描述。随着图像处理研究的深入发展,人们已经开始进行三维景物描述的研究,提出了体积描述、表面描述、广义圆柱体描述等方法。

6. 图像分类(识别)

图像分类(识别)属于模式识别的范畴,其主要内容是图像经过某些预处理(增强、复原、压缩)后,进行图像分割和特征提取,从而进行判决分类。图像分类常采用经典的模式识别方法,如统计模式分类和句法(结构)模式分类,近年来新发展起来的模糊模式识别和人工神经网络模式分类在图像识别中也越来越受到重视。

1.8.3 数字图像处理的基本特点

(1) 目前,数字图像处理的信息大多是二维信息,信息量很大。如一幅 256×256 的低分辨率黑白图像,要求约 64 kbit 的数据量;对 512×512 的高分辨率彩色图像,则要求 768 kbit 的数据量;如果要处理 30 帧秒的电视图像序列,则每秒要求处理 500 kbit~22.5 Mbit 的数据量,因此数字图像处理对计算机的计算速度、存储容量等要求较高。

(2) 数字图像处理占用 B 频带较宽。与语音信息相比,图像占用的频带要大几个数量级。如电视图像的带宽约 5.6 MHz,而语音带宽仅为 4 kHz 左右。所以在成像、传输、存储、处理、显示等各个环节的实现上,数字图像处理技术难度较大,成本亦高,这就对频带压缩技术提出了更高的要求。

(3) 数字图像中各个像素是不独立的,其相关性大,在图像层面上,经常有很多像素有相同或相近的灰度,就电视画面而言,同一行中相邻两个像素或相邻两行间的像素,其相关系数可达 0.9 以上,而相邻两帧之间的相关性比帧内相关性还大些,因此,图像处理中信息压缩的潜力很大。

(4) 由于图像是三维器物的二维投影,一幅图像本身不具备复现三维景物的全部几何信息的能力。很显然,三维景物背后的部分信息在二维图像画面上是反映不出来的,因此,要分析和理解三维景物必须做合适的假定或附加新的测量,如双目图像或多视点图像。在理解三维事物时需要知识引导,这也是人工智能领域正在致力解决的知识工程问题;

(5) 处理后的数字图像一般是给人观察和评价的,因此受人的因素的影响较大。由于人的视觉系统很复杂,受环境条件、视觉性能、人的情绪爱好以及知识状况影响很大,作为图像质量的评价还有待进一步的研究。此外,计算机视觉是模仿人的视觉,人的感知机理必然影响着计算机视觉的研究。例如,什么是感知的初始基元,基元是如何组成的,局部与全局感知的关系,优先敏感的结构、属性和时间特征等,这些都是心理学和神经心理学正在着力研究的课题。

1.8.4 数字图像处理的优点

1. 再现性好

数字图像处理与模拟图像处理的根本不同之处在于,它不会因图像的存储、传输或复制等一系列变换操作而导致图像质量的退化。只要图像在数字化时准确地表现了原始场景,数字图像处理过程就始终能保持图像的再现。

2. 处理精度高

按目前的技术,几乎可将一幅模拟图像数字化为任意大小的二维数组,这主要取决于图像数字化设备的能力。现代扫描仪可以把每个像素的灰度等级量化为 16 位甚至更高,这意味着图像的数字化精度可以满足任一应用需求。对计算机而言,不论数组大小,也不论每个像素的位数多少,其处理程序几乎是一样的。换言之,从原理上讲,不论图像的精度有多高,数字图像处理总是能实现的,只要在处理时改变程序中的数组参数就可以了。然而,在图像的模拟处理中,为了把处理精度提高一个数量级,要大幅度地改进处理装置,这在经济上是极不合适的。

3. 适用面宽

图像可以来自多种信息源,它们可以是可见光图像,也可以是不可见的波谱图像(如 X 射线图像、超声波图像或红外图像等)。从图像反映的客观实体尺度来看,所处理的图像小到电子显微镜图像,大到航空图像、遥感图像,甚至天文望远镜图像。这些来自不同信息源的图像在被变换为数字编码形式后,均是用二维数组表示的灰度图像(彩色图像也是由灰度图像组合而成的,如 RGB 图像由红、绿、蓝三个灰度图像组合而成),因而均可用计算机来处理。即,只要针对不同的图像信息源采取相应的图像信息采集措施,图像的数字处理方法就能适用于任何一种图像。

4. 灵活性高

图像处理大体上可分为图像的像质改善、图像分析和图像重建三大部分,每一部分均包含丰富的内容。由于对图像的光学处理从原理上讲只能进行线性运算,这极大地限制了光学图像处理能实现的目标。而数字图像处理不仅能完成线性运算,而且能实现非线性处理,即凡是可以用数学公式或逻辑关系来表达的一切运算均可用数字图像处理实现。

1.8.5 数字图像处理的应用

图像是人类交换信息的主要来源,因此图像处理的应用领域必然涉及人类生活和工作的方方面面。随着人类活动范围的不断扩大,图像处理的应用领域也将随之不断扩大。

1. 航天和航空技术方面的应用

数字图像处理技术在航天和航空技术方面的应用,除了前面介绍的 JPL 对月球、火星照片的处理之外,还体现在飞机遥感和卫星遥感技术中。许多国家每天派出很多侦察飞机对地球上感兴趣的地区进行大量的空中摄影。对由此得来的照片进行处理分析,以前需要雇佣几千人,而现在改用配备有高级计算机的图像处理系统来判读分析,既节省了人力,又加快了速度,还可以从照片中提取出人工所不能发现的大量有用情报。从 20 世纪 60 年代末以来,美国及一些国际组织发射了资源遥感卫星(如 LANDSAT 系列)和天空实验室(如 SKYLAB),由于成像条件受飞行器位置、姿态、环境条件等的影响,图像质量总不是很高。对如此品质的图像进行简单、直观的判读是不合适的,因此必须采用数字图像处理技术。如 LANDSAT 系列陆地卫星,采用多波段扫描器(MSS)在 900 km 高空对地球上的每一个地区以 18 天为一周期进行扫描成像,其图像分辨率大致相当于地面上十几米或 100 m 左右(如 1983 年发射的 UANDSAT-4 分辨率为 30 m)。这些图像在空中先被处理(数字化编码)成数字信号存入磁带中,在卫星经过地面站上空时,再被高速传送下来,最后由处理中心分析判读。这些图像无论是在成像、存储、传输过程中,还是在判读分析中,都必须采用很多数字图像处理方法。现在世界各国都在利用陆地卫星所拍摄的图像进行资源调查(如森林调查、海洋泥沙和渔业调查、水资源调查等)、灾害检测(如病虫害检测、水火检测、环境污染检测等)、资源勘察(如石油勘察、矿产量探测、大型工程地理位置勘探分析等)、农业规划(如土壤营养、水分和农作物生长、产量的估算等)、城市规划(如地质结构、水源及环境分析等)。我国也陆续开展了以上诸方面的一些实际应用,并获得了良好的效果。在气象预报和对太空中其他星球的研究方面,数字图像处理技术也发挥了相当大的作用。

2. 生物医学工程方面的应用

数字图像处理在生物医学工程方面的应用十分广泛,而且很有成效。除了前面介绍的 CT 技术之外,还有一类应用是对医用显微图像的处理分析,如红细胞、白细胞分类,染色体分析,癌细胞识别等。此外,X 光肺部图像增晰、超声波图像处理、心电图分析、立体定向放射治疗等医学诊断方面都广泛地应用了图像处理技术。

3. 通信工程方面的应用

当前通信的主要发展方向是语音、文字、图像和数据结合的多媒体通信,具体来说是将电话、电视和计算机以三网合一的方式在数字通信网上传输。其中以图像通信最为复杂和困难,这是因为图像的数据量巨大,如传送彩色电视信号的速率达 100 Mbit/s 以上。要将这样高速率的数据实时传送出去,必须采用编码技术来压缩信息的比特数。在一定意义上讲,图像编码压缩是这些技术成败的关键。除了应用较广泛的熵编码、DPCM 编码、变换编码外,目前国内外正在大力开发新的编码方法,如分行编码、自适应网络编码、小波变换图像压缩编码等。

4. 工业和工程方面的应用

在工业和工程领域中图像处理技术有着广泛的应用,如自动装配线中检测零件的质量、并对零件进行分类,印刷电路板疵病检查,弹性力学照片的应力分析,流体力学图片的阻力和升力分析,邮政信件的自动分拣,在一些有毒、放射性环境内识别工件及景物的形状和排列状态,先进的设计和制造技术中采用的工业视觉,等等。其中,值得一提的是研制具备视觉、听觉和触觉功能的智能机器人,它将给工农业生产带来新的激励,目前已在工业生产的喷漆、焊接、装配中得到有效的利用。

5. 军事公安方面的应用

在军事方面,图像处理和识别主要用于导弹的精确末制导,各种侦察照片的判读,具有图像传输、存储和显示功能的军事自动化指挥系统,飞机、坦克和军舰模拟训练系统等。此外,还有公安业务图片的判读分析,指纹识别,人脸鉴别,不完整图片的复原,以及交通监控、事故分析等应用。目前,已投入运行的高速公路不停车自动收费系统中的车辆和车牌的自动识别都是图像处理技术成功应用的例子。

6. 文化艺术方面的应用

目前,这类应用有电视画面的数字编辑、动画的制作、电子图像游戏、纺织工艺品设计、服装设计与制作、发型设计、文物资料照片的复制和修复、运动员动作分析和评分等,现在已逐渐形成一门新的艺术——计算机美术。

1.9 研究现状

1.9.1 传统的去雾算法分类

最早对去雾清晰化处理的研究是针对雨、雪和雾等自然现象的去雾清晰化研究。根据雾霾的成因和机理,其对图像清晰度的影响均是由于散射而形成的。现有的去雾算法通常可分为两个方向:一是基于图像增强的算法改进,通过提高图像的对比度,从人眼感官的角度优化视觉效果,但根据环境光模型的色调与深度之间的非线性衰减关系,增强算法应当具备自动调节的能力;二是基于图像复原的算法改进,针对环境光物理模型,采用病态方程和图像处理的基本方法还原未知量。

1. 增强类去雾清晰化算法

增强类去雾清晰化算法根据人眼的视觉习惯,针对需要处理的图像块实现主观上的视觉调整。但只是通过人工技术调整图像的色度、明度和对比度,容易造成色偏,使图像数据损坏或缺失,造成图像效果的失真。

1) 直方图均衡化去雾清晰化算法

直方图为不同灰度级的分布概率,直方图均衡化即将各灰度阶分布的像素进行变化,使得各灰度阶分布的像素变得均匀,并且按照改造后的均匀直方图调整图像。该类算法的优点为算法原理简单、执行效率高,但有一定的局限性。该算法适用于变化不丰富的场景,对于场景复杂的图像,对全局统一处理,会损失大量细节。

大量的去雾清晰化研究针对局部直方图均衡化方法。Abdullah[111]在研究了重叠性直方图均衡化和不重叠性直方图均衡化后,得出了部分重叠性直方图均衡化算法,此算法解决了重叠性直方图均衡化算法执行效率低以及不重叠直方图均衡化算法易出现块间重叠的问题,并具有重叠性直方图均衡化保有细节能力强和不重叠直方图均衡化执行速度快的优势。Pizer[112]采用插值直方图均衡化方法,该算法应用少数的像素点来估计全局像素,每个像素点都能由相邻像素采用公式还原,大大缩短了处理时间;Pizer[113]应用受约束对比度的直方图实现了插值均衡化操作,该算法具有平滑图像的作用,其处理后的图像具有较高的图像质量。Chang[114]等对部分重叠性直方图均衡化算法进行了改进,在大量缩短处理时间的同时优化了图像清晰度,提高了图像质量;Stark[115]等人对插值直方图均衡化方法进行了改进,提出了自调节的插值直方图均衡化方法；Ibrahim[116]等人对直方图的对比度限制了区间，同时采用强调高频滤波共同增强雾霾图像的对比度，得到了良好的去雾清晰化图像效果。

直方图均衡化去雾清晰化算法是图像处理中的一种重要方法，被广泛应用在很多技术领域，并且常常被用作对比算法。

2）同态滤波类去雾清晰化算法

同态滤波类去雾清晰化算法从散射和反射的角度结合滤波方法进行处理，该类方法主要在频域中实现，其关键技术是对环境光模型的散射和反射分量的高频信息处理的增强，因而其滤波方式的选择尤为关键。但该算法的傅里叶变换和傅里叶逆变换均消耗大量的处理资源。

国外的科研工作者 Abov[117]应用同态滤波方法进行增强去雾，取得了较好的实验结果。国内的科研工作者赵春丽[118]采用同态滤波增强彩色图像的同时，对其对比度的处理方式进行改进，获得视觉效果较好的图像效果。此外，叶秋果[119]在红外遥感图像的云雾图像处理中，应用了同态滤波方法后也得到了人眼感官效果好的图像。

3）小波变换类去雾清晰化算法

小波变换是在 80 年代兴起的一种数学处理方法，该类方法从时域和频域两种角度进行处理，与傅里叶变换相比提取信号数据的能力强，具有优势。小波变换主要是为了获取信息的频率谱，其特点为可以表述高频区和低频区两个部分。

国外的科研工作者 Lee[120]引出了基于多尺度的均衡化细节雾天清晰化方法，其优点为尽可能地保持了图像细节。国内的科研工作者 Celik[121]采用了标定阈值模型的小波去雾清晰化算法，使所得图像在人眼视觉感官上有了显著的提升，但图像质量的损失程度大大提升。

4）Retinex 类去雾清晰化算法

Retinex 恒定颜色机理的视觉色度理论基于色觉颜色系统的恒常性[122]，把图像模拟为照射部分和反射部分的乘积，强化雾化图像被光照后的明度特征，实际上是一种图像增强类算法。该类算法的压缩过程自适应、细节保持性好、色度保真度高，因而成为很多科研工作者的研究主题。

国外科研工作者 Land[123]于 1978 年引出了具有迭代思路的 Retinex 算法，该算法的处理效率较高。Jobson[124]采用了单尺度和多尺度类型的环绕中心的 Retinex 方法，该方法更适宜处理雾气分布较为平均的降质图像。Jobson[125]分析了单一和多重路径下接近于一个给定量的特性，即收敛性。Lin[126]在 Jobson[124]的基础上应用公式表达参量、特征量和收敛性，并应用随机采点的方式转换参量，以提升算法的处理效率，形成该算法的数学体系。Park[127]引出了基于累积计算的 Retinex 算法，也被称为多重分辨的 Retinex 算法，其采用线性代数的表述方式优化各个像素点，提升了算法的处理效率并且节约了处理时间。

国内科研工作者肖胜笔[128]采用 MSR 方法，选取具有正态分布效果的拉升方法对雾霾图像实现处理，此算法对于薄雾下捕捉到的图像有较为理想的处理效果。此外，李红[129]采用在 HSV 颜色空间中利用可自动调节的正切型函数取代 Retinex 实现图像对比度加强的处理，获得了较为理想的处理效果。

5）大气调制函数类去雾清晰化算法

该类算法主要应用设定期望的方法对大气湍流和气体溶胶的数学模型实现还原，首先将大气湍流和气体溶胶这两个分量相乘的结果作为大气调制数学模型，进而在频域内对降质图像实现还原，并且增强大气调制数学模型内被削弱的部分。此方法的不足之处是需要精确地掌握雾天浓度信息和景深的数据信息，并且在实践操作中测算的过程较为复杂。国内科研工作者龙庆延[130]应用大气调制的数学模型实现了对降质的雾天图像的还原。

2. 环境光模型类去雾清晰化算法

基于环境光模型的去雾清晰化算法将图像中的雾霾作为图像降质的根本原因,此类算法主要是建立雾霾降质的环境光数学模型,定位模型中的已知量和未知量,根据已知量和技术手段预估的部分参量实现反演,还原清晰化图像。该算法的重点和难点是对未知参量的估计,越接近真实值的参量还原所得到的清晰化图像越自然和逼真,并且细节部分更加丰富。

1)假定景深为已知量类的去雾清晰化算法

假定景深为已知量类的去雾清晰化方法最早追溯到 Selim[131]的科学研究,该方法将气象条件对采集图像的影响融入具有多参量的环境光模型,并且利用采集到的雾霾图像对环境光模型实现参量的预测,实验结果表明该方法处理得到的去雾清晰化的效果质量好。Wang[132]在 Selim[131]的科研基础上进行拓展,在已有的对比度下降值和景深之间成反比关系的基础上深入研究,得到对比度下降的结果与光波长之间的联系,并将该方法从灰度图像拓展到彩色图像。但此类方法的不足之处在于获得采集图像的景深需要高精度的雷达,这在成本上限制了该技术的发展。

2)应用支持信息类获取场景深度的去雾清晰化算法

应用支持信息获取场景深度的去雾清晰化算法的代表算法为 Narasimhan[133],该算法从多方面获取景深,并以此信息为基础复原图像。该算法引出了双值散射模型,此模型将由散射引起的图像质量下降用作入射光的削减和大气光中的成像的叠加作用的效果,而且可以复原图像色度。但该方法需要对比相同场景下的另外一幅去雾清晰化图像。国内的科研工作者吴迪[134]采用对照法求得景深,分别选用雾天和清晰两张图像,通过对比算法得出景深值,再利用环境光物理模型还原无雾清晰化图像。但是该类方法处理速度慢,不能实时完成对场景深度的估计。

3)先验信息类去雾清晰化算法

基于支持信息类获取场景深度的去雾清晰化算法实质上是多幅图像的处理,其算法过程复杂,耗时长并且设备投资高。近年来,科研工作者更多地关注单幅图像去雾清晰化算法。该类算法选用单幅图像进行病态方程的未知量还原,需要部分先验信息。

Narasimhan[133]于 2003 引出了单幅图像去雾清晰化算法,但该算法要求利用天空部分、景深的最大和最小值、散射的物理系数等量来取得景深,此方法的原理并不复杂,但频繁的交互量操作很繁杂,并且想要取得精准的散射物理系数也并不容易。吴迪[134]根据清晰化后的图像比非清晰化的图像对比度高这一先验知识,利用增强还原图像的对比度的去雾处理方法,进而采用马尔科夫随机场物理模型实现结果的归一化,但该方法还原后的图像颜色呈现过饱和状态并且在场景深度变化的区域易出现"晕轮效应"。Tzanakas[135]则假设图像中每个小部分的反射率是一个定值,其反射率和传输率之间没有相关性,以此估计反射率向量,进而应用马尔科夫随机场判定图像的色度。此方法的效果建立在基于局部图像的统计分量上,并获得足够的色度信息,该方法在浓度高的雾霾气象条件下或者色度信息量不足的条件下获得的图像效果较差。He[136]通过对大量清晰度高的图像进行统计和研究后,得出其至少有一个通道的值较低,他得出的算法被称为暗通道优先算法,但该算法在水面等干扰景物出现时,效果大打折扣。但在优化透射率的方法中,采用软抠图方法的处理效率低并且算法很复杂。基于此,很多科研工作者引入对透射率的优化处理方法,Ancuti[137]采用最小二乘加权滤波法优化透射率,Shuhang[138]应用双边滤波取得传输率,Rahman[139]选用多尺度 Retinex 增强方法(MSR)优化透射率,Mittaplle[140]则运用引导滤波方法处理透射率。Feng[141]引入了一种需设定参数的快速去雾清晰化方法,该方法针对灰度或者彩色的图像,但其处理效果不尽如人意。

1.9.2　本书的分类方式

雾天图像清晰化方法不单单属于图像处理技术的范畴,它还结合物理学理论,成为多学科的交叉点。最早关于雾天图像清晰化的研究是 Zimmerman[142]在 1988 年对于雾天现象的研究,他通过雾的成因和原理,认为雾天图像降质的原因是散射现象。同年,Oakly[143]也做了相关研究。之后,大量研究者对雾天图像清晰化展开研究。基于此,本书根据四类雾天图像场景,即均匀轻雾图像、均匀浓雾图像、非均匀或合成雾天图像、大天空区域或白色景物干扰的(特殊场景)雾天图像,提出了四种对应的清晰化处理方法。

1. 针对均匀轻雾图像问题的清晰化方法研究

均匀轻雾图像往往存在模糊图像细节、晕轮效应等问题。增强型雾天清晰化方法即单纯通过提升图像的对比度,从人眼直观视觉效果的角度提升对比度尤其适用于完成该类图像的优化。目前,增强型雾天清晰化方法有直方图均衡类去雾方法[144-148]、Retinex 类去雾方法[149-158]、同态类去雾滤波方法[159,160]、小波变换类去雾方法[161,162]等。通过直方图均衡类去雾方法可扩展动态范围,进而粗略地增强雾天图像的整体对比度,但是图像中的全部像素值均采用相同的方法处理,会不可避免地损失细节与灰度级。张娜[146]等科研工作者通过局部直方图均衡化方法处理均匀轻雾图像,将图像划分成不重叠的子模块,但此方法处理效率低,不能够得到每个局部区域的最优值。在杨骥[148]等科研工作者的方法中,处理均匀轻雾图像的过程能够有效地保持颜色恒定性和动态范围的平衡,然而,由于该方法边缘保持能力较差,光晕效应和色偏现象总是出现在边缘突变明显的区域附近。顾振飞[149]等科研工作者应用像素值的反转处理把雾天图像转换为虚拟化的暗通道图像,采用变分式 Retinex 算法获得虚拟图像的入射子图,并采用亮度调整的方法处理所获得的实验结果图。为改善处理后的均匀轻雾图像的效果,Seow[159]等科研工作者提出的方法结合光谱成形和灰度变换算法,能够有效地保持不均匀区间处的轮廓信息,但若此项目的计算量过大则可能失败。小波变换算法[162]结合低频区域和高频区域的复原效果,可显著提升雾天图像清晰化效果。Tan[163]等科研工作者采用尽可能增加均匀轻雾图像对比度的方式获得了更好的去雾效果,但由于真实场景的对比度几乎不能复原,所以该方法的处理结果往往是过饱和且不自然的。因此,过度照明和不均匀现象均可能出现在去雾结果中。简而言之,基于视觉感知和便于计算机识别的要求,增强型雾天清晰化方法往往不考虑图像退化的本质物理模型(图像退化的固有性质)。

有部分科研工作者将基于物理模型的雾天清晰化方法应用于均匀轻雾图像。Gu[165]等科研工作者在 Fattal[164]等的研究基础上,假设传输介质和场景表面的阴影不相关,利用场景反射率粗略地估计透射率,然而该方法在统计信息不足的情况下,会对均匀轻雾图像清晰化复原的过程带来很多局限。此外,科研工作者们还提出一些在暗原色先验原理上的改进方法[166-169]。李红云[167]等科研工作者结合辐射立方模型获取暗通道理论模型的边界条件,并结合容差机制下的权值自适应最小正则算法优化透射率,此方法可提升图像的可视化程度。

综上所述,科研工作者们针对均匀轻雾图像问题的雾天清晰化方法往往存在还原后的图像细节粗糙、边缘保持度较差、光晕效应和色偏现象等问题。

2. 针对均匀浓雾图像问题的清晰化方法研究

均匀浓雾图像往往存在图像噪声放大、细节缺失等问题。这种雾天图像问题的清晰化处理方法大多基于物理模型,这类方法的重点和难点是对未知参量的估计,未知参量越接近真实值,处理后被还原的清晰化图像效果越逼真。由于基于物理模型的雾天清晰化方法往往需要求解大气散射模型中四项三个未知量的病态方程,因此很多基于额外先验条件或约束的复原方法相继被提出。高原原[170]等科研工作者利用增强型 Retinex 方法结合多单块自适应动态结果求取高频信息,以实现提升高频细节数据的目的,但该方法不能均衡各个单块的增强效果。为得到大气光值 A 的准确值,黄鹤等[171]科研工作者采用中值引导滤波来优化均匀浓雾图像的去雾过程,该方法结合了 Tarel[172]等科研工作者方法的思想。Sim[173]等科研工作者通过在颜色衰减先验条件的基础上构建一维模型,并给出均匀浓雾图像的景深估计方程,但该方法的散射指标不适用于所有图像且形式不统一。Fan[174]等科研工作者结合 LeNet-5 神经网络与大气散射模型推导出透射率。He[175]提出著名的假设-暗通道先验(Dark Channel Prior,DCP)原理,并通过大量观察实验来估计透射率。DCP 原理即无雾图像像素值,通常包含至少一个 RGB 颜色通道接近于零;利用 DCP 技术可以获得令人印象深刻的去雾效果,但该方法无法正确处理亮度与动态大气光值基本相似的图像区域了。目前,各种基于 DCP 的算法[176-184]已经被提出,但基于 DCP 模型的去雾算法对均匀浓雾图像的处理仍然存在透射图不平滑以及图像噪声等问题。何凯明采用软抠图方法[183]来抑制块效应和晕轮效应,然而软抠图占据大部分处理时间,因此,何凯明进一步使用一种效果显著的边缘保持方法,即导向滤波[184],来优化传输过程并降低计算成本。王平[185]等科研工作者提出一种适用于单幅均匀浓雾图像的处理方法,然而该方法存在基于物理模型的绝大多数去雾方法普遍具有的缺陷,即在非均匀情况下图像的整体对比度很低。此外,Galdran[186]等科研工作者设计出一种基于低级特征基础融合的多变量算法;Liang[187]等科研工作者通过结合偏振角的分布提出一种雾天清晰化方法;黄文君[188]等科研工作者将均匀浓雾场景中的雾霾视为低秩的雾图序列,在表达雾图字典阵列后,采用插值方法获得清晰化效果,虽然该方法获得了较好的图像细节,但很难避免图像所存在的噪声现象;张然[189]等科研工作者通过分数阶梯方法来恢复雾天图像效果,其场景深度与场景反射率为两个独立的统计量,该方法结合偏微分方程复原典型期望最大值,并能分解和复原出无雾图像的边缘细节,但输出图像的效果往往被过度增强。

综上所述,科研工作者们针对均匀浓雾图像问题所使用的雾天清晰化方法,常见的缺点是在很难消除浓雾场景中给定参量的缺陷。

3. 针对非均匀或合成雾天图像问题的清晰化方法研究

针对非均匀或合成雾天图像中存在的图像模糊程度不同的问题,科研工作者们进行了大量研究,有学者应用增强型去雾方法解决非均匀雾天图像问题,如 Retinex 类改进的去雾方法[190,191]。王彦林[154]等科研工作者结合全局、局部照度参量与反射率积构造改进的 Retinex 模型,并将雾天图像清晰化的 RGB 空间参量转换为 HSV 空间参量来处理,此方法也可应用在雾天图像存在大天空区域或白色背景的图像中。不少科研工作者采用基于神经网络的方法[192-196]来完成非均匀或合成雾天图像的处理。国内学者肖进胜[197]提出一种可自学习霾层特征的深度学习网络方法,能够获得有雾图像与清晰化图像间的映射关联,但随着参数值的增加,运算量变大且实时性变低。李晓戈[198]等科研工作者根据图像去雾前和去雾后的低高频数据完成叠加以获得清晰化图像效果,但该方法很难避免数据叠加后所存在的图像层之间的干扰。张泽浩[199]等科研工作者利用多尺度卷积结合 guide filter 算法获得透射图,但该方法易出现数据断层和感知损失等问题。刘杰平[200]等科研工作者应用随机图像块方法构建图像数据集,来处理图像整体偏暗的状况,可所选用的平滑滤波方式虽然能去除图像的噪声,但会影响图像细节的完整度。陈清江[201]等科研工作者采用 guide filter 预测中间透射图,尽可能保留图像的中间层信息,该方法适用于非均匀雾天图像,条件是雾气浓度不宜过大。Guo[202]等科研工作者提出基于衍生图像融合策略的深卷积去雾网络,结合白平衡图(BM)和伽马校正图(GM)恢复场景的潜在颜色和强度分量,利用神经网络方式获取模型中的各类参数,并依据图像颜色衰减原理获取场景深度,从而得到非均匀或合成雾天图像的透射率,并获得清晰化图像效果。Golts[203]等学者采用完全无监督的神经网络参数训练方法,来获取样本数据中的颜色与场景深度间的关联。Li[204]等科研工作者把神经网络设计为有监督学习和无监督学习的两个分支:在有监督学习分支中,监督损失函数对深度神经网络起到约束条件作用;在无监督学习分支中,通过暗通道的稀疏性和梯度先验利用无雾图像的性质来约束网络,并以端到端方式,在合成数据和真实图像上对所提出的网络进行训练,得到的实验结果表明该方法对浓雾区无效。Hodges[205]利用定量和定性地改善网络的去雾性能的方式获取了雾天图像的暗通道、最优对比度、颜色衰减参量、色相差值等特征复原清晰化图像;Yeh[206]等科研工作者应用多尺度残差学习与简化的 U-net 结构完成了特征提取和映射,将前一层的特征保留到下一层,但该方法得到的图像效果仍然存在一定的雾气。Akshay[207]等科研工作者通过设计 Ryf 神经网络完成了提取雾天图像特征的目的,并结合 RGB 与 YCbCr 空间模型获得了图像边缘细节清晰的效果,但此方法在大天空区域场景下的处理效果不好。Cameron[208]等科研工作者利用深度神经网络模型与多个数据集,结合 PSNR 与 SSIM 指标训练图像,该方法所需要的训练数据集少,算法速度快,但对雾天图像中存在白色区域背景干扰的图像处理效果不佳。Kumar[209]等科研工作者采用基于颜色均衡性原理的 CUP 方法生成透射图,该方法适应于处理合成雾天图像,且颜色均衡效果较好,但对存在大天空区域的图像往往复原效果不佳。Protas[210]等科研工作者将结合可视化与变换卷积神经网络的方法应用在雾天图像清晰化处理过程中,但该方法的处理速度较慢。

综上所述,科研工作者们针对非均匀或合成雾天图像所设计的清晰化处理方法多为基于神经网络的去雾方法,这类方法的网络层次往往较为复杂。

4. 针对特殊场景雾天图像问题的清晰化方法研究

特殊场景雾天图像中存在大天空区域或白色景物干扰的情况,使得复原图像易产生色偏、色斑和过曝光等问题。科研工作者们多采用分割天空区域或优化大气光值的方式[211-216]来解决问题。潘健鸿[217]等科研工作者依据雾气的特点实现图像天空区域的分割,从而获取大气光值,并利用 LO gradient 最小化算法优化透射图,但该方法易受到图像噪声的干扰,很难避免雾气的影响。宋瑞霞[218]等科研工作者根据 HSI 色调空间图像设计天空区域自识别方法,并在 RGB 色调空间中结合大气散射物理模型的变形公式还原清晰化图像,但所获得的图像效果易出现类似版画的失真情况。吴宏锷[219]等科研工作者通过分析图像像素的分布状况可避免白色背景的干扰,所求取的大气光值较为准确,但该方法对透射率的优化方式较为粗糙,使得雾天图像清晰化效果存在一些不规则的噪声点。王柯俨[220]等科研工作者通过设计一种多阈值图像分割方法,将图像天空区域有效地划分为天空区域与非天空区域,并分别得到这两部分图像的透射图,进而完成融合;尽管该方法对图像天空区域的分割效果好,但所获得的图像不可避免地存在晕轮效应。衷佩玮[221]等科研工作者将雾天环境下捕获到的图像通过数学模型变换到 HSI 空间进行处理,将 H 变量设定为恒定值,完成 S 变量与 I 变量的变换,并结合像素级函数得到大气光值,该方法虽然处理速度较快,但图像中仍然存在一定程度的晕轮效应和失真现象。杨德明[222]等科研工作者根据 K 均值聚类策略给图像中的天空区域设定不同标签,再将天空区域的不同标签结果值转化为二值化图像,尽管该方法较为有效地去除了图像中存在的晕轮效应,但处理后的图像仍然存在不同程度的细节损失。张燕丽[223]等科研工作者利用图像像素的分布规律可避免白色背景的干扰的特点,获得了较为精确的大气光值,该方法获得的客观评价指标较好,但图像的层次仍存在细节模糊的状况。Berman[224]等科研工作者研究雾气对图像能见度的影响,得到了退化和景深之间的关系,将单幅图像的场景亮度设定为一个高度不确定的问题,并利用清晰化图像的颜色构建了 RGB 空间线,尽管该方法的鲁棒性好,但仍然存在大量边缘残雾且算法效率不高的问题。Mandal[225]等科研工作者对雾天图像的局部模糊度进行了重构,采用局部邻域图像块的相似度完成参数的估计,并假设局部区域内图像块的深度逐渐变化,再结合非局部均值估测其相似性权值,从而得到的图像效果较为自然,但整体亮度有些偏暗。Ralkwar[226]等科研工作者采用一种基于先验数据估计的方法,来获得雾天清晰化图像的最小颜色通道,并通过角点计算的方式完成所获得的雾天图像清晰化效果的客观指标评价,得出的定量分析后的结果较好。Golts[227]等科研工作者采用最小化暗通道值调节参数,并利用无监督的训练策略快速逼近暗通道值,该方法在大天空雾天图像参数学习过程中能够与大规模监督方法相适应,但没有兼顾图像前景和背景的特点,容易导致图像模糊并在明亮区域出现伪影现象。Kim[228]等科研工作者采用白平衡策略完成图像去雾,该方法并不需要数据训练而是设置先验信息进行处理,算法复杂度低,但该方法的清晰化效果存在色偏与过饱和现象。Salazar[229]等科研工作者采用 Radon 变换方法处理雾天图像的饱和区域,但对白色背景干扰的雾天图像进行处理后,所获得图像效果尽管能够还原出新的可见边缘细节,但复原图像上仍然存在晕轮效应和色偏现象。

综上所述,科研工作者们针对特殊场景雾天图像所使用的雾天清晰化方法,所获得的图像往往存在一些残留的雾气或晕轮效应等问题。

本章参考文献

[1] 张广才,万守鹏,何继荣. 数字图像处理技术与 MATLAB 应用[J]. 软件,2019,40(11):139-142.

[2] 曾三友,康立山,董文永. 带微调参量的正则化方法及其在降质图像恢复问题中的应用[J]. 计算机科学,2002,6:125-126+32.

[3] 陈鹏,赵继广,宋一铄,等. 气溶胶粒子微观特性对后向散射信号影响研究[J]. 中国激光,2019,46(04):0405001.

[4] 王文中,张树生,余隋怀. 基于粒子群优化的 BP 神经网络图像复原算法研究[J]. 西北工业大学学报,2018:1-15.

[5] 万晓丹. 图像去雾技术[J]. 电子技术与软件工程,2018,11(5):80-85.

[6] MCCARTNEY E J, NICOLAS H. Fast visibility restoration from a single color or gray level image[C]// IEEE 12th International Conference on Computer Vision

(ICCV)，Kyoto，Japan：IEEE，2009：2201-2208.

[7] 薛德婷. 基于反向光线追迹的气动光学成像偏移工程估算[D]. 天津：天津理工大学，2018：35-52.

[8] 夏冬，谭浩波，邓雪娇，等. 用紫外辐射反演气溶胶单次散射反射率的方法研究[J]. 中国环境科学，2013,33(03)：402-408.

[9] 曾浩，丁镭. 长江经济带城市雾霾污染 PM 2.5 时空格局演变及影响因素研究[J]. 华中师范大学学报（自然科学版），2019,53(05)：724-734.

[10] 毛明志，柴啸龙. 图像色偏的量化研究与应用[J]. 计算机科学，2005,05：197-199.

[11] 王会芝，杜林蔚，吕建华. 城市群雾霾污染的空间分异及动态关联研究—基于京津冀城市群的实证分析[J]. 中国环境管理，2020,12(01)：80-86.

[12] 刘翠响，张莎，王宝珠，等. 航拍图像去雾优化算法研究[J]. 深圳大学学报（理工版），2018,35(05)：487-493.

[13] 陈钟荣，张炎，张瑶. 基于自适应雾浓度系数的暗通道先验法能见度测量[J]. 现代电子技术，2019,42(09)：39-45.

[14] 杨家宸. 雾霾天气形成原因及治理问题分析—以西安市为例[J]. 资源节约与环保，2019(12)：141-143.

[15] 陈茂林，毛根旺，夏广庆. 电磁波在非均匀等离子体中的衰减效应研究[J]. 科学技术与工程，2011,11(18)：4123-4127.

[16] 曹鹏飞. 多重约束下离焦降质图像盲复原方法仿真[J]. 计算机仿真，2019,36(08)：363-366.

[17] 吴迪，朱青松. 图像去雾的最新研究进展[J]. 自动化学报，2015,41(02)：221-239.

[18] 陈先桥. 雾天交通场景中退化图像的增强方法研究[D]. 武汉：武汉理工大学，2008：39-46.

[19] JIANG B. Real-time multi-resolution edge detection with pattern analysis on graphics processing unit[J]. Journal of Real-Time Image Processing,2018,14(2)：293-321.

[20] BRITA E, NUCINKIS A, SIMON J G. Quasi-automorphisms of the infinite rooted 2-edge-coloured binary tree[J]. Mathematics,2018, 61-31.

[21] 谷乐，陈志云. 加权最小二乘法与卡尔曼滤波实时稳像技术[J]. 计算机应用研究，2019,11：52-65.

[22] 黄文君，李杰，齐春. 低秩与字典表达分解的浓雾霾场景图像去雾算法[J]. 西安交通大学学报，2020(04)：1-9.

[23] 尤政，杨冉，张高飞等. 激光测距系统整形模块和低通滤波模块优化设计[J]. 光学精密工程，2013,21(10)：2527-2535.

[24] RAMANAH D K, WANDELT B D. Wiener filter reloaded：fast signal reconstruction without preconditioning[J]. Monthly Notices of the Royal Astronomical Society,2017,2(468)：1782-1793.

[25] 曹碧婷. 基于局部大气光评估的形态学去雾算法研究及应用[D]. 兰州：兰州交通大学，2017：18-39.

[26] 杜漫飞，孙华生. 无人机遥感图像中不均匀雾霾的去除算法研究[J]. 测绘与空间地理信息，2019,42(01)：174-176＋180.

[27] LIU L，YANG N，LAN J，et al. Image segmentation based on gray stretch and threshold algorithm[J]. Optik International Journal for Light and Electron Optics，2015，126(6)：626-629.

[28] WANG F，YIN K. Local threshold segmentation algorithm based on median filter [J]. Electronic Measurement Technology，2017，40(4)：162-166.

[29] TANG K，YANG J，WANG J. Investigating haze-relevant features in a learning framework for image dehazing[C]//Conference on Computer Vision and Pattern Recognition(CVPR)，Columbus，USA：IEEE，2014：2995-3002.

[30] ANKANG C，YINGXU L，JING L. Industrial Control Intrusion Detection Approach Based on Multiclassification GoogLeNet-LSTM Model[J]. Security and Communication Networks，2019，2019：6757685.

[31] 高银，云利军，石俊生，等. 基于各向异性高斯滤波的暗原色理论雾天彩色图像增强算法[J]. 计算机辅助设计与图形学学报，2015，27(9)：1701-1706.

[32] EILERTSEN G，MANTIUK R K，UNGER J. A comparative review of tone - mapping algorithms for high dynamic range video[J]. Computer Graphics Forum，2017，36(2)：565-592.

[33] WANG Y F，LIU H M，FU Z W. Low-light image enhancement via the absorption light scattering model[J]. IEEE Transactions on Image Processing，2019，28(11)：5679-5690.

[34] KO S，YU S，PARK S，et al. Variational framework for low-light image enhancement using optimal transmission map and combined and minimization[J]. Signal Processing：Image Communication，2017，58：99-110.

[35] 余春艳，徐小丹，林晖翔，等. 应用雾天退化模型的低照度图像增强[J]. 中国图象图形学报，2017，22(09)：1194-1205.

[36] LIAO S，HU Y，ZHU X，et al. Person Re-identification by Local Maximal Occurrence Representation and Metric Learning[C]// IEEE Conference on Computer Vision and Pattern Recognition(CVPR)，Boston，USA：IEEE，2015：2197-2206.

[37] LIU Q，CHEN M，ZHOU D. Single image haze removal via depth based contrast stretching transform[J]. Science China：Information Science，2015，58(1)：1-17.

[38] 王磊. 基于直方图均衡的 X 射线图像增强方法[J]. 激光杂志，2015，36(1)：121-124.

[39] 延婷，汪烈军，王佳星. 河尘环境下视频图像增强方法的研究[J]. 激光杂志，2014，35(4)：100-102.

[40] 尹志聪，王会军，郭文利. 华北黄淮地区冬季雾和霾的时空气候变化特征[J]. 中国科学：地球科学，2015 45 (5)：649-655.

[41] WANG J B，HE N，ZHANG L L，et al. Single image dehazing with a physical model and dark channel prior[J]. Elsevier Neurocomputing，2015，149：718-728.

[42] Seow M J，Asari V K. Ratio rule and homomorphic filter for enhancement of digital color image[J]. Neuro Computing，2006，69(7)：954-958.

[43] 高银，云利军，石俊生，等. 基于 TV 模型的暗原色理论雾天图像复原算法[J]. 中国激光，2015(8)：273-278.

[44] 冯维一，陈钱，何伟基，等. 基于高光谱图像混合像元分解技术的去雾方法[J]. 光学学报，2015(1)：107-114.

[45] Li G，Wu J F，Lei Z Y. Research progress of image haze grade evaluation and dehazing technology[J]. Laser Journal，2014，9(2)：108-113.

[46] 李雅梅，任婷婷. 雾霾天车载辅助安全系统图像增强方法的研究[J]. 激光与光电子学进展，2016(4)：74-79.

[47] WANG D，ZHU J B. Fast smoothing technique with edge preservation for single image dehazing[J]. IET Computer Vision，2015，9(6)：950-959.

[48] WANG Z L，FENG Y. Fast single haze image enhancement[J]. Elsevier Computers & Electrical Engineering，2014，40(3)：785-795.

[49] MI Z，ZHOU H，ZHENG Y，et al. Single image dehazing via multi-scale gradient domain contrast enhancement[J]. IET Image Processing，2016，3(10)：206-214.

[50] Wu D，Zhu Q S. The latest research progress of image dehazing[J]. Acta Automatica Sinica，2015，9(2)：19-23.

[51] 陈莹，朱明. 多子直方图均衡微光图像增强及 FPGA 实现[J]. 中国光学，2014，7(2)：225-232.

[52] LV F，LIU B，LU F. Fast enhancement for non-uniform illumination images using light-weight cnns[C]//ACM International Conference on Multimedia（ACM MM），Seattle，USA：ACM，2020：1450-1458.

[53] SULAMI M，GELTZER I，FATTAL R，et al. Automatic recovery of the atmospheric light in hazy images［C］//IEEE International Conference on Computational Photography，Santa Clara，USA：IEEE，2014：1-11.

[54] 於敏杰，张浩峰. 基于暗原色及入射光假设的单幅图像去雾[J]. 中国图象图形学报，2014，12(1)：1-8.

[55] 陈功，王唐，周荷琴. 基于物理模型的雾天图像复原新方法[J]. 中国图象图形学报，2008，13(5)：888-893.

[56] FATTAL R. Dehazing using color-lines[J]. ACM Transactions on Graphics，2014，34(1)：1-14.

[57] HE K，SUN J，TANG X. Guided image filtering[J]. IEEE Transactions on Software Engineering，2013，35(6)：1397-1409.

[58] Li Y，Tan R T，Brown M S. Nighttime haze removal with glow and multiple light colors［C］// IEEE Conf. on Computer Vision and Pattern Recognition，Boston，USA：IEEE，2015：198-215.

[59] ZHANG J，CAO Y，WANG Z. Nighttime haze removal based on a new imaging model［C］// 2014 IEEE International Conference on Image Processing（ICIP），Paris，France：IEEE，2014：4557-4561.

[60] LU Y，JIAN S. Automatic exposure correction of consumer photographs［C］// European Conference on Computer Vision（ECCV），Florence，Italy：Springer，2012：771-785.

[61] LE X，LIAN H Y. Image restoration using prior information physics model［C］//

ICISP：International Conference on Image and Signal Processing（ICISP），Brussels，Belgium：IEEE，2011：786-789.

[62] 傅雪阳. 基于变分框架的 retinex 图像增强方法研究[D]. 厦门：厦门大学，2014.

[63] KIMMEL R，ELAD M，SHAKED D，et al. A variational framework for retinex[J]. International Journal of Computer Vision，2003，52(1)：7-23.

[64] NG M K，WANG W. A total variation model for retinex[J]. SIAM Journal on Imaging Sciences，2011，4(1)：345-365.

[65] ZHANG R，FENG X，YANG L，et al. Global sparse gradient guided variational retinex model for image enhancement[J]. Signal Processing：Image Communication，2017，58：270-281.

[66] FU G，DUAN L，XIAO C. A hybrid l2-lp variational model for single low-light image enhancement with bright channel prior[C]// IEEE International Conference on Image Processing (ICIP)，Taipei，Taiwan：IEEE，2019：1925-1929.

[67] FU X，ZENG D，HUANG Y，et al. A weighted variational model for simultaneous reflectance and illumination estimation[C]// IEEE Conference on Computer Vision and Pattern Recognition (CVPR)，Las Vegas，NV：IEEE，2016：2782-2790.

[68] FU X，LIN Q，GUO W，et al. Single image de-haze under non-uniform illumination using bright channel prior [J]. Journal of Theoretical & Applied Information Technology，2013，48(3)：1843-1848.

[69] FU X，SUN Y，LI W M，et al. A novel retinex based approach for image enhancement with illumination adjustment[C]// IEEE International Conference on Acoustics，Speech and Signal Processing (ICASSP)，Firenze，Italy：IEEE，2014：1190-1194.

[70] FU X，LIAO Y，ZENG D，et al. A probabilistic method for image enhancement with simultaneous illumination and reflectance estimation[J]. IEEE Transactions on Image Processing，2015，24(12)：4965-4977.

[71] GOLDSTEIN T，OSHER S. The split bregman method for l1-regularized problems [J]. SIAM Journal on Imaging Sciences，2009，2(2)：323-343.

[72] LI M，LIU J，YANG W，et al. Structure-revealing low-light image enhancement via robust retinex model[J]. IEEE Transactions on Image Processing，2018，27(6)：2828-2841.

[73] REN X，LI M，CHENG W H，et al. Joint enhancement and denoising method via sequential decomposition [C]// IEEE International Symposium on Circuits and Systems (ISCAS)，Florence，Italy：IEEE，2018：1-5.

[74] CAI B，XU X，GUO K，et al. A joint intrinsic-extrinsic prior model for retinex[C]// IEEE International Conference on Computer Vision (ICCV)，Honolulu，HI：IEEE，2017：4020-4029.

[75] YUE H，YANG J，SUN X，et al. Contrast enhancement based on intrinsic image decomposition [J]. IEEE Transactions on Image Processing，2017，26 (8)：3981-3994.

[76] HAO S, HAN X, GUO Y, et al. Low-light image enhancement with semi-decoupled decomposition[J]. IEEE Transactions on Multimedia, 2020, 22(12): 3025-3038.

[77] REN X, YANG W, CHENG W H, et al. Lr3m: Robust low-light enhancement via low-rank regularized retinex model[J]. IEEE Transactions on Image Processing, 2020, 29: 5862-5876.

[78] XU J, HOU Y, REN D, et al. Star: A structure and texture aware retinex model [J]. IEEE Transactions on Image Processing, 2020, 29: 5022-5037.

[79] CAI J, ZENG H, YONG H, et al. Toward real-world single image super-resolution: A new benchmark and a new model[C]// IEEE International Conference on Computer Vision (ICCV), Seoul, Korea: IEEE, 2020: 3086-3095.

[80] FU X, ZENG D, HUANG Y, et al. A fusion-based enhancing method for weakly illuminated images[J]. Signal Processing, 2016, 129: 82-96.

[81] BURT P J, ADELSON E H. The laplacian pyramid as a compact image code[J]. Readings in Computer Vision, 1987, 31(4): 671-679.

[82] WANG Q, FU X, ZHANG X P, et al. A fusion-based method for single backlit image enhancement [C]// IEEE International Conference on Image Processing (ICIP), Arizona, USA: IEEE, 2016: 4077-4081.

[83] DENG G. A generalized unsharp masking algorithm[J]. IEEE Transactions on Image Processing, 2011, 20(5): 1249-1261.

[84] LI Z G, WEI Z, WEN C Y, et al. Detail-enhanced multi-scale exposure fusion[J]. IEEE Transactions on Image Processing, 2017, 26(3): 1243-1252.

[85] WANG Q, CHEN W, WU X, et al. Detail-enhanced multi-scale exposure fusion in yuv color space [J]. IEEE Transactions on Circuits and Systems for Video Technology, 2020, 30(8): 2418-2429.

[86] YING Z, LI G, REN Y, et al. A new image contrast enhancement algorithm using exposure fusion framework[C]// International Conference on Computer Analysis of Images and Patterns (CAIP), Seoul, Korea: Springer, 2017: 36-46.

[87] LI J, LI J, FANG F, et al. Luminance-aware pyramid network for low-light image enhancement[J]. IEEE Transactions on Multimedia, 2020, 23: 3153-3165.

[88] LIM S, KIM W. Dslr: Deep stacked laplacian restorer for low-light image enhancement[J]. IEEE Transactions on Multimedia, 2020, 2020: 1-13.

[89] LORE K G, AKINTAYO A, SARKAR S. Llnet: A deep autoencoder approach to natural low-light image enhancement[J]. Pattern Recognition, 2017, 61: 650-662.

[90] JIANG Z, LI H, LIU L, et al. A switched view of retinex: Deep self-regularized low-light image enhancement[J]. Neurocomputing, 2021, 454: 361-372.

[91] JIA X, FENG X, WANG W, et al. An extended variational image decomposition model for color image enhancement[J]. Neurocomputing, 2018, 322: 216-228.

[92] ZAMIR S W, ARORA A, KHAN S, et al. Learning digital camera pipeline for extreme low-light imaging[J]. Neurocomputing, 2021, 452: 37-47.

[93] LIU M, TANG L, ZHONG S, et al. Learning noise-decoupled affine models for

extreme low-light image enhancement[J]. Neurocomputing, 2021, 448: 21-29.

[94] LV F, LU F, WU J, et al. Mbllen: Low-light image/video enhancement using cnns [C]// British Machine Vision Conference (BMVC), Newcastle, England: IEEE, 2018: 220-232.

[95] WANG W, CHEN W, YANG W, et al. Gladnet: Low-light enhancement network with global awareness[C]// IEEE International Conference on Automatic Face & Gesture Recognition (FG), Lille, France: IEEE, 2018: 751-755.

[96] LI Z, SNAVELY N. Learning intrinsic image decomposition from watching the world [C]//IEEE Conference on Computer Vision and Pattern Recognition (CVPR), Salt Lake City Utah, USA: IEEE, 2018: 9039-9048.

[97] RONNEBERGER O, FISCHER P, BROX T. U-net: Convolutional networks for biomedical image segmentation [C]// International Conference on Medical Image Computing and Computer Assisted Intervention (MICCAI), Munich, Germany: Springer, 2015: 234-241.

[98] CHEN C, CHEN Q, XU J, et al. Learning to see in the dark[C]// IEEE Conference on Computer Vision and Pattern Recognition (CVPR), Salt Lake City Utah, USA: IEEE, 2018: 3291-3300.

[99] WANG L W, LIU Z S, SIU W C, et al. Lightening network for low-light image enhancement[J]. IEEE Transactions on Image Processing, 2020, 29: 7984-7996.

[100] REN W Q, LIU S F, MA L, et al. Low-light image enhancement via a deep hybrid network[J]. IEEE Transactions on Image Processing, 2019, 28(9): 4364-4375.

[101] ZHU M, PAN P, CHEN W, et al. Eemefn: Low-light image enhancement via edge-enhanced multi-exposure fusion network[C]// Conference on Artificial Intelligence (AAAI), New York, USA: AAAI, 2020: 13106-13113.

[102] LU K, ZHANG L. Tbefn: A two-branch exposure-fusion network for low-light image enhancement[J]. IEEE Transactions on Multimedia, 2020, (2000): 1-13.

[103] XU K, YANG X, YIN B, et al. Learning to restore low-light images via decomposition-and-enhancement[C]// IEEE Conference on Computer Vision and Pattern Recognition (CVPR), Seattle, USA: IEEE, 2020: 2281-2290.

[104] CHO S W, BAEK N R, KOO J H, et al. Semantic segmentation with low light images by modified cyclegan-based image enhancement[J]. IEEE Access, 2020, 8: 93561-93585.

[105] JOBSON D J, RAHMAN Z, WOODELL G A. Properties and Performance of a Center/Surround Retinex[J]. IEEE Transactions on Image Processing, 1997, 6(3): 451-462.

[106] LI C, GUO J, PORIKLI F, et al. Lightennet: A convolutional neural network for weakly illuminated image enhancement[J]. Pattern Recognition Letters, 2018, 104: 15-22.

[107] WANG R, ZHANG Q, FU C W, et al. Underexposed photo enhancement using deep illumination estimation[C] // IEEE Conference on Computer Vision and

Pattern Recognition (CVPR)，CA，USA：IEEE，2019：6842-6850.

[108] ZHANG Y, ZHANG J, GUO X, et al. Kindling the darkness: A practical low-light image enhancer[C]// ACM International Conference on Multimedia (ACM MM)，Nice，France：ACM，2019：1632-1640.

[109] WANG J, TAN W, NIU X, et al. Rdgan: Retinex decomposition based adversarial learning for low-light enhancement［C］// IEEE International Conference on Multimedia and Expo (ICME)，Lisbon，Portugal：IEEE，2019：1186-1191.

[110] FAN M, WANG W, YANG W, et al. Integrating semantic segmentation and retinex model for low-light image enhancement[C]// ACM International Conference on Multimedia (ACM MM)，Seattle，USA：ACM，2020：2317-2325.

[111] ABDULLAH A W M, KABIR M H, DEWAN M, et al. A dynamic histogram equalization for image contrast enhancement[C]// IEEE International Conference on Consumer Electronics (ICCE)，Hiroshima，Japan：IEEE，2007：1-2.

[112] PIZER S M, JOHNSTON R E, ERICKSEN J P, et al. Contrast-limited adaptive histogram equalization: Speed and effectiveness［C］// Visualization in Biomedical Computing (VBC)，GA，USA：IEEE，1990：337-345.

[113] PIZER S M, AMBURN E P, AUSTIN J D, et al. Adaptive histogram equalization and its variations[J]. Computer Vision Graphics & Image Processing，1987，39(3)：355-368.

[114] CHANG Y, JUNG C, KE P, et al. Automatic contrast-limited adaptive histogram equalization with dual gamma correction[J]. IEEE Access，2018，6：11782-11792.

[115] STARK J A. Adaptive image contrast enhancement using generalizations of histogram equalization[J]. IEEE Transactions on Image Processing，2000，9(5)：889-896.

[116] IBRAHIM H, KONG N S P. Brightness preserving dynamic histogram equalization for image contrast enhancement[J]. IEEE Transactions on Consumer Electronics，2007，53(4)：1752-1758.

[117] ABOV K D, FOI A, KATKOVNIK V, et al. Image denoising by sparse 3-d transform-domain collaborative filtering ［J］. IEEE Transactions on Image Processing，2007，16(8)：2080-2095.

[118] 赵春丽，董静薇，徐博，等. 融合直方图均衡化与同态滤波的雾天图像增强算法研究[J]. 哈尔滨理工大学学报，2019，24(6)：93－97.

[119] 叶秋果，宗景春，李钏，等. 基于同态滤波的遥感影像去云雾处理[J]. 海洋测绘，2009，29(3)：45-46.

[120] LEE C, LEE C, KIM C S. Contrast enhancement based on layered difference representation of 2d histograms[J]. IEEE Transactions on Image Processing，2013，22(12)：5372-5384.

[121] CELIK T, TJAHJADI T. Contextual and variational contrast enhancement［J］. IEEE Transactions on Image Processing，2011，20(12)：3431-3441.

[122] ZHANG X, SHEN P, LUO L, et al. Enhancement and noise reduction of very low

light level images[C]//International Conference on Pattern Recognition (ICPR), Tsukuba Science City, Japan: IEEE, 2012: 2034-2037.

[123] LAND E H. The retinex theory of color vision[J]. Scientific American, 1978, 237 (6): 108-128.

[124] JOBSON D J, RAHMAN Z U, WOODELL G A. Properties and performance of a center/surround retinex[J]. IEEE Transactions on Image Processing, 1997, 6(3): 451-462.

[125] JOBSON D, RAHMAN J, et al. A multiscale retinex for bridging the gap between color images and the human observation of scenes[J]. IEEE Transactions on Image Processing, 2002, 6(7): 965-976.

[126] LIN L, WANG R, WANG W, et al. A low-light image enhancement method for both denoising and contrast enlarging[C]// IEEE International Conference on Image Processing (ICIP), AZ, USA: IEEE, 2015: 3730-3734.

[127] PARK S, YU S, KIM M, et al. Dual Autoencoder Network for Retinex-based Low-Light Image Enhancement[J]. IEEE Access, 2018, 6: 22084-22093.

[128] 肖胜笔, 李燕. 具有颜色保真性的快速多尺度 Retinex 去雾算法[J]. 计算机工程与应用, 2015, 51(6): 176-180.

[129] 李红, 吴炜, 杨晓敏. 基于主特征提取的 Retinex 多谱段图像增强[J]. 物理学报, 2016, 16(1): 162-171.

[130] 龙庆延, 王正勇, 潘建, 等. 基于奇异值分解和引导滤波的低照度图像增强算法[J]. 科学技术与工程, 2021, 21(12): 5018-5023.

[131] SELIM S Z, ISMAIL M A. K-means-type algorithms: A generalized convergence theorem and characterization of local optimality[J]. IEEE Transactions on Pattern Analysis and Machine Intelligence, 1984, 6(1): 81-87.

[132] WANG S, ZHENG J, HU H M, et al. Naturalness preserved enhancement algorithm for non-uniform illumination images[J]. IEEE Transactions on Image Processing, 2013, 22(9): 3538-3548.

[133] NARASIMHAN S G, NAYAR S K. Chromatic framework for vision in bad weather [C]//CVPR, Hilton Head, SC, USA. 2000: 598-695.

[134] 吴迪, 朱青松. 图像去雾的最新研究进展[J]. 自动化学报, 2015, 41(2): 221-239.

[135] TZANAKAS A, TIAKAS E, MANOLOPOULOS Y. Skyline Algorithms on Streams of Multidimensional Data[C]// East European Conference on Advances in Databases & Information Systems, Prague, Czech: IEEE, 2016: 63-71.

[136] HE K, JIAN S, FELLOW Y, et al. Single image haze removal using dark channel prior[J]. IEEE Transactions on Pattern Analysis & Machine Intelligence, 2011, 33 (12): 2341-2353.

[137] ANCUTI C, ANCUTI C O, VLEESCHOUWER C D, et al. Night-time dehazing by fusion[C]//IEEE International Conference on Image Processing. AZ, USA: IEEE, 2016: 18-22.

[138] SHUHANG W, GANG L. Naturalness preserved image enhancement using a priori

multi-layer lightness statistics[J]. IEEE Transactions on Image Processing，2018，27(2)：938-948.

[139]　RAHMAN Z U，JOBSON D J，WOODELL G A. Retinex processing for automatic image enhancement[J]. Journal of Electronic Imaging，2004，13(1)：100-110.

[140]　MITTAPALLE K R，KROTHAPALLI S R. Inverse filter based excitation model for HMM-based speech synthesis system[J]. IET Signal Processing，2018，12(4)：544-548.

[141]　FENG X M，LI J J，HUA Z. Low-light image enhancement algorithm based on an atmospheric physical model[J]. Multimedia Tools and Applications，2020，79：32973-32997.

[142]　ZIMMERMAN J. B.，PIZER S. M. An evaluation of the effectiveness of adaptive histogram equalization for contrast enhancement[J]. IEEE Transactions on Medical Imaging，1988，7(4)：304-312.

[143]　OAKLY J P，SATHERLEY B L. Improving image quality in poor visibility conditions using model for degradation[J]. IEEE Transactions on Image Processing，1988，7(2)：167-179.

[144]　REZA A. Contrast Limited Adaptive histogram equalization for real-time image enhancement[J]. Journal of VLST Single Processing，2004，38(1)：35-44.

[145]　RAFFEI A M，ASMUNI H，HASSAN R，et al. A low lighting or contrast ratio visible iris recognition using iso-contrast limited adaptive histogram equalization[J]. Knowledge-Based Systems，2015，74(1)：40-48.

[146]　张娜,韩美林,杨琳. 雾霾图像清晰化处理算法的研究[J]. 计算机与数字工程,2019,47(06)：1478-1481.

[147]　张宝山,杨燕,陈高科,等. 结合直方图均衡化和暗通道先验的去雾算法[J]. 传感器与微系统,2018,37(03)：148-152.

[148]　杨骥,杨亚东,梅雪,等. 基于改进的限制对比度自适应直方图的视频快速去雾算法[J]. 计算机工程与设计,2015,36(1)：221-226.

[149]　顾振飞,张登银,袁小燕,等. 基于强度反转和变分 Retinex 模型的图像去雾[J]. 电子器件,2019,42(03)：740-748.

[150]　RIZZI A，GATTA C，MARINI D. From Retinex to automatic color equalization issues in developing a new algorithm for unsupervised color equation[J]. Journal of Electronic Imaging，2004，1(13)：75-84.

[151]　GIANINI G，RIZZI A，DAMIANI E. A Retinex model based on Absorbing Markov Chains[J]. Information Sciences，2016，327(C)：149-174.

[152]　DE DRAVO V J W，HARDEBERG J Y. Multiscale Approach for Dehazing Using the STRESS Framework[J]. Journal of imaging Science and Technology，2016，60(1)：010409.

[153]　董辉,金阔洋. 基于暗原色先验的 Retinex 去雾算法[J]. 浙江工业大学学报,2018,46(06)：611-615＋621.

[154]　王彦林,张进. 改进成像模型的单尺度 Retinex 彩色图像增强算法[J]. 计算机工程与

设计,2018,39(11):3511-3515.

[155] 陈莹,刘冬冬. 结合物理模型和 Retinex 的图像去雾算法[J]. 小型微型计算机系统, 2016,37(10):2355-2360.

[156] 李红,吴炜,杨晓敏. 基于主特征提取的 Retinex 多谱段图像增强[J]. 物理学报, 2016,16(1):162-171.

[157] 李武劲,彭怡书,欧先锋,等. 基于大气散射模型和 Retinex 理论的雾霾图像清晰化算法[J]. 成都工业学院学报,2019,22(02):5-8+13.

[158] 顾振飞,张登银. 基于变分 Retinex 模型的雾天图像增强方法[J]. 中国矿业大学学报,2018,47(06):1386-1394.

[159] SEOW M J, ASARI V K. Ratio rule and homomorphic filter for enhancement of digital color image[J]. Neuro Computing,2006,69(7):954-958.

[160] 王超. 基于图像增强的几种雾天图像去雾算法[J]. 自动化应用,2018,(02):70-70 +80.

[161] 董静薇,赵春丽,海博. 融合同态滤波和小波变换的图像去雾算法研究[J]. 哈尔滨理工大学学报,2019,24(1):66-70.

[162] 张敏,张一凡,王园宇. 基于颜色衰减先验的小波融合图像去雾[J]. 计算机工程与应用,2018,54(12):182-186.

[163] TAN R. Visibility in bad weather from a single image[C]// Proceedings of IEEE Conference on Computer Vision and Pattern Recognition(CCVP),Washington DC, USA:IEEE, 2008:2347-2354.

[164] FATTAL R. Dehazing using color-lines[J]. ACM Transactions on Graphics,2014, 34(1):1-14.

[165] GU Y, YANG X, GAO Y. A Novel Total Generalized Variation Model for Image Dehazing[J]. Journal of Mathematical Imaging and Vision,2019,61(6):1329-1341.

[166] 付辉,吴斌,张红英. 基于视觉感知的快速雾天图像清晰度复原[J]. 计算机应用研究, 2019,36(9):1-7.

[167] 李红云,高银,云利军. 基于边界限制加权最小二乘法滤波的雾天图像增强算法[J]. 中国激光,2019,46(03):0309002.

[168] 付辉,吴斌,张红英,等. 环境光模型暗通道快速去雾处理[J]. 光电工程,2016,2(1): 28-35.

[169] 吴斌,付辉,张红英. 快速大气光幂雾图清晰度复原[J]. 光学精密工程,2016,8(6): 152-160.

[170] 高原原,胡海苗. 基于多子块协同单尺度 Retinex 的浓雾图像增强[J]. 北京航空航天大学学报,2019,45(05):944-951.

[171] 黄鹤,宋京,郭璐,等. 基于新的中值引导滤波的交通视频去雾算法[J]. 西北工业大学学报,2018,36(3):414-419.

[172] TAREL J P. Hautiere N. Fast visibility restoration from a single color or gray level image[C]// IEEE International Conference on Computer Vision (ICCV). Xi'an, China:IEEE, 2009:2201-2208.

[173] SIM H, KI S, CHOI J S, et al. High-Resolution Image Dehazing with Respect to

Training Losses and Receptive Field Sizes［C］// 2018 IEEE CVF Conference on Computer Vision and Pattern Recognition Workshops (CVPRW), UT, USA：IEEE, 2018：912-919.

[174] FAN Y, RUI X, POSLAD S, et al. A better way to monitor haze through image based upon the adjusted LeNet-5 CNN model［J］. Signal Image and Video Processing,2019(2)：1-9.

[175] HE K, SUN J, TANG X. Single image haze removal using dark channel prior［C］// IEEE Conference on Computer Vision and Pattern Recognition(CVPR), Miami,FL, USA：IEEE, 2009：1956-1963.

[176] 刘海波,杨杰,吴正平,等. 基于区间估计的单幅图像快速去雾［J］. 电子与信息学报, 2016,33(2)：381-385.

[177] 付辉,吴斌,张红英,等. 基于暗原色先验的雾霾图像清晰度复原［J］. 计算机工程, 2016,7(2)：198-203.

[178] 陈良琴,王卫星. 结合暗原色图像参考的单幅图像去雾［J］. 计算机应用研究,2017,34 (6)：1871-1875.

[179] 郭翰,徐晓婷,李博. 基于暗原色先验的图像去雾方法研究［J］. 光学学报,2018,38 (04)：113-122.

[180] 肖进胜,高威,邹白昱,等. 基于天空约束暗通道先验的图像去雾［J］. 电子学报,2017, 45(2)：98-105.

[181] 姜德晶,王树臣,曾勇,等. 分割映射的单幅彩色图像去雾方法［J］. 光电子·激光, 2017,8(7)：780-787.

[182] 董丽丽,丁畅,许文海. 基于直方图均衡化图像增强的两种改进方法［J］. 电子学报, 2018,46(10)：2367-2375.

[183] HE K, SUN J, TANG X. Single image haze removal using dark channel prior［J］. IEEE Transactions on Pattern Analysis and Machine Intelligence,2011,33(12)： 2341-2353.

[184] HE K, SUN J, TANG X. Guided image filtering［J］. IEEE Transactions on Pattern Analysis and Machine Intelligence,2013,35(6)：1397-1409.

[185] 王平,张云峰,包芳勋,等. 基于大气散射模型的优化去雾方法［J］. 中国图象图形学 报,2018,23(04)：605-616.

[186] GALDRAN A, VAZQUEZ C J, PARDO D, et al. Fusion-Based Variational Image Dehazing［J］. IEEE Signal Processing Letters,2017,24(2)：151-155.

[187] LIANG J, REN L, JU H, et al. Polarimetric dehazing method for dense haze removal based on distribution analysis of angle of polarization［J］. Optics Express, 2015,23(20)：26146-26157.

[188] 黄文君,李杰,齐春. 低秩与字典表达分解的浓雾霾场景图像去雾算法［J］. 西安交通 大学学报, 2020(04)：1-9.

[189] 张然,赵凤群. 考虑分数阶梯度的雾天图像增强偏微分方程模型［J］. 计算机辅助设计 与图形学学报,2018,46(4)：1643-1651.

[190] FU H, WU B, SHAO Y. Multi-Feature Based Bilinear CNN for Single Image

Dehazing[J]. IEEE Access,2019,7：74316-74326.

[191] ZHANG Y，SUN L，YAN C，et al. Adaptive Residual Networks for High-Quality Image Restoration [J]. IEEE Transactions on Image Processing, 2018, 27（7）：3150-3163.

[192] 陈永,郭红光,艾亚鹏. 基于多尺度卷积神经网络的单幅图像去雾方法[J]. 光学学报,2019,39(10)：149-158.

[193] LING Z，FAN G，GONG J，et al. Learning deep transmission network for efficient image dehazing[J]. Multimedia Tools & Applications,2018(11)：1-24.

[194] BI G，REN J，FU T，et al. Image Dehazing Based on Accurate Estimation of Transmission in the Atmospheric Scattering Model[J]. IEEE Photonics Journal,2017,9(4)：7802918.

[195] 赵建堂. 基于深度学习的单幅图像去雾算法[J]. 激光与光电子学进展,2019,56(11)：146-153.

[196] 睢青青,李朝锋,桑庆兵. 改进多尺度卷积神经网络的单幅图像去雾方法[J]. 计算机工程与应用,2019,55(10)：179-185.

[197] 肖进胜,周景龙,雷俊锋,等. 基于霾层学习的单幅图像去雾算法[J]. 电子学报,2019,47(10)：2142-2148.

[198] 李晓戈,薛倩茹. 基于深度卷积神经网络的图像去雾算法[J]. 计算机应用与软件,2019,36(08)：189-195.

[199] 张泽浩,周卫星. 基于全卷积回归网络的图像去雾算法[J]. 激光与光电子学进展,2019,56(20)：252-261.

[200] 刘杰平,杨业长,陈敏园,等. 结合卷积神经网络与动态环境光的图像去雾算法[J]. 光学学报,2019,39(11)：120-131.

[201] 陈清江,张雪,柴昱洲. 基于卷积神经网络的图像去雾算法[J]. 液晶与显示,2019,34(02)：220-227.

[202] GUO F，ZHAO X，TANG J. Single image dehazing based on fusion strategy[J]. Neurocomputing,2020,378：9-23.

[203] GOLTS A，FREEDMAN D，ELAD M. Unsupervised Single Image Dehazing Using Dark Channel Prior Loss[J]. IEEE Transactions on Image Processing,2019,29：2692-2701.

[204] LI L R H，DONG Y L，REN W Q，et al. Semi-Supervised Image Dehazing[J]. IEEE Transactions on Image Processing,2019,29：2766-2779.

[205] HODGES C，BENNAMOUN M，RAHMANI H，et al. Single image dehazing using deep neural networks[J]. Pattern Recognition Letters,2019：70-77.

[206] YEH C H，HUANG C H，KANG L W. Multi-Scale Deep Residual Learning-Based Single Image Haze Removal via Image Decomposition[J]. IEEE Transactions on Image Processing,2020,29：3153-3167.

[207] AKSHAY D，SUBRAHMANYAM M. RYF-Net：Deep Fusion Network for Single Image Haze Removal [J]. IEEE Transactions on Image Processing, 2020，29：628-640.

［208］ CAMERON H，MOHAMMED B，HOSSEIN R. Single image dehazing using deep neural networks［J］. Pattern Recognition Letters，2019，128：70-77.

［209］ KUMAR R，KAUSHIK B K，BALASUBRAMANIAN R. Multispectral Transmission Map Fusion Method and Architecture for Image Dehazing［J］. IEEE Transactions on Very Large Scale Integration（VLSI）systems，27（11）：2693-2697.

［210］ PROTAS E，BRATTI J D，GAYA J F O，et al. Visualization Methods for Image Transformation Convolutional Neural Networks［J］. IEEE Transactions on Neural Networks and Learning Systems，2019，30（7）：2231-2243.

［211］ 江巨浪，孙伟，王振东，等. 基于透射率权值因子的雾天图像融合增强算法［J］. 电子与信息学报，2018，40（10）：2388-2394.

［212］ 曹碧婷. 基于局部大气光评估的形态学去雾算法研究及应用［D］. 兰州：兰州交通大学，2017：18-39.

［213］ 付辉，吴斌，韩东轩，等. 基于大气物理模型的快速视觉优化去雾算法［J］. 计算机应用，2015，35（11）：3316-3320.

［214］ 杨爱萍，王海新，王金斌，等. 基于透射率融合与多重导向滤波的单幅图像去雾［J］. 光学学报，2018，38（12）：112-122.

［215］ FU H，WU B，SHAO Y，et al. Scene-Awareness Based Single Image Dehazing Technique via Automatic Estimation of SkyArea［J］. IEEE ACCESS，2019，7：1829-1839.

［216］ 杜振龙，施颖，李晓丽，等. 基于环境光差异的图像去雾算法［J］. 太赫兹科学与电子信息学报，2019，17（06）：1078-1085.

［217］ 潘健鸿，高银. 基于天空区域分割和多尺度融合的单幅雾天图像复原算法［J］. 南京理工大学学报，2019，43（05）：592-599.

［218］ 宋瑞霞，刚睿鹏，王小春. 含有大片天空区域图像的去雾算法［J］. 计算机辅助设计与图形学学报，2019，31（11）：1946-1954.

［219］ 吴宏锷，胡双年. 基于天空区域改进的暗通道先验算法研究［J］. 实验技术与管理，2019，36（09）：120-123.

［220］ 王柯俨，胡妍，王怀，等. 结合天空分割和超像素级暗通道的图像去雾算法［J］. 吉林大学学报（工学版），2019，49（04）：1377-1384.

［221］ 衷佩玮，杨睿，孙恺琦，等. 基于HSI颜色空间与暗原色先验原理的单幅图像去雾算法［J］. 软件导刊，2020，19（01）：267-270.

［222］ 杨德明，吴青娥，陈虎. 区域分割优化的暗通道先验去雾算法［J］. 无线电通信技术，2019，45（04）：445-452.

［223］ 张燕丽，柯旭. 结合天空区域检测的图像去雾算法研究与实现［J］. 重庆工商大学学报（自然科学版），2017，34（05）：37-42.

［224］ BERMAN D，TREIBITZ T，AVIDAN S. Single Image Dehazing Using Haze-Lines［J］. IEEE Transactions on Pattern Analysis and Machine Intelligence，2020，42（3）：720-734.

［225］ MANDAL S，RAJAGOPALAN A N. Local Proximity for Enhanced Visibility in Haze［J］. IEEE Transactions on Image Processing，2020，29：2478-2491.

［226］ RALKWAR S C，TAPASWL S. Tight lower bound on transmission for single image dehazing［J］. Visual Computer，2020，36(1)：191-209.

［227］ GOLTS A，FREEDMAN D，ELAD M. Unsupervised Single Image Dehazing Using Dark Channel Prior Loss［J］. IEEE Transactions on Image Processing，2020，29：2692-2701.

［228］ KIM S E，PARK T H，EOM I K. Fast Single Image Dehazing Using Saturation Based Transmission Map Estimation［J］. IEEE Transactions on Image Processing，2020，29：1985-1998.

［229］ SALAZAR C S，MOYA S E U，RAMOS A J M. Statistical multidirectional line dark channel for single-image dehazing［J］. IET Image Processing，2019，13(14)：2877-2887.

第 2 章
雾天图像清晰化研究基础

2.1 大气散射物理模型

当光线在传播的过程中与大气中的悬浮微粒相遇时,部分入射光线会被微粒散射,使得光线强度被减弱。因此,气体中的各个悬浮微粒均可以被视为单独的散射体,通常而言,其散射强度并不会相互影响。通过对大气散射机理的研究可知,米氏散射机理可被用于分析浮尘、薄雾、大雾、浓雾等恶劣天气状况下的散射效应。McCartney[1]以米氏散射机理为基础,得出雾天图像的退化机制,这成为图像清晰化处理的重要根据。McCartney 图像降质模型将传输到图像硬件设备中的光线分为两个模块:衰减模块和散射模块。衰减模块的产生是由于大气散射对景物表面所反射的入射光线的影响,其中一部分光线发生散射现象,可用物理模型表达,而其余部分则为正透射,可用物理模型表达[2]。大多数情形下,散射和衰减这两种物理过程均存在,而在雾天环境下,散射现象则起到主导作用。

散射是人眼能够观察周围事物的根本条件,假设散射消失,阳光只能直射到某一个方向,阳光直射的区域外将是无尽的暗夜。例如,在浩瀚的宇宙中没有大气层的星球上,以人类的角度仰望天空,将观察到漆黑的夜空。此外,还存在大气辐射部分,大气辐射包括阳光的直接辐射、阳光的散射型辐射等[3]。地球的大气层中悬浮着各种胶体粒子,如扬尘、烟气、雾霾,光线遇到胶体粒子会发生反应,此反应包括辐射、吸收和散射,使得光线的色度、亮度和清晰度受到不同程度的影响,进而使图像在人眼中的视觉效果发生变化——图像的色度、饱和度、对比度均减弱。与散射相比,辐射和吸收对图像成像的作用微弱,因而构建的雾天成像的物理模型应主要考虑散射产生的影响[4]。

大气散射分为多散射和单散射两种,其中多散射指光线被胶体粒子散射后遇到新的胶体粒子再次发生散射的现象。在常见的雾霾天气下,由于大气中胶体粒子的直径大小比粒子之间的距离小,因而本章建立的大气光模型只考虑单散射。图 2-1 所示为大气散射模型。

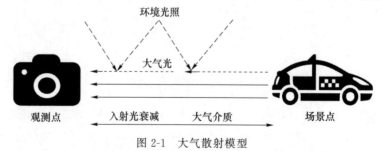

图 2-1　大气散射模型

计算机视觉中广泛应用的雾天成像物理模型可表述为:光的衰减模型和光线的自然散射模型,光的衰减模型指光线由成像景物传播至人眼或者观测点时光线被衰减的部分。大气光物理模型是研究图像降质根本原因的数学建模,是对降质图像实现复原的理论依托。本书以大气光物理模型为基础,给出单幅图像的去雾清晰化算法。

图 2-2 展示了 McCartney 的大气散射物理模型。该模型是在假定数千公里的短距离成像区间内[5],空气微粒的种类与密度存在空间不变性的基础上提出的。

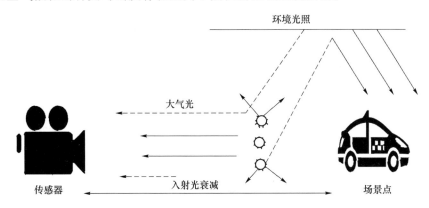

图 2-2 McCartney 的大气散射物理模型

随着科研工作者们对大气散射模型下的雾天图像清晰化方法的深入研究,得出了符合机器视觉又被广泛应用的雾天图像清晰化方法的物理模型:

$$F(x,y) = R(x,y)t(x,y) + A(1 - t(x,y)) \tag{2-1}$$

其中,$F(x,y)$ 为场景图像被衰减与散射后的最终结果值;$R(x,y)$ 为该场景图像未被影响前图像的初始像素值;$t(x,y)$ 表示透射率,即抵达传感器中没有被吸收与散射的部分所占比例;A 表示大气光值。若 $F(x,y)$ 是包含 M 个像素点的彩色图像,则其中存在 $4M+1$ 个未知参量;$R(x,y)$ 包含 $3M$ 个未知参量;$t(x,y)$ 包含 M 个未知参量,A 包含 1 个未知参量。而通过仅有的已知参量 $F(x,y)$,若需要还原 $t(x,y)$ 与 A 值,需利用病态方程的处理方法,设定相应的假设和先验数据,最终获得 $R(x,y)$,实现雾天图像清晰化还原的目标。

在式(2-1)中,$R(x,y)t(x,y)$ 表示光线的衰减物理模型,即散射光线随距离的增大而在介质中出现衰减的部分,可使场景中的色彩发生变化。如图 2-3 所示为光线的衰减物理模型。$A(1-t(x,y))$ 表示光线的散射物理模型。基于大气中微粒的散射效应,光线在传播的过程中,会被周边的粒子与气体溶胶微粒影响而产生散射效应,从而偏离原先的传输方向,并沿着观察方向发射到接收装置中,从而和目标景物的反射光线共同成像,这就是光线的散射机理。因此,散射物理模型是由地面反射光线与天空扩散光线共同组成的,如图 2-4 所示为光线的散射物理模型。

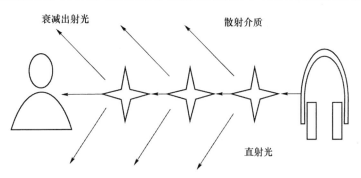

图 2-3 光线的衰减物理模型

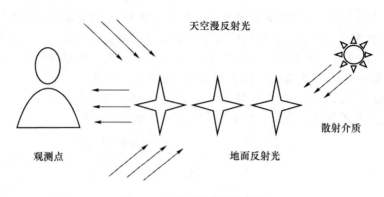

天空漫反射光

散射介质

观测点

地面反射光

图 2-4 光线的散射物理模型

2.1.1 光的衰减模型

光的衰减历程就是光线经过大气中的胶体粒子时被散射和吸收,最终在观测点呈指数性衰减的过程。光穿过散射介质并从原来的方向走向各个通道的整个过程可被归纳为数学模型,此模型中在较短的距离内光偏移量与距离之间呈线性关系。将光路模型拟为圆柱,在单位横切面内,每经过 $\mathrm{d}x$,光被吸收的量为 $B\mathrm{d}x$,其中 B 是基于散射引起的介质变化中的衰减系数,在 B 不断变动的过程中,观测点得到的光强 $E(x,\lambda)$ 表述为

$$E(x,\lambda)=E_0(\lambda)\mathrm{e}^{-\int_0^d B(\lambda)\mathrm{d}x} \tag{2-2}$$

其中,λ 表示光的波长;$E(x,\lambda)$ 表示 $x=0$ 时的光的强度;d 表示观测点和场景点中间的距离,该距离也被称为景深。其中,当光传播距离接近于 0 且大气均匀时,公式(2-2)可以优化为

$$E(x,\lambda)=E_0(\lambda)\mathrm{e}^{-B(\lambda)}\mathrm{d}x \tag{2-3}$$

2.1.2 自然光线的成像模型

另一个形成衰减的因素是环境中的自然光线,这些自然光线主要有地面反射光线、天空中的漫反射光线等,这些自然光线在传输过程中发生散射并且到达观测点,对所成图像具有一定的影响。如果在可测试的范围中,自然光线的分布均匀,其切割面和水平面之间的夹角为 $\mathrm{d}w$,并且观察点和场景点之间的长度为 d,那么场景点到观测者之间 x 处的细微变化量为

$$\mathrm{d}v=\mathrm{d}wx^2\mathrm{d}x \tag{2-4}$$

因而造成亮度特性的细微变量为

$$\mathrm{d}I(x,\lambda)=\mathrm{d}V\beta(\lambda)=\mathrm{d}wx^2\mathrm{d}xk\beta(\lambda) \tag{2-5}$$

其中,β 为基于光散射的模型;k 为比值系数。依据 Allard 引出的衰减原理[6],该大气光通过衰减之后,照射在观测点的光能量为

$$\mathrm{d}E(x,\lambda)=\frac{\mathrm{d}I(x,\lambda)\mathrm{e}^{-\beta(\lambda)x}}{x^2} \tag{2-6}$$

因而获得大气光值[7],将式(2-4)和式(2-5)代入式(2-6),可得

$$\mathrm{d}L(x,\lambda)=\frac{\mathrm{d}E(X,\lambda)}{\mathrm{d}x^2}=\frac{\mathrm{d}I(x,\lambda)\mathrm{e}^{-\beta(\lambda)x}}{\mathrm{d}wx^2}=k\beta(\lambda)\mathrm{e}^{-\beta(\lambda)x} \tag{2-7}$$

由 $x=0$ 到 $x=d$ 实现积分运算[8],可以得到大气光照由场景点到达观测点的光照值,即:

$$L(d,\lambda)=k(1-e^{-\beta(\lambda)d}) \tag{2-8}$$

当 d 为 0 时,光照的强度值为 0;当场景点的距离与观测点之间为无穷大时,其光照的强度值达到极限[9],即为

$$L(d,\lambda)=L(\infty,\lambda)=L_\infty(\lambda)=k \tag{2-9}$$

若场景的深度为 d,那么大气光照与观测者之间的光照强度为

$$L(d,\lambda)=L_\infty(\lambda)(1-e^{-\beta(\lambda)d}) \tag{2-10}$$

2.1.3　环境光模型

在现实生活中,使得图像降质的因素主要有大气光的散射[10],其中,大气光的散射包含入射光的衰减和大气光的成像这两个部分[11],因而降质图像的物理模型为

$$F(x)=E(d,\lambda)+E(x,\lambda)=E_\infty(\lambda)(1-e^{-\beta(\lambda)d})+E_0(\lambda)e^{-\beta(\lambda)d} \tag{2-11}$$

由 $t(x)=e^{-\beta(\lambda)d}$,$A=E_\infty(\lambda)$,$J(x)=E_0(\lambda)$,因而公式可以转化为

$$F(x)=Jt(x)+A[1-t(x)] \tag{2-12}$$

式(2-12)为当前应用面最广的基于图像降质的雾天大气光模型,该式中的首项为场景中出现衰减的模型,次项为大气光模型[12];F 为雾天图像,A 为大气光值,J 为清晰无雾的图像。$t(x)$ 为透射率,此部分存在于观测点和场景点之间的路径中,不存在分散光,表示由任意方向散射的光线被特定方向的部分光替换[13]。图 2-5 所示为环境光模型。

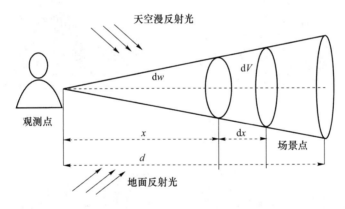

图 2-5　环境光模型

2.2　DCP 去雾

2.2.1　DCP 去雾机理

暗原色先验(Dark Channel Prior,DCP)原理是通过大量统计室外清晰化图像所得到的规律,即在图像中除去天空区域的前景部分[14],存在一个或多个像素值很低的颜色通道。针对任意给定的清晰化图像,其暗通道 $R^{dark}(x,y)$ 为

$$R^{dark}(x,y)=\min_{C\in[R,G,B]}(\min_{v\in\Omega(x,y)}(R^C(x,y))) \tag{2-13}$$

其中，$R^c(x, y)$ 为 $R(x, y)$ 的颜色通道，$\Omega(x, y)$ 为像素中心点 (x, y) 的局部区域。暗通道指求解 RGB 空间中的最小值，$\min\limits_{C\in[R,G,B]}$ 表示求各个像素点在 R、G、B 空间中的最小值，$\min\limits_{V\in\Omega(x,y)}$ 表示求局部区域的最小值。

何凯明通过大量实验研究发现，清晰化图像中除去天空或雾霾的区域，其亮度值接近于 0，此规律称为暗原色先验原理：

$$R^{\text{dark}}(x, y) \rightarrow 0 \tag{2-14}$$

图 2-6 所示为暗通道图，其中，图 2-6(a) 为清晰图像，图 2-6(b) 为暗通道图像。此暗通道的构成因素主要包含：

（1）场景中景物的阴影，如各类建筑物、不同交通工具、遮挡物所形成的影，室外场景中的各类山石和植被所形成的影[15]。

（2）颜色鲜亮的景物表面，如红色的雨伞在 R 通道的像素值很高，而在 G 通道与 B 通道的像素值却很低[16]。

（3）亮度值很低的场景表面，如冷色的景物表面和深色的景物表面[17]。

(a) 清晰图像　　　　　　　　　　　　　(b) 暗通道图像

图 2-6　暗通道图

去雾清晰化算法的目标是应用算法对雾天图像进行优化，得到接近于无雾霾情况下的清晰化图像，因而优化后的图像应当满足对大量无雾霾图像的统计规律。暗原色先验理论是针对大量户外清晰无雾图像的统计规律，针对这些图像中的非天空区域的场景，若存在一个或者几个像素值低的彩色通道，则该区域具有较低的亮度值。如图片 F 可用下式表达：

$$F_{\text{dark}}(x) = \min_{C\in\{R,G,B\}}\left[\min_{y\in\Omega(x)}(F^c(y))\right] \tag{2-15}$$

其中，F_{dark} 为雾天图像 F 的某个颜色通道，其为以 x 为中心位置，面积为 $\Omega(x)$ 的局部区域块。

经过大量观察实验发现,针对无雾气的图像,在天空之外的区域,F_{dark} 的亮度值很低甚至接近于 0。由此可得 F_{dark} 为图 F 的暗通道,并将该统计所得经验知识称作暗原色先验。

为求证暗原色先验原理的精准度,He 在 flicker.com 和另外的搜索服务器中寻找到一些具有室外场景的图片,选取非夜间拍摄的图像,并且人工去除天空区域。统计显示,这些图像中像素值为 0 的约占 80%,像素值小于 20 的约占 90%。上述数据为暗原色先验的假设提供了证据,并且绝大多数的室外无雾霾图像的暗通道都具有比较低的亮度值,只有极其少数的图像不符合该规律。He 方法的流程图如图 2-7 所示。

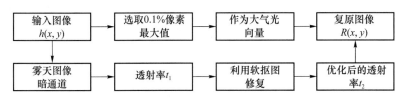

图 2-7　He 方法的流程图

2.2.2　DCP 去雾技术

雾气对环境光主要通过散射起作用。受到雾气作用的暗通道像素值常常被增高。从人眼感官的角度上,暗通道像素值的亮度被加强后可以用于雾气的亮度估测。基于暗通道的这种特征,能测算出雾气的浓度。任意给出的无雾图像,图像本身的某处也有具备很高亮度的可能性,如一些白色的景物表面或者呈镜面反射的景物表面。

DCP 去雾技术是指暗原色先验去雾方法。通过式(2-1)可知,要还原清晰化图像需要得到大气光值 A 与透射率 $t(x,y)$。

Tarel 等科研工作者们选取图像中的亮度最大值为 A,但这样取值不准确而且需要保证图像中无自光源或白色的景物[18]。而选用图像中像素值最大的 0.1% 像素点的灰度平均值作为 A,可保证即便图像中有白色景物干扰[19],雾气最浓的部分也会被选择。

实际上,透射率 $t(x,y)$ 的数学模型和景深 $d(x,y)$ 与衰减系数 β 之间的关系为

$$t(x,y)=\exp(-\beta d(x,y)) \tag{2-16}$$

从图形学的视角,大气散射模型也可变换为 RGB 空间中大气光值 A、$F(x,y)$ 与 $R(x,y)$ 之间的几何关联,如式(2-17)所示。如图 2-8 所示的透射率 $t(x,y)$ 的几何模型中,透射率 $t(x,y)$ 被等效为两条线段的比值:

$$t(x,y)=\frac{\|A-F(x,y)\|}{\|A-R(x,y)\|}=\frac{A^C-F^C(x,y)}{A^C-R^C(x,y)}, \quad C\in[R,G,B] \tag{2-17}$$

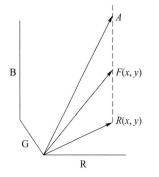

应用暗通道先验原理实现了对透射率 $t(x,y)$ 的求解,将式(2-12)变形为

$$\frac{F^C(x,y)}{A^C}=\frac{R^C(x,y)}{A^C}t(x,y)+(1-t(x,y)) \tag{2-18}$$

图 2-8　透射率 $t(x,y)$ 的几何模型

再结合式(2-4),可得出透射率 $t(x,y)$ 的估计式(2-19)。何凯明采用软抠图方法进一步优化:

$$t(x,y)=1-\min_{v\in\Omega(x,y)}\left(\min_{C\in[R,G,B]}\frac{F^C(x,y)}{A^C}\right) \tag{2-19}$$

在雾天图像被雾气干扰最严重的区域中，$F^C(x,y)$ 和 A 值的实际结果接近，则根据式(2-16)推导出的 $t(x,y)$ 趋近于 0，这与透射率的理论公式(2-5)所获得的结果一致。因此能够证明在透射率 $t(x,y)$ 的计算过程中，并不应当将图像人为地划分为无雾和有雾两个部分。此外，若彻底清除雾气，所获取的清晰化图像效果不自然，图像的层次感变差；即便在最为理想的天气状态下，由于空气中存在少量颗粒，随距离增加，图像仍呈现微雾状态。何凯明通过代入一个参量 w_0 完成调节，通过实验可知，w_0 值一般为 0.92，并随情况的差别完成调整：

$$t(x,y)=1-w_0\min_{v\in\Omega(x,y)}\left(\min_{C\in[R,G,B]}\frac{F^C(x,y)}{A^C}\right),\quad 0\leqslant w_0\leqslant 1 \tag{2-20}$$

1. 大气光值 A 的获取

大气光值 A 是有雾图像模型中需要确定的参数。该值对于雾天清晰化的处理效果有很大的影响。对于获取大气光值 A 的方案，GUO 的研究有一定的开创性[20]。该算法将整幅图像中的最亮点作为大气光值，但是这样取值的前提是大气光在整幅图像中为唯一的发光体，并且该图像中没有比大气光亮度值更强的景物。假设该前提成立，雾天图像中的场景光线部分可以表述为

$$M(x,y)=J(x,y)A \tag{2-21}$$

其中，$J(x,y)\leqslant 1$ 为大气光的反射量。因而，此模型可以用以下方式表示：

$$F(x,y)=J(x,y)t(x,y)+(1-t(x,y))A \tag{2-22}$$

该方法没有充分考虑到图像中白色景物的干扰作用，如白色的高楼、白色的汽车以及产生反射效应的水面或者路面等[21]。由于像素亮度值最大的部分并不一定是雾气最浓烈的部分，因而大气光值 A 并不能仅仅用图像中的亮度最大点来代替。

综上所述，暗通道优先理论表述了暗通道与图像雾气浓度之间的关系[22]。因此，图像中暗通道值大的点通常为图像中的雾气浓度值较大的点，但并不能排除其为白色干扰景物的可能。若选取暗通道值最大的前 10% 的像素点，用来确保图像中即使有白色干扰景物存在，则雾气最浓烈的部分也能被选取[23]。

2. 暗原色先验理论获取传输比率

将式(2-12)给出的雾天环境光模型变形，可以得到下式：

$$\frac{F^C(x,y)}{A^C}=t(x,y)\frac{J^C(x,y)}{A^C}+(1-t(x,y)) \tag{2-23}$$

由于图像像素的各个通道的像素值大小不同，因而针对三个通道实施统一化操作[24]。假定在一个设定的小区域内，在 $a\times b$ 大小的框中，其传输比率是一个定值 $\tilde{t}(x)$，进而对等式两端化解，求得最小值，并得到以下的公式：

$$\min_{y\in\Omega(x)}\left[\min_C\frac{F^C(x)}{A^C}\right]=\tilde{t}(x)\min_{y\in\Omega(x)}\left[\min_C\frac{J^C(x)}{A^C}\right]+1-\tilde{t}(x) \tag{2-24}$$

由暗通道优先的先验知识可得，在一幅完整清晰的图像 J 中，由于其暗通道部分的信息接近于 0，可以用式(2-25)来表达该信息：

$$J^{dark}(x)=\min_{y\in\Omega(x)}(\min_C J^C(y))=0 \tag{2-25}$$

因为大气光值 A^C 是一个常数[25]，因而：

$$\min_{y \in \Omega(x)} = (\min_C J^C(y)) = 0 \tag{2-26}$$

将式(2-19)与式(2-17)化简,可得

$$\tilde{t}(x) = 1 - \min_{y \in \Omega(x)} \left[\min_C \frac{F^C(x)}{A^C} \right] \tag{2-27}$$

由先验知识可知,在一幅图像中,景物符合暗通道优先的假设,天空区域并不符合该规律[26]。由于天空区域的亮度值较大,特别是距离镜头较远的部分,在雾气浓烈的区域,其像素值几乎等值于大气光值[27]。即:

$$\min_{y \in \Omega(x)} \left[\min_C \frac{F^C(x)}{A^C} \right] \rightarrow 1 \tag{2-28}$$

将式(2-28)代入式(2-18)可得 $\tilde{t}(x) \rightarrow 0$,该理论值与实际值相近,说明在透射率的处理中,不需要对天空部分和非天空部分进行分段处理[28]。服务人类感知是图像处理的目的,若彻底消除雾气,得到图像的效果不自然,并且空间的层次感不强[29]。即使在最理想的天气条件下,大气中仍存在少量的微粒,随着距离的显著增加,图像中仍会有薄雾[30]。基于该原因,He 引入一个参数进行调节。经过大量的实验,本书将 w_0 的值取在 0.95 左右,并且随着情况的不同进行调整。

$$\tilde{t}(x) = 1 - w_0 \min_{Z \in \Omega(x,y)} \left(\min_{C \in [R,G,B]} \left(\frac{F^C(y)}{A^C} \right) \right), \quad 0 \leqslant w_0 \leqslant 1 \tag{2-29}$$

3. 软抠图方法修复透射图

He 发现有雾图像的大气光模型与软抠图的数学模型相近,软抠图算法的数学模型为

$$K = H\alpha + B(1 - \alpha) \tag{2-30}$$

其中,K 和 B 分别为图中的前景色和背景色[31],α 表述图像中前景色的不透明程度,经过对比大气光物理模型和软抠图的数学模型可知,大气光物理模型中的透射率对应于软抠图数学模型中的 α。因而,可以采用获取解析解的方法[32],利用求解软抠图的方式来求取大气光物理模型中的透射率,对所得到的初始透射率实现优化。

将初始透射率代入式(2-30)进行优化,并将公式重新表述:令 $t(x,y)$ 为精确的透射率,$\tilde{t}(x,y)$ 为初始透射率,λ 为比例系数,L 为拉普拉斯矩阵,将矩阵中的 (i,j) 项定义为 $L(i,j)$,I_i 和 I_j 为图像位于 i 和 j 处的像素值,σ_{ij} 为 Kronecker 方程,u_K 以及 Σ_K 为 Ω_K 的均值和协方差矩阵,U 表征为 3×3 的单位矩阵,则:

$$\sum_{K|(i,j) \in \bar{\omega}} \left(\sigma_{ij} - \frac{1}{|\bar{\omega}_K|} \left(1 + (I_i - u_K)^{\mathrm{T}} \left(\Sigma_K + \frac{\varepsilon}{|\bar{\omega}_K|} U \right)^{-1} (I_i - u_K) \right) \right) \tag{2-31}$$

而透射率 t 的优化解[33]能借助稀疏矩阵来获取:

$$(L + \lambda U)t = \lambda \tilde{t} \tag{2-32}$$

在该式中,在 $L \times L$ 大小的单位矩阵中,要使得较为准确的透射率 t 与初始透射率 $\tilde{t}$ 之间满足一定的限制关系,需要设定一个值较小的 λ(He 取该值为 10^{-4})。

在软抠图的数学模型中,拉普拉斯矩阵源自颜色分割线的设定[34],即在图像的一个局部区域中,其前景和背景之间的划分取决于 RGB 色度空间[9]中的像素概率分布的分界点[35]。

将公式(2-16)代入有雾的大气光模型中求取清晰化图像,可利用下式来还原:

$$J(x,y) = \frac{F(x,y) - A}{(t(x,y), t_0)} + A \tag{2-33}$$

将式(2-33)变形可得式(2-34),再通过算法优化透射率参量 $t(x,y)$ 和求取大气光值 A,即可完成雾天图像清晰化效果的复原[37]。

$$R(x,y)=\frac{F(x,y)-A}{(t(x,y),t_0)}+A \tag{2-34}$$

在实际的雾天环境中,很难规避透射率 $t(x,y)$ 取值近似于 0 的情况;如果位于分母的结果太小甚至为零[38],则所获取的雾天清晰化图像像素值结果会很大,即图像效果表现为大量图像噪声。因此需要设定一个下限值,本书将其设为 0.1。

2.3 雾天图像清晰化的基本技术

2.3.1 图像的描述

随着电子技术和计算机技术的发展,图像的采集、加工及应用取得了长足的进步。图像反映的是客观世界中景物的映像,是三维场景在二维平面上的影像,是多媒体元素之一,它呈现出亮度模式的空间分布,其成像方式多样,可以由可见光,也可以由各种电磁波辐射形成[39],其中包括可见光成像、X 射线成像、红外成像、多光谱(Thematic Mapper)成像等各种成像方式得到的图像所反映的场景特性各不相同,有着各自的特点,也使人类视觉的探测域有了光谱拓展、阈值扩展和时间暂留,使视觉感知得到了极大的延伸[40]。

早期,"图像"两字对应的英语单词是 picture,这也是图像的基本采样单位"pixel"(picture element)的来源之一,而现在则是更多地使用英文单词 image 来表示数字图像。如果用 (x,y) 表示像素点的坐标位置,则 $f(x,y)$ 表示该点的灰度值,也可以用 $f(x,y)$ 表示整幅图像,这里无论是 (x,y) 还是 $f(x,y)$,它们的取值均为有限的正整数;x、y 的取值大小与图像分辨率、图像尺寸、图像质量及图像文件大小有关:在相同尺寸情况下,x、y 的取值越大,分辨率越高,图像质量越好,图像文件也越大;同样地,在 x、y 不变的情况下,灰度值 f 的取值越大,图像的量化等级越高,图像质量越好,图像文件也越大[41]。

若二维函数 $f(x,y)$ 表示 (x,y) 点处的灰度值,则它表示的是灰度图像;若 $f(x,y)$ 由表示红色、绿色和蓝色图像的三个函数 $f_R(x,y)$、$f_G(x,y)$ 和 $f_B(x,y)$ 组成,则它表示的是彩色图像。通常当 f 的值为 0~255 时,也就是说,每个像素点需要 8 bit 的数据来保存信息,若此时 $(x,y)=(1\,024,1\,024)$,即 $1\,024\times1\,024$ 个像素点,则此时图像的数据量为

$$1\,024\times1\,024\times8\text{ bit}=8\text{ Mbit}=1\text{ MByte}$$

如果此灰度图像只有 16 色,则每个像素点需要的数据量为 4 bit,此时的图像数据量为 0.5 MB。而对于彩色图像而言,当每个颜色分量都有 256 色,即每个颜色分量都用 8 bit 表示颜色数时,若图像大小仍为 $1\,024\times1\,024$ 个像素点,则此时图像数据为

$$1\,024\times1\,024\times3\times8\text{ bit}=3\text{ MB}$$

在进行图像处理时,数字图像通常又可以用矩阵 $I(r,c)$ 来描述。其中,I 为 image;r 为 Rank,表示行;c 为 Column,表示列。因而,一幅 $M\times N$ 个像素的图像的灰度值(Gray level)矩阵也可表示为

$$G[MN] = \begin{bmatrix} g_{11} & \cdots & g_{1N} \\ \vdots & & \vdots \\ g_{M1} & \cdots & g_{MN} \end{bmatrix} \tag{2-35}$$

图像的表示还可以写为 $I = f(x, y, z, \lambda, t)$，其中 I 为强度；t 反映图像是静止还是活动的，若有时间变量 t，则其表示视频图像；λ 反映图像是单色（λ 不变）还是多光谱（a 随光变化）的；x、y、z 反映图像是 2D 还是 3D 的。由此看出，图像大体可分为静止图像和视频图像、二维图像和三维图像、彩色图像 $f(x, y, \lambda)$ 和灰度图像 $f(x, y)$。

本书主要讨论静止的二维灰度图像，其中 λ 为光谱信息。另外，彩色图像也可以称为多光谱图像，因为它使用了颜色空间中的大量信息，如色度、亮度、饱和度、对比度等。色彩对于人类来说是非常重要的，可以将图像中的颜色信息作为目标特征之一，还可以从场景中提取目标或简化目标识别。灰度图像的像素值只是光强信息，它用一个矩阵表示，而彩色图像借此概念则需要三个矩阵表示，这三个矩阵可以是红、绿、蓝三基色，也可以是色调、饱和度、强度（HIS）三个分量[42]，还可以是诸如 Lab、CIE、XYZ 或 CMYK 等类型，视应用场合采用的颜色模型而定。

下面以灰度图像 $f(x, y)$ 为例，说明对尺寸相同的同一幅图像，这三个字母的不同取值对图像质量的影响。其中，x、y 与像素点数相关，像素点数越多，图像看起来越柔和，图像质量越好，但当像素点数减少时，图像的块状效应就逐渐明显，如图 2-9 所示。就图 2-9（a）和图 2-9（b）而言，单从人眼视觉效果考虑二者没有什么差别，这也为目前的图像传输提供了一个很好的依据：在民用领域，在不影响对图像信息进行判读的情况下，对图像进行降采样处理，减少其像素点数可以减轻图像数据对传输带宽和传输时间的压力。f 表示灰度级，当图像的像素点数一定时，灰度级越多，图像质量越好[43]。然而随着差灰度级数的减少，图像质量变差，假轮廓的现象也逐渐呈现出来，如图 2-10 所示。也就是说，无论是像素点数的减少还是灰度级的减少，图像的数据量都随之变小。

(a) 1 024×1 024　　　　　　(b) 512×512　　　　　　(c) 256×256

(d) 128×128　　　　　　(e) 64×64　　　　　　(f) 32×32

图 2-9　不同分辨率的图像

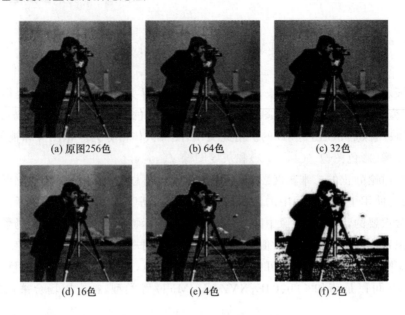

图 2-10　不同灰度级对图像质量的影响

图像在获取、存储、处理及传输过程中,常常会由于受到电气系统和外界干扰而存在一定程度的噪声。图像噪声使得图像变得模糊,甚至淹没图像特征,给分析带来困难。噪声通常是不可预测的,是需要用概率统计方法来认识的一种随机误差,可以采用随机过程及其概率密度函数来描述,其常用的数字特征有均值、方差等[44]。图像的噪声一般具有以下特点:

(1) 噪声在图像中的分布和大小不规则,具有随机性;

(2) 噪声与图像之间一般具有相关性,比如图像内容接近平坦时,量化噪声呈现伪轮廓;

(3) 噪声具有叠加性,如图像在多个设备传输中,各个部件引起的噪声叠加起来会使信噪比下降。

图像噪声,根据产生的原因分为外部噪声和内部噪声,根据统计特性分为平稳噪声和非平稳噪声,根据噪声与图像的关系分为加性噪声和乘性噪声[45]。为了分析方便,往往将乘性噪声近似看作加性高斯白噪声,而且假设图像与噪声是互相独立的,从而带噪声的图像可表示为 $f(x,y)+n(x,y)$。而在红外弱小目标分割中,噪声对目标的干扰比较大,因为从频率特性上看,目标和噪声都属于高频成分,但它们又有各自的特点,即目标在帧间的相关性较大,而噪声在帧间的相关性较小。因此,在分割或检测过程中,需要考虑噪声对图像的影响。

2.3.2　图像的存储

数字图像有多种存储格式,每种格式一般由不同的开发商支持。在进行图像处理时,必须了解图像的文件格式,只有这样才能弄清楚图像文件的数据构成。每一种图像文件均有一个文件头,在文件头之后才是图像数据。文件头的内容由制作该图像文件的公司决定,一般包括文件类型、文件制作者、制作时间、版本号、文件大小等[46]。

各种图像文件的制作还涉及图像文件的压缩方式和存储效率等。本节对常见的几种图像文件格式进行介绍。

1. BMP 图像文件格式

BMP(Bit Map Picture)是 Windows 操作系统中交换图形、图像数据的一种标准格式,能被众多 Windows 应用程序所支持。这种文件格式包含的图像信息丰富,几乎不压缩图像,最不容易出问题。它由四部分组成,第一部分为位图文件头,是一个结构体,其定义如下:

```
typedef struct tagBITMAPFILEHEADER
    {
        WORD bfType;
        DWORD bfSize;
        WORD bfReserved1;
        WORD bfReserved2;
        DWORD bfOffBits;
    }
    BITMAPFILEHEADER;
```

这个结构的长度是固定的,为 14 个字节。第二部分为位图信息头,也是一个结构。第三部分为调色板(Palette),当然,这里是对那些需要调色板的位图文件而言的,如真彩色图像是不需要调色板的,其位图信息头后直接是第四部分——位图数据。

对于用到调色板的位图,图像数据就是该像素颜色在调色板中的索引值。许多图像文件格式如 PCX、TIF、GIF 等都用到调色板技术。对于真彩色图像,图像数据就是实际的 R、G、B 值。下面以一个简单的例子来说明调色板技术的原理。

假设有一个长宽均为 1 024 像素、颜色数为 16 色的彩色图像,每一个像素都用 R、G、B 三个分量表示。因为每个分量有 256 个灰度级,需要用 8 bit,即一个字节(B,byte)来表示,所以每个像素需占用 3 个字节。整个图像要占用

$$1\ 024 \times 1\ 024 \times 3\ B = 3\ MB$$

而这个 16 色图,也就是说,整幅图最多有 16 种颜色,可以建立一个表:表中的每一行记录一种颜色的 R、G、B 值。这样,当需要表示一个像素的颜色时,只需要指出该颜色在第几行,即该颜色在表中的索引值即可[47]。比如,表的第 0 行为 255,0,0(红色),那么当某个像素为红色时,只需要标明 0 即可。而 16 个索引号可以用 4 bit 的空间表示,所以一个像素只需占用 0.5 B。整个图像的数据量为

$$1\ 024 \times 1\ 024 \times 0.5\ B = 0.5\ MB$$

另外,索引表需要占用的字节数为

$$916 \times 3\ B = 2\ 748\ B$$

这样,整个图像占用的字节数约为前述的 1/6。而建立的这个 R、G、B 表就是调色板(Palette),它的另一个名称是颜色查找表(Look Up Table,LUT),如表 2-1 所示。但是,当图像的颜色数高达 256×256×256 种,即包含 R、G、B 颜色表示方法中所有的颜色时,这种图叫作真彩色图(true color)。

表 2-1　调色板

索引号	颜色	R	G	B
0	红	255	0	0
1	蓝	0	0	255
2	绿	0	255	0
3	黄	255	255	0

续 表

索引号	颜色	R	G	B
4	品红	255	0	255
5	青	0	255	255
6	白	255	255	255
7	黑	0	0	0
8	灰	128	128	128
9	紫	162	0	162

真彩色图并不是说一幅图包含了所有的颜色,而是说它具有显示所有颜色的能力,即最多可以包含所有的颜色。表示真彩色图时,每个像素直接用 R、G、B 三个分量字节表示,而不采用调色板技术。原因很明显:如果用调色板,表示一个像素也要占用 24 bit,这是因为每种颜色的索引要占用 24 bit(因为总共有 2^{24} 种颜色,即调色板有 2^{24} 行),和直接用 R、G、B 三个分量表示占用的字节数一样,不但没有减小一点空间,还要加上一个 $256 \times 256 \times 256 \times 3$ B 的大调色板。所以真彩色图直接用 R、G、B 三个分量表示,它又叫 24 位色图。

众所周知,真彩图中包含最多达 2^{24} 种颜色,怎样从中选出 256 种颜色,又要使颜色的失真比较小呢?这是一个比较复杂的问题。一种简单的做法是会 R:G:B＝3:3:2,即取 R、G 的高 3 位,B 的高两位,组成一个字节,这样就可以表示 256 种颜色了。但不难想象,这种方法的失真肯定很严重。

下面介绍的算法能够比较好地实现真彩色图到 256 色图的转换。它的思想是:准备一个长度为 4 096 B 的数组,代表 4 096 种颜色。对图中的每一个像素,取 R、G、B 的最高四位,拼成一个 12 位的整数,对应的数组元素加 1。全部统计完后,就得到了这 4 096 种颜色的使用频率。其中,可能有一些颜色一次也没用到,即对应的数组元素为零(假设不为零的数组元素共有 PalCounts 个)。将这些为零的数组元素清除出去,使得前 PalCounts 个元素都不为零。将这 PalCounts 个数按从大到小的顺序排列(这里使用起泡排序)。这样,前 256 种颜色就是用得最多的颜色,它们将作为调色板上的 256 种颜色。对于剩下的 PalCounts－256 种颜色,并不是简单地丢弃,而是用前 256 种颜色中的一种来代替,代替的原则是使用有最小平方误差的那个颜色。再次对图中的每一个像素,取 R、G、B 的最高四位,拼成一个 12 位的整数,如果对应值在前 256 种颜色中,则直接将该索引值填到位图数据中,如果是在后 PalCounts－256 种颜色中,则用代替色的索引值填到位图数据中[48]。

图 2-11(a)是原真彩图,图 2-11(b)是用上面的算法转换成的 256 色图,可以看出,转换后的效果还不错。

(a) 原真彩图　　　　　　(b) 转换成的256色图

图 2-11　原真彩图和 256 色图

对于 BMP 图像格式,需要另外说明的是:

① 每一行的字节数必须是 4 的整数倍,如果不是,则需要补齐。

② BMP 文件的数据存放顺序是从下到上、从左到右的。也就是说,从文件中最先读到的是图像最下面一行的左边第一个像素,然后是左边第二个像素,接下来是倒数第二行左边第一个像素、左边第二个像素。依此类推,最后得到的是最上面一行最右边的一个像素。

2. TIF 图像文件格式

标记图像文件格式 TIF(Tag Image File Format),是现存图像文件格式中最复杂的一种,它提供了存储各种信息的完备手段,可以存储专门的信息而不违反格式宗旨,是目前流行的图像文件交换标准之一。TIF 格式文件的设计考虑了扩展性、方便性和可修改性、因此非常复杂,需要用更多的代码来控制它,结果导致文件读写速度慢,TIF 代码也很长。TIF 文件由文件头、参数指针表与参数域、参数数据表和图像数据四部分组成[49]。

3. GIF 图像文件格式

GIF(Graphics Interchange Format)是 CompuServe 开发的图形交换文件格式,目的是在不同的系统平台上交流和传输图像。它是 Web 及其联机服务器上常用的一种文件格式,即超文本标记语言(HTML)文档中的索引颜色图像,但该图像最大不能超过 64 M,颜色最多为256 色。

GIF 图像文件具有多元化结构,能够存储多张图像,以形成动画效果;其调色板数据有通用调色板和局部调色板之分,采取改进版 LZW (Lempel-Ziv & Welch)压缩算法,存储效率高,支持多幅图像定序或覆盖、交错多屏幕绘图以及文本覆盖。GIF 主要是为数据流而设计的一种传输格式,而不是文件的存储格式。

4. JPEG 图像文件格式

JPEG(Joint Photographer's Experts Group)格式,即联合图像专家组,是由国际标准化组织 ISO(International Organization for Standardization)和 CCITT(国际电话与电报顾问委员会,International Telephone and Telegraph Consultative Committee)联合为静态图像建立的一个数字图像压缩标准,主要是为了解决专业摄影师遇到的图像信息过于庞大问题。JPEG的高压缩比和良好的图像质量使得它被广泛应用于多媒体和网络程序中。特别地,JPEG 和GIF 是 HTML 语法选用的图像格式。

JPEG 格式支持 24 位颜色,并保留照片和其他连续色调图像中存在的亮度和色相的显著和细微的变化。JPEG 一般基于 DCT 变换的顺序型模式压缩图像。JPEG 通过有选择地减少数据来压缩文件大小,因为它会弃用数据,故 JPEG 压缩为有损压缩。尽管较高品质设置弃用的数据较少,但是 JPEG 压缩方法会降低图像的清晰度,尤其是包含文字或矢量图形的图像。

以 Windows 目录下的 Clouds. bmp 图像为例,原图大小为 640 像素×480 像素,256 色。将其以 24 位色 BMP 文件存放时,文件大小(以字节为单位)为 921 654 B;以 24 位色 TIFF 压缩格式时为 923 044 B;以 GIF 压缩格式时(只能转成256 色)为 177 152 B;以 24 位色 JPEG 存放时为 17 707 B。可以看到,JPEG 文件有着较高的压缩比[50]。

5. PSD 图像文件格式

PSD(PhotoShop Document)文件格式是 Adobe 公司图像处理软件 Photoshop 的专用格式,它有着比其他格式更快的存取速度,它不仅可以保存画面信息,而且可将图像在处理修改过程中的其他信息,诸如图层、通道、遮罩等设计草稿一同保存下来。

6. PNG 图像文件格式

PNG(Potable Network Graphics)是一种新兴的网络图像文件格式,其存储形式丰富,能把图像文件压缩到极限以利于网络传输;只要下载 1/64 的图像信息就可以显示出低分辨率的预览图像;它结合了 GIF 和 JPEG 的优点,是目前最不失真的格式;它采用无损压缩的方式来减少文件大小,因而显示速度快;它支持透明图像的制作,但不支持动画效果。

如此多的图像文件格式,要做到运用自如,需要区分各种文件格式何时在计算机中出现,如何实现它们彼此间的格式转换,在什么情况下一种格式好于另一种,即根据实际应用有区别地选取文件格式:BMP 是 WINDOWS 和 OS/2 都支持的格式,是与没有图像处理软件的用户共享图像的一种很好的格式;TIFF 是一种很好的跨平台格式,有 ALPHA 通道;JPEG 的压缩比可以达到 100:1;GIF 可以存储动画;PSD 是 Photoshop 的默认格式,可以将 Photoshop 中创建的所有层、通道、遮罩和选择区域一同保存。

2.3.3 图像显示

1. 图像的显示过程

图像的显示过程是将数字图像从一组离散数据还原为一幅可见的图像的过程。严格地说,图像的显示在图像处理,尤其是图像分析过程中并不是必需的,因为图像处理和分析过程都是基于图像数据的运算,以数字数据或决策的形式给出处理或分析结果的,其中间过程不一定要求可视。但是,图像的显示是提高图像处理分析性能非常有用的一个手段,通过图像的显示,用户可以监视图像的处理分析过程,并与处理分析软件交互地控制处理分析过程[51]。

数字图像的显示必须符合人眼的视觉要求。人眼是人类视觉系统的重要组成部分,主要由晶状体和视网膜组成,前者相当于光学镜头(但是要灵活得多),后者相当于胶片。视网膜表面分布着许多光接收细胞[52],这些细胞负责接收光的能量并形成视觉图案。光接收细胞有两种——锥细胞和柱细胞,前者在亮度较高时活跃,可以分辨光的颜色,但数量较少;后者对低亮度较为敏感,不感受颜色,只提供视野的整体信息,这就是为什么人眼在天色较暗时看到的景物都是黑白剪影的原因。

由于数字图像是以亮度点集合的形式显示的,因而眼睛区分不同亮度的能力在显示图像时非常重要。人的色觉可以用三种基本特征量来区分颜色:辉度、色调和饱和度。辉度与景物的反射率成正比,色调是与混合光谱中主要的光波长相联系的,而饱和度则与色调的纯度有关。为了正确使用颜色并建立统一的标准,需要建立合理的色调空间模型。常用的色调空间模型有:RGB(红/绿/蓝)色调模型,CMYK(青/洋红/黄/黑)色调模型,LAB(也称 CIELAB,目标色调说明标准)色调模型,HSB(色相/饱和度/亮度)色调模型。其中,最常用的是 RGB 色调模型。RGB 色调模型是根据人眼接收光线的方法构造成的一个模型,非常适用于标准显示器,它用三组独立的值来定义色调、饱和度和亮度。由红(Red)、绿(Green)、蓝(Blue)三组色光相互叠加可形成众多的色彩,三组颜色中的任意一组颜色均有 256 个等级的属性定义值,因此三组颜色叠加可生成 $256 \times 256 \times 256$ 种颜色空间模型(也称加法颜色空间模型),形成视觉彩色世界。计算机都是采用 RGB 模型来显示图像的,了解这一点对真彩图像的处理很有帮助。本书中介绍的显示模式都是基于 RGB 色调模型的。

根据不同色调模型开发的图像的显示设备是多种多样的。显示设备的构造和特性是直接决定图像显示质量的重要因素之一，正如要求图像的计算机处理不应降低图像的质量，显示设备也应该能够显示出清晰的数字图像来。

2. 数字图像显示特性

图像显示最重要的特性是图像的大小、光度分辨率、灰度线性、平坦能力和噪声特性等，这些显示特性将共同决定一个数字图像显示系统的质量及其在特定应用中的适用性等性能指标。本节介绍的知识主要是针对显示设备的硬件而言的。

光度分辨率是指系统在每个像素位置产生正确的亮度或光密度的精度。在这方面尤为引人注意的是系统所能产生的离散灰度级数目，该参数部分地依赖于系统用来控制像素亮度所使用的位数。显然，制造一个能够接受 8 位数据的显示系统非常简单，但是制造一个能够正确显示 256 个灰度级的显示系统要困难得多。由于显示系统内部的电子噪声几乎是不可避免的，因而通常系统的有效灰度级数都会少于理论灰度级数。

灰度线性是亮度或密度正比于输入灰度级的程度。任何显示系统都有一条输入灰度级与输出亮度的变换曲线，如果希望进行正确的运算操作，那么这条曲线必须是线性的。人眼可以忽略变换曲线中的轻微非线性，但是严重的非线性会导致信息的丢失和图像质量的下降。显示系统再现大块等灰度级区域（平坦区域）的能力是衡量显示系统质量的另一个重要标准，图像显示的平坦与否主要取决于相邻像素能否很好地配合连接。这个能力与显示点的形状、点间距和显示系统的噪声密切相关。下面以圆形点区域的平坦性为例，讨论这些因素对平坦性能的影响。使用高斯函数描述这些圆形显示点来分析间距与点半径之间的关系。假设显示点亮度服从如下的二维高斯分布：

$$p(x,y) = e^{-(x^2+y^2)} = e^{-r^2} \tag{2-36}$$

其中，x 表示点到亮点中心的径向距离。假设 R 为亮度，它等于最大亮度值一半的点的径向距离，则点分布曲线函数可以写为

$$p(r/R) = e^{-(r/R)^2 \ln 2} \tag{2-37}$$

那么单个点的亮度分布如图 2-12 所示。从图 2-12 可以看出，只有当点到亮点中心的距离大约是 R 的两倍时，其亮度才降低到峰值的 1% 以下，也就是说，当点与点之间的间距不大时，显示点之间必定会发生亮度重叠。

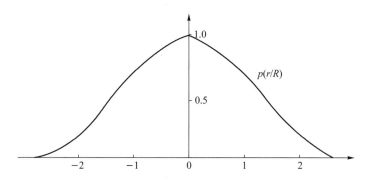

图 2-12　单个点的亮度分布

定义某一点处的显示亮度为 $D(x,y)$，该数值表示所有点产生的叠加亮度，即该点的真实亮度。以一个由 12 个像素组成的平坦区域为例。图 2-13 所示为亮点重叠对区域平坦性影响

示例。通过计算可知：

$$D(0,0)=1+4p(d)+4p(\sqrt{2}d) \tag{2-38}$$

$$D\left(\frac{1}{2},0\right)\approx 2p\left(\frac{d}{2}\right)+4p\left(\frac{\sqrt{5}d}{2}\right) \tag{2-39}$$

$$D\left(\frac{1}{2},\frac{1}{2}\right)\approx 4p\left(\frac{\sqrt{2}d}{2}\right)+8p\left(\frac{\sqrt{10}d}{2}\right) \tag{2-40}$$

其中，d 表示两像素点的间距。

根据以上式子可以绘制出亮点重叠对区域平坦性的影响曲线，如图 2-13 所示。可见，当 $1.55R<d\leqslant 1.65R$ 时，显示系统具有最好的区域平坦性。

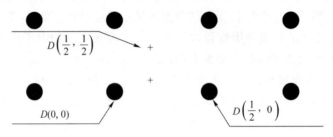

图 2-13　亮点重叠对区域平坦性影响示例

显示系统的电子噪声会引起显示点亮度和位置两方面的变化。亮度通道的随机噪声会引起一种名为"椒盐噪声"的效果，这一现象在平坦区域内尤为明显。来自显示系统的电子偏转电路的噪声，会造成点显示间距不平均的现象。这种噪声虽然不会单独产生严重的后果，但是点亮度相互影响效果会放大这种噪声，从而引起相当大的幅值变化，因此必须精确控制像素点的位置。

3. 图像的暂时显示

图像的暂时显示是指图像需要复制时，不进行永久复制的显示过程。最常见的暂时显示系统是光栅扫描的阴极射线管（CRT）。在 CRT 中，电子枪束的水平位置由计算机控制，每个偏转位置的电子枪束的强度由电压调制，每个点的电压值都与该点的灰度值成正比。另外，如果给一台普通的电视显示器提供合适的视频信号，那么它也可以作为数字图像的暂时显示设备来使用。激光显示器是一种采用移动镜或其他手段偏移光束的设备，可以用 Kerr 元件来调节光的强度，是一种较为先进的高质量图像显示设备。另外，几种利用液晶和发光二极管技术制造的新型固态显示器作为图像暂时显示的可选设备之一，正在开发研制当中。

4. 图像的永久显示

图像的永久显示也称为图像记录或图像硬复制。采用永久显示技术的 CRT 胶片记录器，实际上是一个装在 CRT 显示器前的照相机。当该照相机的快门打开时，图像像素被依次显示，使得胶片曝光，从而记录图像。另一种常用的显示技术就是打印。打印机有很多种，例如，喷墨打印机、激光打印机、热蜡转移打印机等。

5. MATLAB 图像显示

1）灰度图像的显示方法

显示灰度图像最基本的调用格式如下：

```
imshow(I);
```

imshow 函数通过将灰度值标度为灰度级调色板的索引来显示图像。如果 I 是双精度类型的,那么像素值 0.0 将显示为黑色,1.0 将显示为白色,这两个数值之间的像素值将显示为灰影。如果 I 是 uint16 类型的,那么像素值 65 535 将显示为白色。

灰度图像与索引图像在使用 $m \times 3$ 大小的 RGB 调色板方面是类似的,但是正常情况下无需指定灰度图像的调色板。MATLAB 使用一个灰度级系统调色板(R=G=B)来显示灰度图像。缺省情况下,在 24 位颜色系统中调色板包含 256 个灰度级,在其系统中包含 64 或 32 个灰度级。

imshow 函数显示灰度图像的另一种调用格式是:可以使用用户明确地指定所使用的灰度级数目。例如,以下语句将显示一幅 32 个灰度级的图像 I:

```
imshow(I,32);
```

由于 MATLAB 将自动对灰度图像进行标度以适应调色板的范围,因而对灰度图像可以使用自定义大小的调色板。在某些情况下,可能需要将一些超出数据惯例范围(对于双精度数组为[0,1],对于 uint8 数组为[0,255],对于 uint16 数组为[0,65 535])的数据显示为一幅灰度图像。例如,如果用户对一幅灰度图像进行滤波,那么输出数据的部分值将超出原始图像的数据范围,为了将这些超出惯例范围的数据显示为图像,用户可以直接指定数据的范围,其调用格式如下:

```
imshow(I,[low high]);
```

其中,low 和 high 参数分别为数据数组的最小值和最大值。如果用户使用一个空矩阵([])指定数据范围,那么 imshow 函数将自动进行数据标度。以下将对一幅灰度图像进行滤波,从而得到超出惯例范围的数据,然后使用空矩阵调用 imshow 函数来显示所得的数据:

```
I = imread('testpatl.tif');
J = filter2([12; - 1; - 2],I);
imshow(J,[]);
```

显示结果如图 2-14 所示。

使用这种调用格式,imshow 函数将坐标轴的 CLim 属性设置为 $[\min(J(:)) \ \max(J(:))]$。CDataMapping 对于灰度图像来说总是取 scaled,因此数值 $\min(J(:))$ 将使用调色板的第一个颜色来显示,而数值 $\max(J(:))$ 将使用调色板的最后一个颜色来显示。

imshow 函数将设置以下句柄图形属性来控制颜色显示方式:

(1) 图像的 CData 属性被设置为 I 中的数据。

(2) 图像的 CDataMapping 属性被设置为 scaled。

(3) 如果图像矩阵是双精度类型的,那么坐标轴的 CLim 属性被设置为[0,1];如果是 uint8 类型的,那么坐标轴的 CLim 属性被设置为[0,255];如果是 uint16 类型的,那么坐标轴的 CLim 属

图 2-14　灰度图像

性被设置为 $[0,65\,535]$。

（4）图形窗口的 Colormap 属性被设置为数值范围从黑到白的灰度级调色板。

2）索引图像的显示方法

使用 imshow 函数显示索引图像需要指定图像矩阵和调色板：

```
imshow(X,map);
```

对于 X 的每一个像素，imshow 函数显示存储在 map 相应行中的颜色。图像矩阵中数值和调色板之间的关系依赖于图像矩阵是双精度类型、uint8 类型还是 uint16 类型的。如果图像矩阵是双精度类型的，那么数值 1 将指向调色板的第一行，数值 2 指向调色板的第二行，依此类推。如果图像矩阵是 uint8 或 uint16 类型的，那么会有一个偏移量：数值 0 指向调色板的第一行，数值 1 指向调色板的第二行，依此类推。偏移量是由图像对象自动掌握的，不能通过使用句柄图形属性进行控制。索引图像的每一个像素都直接映射为其调色板的一个入口。如果调色板包含的颜色数目多于图像颜色数目，那么调色板中额外的颜色都将被简单地忽略掉；如果调色板包含的颜色数目少于图像颜色数目，那么所有超出调色板颜色范围的图像像素都将被设置为调色板中的最后一个颜色。也就是说，如果有一幅包含 256 色的 uint8 索引图像，而用户使用一个仅有 16 色的调色板来显示这幅图像，那么所有数值大于或等于 15 的像素都将被显示为该调色板的最后一个颜色。

imshow 函数将设置以下句柄图形属性来控制颜色的显示方式：

（1）图像 CData 属性将设置为 X 中的数据；

（2）图像 CDataMapping 属性将设置为 direct（并因此导致坐标轴的 CLim 属性无效）；

（3）图形窗口的 Colormap 属性被设置为 map 中的数据。

3）RGB 图像的显示方法

RGB 图像又称为真彩图像，它直接对颜色进行描述而不使用调色板。显示 RGB 图像最基本的函数格式如下：

```
imshow(RGB);
```

RGB 图像是一个 $m \times n \times 3$ 的数组。对于 RGB 中的每一个像素 (r,c)，imshow 函数显示数值 $(r,c,1{:}3)$ 所描述的颜色。每个屏幕像素使用 24 位颜色的系统就能够直接显示真彩图像，因为系统给每个像素的红、绿、蓝颜色分量分配了 8 位（256 级）。在颜色较少的系统中，MATLAB 将综合使用图像近似和抖动技术来显示图像。

imshow 函数将设置以下句柄图形属性来控制颜色的显示方式：

（1）图像的 CData 属性被设置为 RGB 中的数值，这个数值是三维的。当设置 CData 属性为三维时，MATLAB 就将数组理解为真彩数据。

（2）忽略图像的 CDataMapping 属性。

（3）忽略坐标轴的 CLim 属性。

（4）忽略图形窗口的 Colormap 属性。

4）磁盘图像的直接显示

通常在显示一幅图像之前，要调用 imread 函数来装载图像，将数据存储为 MATLAB 工作平台中的一个或多个变量。如果不希望在显示图像之前装载图像，那么可以使用以下格式直接进行图像文件的显示：

```
imshow filename;
```

其中,filename 为要显示的图像文件的文件名。例如,显示一个名为 flowers.tif 的文件:

```
imshow flowers.tif;
```

如果图像是多帧的,那么 imshow 函数将仅仅显示第一帧,这种调用格式对于图像扫描非常有用。但是要注意,当用户使用这种格式时,图像数据并没有保存在 MATLAB 工作平台中,如果用户希望将图像装入工作平台,则需使用 getimage 函数,该函数将从当前的句柄图形图像对象中获取图像数据。

5) MATLAB 特殊显示技术

(1) 添加色带

使用 colorbar 函数可以给一个坐标轴对象添加一条色带。如果给一个包含图像对象的坐标轴添加了一条色带,那么该色带将对应于图像中使用的不同颜色数值。

如果正在将一些非惯例范围内的数据显示为一幅图像,那么使用色带来观察数据值与颜色之间的相应关系是非常有用的。以下的语句将过滤一幅 uint8 类型的灰度图像,产生一些超出[0,255]范围的数据,然后将这些数据显示为灰度图像:

```
I = imread('D:\3.png');
h = [1 2 1;0 0 0; -1 -2 -1];
I2 = filter2(h,I);
imshow(I2,[]),colorbar;
```

相应的灰度图像如图 2-15 所示,从中可以看出数值与颜色的对应关系。

(2) 显示多帧图像

多帧图像是一个包含多个图像的图像文件。MATLAB 支 持 的 多 帧 图 像 的 文 件 格 式 包 括 HDF 和 TIFF 两种。

带有色带的非惯例数据灰度图像的显示效果一旦被读入 MATLAB,多帧图像的显示帧数就由矩阵的第四维数值来决定。调用 imread 函数的特殊语法格式能够将多帧图像从磁盘装载到 MATLAB 中。也可以使用 MATLAB 函数创建多帧图像。多帧图像能够使用很多种显示方法,其中包括:

图 2-15　数值与颜色的对应关系

(1) 使用 imshow 函数单独显示每一个图像帧;

(2) 使用 montage 函数立即显示所有图像帧;

(3) 使用 immovie 函数将图像帧转换为电影。

在 MATLAB 中,多帧图像的每一帧都是由第四维来控制的。为了观察图像的每一帧画面,可调用 imshow 函数,并使用标准 MATLAB 索引符号来指定画面帧号。例如,灰度、索引和二值多帧图像的维数都是 $m \times n \times 1 \times k$,其中 k 表示帧的总数,1 说明该图像数据仅有一个颜色分量。为了观察灰度画面的显示效果,使用以下的调用格式:

```
imshow(mri(:,:,3),map);
```

等价于：

```
imshow(mri(:,:,1,3),map);
```

RGB 多帧图像的维数是 $m \times n \times 3 \times k$，3 表示 RGB 图像使用三种颜色分量。以下语句将显示第 7 帧的三个颜色分量：

```
imshow(RGB(:,:,:,7));
```

该语句与以下语句并不等效：

```
imshow(RGB(:,:,3,7));
```

第二条语句仅仅显示第 7 帧的第三个颜色分量。以上的两种调用格式仅仅在图像为 RGB 灰度级（R＝G＝B）时才能产生相同的效果。

如果希望在同一时刻观察图像数据的所有帧，可调用 montage 函数。montage 函数可对图形窗口进行划分，令各帧显示在不同的显示区域中。montage 函数的语法格式与 imshow 函数类似。例如，显示多帧索引图像的格式如下（注意：多帧索引图像中的所有帧都必须使用相同的调色板）：

```
montage(X,map);
```

以下语句将装载一幅多帧索引图像的所有帧并显示：

```
mri = uint8(zeros(128,128,1,27));for frame = 1:27;
[mri(:,:,frame),map] = imread('mri.tif',frame);end;
montage(mri,map);
```

（3）显示多幅图像

MATLAB 没有对用户想要同时显示的图像数目进行限制，然而，由于受到用户的计算机硬件配置的影响，图像的显示数目通常会存在一些系统限制。本节介绍如何分别显示多个图形窗口或者如何使用同一个窗口显示多幅图像的方法。对图像显示数目的限制主要来源于用户系统能够显示的颜色数目，这主要与系统为每一个像素保存信息所使用的维数有关。许多系统都可以使用 8 位、16 位和 24 位来显示一个像素，如果用户使用 16 位或 24 位显示每一个像素，那么无论显示图像的多少帧都不会遇到什么问题，但是如果使用的是 8 位显示系统，那么用户系统最多可以显示 256 种不同的颜色，因此用户在显示多帧图像时会很快耗尽颜色通道（事实上可用的颜色通道数小于 256，因为部分颜色通道被保留用于控制句柄图形图像对象，操作系统通常也会保留一些颜色通道）。

为了判断系统颜色的显示位数，可以使用以下命令：

```
get(0,'ScreenDepth');
```

显示多幅图像最简单的方法就是在不同的图形窗口中显示它们。imshow 函数总是在当前窗口中显示一幅图像，如果用户想连续显示两幅图像，那么第二幅图像就会覆盖第一幅图像。为了避免图像在当前窗口中的覆盖现象，在调用 imshow 函数显示下一幅图像之前可使用 figure 命令创建一个新的空图形窗口。例如：

```
imshow(I);
figure,imshow(I2);
figure,imshow(I3);
```

当用户使用这种方法时,创建的图形窗口初始化是空白的。如果用户使用 8 位显示系统,那么必须确保调色板入口的总数不超过 256。例如,如果用户试图显示三幅图像,每一幅都采用一个不同的 128 色调色板,那么至少有一幅图像将显示为错误的颜色(如果三幅图像的调色板是一致的,则不会产生问题,因为只有 128 个颜色通道被使用)。注意,灰度图像总是使用调色板进行显示的,所以这些图像所使用的颜色通道总数不能超过 256。

避免这些显示问题出现的一种方法就是对调色板进行操作:使之使用较少的颜色。另外,还有几种方法可以解决这一问题。例如,将图像转换为 RGB 格式再进行显示(这是因为 MATLAB 将自动使用抖动和颜色近似方法来显示 RGB 图像);可以使用 ind2rgb 函数将索引图像转换为 RGB 图像:

```
imshow(ind2rgb(X,map));
```

或者简单地使用 cat 命令将一幅灰度图像显示为一幅 RGB 图像:

```
imshow(cat(3,I,I,I));
```

还可以将多幅图像显示在同一个单独的图形窗口中,达到这一目的有两种方法:一种方法是联合使用 imshow 函数和 subplot 函数;另一种方法是联合使用 subimage 函数和 subplot 函数。

subplot 函数可以将一个图形窗口划分为多个显示区域。subplot 函数的调用格式如下:

```
subplot(m,n,p);
```

这种格式将图形窗口划分为 $m \times n$ 个矩形显示区域,并激活第 p 个显示区域。

(4)纹理映射

当用户使用 imshow 命令时,MATLAB 通常以二维视图形式显示一幅图像,也可以将一幅图像映射到一个参数化表面(如球体或曲面)上。warp 函数通过图像纹理映射创建这种三维显示效果。纹理映射使用插值方法将一幅图像映射到一个曲面网格上。warp 函数的调用形式如下:

```
warp(x,y,z,I);
```

其中,x、y、z 是可选参数,表示需要映射的表面形状(缺省时映射为一个简单矩形),I 表示待映射的图像。以下代码将一幅测试图像的纹理映射为一个圆柱:

```
[x,y,z] = cylinder;I = imread('testpat1.tif');
```

有时,图像可能不是按照用户所期望的形式进行纹理映射的,此时可以对纹理映射的外观进行修改,其方法之一就是修改坐标轴的 Xdir、Ydir 和 Zdir 属性值。

6)图像显示中的常见问题

问题一:彩色图像显示为灰度图像。用户图像可能是一幅索引图像,这就意味着显示这幅图像需要一个调色板。产生这个问题的原因可能是用户在装载索引图像时调用函数的方法不正确,正确的调用格式如下:

```
[X,map] = imread('filename.ext');
```

另外,还要注意 imshow 函数的正确使用形式:

```
imshow(X,map);
```

问题二：二值图像显示为全黑图像。使用 islogical 或 whos 命令检查该图像矩阵的逻辑标志是否置为 on。如果图像逻辑标志是 on，那么 whos 命令将在类型头部单词 array 后面显示 logical。如果二值图像是自己创建的，那么产生这个问题的原因可能是图像类型为 uint8。需要注意的是，uint8 类型的灰度图像的变化范围是 $[0,255]$，而不是 $[0,1]$。

问题三：装载的是多帧图像，但是 MATLAB 却仅仅显示一帧图像。用户必须单独装载多帧图像的每一帧，可以使用一个 for 循环来实现。用户可以先调用 imfinfo 函数获知图像帧数和图像维数。

2.3.4 图像的点运算

1. 概述

点运算，也称为对比度增强、对比度拉伸或灰度变换，是一种通过对图像中的每个像素值（像素点上的灰度值）进行计算，从而改善图像显示效果的操作。点运算常用于改变图像的灰度范围及分布，是图像数字化及图像显示的重要工具。在真正进行图像处理之前，有时可以用点运算来克服图像数字化设备的局限性。典型的点运算应用包括以下几种。

（1）光度学标定：通过对图像传感器的非线性特性作出补偿来反映某些物理特性，例如，光照强度、光密度等。

（2）对比度增强：调整图像的亮度、对比度，以便观察。

（3）显示标定：利用点运算使图像在显示时能够突出所有用户感兴趣的特征。

（4）图像分割：为图像添加轮廓线，通常被用来辅助后续运算中的边界检测。

（5）图像裁剪：将输出图像的灰度级限制在可用范围内。

点运算是像素的逐点运算，它将输入图像映射为输出图像，输出图像上每个像素点的灰度值仅由对应的输入像素点的灰度值决定。点运算不会改变图像内像素点之间的空间关系。设输入图像为 $A(x,y)$，输出图像为 $B(x,y)$，则点运算可表示为

$$B(x,y)=f[A(x,y)]$$

点运算完全由灰度映射函数 f 决定。根据 f 的不同，可以将图像的点运算分为线性点运算和非线性点运算两种。

2. 线性点运算

线性点运算是指灰度变换函数 f 为线性函数时的运算。用 D_A 表示输入点的灰度值，D_a 表示相应输出点的灰度值，则函数 f 的形式如图 2-16 所示。

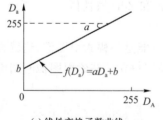

(a) 线性变换函数曲线

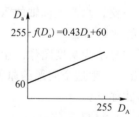

(b) 减小对比度的线性变换函数曲线

图 2-16　线性点运算

当 $a>1$ 时,输出图像的对比度会增大;当 $a<1$ 时,输出图像的对比度会减小;当 $a=1$、$b=0$ 时,输出图像就是输入图像的简单复制;当 $a=1$、$b\neq0$ 时,输出图像在整体效果上比输入图像明亮或灰暗。例如,如果对图 2-17(a)所示的图像利用如图 2-16(b)所示的线性灰度变换函数进行点运算,那么将产生如图 2-17(b)所示的效果。在对比度增加之后,照片中原本亮的地方更亮,原本暗的地方更暗,一下子反差就拉开了。

(a) 对比度减小前　　　　　　　　　　　(b) 对比度减小后

图 2-17　图像对比度减小前、后的比较

除了调节图像的对比度以外,还有一种典型的线性点运算的应用就是灰度标准化。假如灰度图像为 $I[W][H]$,其中 W 表示图像的宽度,H 表示图像的高度,那么灰度图像的平均灰度和方差由如下计算公式得到。

平均灰度:

$$\overline{\mu} = \frac{1}{WH} \sum_{i=0}^{W-1} \sum_{j=0}^{H-1} D[i][j] \tag{2-41}$$

方差:

$$\overline{\sigma^2} = \frac{1}{WH} \sum_{i=0}^{W-1} \sum_{j=0}^{H-1} (D[i][j] - \overline{\mu})^2 \tag{2-42}$$

其中,σ 和 μ 为给定的变换参数。灰度标准化可以用来生成一些常用的平均模型。

3. 非线性点运算

非线性点运算对应于非线性的灰度变换函数。常用的非线性灰度变换函数包括平方函数、对数函数、窗口函数、阈值函数、多值量化函数等。图 2-18 给出了几种典型的非线性灰度变换函数。

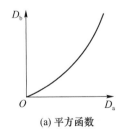
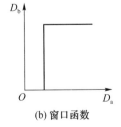
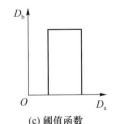
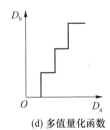

(a) 平方函数　　　　(b) 窗口函数　　　　(c) 阈值函数　　　　(d) 多值量化函数

图 2-18　几种典型的非线性灰度变换函数

阈值化处理是最常用的一种非线性点运算,它的功能是选择一阈值,将图像二值化,然后使用生成的二进制图像进行图像分割及边缘检测等处理。利用阈值函数对图像进行边缘检测

的例子如图 2-19 所示(其中用到的边缘检测技术将在以后的章节中介绍)。

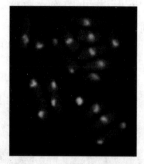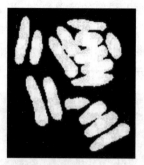

(a) 阈值化处理前　　　　　　　　　(b) 阈值化处理后

图 2-19　利用阈值函数进行边缘检测的例子

　　直方图均衡化也是一种常用的非线性灰度变换函数计算方法,具体是指对一个已知灰度分布的图像使用某种非线性点运算,使运算结果变成一幅具有均匀灰度分布的新图像。如对图 2-20(a)所示的图像使用此非线性灰度变换函数,就可以得到图 2-20(b)所示的直方图均衡化后的效果。

(a) 直方图均衡化前　　　　　　　　　(b) 直方图均衡化后

图 2-20　直方图均衡化前后的图像显示效果比较

　　图 2-21 为均衡化前后的直方图比较。从图 2-21 可以看出,在均衡化后,原始图像的直方图被拉平了,但是在直方图均衡化的点运算处理后,实际的直方图呈现出参差不齐的外观,这是由于输入图像可能的灰度级个数是有限的,而运算后某些灰度级可能没有像素,某些灰度级则有许多像素。

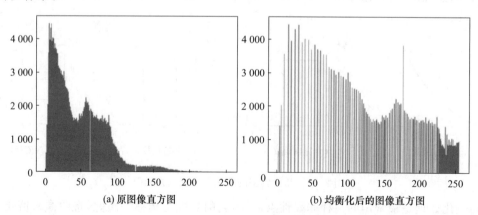

(a) 原图像直方图　　　　　　　　(b) 均衡化后的图像直方图

图 2-21　均衡化前后的直方图比较

上述讨论的是灰度图像的直方图均衡化。对于彩色图像而言,可以分别对 R、G、B 3 个分量做直方图均衡化。这确实是一种方法。但有些时候,这样做很有可能会导致结果图像色彩失真。因此有人建议在将 RGB 空间转换为 HSV 空间之后,再对 V 分量进行直方图均衡化,以保证图像色彩不失真(H、S、V 分别指色调、饱和度、亮度)。

图 2-22　原图像

下面采用图像处理工具箱中的测试用图(图 2-22)分别做 RGB 空间和 HSV 空间的直方图均衡化。

首先在 RGB 空间进行直方图均衡化处理。这里为了简便,直接调用 MATLAB 函数 histeq()。

```
close all;
clear;
clc;

I = imread('baby.jpg');
% figure,imshow(I);

% 分别提取 R、G、B 3 个分量
R = I(:, :, 1);
G = I(:, :, 2);
B = I(:, :, 3);

% 分别对 3 个分量进行直方图均衡化
R = histeq(R, 256);
G = histeq(G, 256);
B = histeq(B, 256);

J = I;
J(:, :, 1) = R;
J(:, :, 2) = G;
J(:, :, 3) = B;

imshowpair(I, J, 'montage');
```

在 RGB 空间进行直方图均衡化前后的图像如图 2-23 所示。

接下来,在 HSV 空间对 V 分量进行直方图均衡化处理。这里的代码可以调用 MATLAB 中的 histeq 函数,使用自行编码的方式进行处理。

(a) RGB空间直方图均衡化前　　　　(b) RGB空间直方图均衡化后

图 2-23　在 RGB 空间进行直方图均衡化前后的图像

```matlab
close all;
clear;
clc;

I = imread('baby.jpg');
% 将 RGB 空间转换为 HSV 空间
hsvImage = rgb2hsv(I);
% 提取 V 分量
v = hsvImage(:, :, 3);
% 这里的 v 是 double 类型的矩阵
% 以下代码与前面介绍基本一致,这里不再做过多注释
[height, width] = size(v);

v = uint8(v .* 255 + 0.5);        % 这里的 0.5 有必要加上,以免矩阵 v 中出现 0

N = zeros(1, 256);
for i = 1 : height
  for j = 1 : width
    k = v(i,j);
    N(k + 1) = N(k + 1) + 1;
  end
end

ProbPixel = zeros(1, 256);
for i = 1 : 256
  ProbPixel(i) = N(i) / (height * width);
end

CumPixel = cumsum(ProbPixel);
CumPixel = uint8(255 .* CumPixel + 0.5); % 四舍五入
```

```
for i = 1 : height
  for j = 1 : width
    v(i,j) = CumPixel(v(i,j)); % 这里的 v(i,j) 不能为 0,否则数组索引出错
  end
end

v = im2double(v);
hsvImage(:, :, 3) = v;
outImage = hsv2rgb(hsvImage);

imshowpair(I, outImage,'montage');
```

在 HSV 空间进行直方图均衡化前后的图像如图 2-24 所示。

(a) HSV空间直方图均衡化前   (b) HSV空间直方图均衡化后

图 2-24　在 HSV 空间直方图均衡化前后的图像

直方图均衡化的缺点:如果一幅图像整体偏暗或者偏亮,那么直方图均衡化的方法很适用,但直方图均衡化是一种全局处理方式,它对处理的数据不加选择,可能会增加背景干扰信息的对比度并且降低有用信号的对比度(如果图像某些区域对比度很好,而另一些区域对比度不好,直方图均衡化就不一定适用了)。此外,均衡化后图像的灰度级减少,某些细节将会消失;某些图像的直方图若有高峰,经过均衡化后对比度就会不自然地过分增强。目前,针对直方图均衡化的缺点,已经有局部的直方图均衡化方法出现。

4. MATLAB 的点运算实现方法

MATLAB 图像处理工具箱没有提供对图像直接进行点运算的函数,这是因为 MATLAB 图像处理工具箱着重于提供具有实际应用价值的函数,因而将图像的点运算过程直接集成在某些图像处理函数中(如直方图均衡化函数 histeq 和 imhist)。如果用户仅仅希望对图像进行点运算处理,那么可以充分利用 MATLAB 强大的矩阵运算能力,对图像数据矩阵调用各种 MATLAB 计算函数进行处理。例如,假设希望对灰度图像使用灰度变换函数进行线性点运算,则可以使用以下语句:

```
rice = imread('rice.tif');
I = double(rice);
J = 1 * 0.43 + 60:rice2 = uint8(J);
subplot(1,2,1),imshow(rice);
subplot(1,2,2),imshow(rice2);
```

2.3.5 图像的代数运算

1. 概述

图像的代数运算是图像的标准算术操作的实现方法,是两幅输入图像之间进行点对点的加、减、乘、除运算后得到输出图像的过程。设输入图像为 $A(x, y)$ 和 $B(x, y)$,输出图像为 $C(x, y)$,则图像的代数运算有如下四种形式:

$$C(x, y) = A(x, y) + B(x, y)$$
$$C(x, y) = A(x, y) - B(x, y)$$
$$C(x, y) = A(x, y) \cdot B(x, y)$$
$$C(x, y) = A(x, y) / B(x, y)$$

图像的代数运算在图像处理中有着广泛的应用,它除了可以实现自身所需的算术操作,还能为许多复杂的图像处理做准备。例如,图像减法可以用来检测同一场景或景物生成的两幅或多幅图像的误差。

可以使用 MATLAB 基本算术符(+、-、*、/)来执行图像的算术操作,但是在此之前必须将图像转换为适合进行基本操作的双精度类型。为了更方便地对图像进行操作,图像处理工具箱提供了一个能够实现所有非稀疏数值数据的算术操作的函数集合。

使用图像处理工具箱中的图像代数运算函数无需进行数据类型间的转换,这些函数能够接受 uint8 和 uint16 数据,并返回相同格式的图像结果。虽然在函数的执行过程中元素是以双精度类型进行计算的,但是 MATLAB 工作平台并不会将图像转换为双精度类型。

代数运算的结果很容易超出数据类型允许的范围。例如,uint8 数据能够存储的最大数值是 255,各种代数运算尤其是乘法运算的结果很容易超过这个数值,有时算术操作(主要是除法运算)也会产生不能用整数描述的分数结果。图像的代数运算函数使用以下截取规则使运算结果符合数据范围的要求:超出数据范围的整型数据将被截取为数据范围的极值,分数结果将被四舍五入。例如,如果数据类型是 uint8,那么大于 255 的结果(包括无穷大 inf)将被设置为 255。

2. 图像的加法运算

图像相加一般用于对同一场景的多幅图像求平均效果(说明:此处的平均是对效果而言的,并非算术平均),以便有效地降低具有叠加性质的随机噪声。直接采集的图像品质一般都较好,不需要进行加法运算处理,但是对于那些使用长距离模拟通信方式传送的图像(如卫星图像),这种处理是必不可少的。

在 MATLAB 中,如果要进行两幅图像的加法,或者给一幅图像加上一个常数,可以通过调用 imadd 函数来实现。imadd 函数将某一幅输入图像的每一个像素值与另一幅图像中相应的像素值相加得到的像素值之和作为输出图像。imadd 函数的调用格式如下:

```
Z = imadd(X,Y);
```

其中,X 和 Y 表示需要相加的两幅图像,返回值 Z 表示得到的加法操作结果。

图像加法在图像处理中的应用非常广泛。例如,以下代码段使用加法操作将图 2-25(a)和图 2-25(b)两幅图像叠加在一起,叠加结果如图 2-25(c)所示。

```
clc；% 清除命令代码

Clear；% 清除变量

close all；% 关闭所有窗口

m = imread('Lena.jpg')；

m1 = imread('scen1.jpg')；

result = imadd(0.5 * m,m1)；

subplot(1, 3, 1)；

imshow( result)；
```

(a) 图像一   (b) 图像二   (c) 叠加后的图像效果

图 2-25　图像叠加

给图像的每一个像素加上一个常数可以使图像的亮度增加。例如,以下代码将增加图 2-26(a)所示的 RGB 图像的亮度,加亮后的结果如图 2-26(b)所示。

```
% imadjust(f,[low_in,high_in],[low_out,high_out],gama)；

% 该函数实现亮度变换将图像 low_in~high_in 之间的数据值映射到 low_out~high_out 之间

% low_in 以下的值映射为 low_out,high_in 以上的值映射为 high_out

% 上述 in 与 out 的输入输出都在 0~1 之间(不管图片中数据类型是 uint8 还是 uint16)

% 如果是 8,imadjust 最后会乘 255；如果是 16,最后会乘以 65 535

% gama<1(1/4 圆的第二象限),凸函数,亮度增强

% gama = 1,线性

% gama>1(1/4 圆的第四象限),凹函数,亮度变暗

% imadjust(f,[0.5 0.75],[0 1])；% 该方法能将 0.5~0.75 之间的灰度级扩展到 0~1 的范围

% 这样处理的过程可以突出感兴趣的亮度带

f = imread('D:\其\MATLAB 图像处理\亮度调节与空间滤波\1.jpg')；

g1 = imadjust(f,[0 1],[1 0])；% 相当于逆变换了一下

figure；

subplot(1,2,1)；

imshow(f)；

subplot(1,2,2)；

imshow(g1)；

imwrite(g1,'D:\其\MATLAB 图像处理\亮度调节与空间滤波\2.jpg')；
```

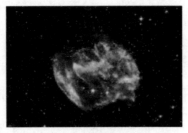
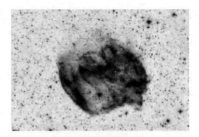

(a) 亮度增加前　　　　　　　　　　　　　(b) 亮度增加后

图 2-26　图像亮度增加前后的显示效果比较

两幅图像的像素值相加时产生的结果很可能超过图像数据类型所支持的最大值,尤其是 uint8 类型的图像,其溢出情况最为常见。当数据值发生溢出时,imadd 函数将数据截取为数据类型所支持的最大值,这种截取效果称为饱和。为了避免出现饱和现象,在进行加法计算前最好将图像转换为一种数据范围较宽的数据类型。例如,在加法操作前将图像从 uint8 类型转换为 uint16 类型。

3. 图像的减法运算

图像减法也称为差分方法,是一种常用于检测图像变化及运动景物的图像处理方法。图像减法可以作为许多图像处理工作的准备步骤。例如,可以使用图像减法来检测一系列相同场景的图像的差异。图像减法与阈值化处理的综合使用往往是建立机器视觉系统最有效的方法之一。在利用图像减法处理图像时往往需要考虑背景的更新机制,尽量补偿因天气、光照等因素对图像显示效果造成的影响。

MATLAB 使用 imsubtract 函数将一幅图像从另一幅图像中减去,或者从一幅图像中减去一个常数,其原理为:imsubtract 函数将一幅输入图像的像素值从另一幅输入图像相应的像素值中减去,再将相应的像素值之差作为输出图像中相应的像素值。imsubtract 函数的调用格式如下:

```
Z = imsubtract(X,Y);
```

其中,Z 是 X−Y 操作的结果。以下代码首先根据图 2-27(a)所示的原始图像生成其背景亮度图像,然后再从原始图像中将背景亮度图像减去,从而生成如图 2-27(b)所示的图像。

```
rice = imread('rice.tif');

background = imopen(rice.strel('disk',15));

rice2 - imsubtract(rice,background);

subplot(1,2,1);

imshow(rice);

subplot(1,2,2);

imshow(rice2);
```

(a) 去除背景亮度前   (b) 去除背景亮度后

图 2-27　减去背景亮度前后图像的显示效果比较

如果希望从图像 I 的每一个像素中减去一个常数,则可以将上述调用格式中的 Y 替换为一个指定的常数值,例如:

```
Z - imsubtract(1.50);
```

减法操作有时会导致某些像素值变为一个负数,对于 uint8 或 uint16 类型的数据,如果发生这种情况,那么 imsubtract 函数自动将这些负数取为 0。为了避免差值产生负值,同时避免像素值运算结果之间产生差异,可以调用 imabsdiff 函数。imabsdiff 函数用于计算两幅图像相应像素差值的绝对值,因而返回结果不会产生负数。该函数的调用格式与 imsubtract 函数类似。

4. 图像的乘法运算

两幅图像进行乘法运算可以实现掩模操作,即屏蔽掉图像的某些部分。一幅图像乘以一个常数通常被称为缩放,这是一种常见的图像处理操作,如果使用的缩放因数大于 1,则会增强图像的亮度,如果因数小于 1 则会使图像变暗。缩放通常产生比简单添加像素偏移量自然得多的明暗效果,这是因为这种操作能够更好地维持图像的相关对比度。此外,由于时域的卷积或相关运算与频域的乘积运算对应,因此乘法运算有时也作为一种技巧被用于实现卷积或相关处理。

MATLAB 使用 immultiply 函数实现两幅图像的乘法。immultiply 函数将两幅图像的相应像素值进行元素对元素的乘法操作(MATLAB 点乘),并将乘法的运算结果作为输出图像的相应像素值。immultiply 函数的调用格式如下:

```
Z = immultiply(X,Y);
```

其中,Z=X * Y。例如,以下代码将使用给定的缩放因数对图 2-28(a)所示的图像进行缩放,从而得到如图 2-28(b)所示的较为明亮的图像。

```
I = imread('moon.tif');
J = immultiply(1,1.2);
subplot(1,2,1);
imshow(I);
subplot(1,2,2);
imshow(J);
```

uint8 类型图像的乘法操作一般都会发生溢出现象。immultiply 函数将溢出的数据截取为该数据类型的最大值。为了避免发生溢出现象,可以在执行乘法操作之前将 uint8 图像转换为一种数据范围较大的图像类型(如 uint16 类型)。

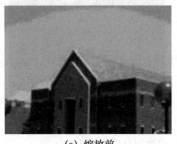 

(a) 缩放前　　　　　　　　　　　　　(b) 缩放后

图 2-28　图像缩放前后的显示效果比较

5. 图像的除法运算

除法运算可用于校正成像设备的非线性影响,这在特殊形态的图像(如断层扫描等医学图像)处理中常常用到。图像除法也可以用来检测两幅图像间的区别,但是除法操作给出的是相应像素值的变化比率,而不是每个像素的绝对差异,因而图像除法也称为比率变换。

MATLAB 使用 imdivide 函数进行两幅图像的除法。imdivide 函数对两幅输入图像的所有相应像素执行元素对元素的除法操作(点除),并将得到的结果作为输出图像的相应像素值。

imdivide 函数的调用格式如下:

```
Z = imdivide(X,Y);
```

其中,Z=X/Y。例如,以下代码将图 2-29(a)所示的图像及其处理后的图像进行除法运算,除法操作的结果如图 2-29(b)所示。读者可以将这个结果与减法操作的结果相比较,对比它们之间的不同之处。

```
rice = imread('rice.tif');
I = double(rice);
J = 1 * 0.43 + 90;
rice2 = uint8(J);
Ip = imdivide(rice,rice2);
imshow(lp,[]);
```

6. 图像的四则代数运算

可以综合使用多种图像代数运算函数完成一系列的操作。例如,使用以下语句计算两幅图像的平均值:

```
I = imread('rice.tif');
I2 = imread('cameraman.tif');
K = imdivide(imadd(1,I2),2);
```

但是,建议读者最好不要用这种方式进行图像操作,这是因为,对于 uint8 或 uint16 类型的数据,每一个算术函数在将其输出结果传递给下一项操作之前都要进行数据截取,这个截取过程会大大减少输出图像的信息量。执行图像四则运算操作的一个较好办法就是使用函数

(a) 原图　　　　　　　(b) 除法运算后的效果图

图 2-29　图像除法运算的显示效果

imlincomb。函数 imlincomb 按照双精度类型执行所有代数运算操作,而且仅对最后的输出结果进行截取,该函数的调用格式如下:

```
Z = imlincomb(A,X,B,Y,C);
```

其中,Z＝A＊X＋B＊Y＋C。MATLAB 会自动根据输入参数的个数判断需要进行的运算。例如,以下语句将计算 Z＝A＊X＋C:

```
Z = imlincomb(A,X,C);
```

而以下语句将计算 Z＝A＊X＋B＊Y:

```
Z = imlincomb(A,X,B,Y);
```

图 2-30(a)和图 2-30(b)分别展示了多个代数函数与 imlincomb 函数得到的不同四则运算结果。从图 2-30 中可以看出,两种方法的结果有着显著的不同。

(a) 多个代数函数的运算结果　　　(b) imlincomb函数的运算结果

图 2-30　多个代数函数的运算结果与 imlincomb 函数的运算结果

2.3.6　图像的几何运算

1. 几何运算与坐标系统

与点运算不同,几何运算可以看成像素在图像内的移动过程,该移动过程可以改变图像中景物对象(像素)之间的空间关系。几何运算可以是不受任何限制的,但是通常都需要做出一些限制以保持图像的外观顺序。完整的几何运算需要由两个算法来实现:空间变换算法和灰度插值算法。空间变换主要用来保持图像中曲线的连续性和景物的连通性,一般都采用数学函数形式来描述输入、输出图像相应像素间的空间关系。空间变换的一般定义为

$$g(z,y) = f(x',y') = f[a(x,y),b(x,y)];$$

其中,f 表示输入图像,g 表示输出图像,坐标(x',y')指的是空间变换后的坐标,要注意,这时的坐标已经不是原来的坐标(x,y)了。a(x,y) 和 b(x,y) 分别是图像的 x 和 y 坐标的空间变换函数。

灰度级插值主要是对空间变换后的像素赋予灰度值,使之恢复原位置处的灰度值。在几何运算中,灰度级插值是必不可少的组成部分,因为图像一般用整数位置处的像素来定义。而在几何变换中,g(x, y)的灰度值一般由处在非整数坐标上的 f(x, y) 的值来确定,即 g 中的一个像素一般对应于 f 中的几个像素之间的位置,反过来看也是一样的,即 f 中的一个像素往往被映射到 g 中的几个像素之间的位置。

显然,要了解空间变换,首先要对图像的坐标系统有一个清楚的了解。MATLAB 图像处理工具箱主要采用两种坐标系统:像素坐标系统和空间坐标系统。

描述位置最方便的方法就是使用像素坐标。在这种坐标系统下,图像被视为离散元素网格,网格按照从上到下、从左到右的顺序排列。

对于像素坐标来说,第一个分量 r(行)向下增长,第二个分量 c(列)向右增长。像素坐标是整型数值,数据范围在 1 到行或列长度之间。像素坐标与 MATLAB 矩阵下标一一对应,这种对应关系有助于理解图像数据矩阵与图像显示之间的关系。例如,图像第五行、第二列的像素值将保存在矩阵元素(5,2)中。在像素坐标中,一个像素被理解为一个离散单元,由一个单独的坐标〔如(5,2)〕唯一确定,根据这种定义方法,诸如(5.3,3.2)这样的位置是没有意义的。

在很多情况下,将像素视为一个正方形是非常有用的,此时坐标(5.3,3.2)是有意义的,并且该位置与坐标(5,2)是有区别的。空间坐标系统在许多方面与像素坐标都是一致的。例如,任何像素中心点的空间坐标都与该像素的像素坐标一致。但是,这两种坐标系统也存在着很重要的区别:在像素坐标中,图像的左上角位置是(1,1),而在空间坐标中,该位置缺省情况下为(0.5,0.5)。这是由于像素坐标系统是离散系统,而空间坐标系统是连续的;另外,在像素坐标系统中,左上角始终为(1,1),但是在空间坐标系统中可以使用一个任意的起始点。例如,用户可以将图像的左上角指定为点(19.0,7.5),而不是(0.5,0.5)。为了建立一个非缺省的空间坐标系统,可以在显示图像时指定图像的 XDATA 和 YDATA 属性,这两个属性都是由两个数值组成的向量,这两个数值分别表示第一个和最后一个像素的中心点坐标,例如,以下命令使用非缺省的 XDATA 和 YDATA 显示图像:

```
A = magic(5);
x = [19.5,23.5];y = [8.0,12.0];
image(A,'XData',x,'YData',y),axis image,colormap(jet(25));
```

缺省情况下,图像 A 的 XDATA 属性为[1,size(A,2)],其中,size(A,2)表示矩阵 A 第二维的长度;而 YDATA 属性为[1,size(A,2)],其中,size(A,2)表示矩阵 A 第一维的长度。显然,真实的坐标延伸范围略大于这两个数值间的距离。例如,如果 XDATA 为[1,200],那么 x 轴图像延伸范围将为[0.5,200.5]。

像素坐标与空间坐标另一个容易混淆的地方在于:两个坐标系统的水平分量符号和垂直分量符号是一种逆转关系,像素坐标从左到右表示图像列的方向,而空间坐标从左到右则相当

于图像行的方向。

在本书中,主要采用了像素坐标系统和空间坐标系统[53]这两类系统。

实现几何运算有两种方法:其一为前向映射法,即将输入像素的灰度一个个地转移到输出图像中,如果一个输入像素被映射到四个输出像素之间的位置,则其灰度值就按插值法在四个输出像素之间进行分配;其二为后向映射法(像素填充法),这时将输出像素逐个地映射回输入图像,若输出像素被映射到四个输入像素之间的位置,则其灰度由它们的插值来确定。在实际中,通常采用后向映射法。

几何变换常用于摄像机的几何校正过程,这对于利用图像进行几何测量的工作是十分重要的。本节主要介绍灰度级插值、空间变换、改变图像大小、图像旋转、图像剪切这几种几何运算的概念及其 MATLAB 实现方法。

2. 灰度级插值

灰度级插值是用来估计像素在图像像素间某一位置处取值的过程。例如,如果用户修改了一幅图像的大小,使其包含比原始图像更多的像素,那么必须使用插值方法计算其额外像素的灰度取值。

灰度级插值的方法有很多种,但是插值操作的方式都是相同的。无论使用何种插值方法,首先都需要找到与输出图像像素相对应的输入图像点,然后通过计算该点附近某一像素集合的权平均值来指定输出像素的灰度值,像素的权是根据像素到点的距离而定的,不同插值方法的区别就在于所考虑的像素集合不同。例如,对于最近邻插值来说,输出像素将被指定为像素点所在位置处的像素值,其他像素都不考虑;对于双线性插值,输出像素值是像素 2×2 邻域内的权平均值;对于双三次插值,输出像素值是像素 4×4 邻域内的权平均值。

最近邻插值是一种最简单的插值方法,但是这种方法有时不够精确。复杂一点的方法是双线性插值,该方法利用 (x, y) 点的四个最近邻像素的灰度值,按照以下方法计算 (x, y) 点的灰度值。

假设,输出图像的宽度为 W,高度为 H,输入图像的宽度为 w,高度为 h,按照线性插值的方法,将输入图像的宽度方向分为 W 等份,高度方向分为 H 等份,那么输出图像中任意一点 (x, y) 的灰度值就应该由输入图像中四点 (a, b)、$(a+1, b)$、$(a, b+1)$ 和 $(a+1, b+1)$ 的灰度值来确定。(x, y) 点的灰度值 $f(x, y)$ 应为

$$f(x, y) = (b+2-y)f(x, b) + (y-b)f(x, b+1)$$

其中:

$$f(x, b) = (x-a)f(a+1, b) + (a+1-x)f(a, b)$$
$$f(x, b+1) = (x-a)f(a+1, b+1) + (a+1-x)f(a, b+1)$$

更高阶数的插值通常是利用卷积来实现的,在实际应用中很少使用。MATLAB 图像处理工具箱可以使用三种插值方法:最近邻插值、双线性插值和双三次插值。每一个使用插值的几何运算函数都有一个用来指定插值方法的参数,大多数函数的默认方法是最近邻插值方法,这个方法对于所有图像类型都能够产生可接受的结果,并且是唯一一种可以用于索引图像的插值方法。使用最近邻插值方法产生的结果总是二进制的,因为插值将直接把输入图像的像素值作为输出图像的像素值。处理灰度图像和 RGB 图像可以使用双线性插值和双三次插值方法,因为这两种方法效果较好。对于 RGB 图像,需要分别对红、绿、蓝三个颜色分量进行插值。

插值产生的输出图像的效果依赖于输入图像的类型:如果输入图像是双精度类型的,那么

输出图像是一幅双精度类型的灰度图像(输出图像不是二值图像的原因是它包含的数值不全是 0 和 1);如果输入图像是 uint8 类型的,那么输出的是 uint8 类型的二值图像,插值得到的像素值被近似为 0 或 1,因此输出图像可以是 uint8 类型的;对于双三次插值,可能需要先将双精度数据衰减到[0,1]才能进行操作。

3. 空间变换

空间变换是将输入图像的像素位置映射到输出图像的新位置处。常用的图像几何操作技术(如调整图像大小、旋转或剪切)都是空间变换的例子。空间变换既包括可用数学函数表达的简单变换(如平移、拉伸等仿射变换),也包括依赖于实际图像而不易用函数形式描述的复杂变换。例如,对存在几何畸变的摄像机所拍摄的图像进行校正时,需要实际拍摄栅格图像,根据栅格的扭曲数据建立空间变换;再如,通过指定图像中一些控制点的位移及插值方法来描述的空间变换。

一种常用的空间变换方法是仿射变换。其可以用以下函数来描述:

$$f(x) = Ax + b$$

其中,A 是变形矩阵,b 是平移矢量。在二维空间中,可以按照以下四种方式对图像应用仿射变换。

(1)尺度变换:选择变形矩阵为($s \geqslant 0$)

$$A_s = \begin{bmatrix} s & 0 \\ 0 & s \end{bmatrix} \tag{2-43}$$

(2)伸缩:选择变形矩阵为

$$A_t = \begin{bmatrix} 1 & 0 \\ 0 & t \end{bmatrix} \tag{2-44}$$

(3)扭曲:选择变形矩阵为

$$A_u = \begin{bmatrix} 1 & u \\ 0 & 1 \end{bmatrix} \tag{2-45}$$

(4)旋转:选择变形矩阵为($0 \leqslant \theta \leqslant 2\pi$)

$$A_r = \begin{bmatrix} \cos\theta & -\sin\theta \\ \sin\theta & \cos\theta \end{bmatrix} \tag{2-46}$$

另一种常用的空间变换方法是透视变换。透视变换是中心投影的射影变换,在用非齐次射影坐标表达时是平面的分式线性变换,常用于图像的几何校正。

MATLAB 进行空间变换的方法是:首先创建一个需要进行空间变换的结构体 TFORM,然后调用 imtransform 函数,调用格式如下:

```
B = imtransform(A,TFORM,INTERP);
```

其中,A 表示需要变换的图像,TNTERP 表示使用的插值方式,可以为' nearest ''bilinear '或' bicubic'。除此之外,imtransform 函数还有一些用来控制变换外观的参数选项:Size 选项使变换图形看起来包含许多原始图像的复制;FillValues 选项用来控制位于输入图像边界以外的变换像素填充值;XYScale 选项用来指定输出像素的宽度和高度;XData 和 YData 选项用来指定输出图像在空间坐标中的位置;UData 和 VData 选项用来指定图像在像素坐标中的位置。TFORM 是一个变换结构体,可以使用 maketform 函数来创建。maketform 函数的基本调用格式如下:

```
T = maketform(type,A);
```

其中,A 表示需要变换的图像,type 是变换类型。

使用以下语句可以得到一个仿射变换 TFORM 结构:

```
T = maketform('affine',[5 0 0;5 2 0;0 0 1]);
```

创建了 TFORM 结构之后,就可以调用 imtransform 函数来实现定义的空间变换了。

```
I = imread('cameraman.tif');%输入坐标系统
udata = [0 1];vdata = [0 1];
tform = maketform('projective',[0 0;1 0;1 1;0 1],[-4 2:-8 -3:-3 -5:6 3]);
[B,xdata,ydata] = imtransform(I,tform,'bicubic','udata',udata,'vdata',vdata,'size',size(1),
'fill',128);
subplot(1,2,1),imshow(udata,vdata,1);
axis on subplot(1,2,2),imshow(xdata,ydata,B);
axis on;
```

这里要说明的一点是,在调用 imtransform 函数时,TFORM 结构必须定义为二维空间变换。如果一幅图像维度大于 2(如 RGB 图像),那么所有二维平面都将自动应用相同的二维变换。如果需要对任意维度的数组进行变换,则可以使用 tformarray 函数。另外,MATLAB 图像处理工具箱函数(maketform、fliptform、tformfwd、tforminv、findbounds、makeresampler、tformarray 和 imtransform)可以提供大量选项来定义并操作二维或 N 维空间变换。

4. 几何运算的简单应用

1)改变图像大小

MATLAB 使用 imresize 函数来改变一幅图像的大小。imresize 函数的调用格式如下:

```
B = imresize(A,M,METHOD);
```

其中,A 和 M 分别表示需要进行操作的图像和放大倍数,B 表示大小改变后的图像。如果希望放大一幅图像,可以指定一个大于 1 的放大倍数;如果希望缩小一幅图像,可以指定一个大于 0、小于 1 的放大倍数。在缺省情况下,imresize 函数使用最近邻插值法,但是用户也可以通过指定 METHOD 参数来确定使用双线性插值还是双三次插值方法,三种插值方法对应的 METHOD 的取值分别为'nearest''bilinear'和'bicubic'。例如,以下命令将原图像放大 1.25 倍:

```
I = imread('ic.tif');
J = imresize(I,1.25);
imshow(I);
figure;
imshow(J);
```

调用 imresize 函数时可以指定输出图像的真实大小。例如,以下命令将创建一幅 100×150 的输出图像:

```
Y = imresize(X,[100 150]);
```

如果指定的大小不能够产生与输入图像同样的外观比例,那么输出的图像将会失真。如果使用双线性插值或双三次插值来减小一幅图像的尺寸,那么 imresize 函数在进行插值之前将自动调用低通滤波器对图像进行滤波,这个滤波过程将减少重采样过程产生的波纹。然而,需要注意的是,即使使用了低通滤波器,改变大小的操作也会产生人为操作的痕迹,因为在改变图像大小时总会丢失部分信息。除非用户明确指定了滤波器,否则 imresize 函数在使用最近邻插值时不会使用低通滤波,因为这种插值方法主要用于索引图像,而低通滤波并不适合对索引图像进行操作。

2) 图像旋转

使用 imrotate 函数来旋转一幅图像。imrotate 函数的调用格式如下:

```
B = imrotate(A, ANGLE, METHOD, BBOX);
```

其中,A 表示需要旋转的图像,ANGLE 表示旋转的角度,METHOD 的取值与 imresize 函数一致。如果指定一个正的旋转角,那么 imrotate 函数将使用指定的插值方法和旋转角度将图像逆时针旋转;如果指定一个负值,那么图像将按顺时针方向旋转。这里要注意,由于旋转后的图像一般都不是一个矩形图像,所以 MATLAB 会自动将其填充为矩形图像;给输出图像外部缺少的像素赋值为 0,这将给输出图像产生一个黑色的背景,从而使得输出图像比原始图像大一些。如果不特别说明(BBOX 取缺省值 loose),那么 imrotate 函数返回的就是填充后的图像;如果指定参数 BBOX 为 crop,那么 imrotate 函数就返回一幅剪裁过的、与原始图像同样大小的旋转图像。

例如,以下语句将分别显示两幅图像,它们分别是经逆时针旋转 35°后的未剪裁的和剪裁过的图像:

```
I = imread('ic.tif');
J = imrotate(I,35,'bilinear');
J1 = imrotate(I,35,'bilinear','crop');
subplot(1,3,1),imshow(I);
subplot(1,3,2),imshow(J);
subplot(1,3,3),imshow(J1);
```

3) 图像剪切

使用 imcrop 函数可以从一幅图像中抽取一个矩形的部分。imcrop 函数的调用格式如下:

```
X2 = imcrop(X,MAP,RECT)
```

其中,X 表示有待剪切的图像,不指定 X 时,imcrop 将当前坐标轴中的图像作为待剪切的图像。MAP 表示 X 为索引图像时的调色板,RECT 定义剪切区的矩形坐标。如果调用 imcrop 函数时不指定矩形的坐标,那么当光标位于图像中时就会变成十字形,可以通过拖拽鼠标的方式交互式地选择一个矩形。imcrop 函数根据用户的选择绘制一个矩形,释放鼠标键后将产生一个新的图像。图 2-31 为原图像以及图像矩形剪切部分。

 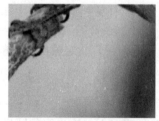

(a) 原图像   (b) 图像矩形剪切部分

图 2-31 原图像以及图像矩形剪切部分

2.3.7 图像的邻域操作

1. 概述

输出图像中的每个像素值都是由对应的输入像素及其某个邻域内的像素共同决定的,这种图像运算称为邻域运算。邻域是一个远小于图像尺寸的形状规则的像素块,例如,2×2、3×3、4×4 的正方形,或用来近似表示圆及椭圆等形状的多边形。一幅图像的所有邻域应该具有相同的大小。信号与系统分析中的相关与卷积基本运算,在实际的图像处理中都体现为某种特定的邻域运算。邻域运算与点运算一起形成了最基本、最重要的图像处理方法,尤其是滑动邻域操作,经常被用于图像的线性滤波和二值形态操作。

邻域操作包括两种类型:滑动邻域操作和分离邻域操作。在进行滑动邻域操作时,输入图像将以像素为单位进行处理,也就是说,对于输入图形的每一个像素,指定的操作将决定输出图像相应的像素值,分离邻域操作是基于像素邻域的数值进行的,输入图像一次处理一个邻域,即图像被划分为矩形邻域,分离邻域操作将分别对每一个邻域进行操作,求取相应输出邻域的像素值。

2. 滑动邻域操作

滑动邻域操作一次处理一个像素,输出图像的每一个像素都是通过对输入图像某邻域内的像素值采用某种代数运算得到的。中心像素是输入图像真正要进行处理的像素。如果邻域含有奇数行和列,那么中心像素就是邻域的真实中心。如果行或列有一维为偶数,那么中心像素将位于中心偏左或偏上方。

实现一个滑动邻域操作需要以下几个步骤:

(1) 选择一个单独的待处理像素;

(2) 对邻域中的像素值应用一个函数求值,该函数将返回标量计算结果;

(3) 找到输出图像与输入图像对应位置处的像素,将该像素的数值设置为上一步中得到的返回值;

(4) 对输入图像的每一个像素都重复上述步骤。

例如,滑动邻域操作首先对邻域内的 6 个像素值求和,然后除以 6,将结果作为邻域中心像素的取值。注意,邻域内某些像素很可能会丢失,尤其是当中心像素位于图像边界时。为了对这些包含了额外像素的邻域进行处理,滑动邻域操作将自动进行图像边界填充,通常使用数值 0 作为填充值,也就是说,滑动邻域操作中假定图像是由一些额外的全零行和全零列包围着,这些行和列不会成为输出图像的一部分,仅仅作为图像真实像素的临时邻域来使用。

可以使用滑动邻域操作来实现许多种类的滤波操作(如线性滤波的卷积操作),这些操作在本质上都是非线性操作。例如,一个使输出图像像素值等于输入图像各个邻域像素值标准偏差的滑动邻域操作,可以使用 nlfilter 函数实现多种滑动邻域操作。nlfilter 函数的调用格式如下:

```
B = nlfilter(A,'index',[MN],FUN,P1,P2,…);
```

其中,A 表示输入图像,[MN]指定邻域大小,FUN 是一个返回值为标量的计算函数。如果该计算函数需要参数,那么参数 P1,P2,…将紧跟在 FUN 参数后。返回值 B 是一个与输入图像相同大小的图像矩阵。index 是一个可选参数,如果存在该参数,那么 nlfilter 函数将图像 A 作为索引图像来处理。

以下语句将对图像 A 中每一个 3×3 的邻域调用 std2 函数(计算矩阵的标准方差),结果返回一幅图像 B:

```
B = nlfilter(A,[33],'std2');
```

用户可以自己编写一个 M 文件来实现一个特定的计算函数,然后将该函数作为 nlfilter 的参数。例如,以下命令将对矩阵 I 的 2×3 邻域使用用户自定义的名为 myfun.m 的函数:

```
nlfilter(I,[2 3],@myfun);
```

注意:调用中把函数句@myfun 作为参数。以下代码使用 nlfilter 函数将每一个像素值设置为 3×3 邻域内的最大值:

```
I = imread('tire.tif');
f = inline('max(x(:))');%构造复合函数 f = max(x(:))
I2 = nlfilter(I,[3 3],f);
subplot(1,2,1);
imshow(I);
subplot(1,2,2);
imshow(I2);
```

图像滑动邻域操作前后的效果如图 2-32 所示。

(a) 操作前　　　　　　　　　　　　　　(b) 操作后

图 2-32　图像滑动邻域操作前后的效果

3. 分离邻域操作

分离邻域是指将矩阵划分为几个 $m \times n$ 的矩阵后得到的矩形部分。分离邻域从左上角开始覆盖整个矩阵,邻域之间没有重叠部分。如果分割的邻域不能很好地适应图像的大小,那么需要为图像进行零填充,图 2-32 说明了一个被划分为 9 个 4×8 邻域的 11×22 矩阵,零填充过程将数值 0 添加到图像矩阵所需的底部和右边,此时图像矩阵大小变为 12×24。

blkproc 函数可以用于实现分离邻域操作。blkproc 函数首先从图像中抽取一个分离邻域,然后将该邻域传递给指定的计算函数,最后由 blkproc 函数将返回的邻域组装起来创建一个输出图像。blkproc 函数的调用格式与 nlfilter 函数基本类似。例如,以下命令将对矩阵 I 中 4×6 大小的邻域使用函数 myfun 进行计算:

```
I2 = blkproc(I,[46],@myfun);
```

也可以指定 MATLAB 复合函数作为计算函数,例如:

```
f = inline('mean2(x) * ones(size(x));
f = mean2(x) * ones(size(x)),I2 = blkproc(I,[46],f);%使用 inline 函数构造复合函数；
```

以下代码使用 blkproc 函数将图 2-33(a)所示的输入图像矩阵中 8×8 邻域的每一个像素值都设置为该邻域的平均值,操作后的效果如图 2-33(b)所示。

```
I = imread('tire.tif');
f = inline('uint8(round(mean2(x) * ones(size(x))))');
I2 = blkproc(I,[8 8],f);
subplot(1,2,1),imshow(I);
subplot(1,2,2),imshow(I2);
```

(a) 操作前　　　　　　　　　　　(b) 操作后

图 2-33　分离邻域操作前后的效果

以上代码中的 inline 函数将首先计算邻域平均值,然后将输出结果与一个全 1 矩阵相乘,使生成的输出邻域与输入邻域具有相同的大小,从而保证输出图像与输入图像大小相同。虽然 blkproc 函数不要求输入图像、输出图像具有相同的大小,但是至少要确保函数能够返回所需大小的邻域向量,而不是一个标量。从图 2-33(b)中可以看出,由于同一个邻域中的像素取值都是一致的,所以很多细节内容都被删除了,图像的效果明显变差。从执行速度来看,分离块操作明显比滑动块操作快。

调用 blkproc 函数定义分离邻域时也可以使邻域之间相互重叠,在进行邻域处理时要重点考虑重叠部分的像素值。图 2-33(b)中用阴影表示重叠的部分。

如果存在重叠现象,那么 blkproc 函数将扩展后的邻域(包括重叠部分)传递给指定的函数。此时,blkproc 函数需要一个额外的输入参数来指定重叠部分的大小。例如：

```
B = blkproc(A,[4 8],[1 2],@myfun);
```

重叠往往会增加零填充过程的像素数目。例如,原始的 15×30 的矩阵经过零填充后将变为一个 16×32 的矩阵,而如果原始矩阵的邻域有 1×2 的重叠部分时,填充后的矩阵将变为 18×36。图像最外面的矩形描述了为了适应重叠邻域处理而进行零填充产生的新边界,对图像可进行有重叠的分离块操作,利用减法操作比较有重叠处理和无重叠处理所得两幅图像的差别的代码如下：

```
I1 = blkproc(1,[8 8],f);
I2 = blkproc(I,[8 8],[1 2],f);
I3 = imsubtract(l2,I1);
imshow(I1);
imshow(I2);
imshow(I3);
```

4. 列处理

对于 MATLAB 语言来说,在进行图像处理之前将图像数据矩阵转换为矩阵列可以大大提高图像处理的速度。例如,假设当前进行的操作涉及计算邻域的平均值,如果首先将邻域重新排列为列向量,那么计算过程将会更快,这是因为经过列处理后,可以通过调用一次 mean 函数对每一列(每一个邻域)进行处理,无需再对每一个邻域单独调用一次 mean 函数。

可以使用 colfilt 函数实现列处理操作。该函数的执行过程如下:首先将图像的每一个滑动或分离邻域重新排列到一个临时矩阵的某一列中,然后将临时矩阵传递给指定的计算函数,计算得到的结果经过重新排列变为原始图像的形状。colfilt 函数的调用格式如下:

```
B = colfilt(A,[MN],BLOCK_TYPE,FUN);
```

其中,A 为输入图像,[MN] 为指定的邻域大小。BLOCK_TYPE 如果取值为'distinct',则表示分离块操作;如果取值为'sliding',则表示滑动块操作。FUN 为计算函数,B 为输出图像。以下语句将每一个输出像素的数值设置为输入像素邻域内的最大值,生成与 nlfilter 函数相同的输出结果:

```
I2 = colfilt(I,[3 3],'sliding',@max);
```

对于一个滑动邻域操作,原始图像中的每一个像素都对应于 colfilt 函数所创建的临时矩阵的一个单独列,该列包含该像素邻域内的所有数值。临时矩阵列与图像像素间的对应关系,图像中 6×5 的图像矩阵以 2×3 的邻域进行处理。colfilt 函数为每一个像素在临时矩阵中创建一列,因此临时矩阵共有 30 列;每一个像素的列包含其邻域内的像素值,因此该矩阵有 6 行。如果有必要,colfilt 函数会对输入图像进行零填充。例如,图像左上角像素的邻域会有两个 0 值相邻点,这就是零填充的结果。

临时矩阵必须传递给一个能够对每一列返回一个单独数值的函数(如 mean、median、std、sum 等),然后将返回的数值结果分配给输出图像中相应的像素。colfilt 函数可以产生与 nifilter 函数相同的结果,但执行速度快很多,它占用的内存大于其函数。对于一个分离邻域操作而言,colfilt 函数通过将输入图像的每一个邻域进行重新排列来创建一个临时矩阵。在创建临时矩阵之前,如果有必要的话会对原始图像进行零填充。使用 4×6 的邻域对 6×6 的矩阵进行处理,colfilt 函数首先对图像进行零填充,使之成为一个 8×18 的矩阵,然后将邻域重新排列为 6 列,每列包含 24 个元素。

在将图像重新排列成为一个临时矩阵后,colfilt 函数将这个矩阵传递给指定的计算函数,计算函数必须返回与临时矩阵相同大小的矩阵结果。计算函数处理完临时矩阵后,输出将会重新排列为原始图像矩阵的形状。

虽然可以使用 colfilt 函数实现一些与 blkproc 函数相同的分离邻域操作,但是 colfilt 函数有一些 blkproc 函数所没有的限制:输出图像与输入图像必须具有相同的大小;邻域之间不能重叠。对于不符合上述两个条件的情况,只能使用 blkproc 函数进行分离邻域操作。

2.3.8 傅里叶变换及其性质

1. 概述

在计算机图像处理中,图像变换是一种为了达到某种目的(通常是从图像中获取某种重要信息)而对图像使用的一种数学技巧,经过变换的图像将更为方便、容易地处理和操作。图像变换在图像处理中有着非常重要的地位,在图像增强、图像复原、图像编码压缩以及特征抽取方面有着广泛的应用。

傅里叶变换将信号分解为正弦波,离散傅里叶变换(DFT)基于数字信号。实数 DFT 将输入输出信号都用实数表示,复数 DFT 则将输入输出信号都用复数表示,实际操作中一般用复数 DFT,但实数 DFT 是基础。

傅里叶变换族包含了不同的傅里叶变换函数的变体。傅里叶变换是傅里叶在研究热传导时发现的,他提出用正弦波代表温度分布并向法兰西学会提交论文。但当时的法兰西学会权威拉格朗日对此理论并不赞成,拉格朗日认为傅里叶的方法不能代表非连续信号。实际上,拉格朗日在某些条件下是对的,因为正弦波之和确实无法表示非连续信号,只是可以无限接近,即两者能量无限接近。这种现象叫做吉布斯效应。然而,当信号为离散信号时傅里叶分解完全成立,因此拉格朗日拒绝的是连续信号。

一个 16 点长度信号可被分解为正弦信号和余弦信号。傅里叶分解可将 16 点长度信号分解为 9 个正弦信号和 9 个余弦信号,每个信号都有不同的幅度和频率。至于为何选用正弦波而不是三角波或者方波进行分解,这主要受正弦信号特性的影响:正弦信号保真度。正弦信号输入一个系统得到的输出仍为正弦信号,其频率和波形保持不变,只有幅度和相位发生改变。正弦曲线是唯一有此特性的波。

由于信号可以是离散的或者连续的,也可能是周期的或者非周期的,因此傅里叶变换可以分为以下 4 类:

(1) 非周期连续,这种信号的傅里叶变换叫作傅里叶变换(FT);

(2) 周期连续,这种信号的傅里叶变换叫作傅里叶级数(FS);

(3) 非周期离散,这种信号的傅里叶变换叫作离散时间傅里叶变换(DTFT);

(4) 周期离散,这种信号的傅里叶变换叫作离散傅里叶变换(DFT)。

这四种信号都能延伸到正负无穷。有没有信号的傅里叶变换可以转换为有限长度信号?答案是没有,因为正弦波和余弦波都是延伸到无穷的。由于不能将一组无穷长度信号组合成一个有限长度信号,因此处理有限长度信号时将其看作无线长度信号即可。如果将有限长度信号没有值的位置都认为是 0,则信号是离散非周期的,可以用 DTFT;如果将没有值的位置认为是有信号位置处的简单复制,则信号可以认为是周期离散的,这时可以用 DFT。实际上,非周期信号需要用无限多个正弦波和余弦波来合成,因此在计算机算法中 DTFT 是不可能实现的。在实际应用中唯一可用的是 DFT。

从实际操作来看,图像变换就是对原图像函数寻找一个合适的变换核的数学问题。从本质上来说,图像变换有着深刻的物理背景。例如,函数的一次傅里叶变换反映了函数在系统频谱面上的频率分布。如果希望在频谱上作某些特定的处理,从而改变函数的某种特性(例如,图像增强),那么可以对函数做二次傅里叶变换。另外,图像在一定的变换(傅里叶变换、离散余弦变换等)后,图像频谱函数的统计特性表明:图像的大部分能量都是集中在低、中频段的,高频段很弱,仅仅体现了图像的某些细节。因此,可以通过图像变换消除图像的高频段,从而达到图像压缩的目的。

在图像变换中,应用最广泛的变换就是傅里叶变换。从某种意义上说,傅里叶变换就是函数的第二种描述语言,掌握了傅里叶变换,人们就可以在空域或频域中同时思考处理问题的方法,这是一种非常重要的能力,有时能够使用简单的方法来解决非常复杂的问题。例如,空域中的函数卷积是一项比较复杂的运算,但是在频域中就转化为简单的函数乘法。除了傅里叶变换以外,还有一些很重要的图像变换方法,如离散余弦变换、K-L变换、Radon变换等。

2. 傅里叶变换的原理

在数学中,连续傅里叶变换是一个特殊的把一组函数映射为另一组函数的线性算子。不严格地说,傅里叶变换就是把一个空域函数分解为组成该函数的连续频率谱。在数学分析中,信号 $f(t)$ 的傅里叶变换被认为是处在频域的信号。实际上,$f(t)$ 的傅里叶变换就是计算周期函数的傅里叶级数。

傅里叶变换可以将图像分解成正弦分量和余弦分量。也就是说,它将图像从空域变换到频域。其主要思想为:任何函数均可以用无限多个正弦函数和余弦函数之和来精确近似。傅里叶变换正是这一想法的实现。数学上,一张二维图像的傅里叶变换表示为

$$F(k,l) = \sum_{i=0}^{N-1} \sum_{j=0}^{N-1} f(i,j) \mathrm{e}^{-\mathrm{i}2\pi\left(\frac{ki}{N}+\frac{lj}{N}\right)} \tag{2-47}$$

$$\mathrm{e}^{\mathrm{i}x} = \cos x + \mathrm{i}\sin x \tag{2-48}$$

这里,f 是图像在空域的图像值,F 是图像在频域的图像值。转换后的结果为复数,可以用实数图和复数图进行表示,也可以用幅度和相位图进行表示。然而,对于图像处理算法而言,算法仅关注图像的幅度信息,因为其中包含了图像几何结构中的所有信息。如果想通过对复数图像或幅度/相位图像下的象函数进行修改,从而间接地调整原函数,那么需要保留象函数的值,并进行傅里叶逆变换[①],才能获得调整后的原函数的数值。

假设数字图像的傅里叶变换是离散的傅里叶变换,则可以在给定的域值中任取一个数值。例如,灰度图像的像素值通常是 0~255 之间的离散值,则其傅里叶变换的结果也是离散型的。当需要从几何视角来确定图像的结构时,便可使用 DFT。下面是离散型的傅里叶变换的实现步骤(假设输入图像为灰度图像)。

(1) 时域与频域。频域是指在对函数或信号进行分析时,分析其中和频率有关部分,而不是和时间有关的部分(和时域一词相对)。时域是描述数学函数或物理信号对时间的关系。例如,一个信号的时域波形可以表达信号随着时间的变化。若考虑离散时间,时域中的函数或信号,在各个离散时间点的数值均为已知。若考虑连续时间,则函数或信号在任意时间的数值均为已知。在研究时域的信号时,常会用示波器将信号转换为其时域的波形。

(2) 两者间相互的变换。时域(信号对时间的函数域)和频域(信号对频率的函数域)的变换在数学上是通过积分变换实现的。对周期信号可以直接使用傅里叶变换,对非周期信号则要进行周期扩展,使用拉普拉斯变换。

(3) 信号在频域的表现:在频域中,频率越大说明原始信号的变化速度越快;频率越小说

---

① 傅里叶变换是一种函数在空域和频域的变换,从空域到频域的变换是傅里叶变换,而从频域到空域的变换是傅里叶逆变换。

明原始信号越平缓。当频率为 0 时,原始信号为直流信号,没有变化。因此,频率的大小反映了信号变化的快慢。高频分量解释信号的突变部分,而低频分量决定信号的整体形象。在图像处理中,频域反映了图像在空域的灰度变化速度,也就是图像的梯度大小。对图像而言,图像的边缘是突变部分,变化较快,反应在频域上是高频分量;图像的噪声大部分情况下是高频部分;图像平缓变化的部分则为低频分量。也就是说,傅里叶变换提供另外一个角度来观察图像,即将图像从灰度分布转化到频率分布上来观察图像的特征。即,傅里叶变换提供了一条从空域到频率的自由转换的途径。对图像处理而言,以下概念非常重要。

(1) 高频分量:图像突变部分,在某些情况下指图像边缘,在某些情况下指噪声,更多是指两者的混合。

(2) 低频分量:图像变化平缓的部分,也就是图像轮廓信息。

(3) 高通滤波器:让图像低频分量抑制,高频分量通过。

(4) 低通滤波器:让图像高频分量抑制,低频分量通过。

(5) 带通滤波器:使图像某一部分的频率信息通过,过低或过高的频率信息都抑制。

3. 傅里叶变换的性质

傅里叶变换有以下非常重要的性质(详细描述见有关信号处理的书籍)。

(1) 对称性:函数的偶函数分量对应傅里叶变换后的偶函数分量,奇函数分量对应傅里叶变换后的奇函数分量,但是要引入系数。

(2) 加法定理:时域中的加法对应频域内的加法。

(3) 位移定理:函数位移的变化不会改变其傅里叶变换的幅值,但会产生相位变化。

(4) 相似性定理:"窄"函数对应一个"宽"傅里叶变换,"宽"函数对应一个"窄"傅里叶变换(所谓的宽、窄是指函数在坐标轴方向上的延伸情况)。

(5) 卷积定理:时域中的函数卷积对应频域中的函数乘积。

(6) 共轭性:将函数的傅里叶变换的共轭输入傅里叶变换程序得到该函数的共轭,也就是说,完全可以利用傅里叶变换程序计算傅里叶逆变换而无须重新编写逆变换程序。

(7) Rayleigh 定理:傅里叶变换前后的函数具有相同的能量。

对于二维傅里叶变换而言,还有以下两个特殊的重要性质。

(1) 可分离性:如果二维函数可以分解为两个一维分量函数,那么傅里叶变换后的函数也可以分解为两个一维分量函数,这也就是说,对二维函数作傅里叶变换可以分两步进行,即首先视某一个方向的变量为常数,对另一个方向做一维傅里叶变换,然后对得到的变换结果做另一个方向上的一维傅里叶变换。

(2) 旋转:如果函数在时域中旋转一个角度,那么其傅里叶变换也会旋转相同的角度。

傅里叶变换的这些性质在图像处理中有着广泛的应用,读者可以在今后的应用中充分体会到这一点。

4. 傅里叶变换及离散傅里叶变换(离散余弦变换)在图像中的应用

为什么要在频域研究图像增强?这是因为可以利用频率成分和图像外表之间的对应关系。一些在空域表述困难的增强任务,在频域中则变得非常简单。滤波在频域更为直观,它可以解释空域滤波的某些性质;可以在频域指定滤波器,做逆变换,然后在空域使用结果滤波器作为空域滤波器的指导。

傅里叶变换在实际中有非常明显的物理意义,设 f 是一个能量有限的模拟信号,则其傅里叶变换就表示频谱。从纯粹的数学意义上看,傅里叶变换是将一个函数转换为一系列周期函数来处理的。从物理效果看,傅里叶变换是将图像从空域转换到频域,其逆变换是将图像从频域转换到空域。换句话说,傅里叶变换的物理意义是将图像的灰度分布函数变换为图像的频率分布函数,傅里叶逆变换是将图像的频率分布函数变换为灰度分布函数,用于表征图像中灰度变化剧烈程度,即灰度在平面空间上的梯度。灰度变化得快频率就高,灰度变化得慢频率就低。如:大面积的沙漠在图像中是一片灰度变化缓慢的区域,对应的频率值很低;而地表属性变换剧烈的边缘区域在图像中是一片灰度变化剧烈的区域,对应的频率值较高。

进行傅里叶变换以前,图像(未压缩的位图)是由在连续空间(现实空间)上采样得到的一系列点的集合,习惯用一个二维矩阵表示空间上的各点,则图像可用 $z=f(x,y)$ 来表示。由于空间是三维的,图像是二维的,因此空间中的景物在另一个维度上的关系就用梯度来表示,这样可以通过观察图像得知景物在三维空间中的对应关系。为什么要提梯度?因为实际上对图像进行二维傅里叶变换得到的频谱图,就是图像梯度的分布图,当然频谱图上的各点与图像上各点并不存在一一对应的关系,即使在不移频的情况下也没有这种关系。傅里叶频谱图上看到的明暗不一的点代表图像上某一点与邻域点灰度值差异的强弱,即梯度的大小,也即该点的频率的大小(差异/梯度越大,频率越高,能量越低,在频谱图上就越暗;差异/梯度越小,频率越低,能量越高,在频谱图上就越亮。换句话说,频率谱上越亮的点能量越高,频率越低,图像差异越小/平缓)。频谱图,也叫功率图。图 2-34 所示为未经过频谱居中处理的频谱图。

图 2-34　未经过频谱居中处理的频谱图

频谱居中处理指用 $(-1)^{x+y}$ 乘以输入的图像函数,得到的频谱图中,中间最亮的点代表最低频率,属于直流分量(DC 分量,当频率为 0 时,该点表示直流信号,即原点的傅里叶变换,等于图像的平均灰度级, $F(0,0)$ 称作频率谱的直流成分)。越往四周,频率越高。所以,频谱居中后的频谱图中的四个角和 X、Y 轴的尽头都是高频率,如图 2-35 所示。

如果频谱图中暗的点数更多,那么实际图像是比较柔和的(因为各点与邻域差异都不大,梯度相对较小);反之,如果频谱图中亮的点数多,那么实际图像一定是尖锐的,边界分明且边界两边像素差异较大。在频谱移频到原点以后,可以看出图像的频率分布是以原点为圆心,对称分布的。将频谱移频到圆心除了可以清晰地看出图像频率分布以外,还有一个好处,它可以分离出有周期性规律的干扰信号,比如,在一幅带有正弦干扰、移频到原点的频谱图上可以看出,除了中心以外还存在以某一点为中心、对称分布的亮点集合,这个集合就是干扰噪声产生的,这时可以很直观地通过在该位置放置带阻滤波器消除干扰。

一旦通过频域试验选择了空间滤波,通常实施都在空域进行。利用傅里叶变换可以得到线性滤波器的频率响应:首先求出滤波器的脉冲响应,然后利用快速傅里叶变换算法对滤波器

图 2-35 频谱居中后的频谱图

的脉冲响应进行变换,得到的结果就是线性滤波器的频率响应。信号处理工具箱的 freqz2 函数就是利用这个原理计算滤波器的频率响应的。在此,给出了使用 freqz2 函数得到的高斯滤波器的频率响应,程序代码如下:

```
h = fspecial('gaussian');
freqz2(h);
```

MATLAB 中的函数 fft、fft2 和 fft$n$ 分别可以实现一维、二维和 n 维傅里叶变换,而函数 ifft、ifft2 和 ifft$n$ 则用来实现傅里叶逆变换,它们是以需要进行逆变换的图像作为输入参数,计算得到输出图像的。

离散余弦变换(Discrete Cosine Transform,DCT)本质上也是离散傅里叶变换,但是只有实数部分。有这样一个性质:如果信号 $x[n]$ 在给定区间内满足狄利克雷条件,且为实对称函数,则可以展开成仅含余弦项的傅里叶级数,即离散余弦变换。所以,在构造离散信号的周期函数的时候,要对其进行偶延拓。

DCT 在硬件层面的实现,此处先不谈 DSP 等专用芯片,单说 CPU 与 GPU。计算机的运算可以分为两类,即整数运算和浮点运算;浮点运算又可以分为两类:单精度浮点运算和双精度浮点运算。

由于 GPU 拥有大量并行流处理器,但缺少串行逻辑控制机构,擅长进行浮点预算,因此不太适用于更注重溢出检查的整数运算;CPU 作为中央处理器,则是两种运算兼顾。进一步考虑浮点运算,单精度浮点运算的复杂度低于双精度浮点运算。市面上常见的游戏显卡,如 TaiTan X,均注重单精度浮点运算,限制双精度浮点运算。例如,开普勒架构的游戏显卡,其双精度浮点运算能力是单精度浮点运算的 1/24;而同时代的 CPU,这一比值大约是 1/2。

一般而言,对于物理建模与模拟(如流体力学模拟、量子化学计算)、3D 建模(其实也是一种意义上的物理建模),需要双精度浮点运算;对于一般的图形渲染(包括游戏渲染、视频渲染)、机器学习,需要单精度浮点运算。

回到离散余弦变换。GPU 的并行运算速度超过 CPU。经过优化的整数离散余弦变换算法利于并行计算,更是突出了 GPU 的并行优势,但 GPU 并不擅长整数运算。此外,在实际应用中,离散余弦变换过程伴随着串行逻辑,这也是 GPU 不能胜任的。随着 GPU 计算的火热,如何让 GPU 完成离散余弦变换成了学界热点。但目前来看,让 CPU 扮演主要角色,把一部分运算交给 GPU 实现加速,应当是比较现实的考虑。

5. 离散余弦变换在应用层面的实现

以视频编码为例。1984 年,H.261 编码标准开始研究。1990 年,H.261 编码标准由国际电信联盟(ITU-T)发布。1993 年,MPEG-1 编码标准由国际标准化组织(ISO)发布。自此,H. 26X 系列与 MPEG-X 系列开始了各自的更新换代,当然期间也有合作交易,如 MPEG-2(也称 H. 262),又如 MPEG-4〔包括了(早期的)MPEG-4、MPEG-4/AVC(也称 H. 264)、MPEG-4/HEVC(也称 H.265)三个标准〕。

从 H. 261 开始,离散余弦变换就被应用于视频编码。当技术发展到 H. 264 与 H. 265 时,就具体的数学计算而言,H. 261 创立的分块编码被后续标准沿用,H. 264 在亮度平面上的基本分块为 8×8 像素块,于是离散余弦变换(代入 $N=8$)表示为

$$F(u,v) = 116 \sum x = 015 \sum y = 015 f(x,y)\cos[\pi 8u(x+12)]\cos[\pi 8v(y+12)]$$

$$f(x,y) = 116 \sum u = 015 \sum v = 015 F(u,v)\cos[\pi 8u(x+12)]\cos[\pi 8v(y+12)]$$

整个编码过程如下:首先,按照图像处理的一般流程进行采样、整量,完成连续数据到离散数据的量化(根据前面提到的算法优化,量化过程整合了离散余弦变换的浮点运算);然后,进行整数离散余弦变换。做离散余弦变换的作用为:一方面,从图像处理的整体流程而言,变换后便于后续处理;另一方面,从编码的角度而言,变换后使图像信息集中,在数学上体现为描述关键信息的系数变少,相应地,所需存储空间降低,达到降低视频体积的目的。

6. 二维图像的离散余弦变换

先总结一下,DCT 没有虚部,本质是傅里叶变换(无损) ⇒ 图像从空域快速(没有虚部)变换到了频域[10]。

先来试一下效果:对图 2-36(a)所示的 Lena 进行 DCT 与 iDCT,结果如图 2-36(c)所示。

```
# 离散余弦变换,并获取其幅频谱
img_dct = cv2.dct(np.float32(image));
img_dct_log = 20 * np.log(abs(img_dct));
# 逆离散余弦变换,变换图像回到空域
img_back = cv2.idct(img_dct);
```

  (a) 原图   (b) 离散余弦变换   (c) 变换后效果

图 2-36 Lena 的 DCT 与 iDCT

从图 2-36 可以看到,左上角亮度高,即 Lena 图的主要能量集中在左上角;而且,从其逆变换可看出,DCT 为无损变换。

为了确定哪种能量、有多少能量集中在左上角,对图 2-36(a)进行离散余弦变换时以 128 像素为步长进行裁剪。

```
# 裁剪图 2-36(a)
for i in range(image_dct_1.shape[0]):
for j in range(image_dct_1.shape[1]):
    if i > (256 + 128) or j > (256 + 128)：
        image_dct_1[i, j] = 0 # 裁剪的实质为像素置 0
    if i > 256 or j > 256：
        image_dct_2[i, j] = 0 # 裁剪的实质为像素置 0
    if i > 128 or j > 128：
        image_dct_3[i, j] = 0 # 裁剪的实质为像素置 0
```

再对其进行 iDCT 变换,结果如图 2-37 所示。

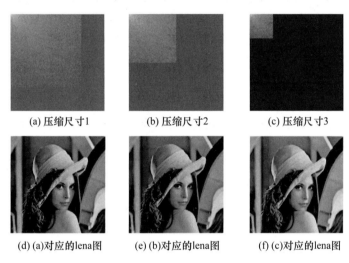

(a) 压缩尺寸1　　　　　(b) 压缩尺寸2　　　　　(c) 压缩尺寸3

(d) (a)对应的lena图　　(e) (b)对应的lena图　　(f) (c)对应的lena图

图 2-37　压缩(裁剪)DCT 后进行 iDCT 的结果

随着压缩比例的增大,图片中的细节逐渐消失。在图 2-37(d)中还可以明显看到尖锐的边缘,而图 2-37(f)中,虽然主要的信息还在,但明显的高频信息丢失了。因此,DCT 使图片的低频部分集中在左上角。

DCT 图像压缩原理,DCT 变换是最小均方误差条件下得出的次最佳正交变换,且已获得广泛应用,并成为许多图像编码国际标准的核心。JPEG 图像格式的压缩算法采用的就是DCT 变换,DCT 变换的变换核为余弦函数,计算速度较快,有利于图像压缩和处理。在编码过程中,JPEG 算法首先将 RGB 分量转化为亮分量和色差分量,然后将图像分解为 8×8 的像素块,对这个 8×8 像素块进行二维离散余弦变换,每个块就产生了 64 个 DCT 系数,其中一个是直流(DC)系数,它表示了 8×8 输入矩阵全部值的平均数,其余 63 个系数为交流(AC)系数。接下来对 DCT 系数进行量化,最后对量化后的 DCT 系数进行编码,就形成了压缩后的图像格式。在解码过程中,先对已编码的量化的系数进行解码,然后求逆量化并利用二维iDCT 把 DCT 系数转化为 8×8 样本像素块,最后将逆变换后的块组合成一幅图像。这样就完成了图像的压缩和解压。

离散余弦变换的 MATLAB 实现有两种方法:一种是基于 FFR 的快速算法,这是通过MATLAB 工具箱提供的 DCT2 函数实现的;另一种是变换矩阵方法。变换矩阵方法非常适合做 8×8 或 16×16 的图像块的 DCT,工具箱中提供了 dctmtx 函数来计算变换矩阵。

真彩色增强主要是针对伪彩色增强而言的。图像的色彩增强技术主要分为伪彩色增强和真彩色增强两种,这两种方法在原理上存在着本质的区别。伪彩色增强时对原灰度图像中不同灰度值区域分别赋予不同的颜色,使人能够更明白地区分不同的灰度级。由于原始图像实际上是没有颜色的,所以称这种人工赋予的颜色为伪彩色,伪彩色增强实质上只是一个图像的着色过程,是一种灰度到彩色的映射技术。真彩色增强则是对原始图像本身具有的颜色进行调节,是一个彩色到彩色的映射过程。

平滑指在图像中,通过相邻点的相互平均可以去掉一些突然变化的点,从而滤掉一定的噪声,达到平滑的目的,使图片看起来更柔和、颜色更均匀、更清晰。

锐化则指图像平滑往往使图像中的边界、轮廓变得模糊,为了减少这类不利效果的影响,需要用图像锐化技术使图像的边缘变得清晰。图像锐化处理的目的是使图像的边缘、轮廓线以及图像的细节变得清晰,经过平滑的图像变得模糊的根本原因是图像受到了平均或积分运算,因此对其进行逆运算(如微分运算)就可以使图像变得清晰。从频域考虑,图像模糊的实质是其高频分量被衰减,因此可以用高通滤波器使图像清晰。在水下图像的增强处理中除了去噪、对比度扩展外,有时候还需要加强图像中景物的边缘和轮廓。而边缘和轮廓常常位于图像中灰度突变的地方,因而可以直观地想到用灰度的差分对边缘和轮廓进行提取。

灰度变换(直方图均衡化)直方图均衡化的基本思想是把原始图像的直方图变换为均匀分布的形式,这样就增加了像素灰度值的动态范围,从而可以达到增强图像整体对比度的效果。设原始图像在(x,y)处的灰度为f,而改变后的图像为g,则对图像增强的方法可表述为将在(x,y)处的灰度f映射为g。在灰度直方图均衡化处理中将图像的映射函数定义为$g=\text{EQ}(f)$,这个映射函数$\text{EQ}(f)$必须满足两个条件(其中L为图像的灰度级数):

(1) $\text{EQ}(f)$在$0\leqslant f\leqslant L-1$范围内是一个单调递增函数。这保证了增强处理没有打乱原始图像的灰度排列次序,原图各灰度级在变换后仍保持从黑到白(或从白到黑)的排列。

(2) 对于$0\leqslant f\leqslant L-1$有$0\leqslant g\leqslant L-1$,这个条件保证了变换前后灰度值动态范围的一致性。

图像滤波中的滤波器是一种选频装置,可以使信号中特定的频率成分通过而极大地衰减其他频率成分,从而滤除干扰噪声。在数字图像处理中,图像中常常混杂许多的噪声。因此,在进行图像处理时要先进行除噪声的工作。最常用的除噪声方法是用滤波器进行滤波处理。MATLAB的图像处理工具箱里也设计了许多的滤波器,如均值滤波器、中值滤波器、维纳滤波器(Wiener filter)等。

维纳滤波是利用平稳随机过程的相关特性和频谱特性对混有噪声的信号进行滤波的方法。维纳滤波器是由数学家维纳(Rorbert Wiener)提出的一种以最小平方为最优准则的线性滤波器。在一定的约束条件下,其输出与一给定函数(通常称为期望输出)的差的平方达到最小,通过数学运算最终可变为一个托布利兹方程的求解问题。维纳滤波器又被称为最小二乘滤波器或最小平方滤波器,目前是基本的滤波方法之一。

中值滤波器,中值滤波是一种非线性数字滤波器技术,经常用于去除图像或者其他信号中的噪声。这个设计思想就是检查输入信号中的采样并判断它是否代表了信号,使用奇数个采样组成的观察窗实现这项功能。对观察窗中的数值进行排序,位于观察窗中间的中值作为输出;然后,丢弃最早的值,取得新的采样,重复上面的计算过程。中值滤波对于斑点噪声(speckle noise)和椒盐噪声(salt-and-pepper noise)来说尤其有用。保存边缘的特性使它在不希望出现边缘模糊的场合也很有用。

2.3.9　Radon 变换及其逆变换

1. Radon 变换

Radon 变换是计算图像在某一指定角度射线方向上投影的变换方法[53]。Radon 变换与一种常用的计算机视觉操作 Hough 变换有着很密切的关系，通常会综合使用这两种变换进行图像分析。例如，可以使用 radon 函数实现某一种 Hough 变换，从而检测图像中的直线。二维函数 $f(x,y)$ 的投影是其在确定方向上的线积分。例如，$f(x,y)$ 在垂直方向上的二维线积分就是 $f(x,y)$ 在 x 轴上的投影；$f(x,y)$ 在水平方向上的二维线积分就是 $f(x,y)$ 在 y 轴上的投影，表明一个简单二维函数的水平和垂直投影。实际上，可以沿任意角度 θ 计算函数的投影，也就是说，任意角度上都存在函数的 Radon 变换。

2. MATLAB 的 Radon 变换实现方法

MATLAB 图像处理工具箱中的 radon 函数可以用来计算图像在指定角度的 Radon 变换。radon 函数的调用格式如下：

```
[R,xp] = radon(I,theta,N);
```

其中，I 表示需要变换的图像；theta 表示变换的角度；N 是一个可选参数，指定 Radon 变换将在 N 点上进行计算，缺省条件下投影点的数目由下式决定：

```
M = 2ceil(norm(size(I) - floor((size(I) - 1)/2) - 1)) + 3;
```

返回值 R 表示的列里包含了对应于每一个角度的 Radon 变换结果[54]，如果指定了参数 N，那么 R 将包含 N 个行向量。向量 x_p 表示相应的沿 x 轴的坐标。大角度范围的 Radon 变换通常会显示为一幅图像。例如，以下代码将计算正方形图像在 $0°\sim180°$ 范围内，以 $1°$ 增加的多个 Radon 变换，结果如图 2-38 所示。

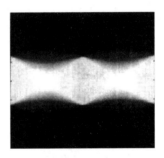

图 2-38　正方形图像在 $0°\sim180°$ 的 Radon 变换

```
θ = 0:180;
[R,xp] = radon(I,theta);
imagesc(theta,xp,R);
set(gca,'XTick',0:20:180);
colormap(hot);
```

3. Radon 逆变换

Radon 逆变换可以根据投影数据重建图像，在 X 射线断层摄影分析中常常使用。MATLAB 图像处理工具箱中的 iradon 函数可以实现 Radon 逆变换。原始图像如图 2-39 所示。给出一幅图像 I 和一个角度集合 θ，使用 radon 函数计算 Radon 变换：

```
R = radon(I,theta);
```

然后调用函数 iradon 重建图像 I：

```
IR = iradon(R,theta);
```

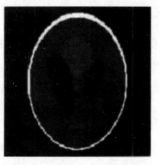

图 2-39 原始图像

在以上代码中,投影是根据原始图像 I 计算得到的,而在大多数应用领域中是找不到构成投影的原始图像的。例如,在 X 射线吸收断层摄影中,投影是通过测量放射线沿不同角度穿透物理标本的衰减程度而构造出来的。原始图像可以理解为穿透标本的射线交叉部分,用灰度值表示标本的密度。使用特殊的硬件将投影图像收集起来,然后使用 iradon 函数重新构造一个内部图像,这样能够对生物或不透明景物进行非侵害性照相。

iradon 函数可以使用平行投影束重新构造图像[55]。此时发射器和接收器的数量是相同的,每一个检测器测量相应发送器的发送射线,射线的衰减程度可以由积分所得的景物密度或质量求得,这就相当于 Radon 变换中计算的线积分。

另一个经常使用的几何结构是扇形束几何学,这种结构由 n 个检测器和一个发送器构成。借助扇形束投影集合构成平行束投影的方法很多,读者可以参考有关书籍。

iradon 函数使用过滤反向投影算法计算逆 Radon 变换,这个算法根据 R 列的投影构造近似的图像 I,重新构造中使用的投影越多(theta 长度越长),重新构造的图像 IR 就越接近原始图像 I。向量 theta 必须包含以固定增长角度 Dtheta 单调递增的角度值[56]。知道标量 Dtheta 以后,可以将其传递给 iradon 函数以代替 theta 数组。例如：

```
IR = iradon(R,Dtheta);
```

4. Radon 变换及其逆变换的应用实例

使用 Radon 变换检测图像中的直线。检测步骤如下：

（1）使用 edge 函数计算图像的二进制边界

```
I = imread('ic.tif');
BW = edge(I);
subplot(1,2,1),imshow(I);
subplot(1,2,2),imshow(BW);
```

（2）计算边界图像的 Radon 变换

```
θ = 0:179;
[R,xp] = radon(BW,theta);
figure,imagesc(theta,xp,R);
```

- 找到 Radon 变换矩阵最强峰值的位置,这些尖峰的位置对应于原始图像中的直线位置。R 的最强峰值对应于 $\theta=94°,x'=-101$,位于该位置且与该角度正交的直线,在原始图像中用灰线着重描出;而 Radon 变换的几何结构用黑线标出。

使用 radon 函数和 iradon 函数实现采样图像的投影构造以及图像重建。

```
P = phantom(256),imshow(P);
```

进行 Radon 变换的第一步是计算三个不同的 θ 集合：R1 采用 18 个投影,R2 采用 36 个投影,R3 采用 90 个投影。

```
θ = 0:10:170;
[R1,xp] = radon(P,thetal);
theta2 = 0:5:175;
[R2,xp] = radon(P,theta2);
theta3 = 0:2:178;
[R3,xp] = radon(P,theta3);
% 使用 90 个投影(R3)进行图像的 Radon 变换
figure,imagesc(theta3,xp,R3);
colormap(hot);
colorbar;
```

可以得到输入图像的一些特征。例如,Radon 变换的第一列对应于 0°处(垂直方向的积分)的投影,最靠近中心的列对应于 90°处的投影。90°处的投影轮廓宽于 0°处的投影,这是因为图像中最外部的椭圆具有较大的垂直半轴。

比较根据以上图像利用 R1、R2 和 R3 进行 Radon 逆变换后得到的重建图像:

```
I1 = iradon(R1,10);
I2 = iradon(R2,5);
I3 = iradon(R3,2);
imshow(I1);
figure;
imshow(I2);
figure;
imshow(I3);
```

重建图像如图 2-40 所示。图 2-40(a)所示图像的重建准确率最低,这是因为它使用的投影数目最少;图 2-40(b)所示图像使用了 36 个投影,重建质量更好一些,但是测试图像下部的三个小椭圆仍然不清晰。

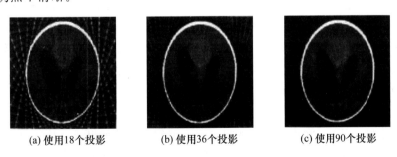

(a) 使用18个投影　　　　(b) 使用36个投影　　　　(c) 使用90个投影

图 2-40　Radon 反变换后得到的重建图像

2.3.10　滤波方法与滤波器设计

1. 线性系统理论

系统是指任何一个接收输入并产生相应输出的实体,其输入和输出可以是一维、二维和更高维度的。本书只关心输入和输出之间的关系,而不考虑系统的内部细节。由于线性系统理论是一门成熟的理论,通常用于描述光学系统和电路的行为,它为采样、滤波和空间分辨率的研究提供了坚实的数学基础,所以本书仅讨论有关线性系统的性质。

为了方便起见,首先讨论一维线性系统,然后将其推广到二维线性系统中去。对于某个特定的系统,如果输入 $x_1(t)$ 产生的输出为 $x(t)$,而另一输入 $x_2(t)$ 产生的输出为 $y(t)$,即:

$$x_1(t) \rightarrow y_1(t), \quad x_2(t) \rightarrow y_2(t)$$

且满足

$$\alpha x_1(t) + \beta x_2(t) \rightarrow \alpha y_1(t) + \beta y_2(t)$$

那么称该系统为线性系统,也就是说,线性系统的两个输入信号的线性组合所产生的输出等于单个输入所分别产生的输出的线性组合。这样,只要找到输入 $x(t)$ 和输出 $y(t)$ 的关系,就可以使用简单的信号对系统性能进行分析,这也是线性系统分析中最关键的地方。可以使用下面的方法得到输入信号和输出信号的关系。可以证明,线性函数表达式(叠加积分)足够说明任何线性系统的输入与输出之间的关系。

对任何线性系统,一定可以选择一个二元函数 $f(t, r)$,对于任何 $x(r)$ 使得公式满足线性系统条件。但是,最好能够找到一个一元函数来描述线性系统,为此,引入移不变约束,如果将输入信号沿时间轴平移 T,那么输出信号除平移同样长度之外,其性质不变,此时称该系统为线性移不变系统。

线性移不变系统的输出可以通过输入信号与一个表征系统特性的函数进行卷积得到,这个表征函数叫作系统的冲激响应。曲线 $y(t)$ 上的一点可以根据以下方法得到:首先将函数 x 关于原点反折并移动距离 t,然后计算 x 与反折平移后的 g 在各点的积,并对结果进行积分,这就得到了该点在 t 处的输出值。对每一个 t 值进行重复计算就可以得到输出曲线。当 t 发生变化时,反折函数平移就会与静止不动的输入函数重叠,这两条曲线重叠部分的面积就决定了 $y(t)$ 的值。

卷积定理是线性系统分析中最常用、最重要的定理之一,该定理指出了傅里叶变换的一个重要性质:时域中的卷积相当于频域中的相乘,时域中复杂的卷积运算可以在频域中通过简单的乘法来实现(首先对两个函数进行傅里叶变换,然后求它们的乘积,最后求出乘积的傅里叶逆变换就得到了两个函数的卷积)。当需要利用卷积进行图像的滤波或其他运算时,使用卷积定理可以大大减小运算的复杂程度。用卷积定理还可以证明:任何函数和冲激函数卷积后将保持不变。由此证明冲激函数的傅里叶变换是单位1。

相关性定理也是线性系统理论中比较重要的一个定理,该定理描述了函数自变量尺度变换对其傅里叶变换的影响:减小自变量的尺度将会展宽函数的傅里叶变换频谱,而增大自变量的尺度则会压缩函数的傅里叶变换频谱。虽然一般并不会直接利用相关性定理进行图像处理,但是可以利用这个定理对图像处理中出现的一些问题作出分析和解释。

2. 滤波与滤波器设计

滤波是信号处理的一种最基本而又极为重要的技术,利用滤波技术可从复杂的信号中提取出所需要的信号,抑制不需要的信号。滤波器就是一种选频器件或结构,它能对某一频率的信号给予很小的衰减,使这部分信号能顺利通过,而对其他不需要的频率的信号进行大幅度衰减,尽可能阻止这些信号通过。在图像处理中,滤波常常被用来修改或增强图像,以提高图像的信息量。例如,可以对一幅图像进行滤波,从而强调或消除其主要特征。

　　若滤波器的输入、输出都是离散时间信号,那么该滤波器的冲激响应必然也是离散的,这样的滤波器称为数字滤波器。按照滤波器的时域特性可以将数字滤波器分为无限冲激响应滤波器(IIR 滤波器)和有限冲激响应滤波器(FIR 滤波器)两种。IIR 滤波器由于不具备 FIR 滤波器所固有的稳定性和设计实现的简单性,所以一般不经常使用。MATLAB 中所有滤波器设计函数都将返回一个 FIR 滤波器。FIR 滤波器是一个对单点或脉冲具有有限响应范围的滤波器,由于它具有描述方便(可以用系数矩阵表示)、可以有效防止图像失真(相位呈线性)、设计可靠、容易实现、效果稳定等特征,所以成为 MATLAB 环境下最理想的滤波工具。

　　从应用理论的角度来看,数字滤波器可分为两大类:经典滤波器和现代滤波器。经典滤波器假定输入信号中的有用频率成分和希望去除的频率成分各占有不同的频带。经典滤波器又可以分为四种,即低通(LP)滤波器、高通(HP)滤波器、带通(BP)滤波器和带阻(BS)滤波器。低通滤波器使截止频率以下的所有信号通过,对截止频率以上的信号则给予很大的衰减,阻止其通过;高通滤波器使截止频率以上的信号通过,阻止截止频率以下的信号通过;带通滤波器使某一频带内的信号通过,而对于这个频带范围以外的信号则给予很大的衰减;而抑制某一频带内的信号,同时让这一频带以外的信号通过,这样的滤波器称为带阻滤波器。带通滤波器与带阻滤波器中都有两个截止频率,分别称为上截止频率和下截止频率。

　　如果信号和噪声的频谱相互重叠,那么就需要使用现代滤波器。现代滤波器主要研究如何从含有噪声的数据记录(又称时间序列)中估计出信号的某些特征或信号本身。通常估计信号的信噪比会高于原始信号。现代滤波器把信号和噪声都视为随机信号,利用它们的统计特征(如自相关函数、功率谱等)导出一套最佳的估值算法,然后予以实现。维纳滤波是一种最基本而常用的现代滤波方法,这种滤波器以最小均方误差作为最优标准,通过分析输入随机信号和噪声的自相关性,利用傅里叶变换得到原始信号的最优估计。

3. 经典数字滤波方法

1) 低通滤波器

　　通常,信号或图像的大部分能量都集中在其频谱的中、低频段,而在高频部分,图像中有用的信息常被噪声淹没,因此,可以用一个降低高频成分的滤波器达到一种图像平滑效果。最简单的低通滤波器有三种:矩形滤波器、三角形滤波器、高频截止滤波器。

　　矩形滤波器将输入信号与矩形脉冲做卷积,从而实现简单的信号局部平均。根据相关性定理,传递函数的宽度与冲激响应的宽度成反比,如果矩形滤波器的宽度超过图像的两个像素大小,那么图像中的细微结构就很有可能出现极性反转的现象,这是因为此时矩形滤波器的傅里叶变换变化十分陡峭,使像素的灰度发生了变化。

　　三角形滤波器以三角形脉冲作为滤波器的冲激响应,在二维情况下表现为金字塔形。三角形脉冲的频谱具有正弦函数的形式,其数值始终为正数,而且随着频率的提高,其信号衰减速度远远大于矩形滤波器。由于三角形滤波器的宽度对其傅里叶变换的影响并不是很大,所以其宽度限制没有矩形滤波器那么严格,可以在较大宽度内安全使用而不必担心像素极性反转。

　　高频截止滤波器是一种较为粗略的低通滤波方法,这种滤波方法首先计算信号或图像的傅里叶变换,然后将傅里叶变换幅值谱的高频部分强行设置为零,再求傅里叶逆变换得到滤波后的图像。有时采用这种方法会在图像的尖峰或边界附近产生振铃效应,因而其用途有限。

除了以上介绍的三种简单滤波器,还有几种在图像处理中经常用到的较为复杂的滤波器,例如,高斯低通滤波器、指数低通滤波器和巴特沃斯低通滤波器等,这些滤波器的区别在于传递函数不同。例如,高斯低通滤波器使用高斯函数作为滤波器的传递函数。可以证明,高斯函数的傅里叶变换仍然是高斯函数。因此,高斯函数可以构成一个具有平滑性能的低通滤波器。

2)带通滤波器和带阻滤波器

带通滤波器是指能通过某一范围内的频率分量但能将其他范围的频率分量衰减到极低水平的滤波器,与带阻滤波器的概念相对。一个理想的带通滤波器应该有一个完全平坦的通带,在通带内没有放大或者衰减,并且在通带之外所有频率都被完全衰减掉,另外,通带外的转换在极小的频率范围内完成。实际上,并不存在理想的带通滤波器,即滤波器并不能够将期望频率范围外的所有频率完全衰减掉,尤其是在所要求的通带外还有一个被衰减但是没有被隔离的范围。高通滤波器和低通滤波器可组成带通滤波器。带通滤波器按原理大体分为模拟带通滤波器和数字带通滤波器。

带阻滤波器是指一种能够抑制某一阻带的频率分量,并允许阻带外频率分量通过的滤波器。带阻滤波器可分为窄带阻滤波器和宽带阻滤波器。在实际应用中,常利用无源低通滤波器和高通滤波器并联构成无源带阻滤波模型,然后接相同比例运算模型,从而得到有源带阻滤波模型。点阻滤波器是一种特殊的带阻滤波器,它的阻带范围极小,有着很高的阻值。

3)高通滤波器

高通滤波器也称为高频增强滤波器,其传递函数在0频率处取值为单位1,随着频率的增长,传递函数的数值逐渐增加,当频率增加到一定数值时传递函数又取0值或降低到某个大于1的增益。如果传递函数通过原点,那么称该滤波器为拉普拉斯(Laplacian)滤波器。

通常,假设将高通滤波器的冲激响应表示为一个窄脉冲减去一个宽脉冲,由于高通滤波器的传递函数在零频率处的取值,将决定该滤波器对图像中大目标对比度的影响,所以在设计高通滤波器时要着重考虑传递函数的零频率取值。

总之,高通滤波器就是利用滤波器的频率特性,让高频的通过,而低频的无法通过。这好比在频域设置阈值,频域内一个频率分量对应一个"幅值",而滤波器就好比给不同的频率分量对应的幅值乘以不同的增益。而高通滤波器高频部分的增益为1,低频部分的增益为0。

4. 维纳滤波器及其设计方法

1)随机变量

前面已经提到过,维纳滤波器将信号和噪声都视为随机信号,在对这些随机信号进行统计分析的基础上设计出符合最优准则的滤波器。随机实际上代表图像信息的缺乏,在对成像的物理机理了解不够详细,甚至一无所知时就会出现这种信息缺乏,正是由于这种缺乏,人们没有办法写出噪声或输入信号的数学表达式,因而无法进行信号的定性、定量分析。

可以按照这样的方法来处理随机变量:考虑一个由无限多个函数成员构成的样本集,假设其中的一个成员函数(但是不知道具体是哪一个成员)在记录时出现了噪声污染,那么可以通过对样本集做出一些总体描述,用这些总体描述表示有噪声污染的部分。为了分析处理随机变量,可引入期望算子。

这就说明信号 $x(t)$ 的幅值谱是已知的,但是相位谱未知。实际上成员函数集就是由无限多个仅在相位上有区别的函数均值构成的。符合情况的随机信号称为遍历性随机信号,实际应用中遇到的随机信号大部分都是这种类型的信号。

2) 维纳滤波原理

这里首先介绍一维维纳滤波器,然后将其推广到二维的情况。假设信号 $x(t)$ 是由有用信号 $s(t)$ 和噪声信号 $n(t)$ 构成的,设计滤波器的目的就是使输出信号 $y(t)$ 尽可能地降低噪声信号 $n(t)$,同时恢复有用信号 $s(t)$。在设计滤波器之前,首先要建立一个最优标准,使滤波器估计所得的信号在这个标准下是最优的。当然,最精确的最优准则就是 $y(t)=s(t)$,但这是线性滤波器无法做到的。

维纳滤波器以最小化均方误差作为最优准则。这是因为对误差进行平方运算将使得大误差的分量远远大于小误差分量,选择最小化均方误差就可以限制滤波器输出的主要误差。也可以使用最优准则进行分析(如平均误差等),但是这些准则将使得分析过程变得较为复杂,而且效果不是很好。

3) 维纳滤波器设计方法

由以上的分析可知,维纳滤波器的整个设计步骤如下:

(1) 对输入信号 $s(t)$ 的样本进行数字化;

(2) 求输入样本的自相关函数,从而得到一个估计值;

(3) 计算其傅里叶变换;

(4) 在无噪声情况下对输入信号的一个样本进行数字化;

(5) 求信号样本与输入样本的互相关联函数,从而估计出该值。

如果需要使用卷积运算来实现维纳滤波,那么可以通过计算的傅里叶逆变换得到冲激响应。这里要注意,如果无法得到无噪声信号和输入信号的样本,那么可以指定相应的自相关函数或功率谱形式进行计算。比较常用的形式就是功率谱恒定的白噪声。用维纳滤波方法对图像进行滤波主要是为了消除图像中存在的噪声。可以利用 MATLAB 中的 wiener2 函数对一幅图像进行自适应维纳滤波。

5. MATLAB 线性滤波器设计

从以上的介绍中可以看出,不论哪一种滤波方式,最关键的地方就在于滤波器的设计。为了简化计算和减少运算时间,MATLAB 的线性滤波器设计都是建立在频域中的,主要的设计方法有三种:频率变换方法、频率采样方法(根据所需频率响应创建滤波器)和窗口方法(将理想脉冲响应乘以窗口函数从而生成所需滤波器)。这里要注意的是,如果没有安装信号处理和滤波器设计工具箱,那么在图像处理工具箱中设计滤波器将非常困难。

1) 频率变换方法

频率变换方法首先设计一个性能较好的一维 FIR 滤波器,然后将其变换为二维 FIR 滤波器。由于设计一个具有特殊性质的一维滤波器比二维滤波器简单得多,所以频率变换方法通常能够产生很好的效果。函数 ftrans2 可以实现频率变换滤波器的设计。在缺省情况下该函数将生成一个几乎完全中心对称的滤波器,当然,也可以通过指定变换矩阵从而获得其对称方式的滤波器。ftrans2 的调用格式如下:

```
H = ftrans2(B,T);
```

其中,B 是一维 FIR 滤波器,T 是将一维 FIR 滤波器变换为二维 FIR 滤波器 H 的频率变换矩阵。例如,以下代码首先设计一个一维最优波纹 FIR 滤波器,然后使用这个滤波器创建一个具有相同特征的二维 FIR 滤波器。

```
b = remez(10,[0 0.4 0.6 1],[1 1 0 0]);%一维最优波纹滤波器设计
h = ftrans2(b);
[H,w] = freqz(b,1,64,'whole');
colormap(jet(64));
subplot(1,2,1);
plot(w/pi-1),fftshift(abs(H));
subplot(1,2,2),freqz2(h,[32 32]);
```

以上代码中的 freqz2 函数是用来计算二维滤波器频率响应的,该函数的调用格式如下:

```
[H,f1,f2] = freqz2(h);
```

其中,H 为频率响应矩阵[56],f1 和 f2 为相应的频率点向量。freqz2 函数自动对 f1 和 f2 的频率进行规格化,使原始数值 1.0 或弧度 π 对应于采样频率的一半。对于简单的 $m \times n$ 响应,freqz2 函数使用二维快速傅里叶变换函数计算频率响应;如果需要计算任意频率点向量的响应,那么 freqz2 函数将根据傅里叶变换定义计算响应。如果不指定 freqz2 函数的输出参数,那么该函数将自动生成一个频率响应的网格图形。

通过以上的例子可以看出,利用函数 ftrans2 就可以使用所有信号处理和滤波器设计工具箱中的设计函数进行各种二维图像滤波器的设计。例如,先调用函数 butter 进行一维低通、高通、带通或带阻巴特沃斯滤波器设计,然后将其变换为二维低通、高通、带通或带阻巴特沃斯滤波器(详细内容参见有关 MATLAB 信号处理和滤波器的书籍)。

2)频率采样方法

频率采样方法是一种根据所需频率响应创建滤波器的方法。给出一个指定频率响应幅值的点阵,频率采样方法将创建一个相应的滤波器,该滤波器的频率响应将经过所有给定点。频率采样对于给定点之间的频率响应行为不做任何限制,因而给定点之间的频率响应通常是振动的。

MATLAB 图像处理工具箱函数 fsamp2 可以实现二维 FIR 滤波器的频率采样设计。fsamp2 函数的调用格式如下:

```
H = fsamp2(F1,F2,HD,[MN]);
```

其中,返回的 $M \times N$ 维滤波器 H 的频率响应将与频率响应 HD 中每一个由 F_1 和 F_2 指定的点相匹配。参数 F_1、F_2 和 MN 都是可选参数,缺省情况下 H 将与 HD 具有相同的大小,其频率响应将匹配 HD 中的每一个点。例如,以下代码将使用 fsamp2 函数创建一个 11×11 的滤波器,同时绘制所得滤波器的频率响应:

```
Hd = zeros(11,11);
Hd(4:8,4:8) = 1;
[f1,f2] = freqspace(11,'meshgrid');
subplot(1,2,1),mesh(f1,f2,Hd),colormap(jet(64)),h = fsamp2(Hd);
subplot(1,2,2),freqz2(h,[32 32]),axis([-1 1 -1 1 0 1.2]);
```

对于给定的频率响应,也可以使用 freqspace 函数创建一个符合要求的频率响应幅值矩阵,该函数对任意大小的响应都能够返回均匀间隔的频率值。例如,以下代码将创建一个截止频率为 0.5 的圆形理想低通频率响应:

```
[f1,f2] = freqspace(25,'meshgrid');
Hd = zeros(25,25);
d = sqrt(f1.^2 + f2.^2)<0.5;
Hd(d) = 1;
mesh(f1,f2,Hd);
```

将所需的频率响应离散化后,调用函数 fsamp2 就可以实现任意所需的滤波器。注意,在所需频率响应中存在尖锐跃迁的时候,真实的频率响应就会出现振动现象。振动是频率采样设计中需要处理的基本问题,可以通过使用一个带宽较大的滤波器来减少振动的空间范围,但是,大滤波器不会降低振动的幅度,而且进行滤波需要更多的计算时间。如果希望获得近似于所需频率响应的光滑结果,可以考虑采用频率变换方法和窗口方法。

3) 窗口方法

窗口方法是将理想的脉冲响应与窗口函数相乘来获得滤波器的方法。和频率采样方法类似,窗口方法将产生一个频率响应近似于所需频率响应的滤波器,但是窗口方法得到的结果比频率采样方法好。

MATLAB 图像处理工具箱提供两个函数用于实现基于窗口的滤波器设计:fwind1 和 fwind2。fwind1 函数根据由输入参数指定的一维窗口创建一个二维窗口,然后进行二维滤波器设计;fwind2 函数则直接使用指定的二维窗口函数设计二维滤波器。

fwind1 函数支持两种不同的二维窗口创建方法。其中,一种方法是对一个单独的一维窗口进行变换,使用类似旋转的方法创建一个近似中心对称的二维窗口,这种方法的调用格式如下:

```
H = fwind1(HD,WIN);
```

其中,HD 是所需的频率响应,WIN 是指定的一维窗口函数,可以是任意一种信号处理工具箱中的窗口函数,例如,oxcar、hamming、hanning、kaiser 等。返回的滤波器 H 是一个行数等于 WIN 长度的方阵。例如,以下代码将根据所需的频率响应 Hd〔如图 2-41(a)所示〕创建一个 11×11 的滤波器,其中 hamming 函数是一个能够创建一维窗口的信号处理工具箱函数,fwind1 函数将这个一维窗口拓展为一个二维窗口。

```
Hd = zeros(11,11);
Hd(4:8,4:8) = 1;
[f1,f2] = freqspace(11,'meshgrid');
h = fwind1(Hd,hamming(11));
subplot(1,2,1),freqz2(h,[32 32]);
```

fwind1 函数支持的另一种创建二维窗口的方法是计算两个一维窗口的乘积,从而生成一个二维矩形可分窗口,其调用格式如下:

```
H = fwind1(HD,WIN1,WIN2);
```

从图 2-41 中可以看出,这两种窗口方法创建的滤波器频率响应曲线有着细微的不同。

```
h1 = fwind1(Hd,hamming(11),hanning(11));
subplot(1,2,2),freqz2(h2,[32 32]),fwind2;
```

fwind2 函数的调用格式如下:

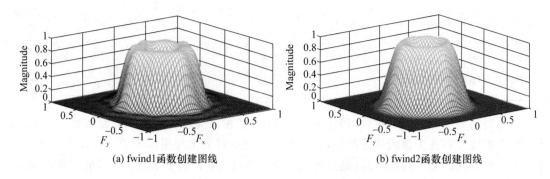

(a) fwind1函数创建图线　　　　　　　　(b) fwind2函数创建图线

图 2-41　两种窗口方法创建的图线

```
H = fwind2(F1,F2,HD,WIN);
```

其中,HD 为所需的频率响应;WIN 为指定的窗口;F1 和 F2 是可选参数,用来指定在 x 轴和 y 轴任意位置处的所需频率响应。F1 和 F2 都取 $-1.0\sim1.0$ 的实数,数值 1.0 对应于半周期的长度。

以下代码将使用 fwind2 函数创建带通滤波器,通频带为 $0.1\sim0.5$(规格化频率),用于各类工程实践。

```
[f1,f2] = freqspace(21,'meshgrid');
Hd1 = ones(21);
r = sqrt(f1.^2 + f2.^2);
Hd1((r<0.1)|(r>0.5)) = 0,win = fspecial('gaussian',21,2);
win = win./max(win(:)); % 使最大的窗口值为 1
h3 = fwind2(Hd1,win),figure,freqz2(h3);
```

2.3.11　二值形态学基本运算

1. 二值形态学概念

最初,形态学是生物学中研究动物和植物结构的一个分支,后来数学形态学作为以形态为基础的图像分析数学工具。形态学的基本思想是使用具有一定形态的结构元素来度量和提取图像中的对应形状,从而达到对图像进行分析和识别的目的。数学形态学可以用来简化图像数据,保持图像的基本形状特性,同时去掉图像中与研究目的无关的部分。使用形态学操作可以完成增强对比度、消除噪声、细化、骨架化、填充和分割等常用图像处理任务。

数学形态学的数学基础和语言是集合论,其基本运算有四种:膨胀(或扩张)、腐蚀(或侵蚀)、开启和闭合。这些基本运算还可以推导和组合成各种数学形态学运算方法。二值形态学中的运算对象是集合,通常给出一个图像集合和一个结构元素集合,利用结构元素对图像进行操作。这里要注意,实际运算中使用的两个集合不能看成对等的:如果 A 是图像集合,B 是结构元素(B 本身也是一个图像集合),形态学运算将使用 B 对 A 进行操作。结构元素是一个用来定义形态学操作的邻域的形状和大小的矩阵,该矩阵仅由 0 和 1 组成,可以具有任意的大小和维数,数值 1 代表邻域内的像素,形态学运算都是对数值为 1 的区域进行的运算。

2. 膨胀和腐蚀的基本操作原理

膨胀的运算符为"$\oplus$",图像集合 A 用结构元素 B 膨胀,记作 $A \oplus B$。用 B 对 A 进行膨胀的过程是这样的:首先对 B 作关于原点的映射,再将其映像平移 x,当 A 与 B 映像的交集不为空集时,B 的原点就是膨胀集合的像素。也就是说,用 B 膨胀 A 得到的集合是 B 的位移与 A 至少有一个非零元素相交时 B 的原点的位置集合。

3. 膨胀和腐蚀的 MATLAB 实现方法

1) 膨胀与腐蚀在图像处理中的应用

在 MATLAB 图像处理工具箱中,膨胀一般用于给图像中的对象边界添加像素,而腐蚀用于删除对象边界像素。在形态学的膨胀和腐蚀操作中,输出图像中所有给定像素的状态都是通过对输入图像中相应像素及其邻域使用一定的规则来确定的。进行膨胀操作时,输出像素值是输入图像相应像素邻域内所有像素的最大值。在二进制图像中,如果任何一个像素值为 1,那么对应的输出像素值为 1。而在腐蚀操作中,输出像素值是输入图像相应像素邻域内所有像素的最小值。在二进制图像中,如果任何一个像素值为 0,那么对应的输出像素值为 0。形态膨胀运算对应的输出像素取值为 1,这是因为由结构元素定义的邻域中有一个元素数值为 1(状态为 on)。

结构元素的原点都定义在对输入图像感兴趣的位置处。对于图像边缘的像素,由结构元素定义的邻域将会有一部分位于图像边界之外。为了处理边界像素,一般进行形态学运算的函数都会给超出图像、未指定数值的像素指定一个数值,这看起来好像是函数给图像填充了额外的行和列。膨胀和腐蚀操作的像素的填充值是不同的,对于二进制图像和灰度图像,膨胀和腐蚀操作使用的填充方法如下。

(1) 膨胀:超出图像边界的像素值被定义为该数据类型允许的最小值。对于二进制图像,这些像素值被设置为 0;对于灰度图像,uint8 类型的最小值也是 0。

(2) 腐蚀:超出图像边界的像素值被定义为该数据类型允许的最大值。对于二进制图像,这些像素值被设置为 1;对于灰度图像,uint8 类型的最大值是 255。

通过对膨胀操作使用最小值填充和对腐蚀操作使用最大值填充可以消除边界效应(输出图像靠近边界处的区域与图像其他部分不连续),否则,如果腐蚀操作使用最小值进行填充,那么图像腐蚀将会导致输出图像嵌套着一个黑色边框。膨胀操作和腐蚀操作的基本组成部分就是用来测试输入图像的结构元素。

元素通常由数值为 0 或 1 的矩阵组成,通常比待处理的图像小得多。结构元素的原点指定了图像中需要处理的像素范围,结构元素中数值为 1 的点决定了结构元素邻域中的像素在进行膨胀或腐蚀操作时是否需要参与计算。三维或非平面的结构元素使用 0 和 1 来定义结构元素在 x 和 y 平面上的范围,采用第三维来定义高度。

MATLAB 的形态函数使用以下函数获得任意大小和维数的结构元素的原点坐标:

```
origin = floor((size(nhood) + 1)/2);
```

在以上的语句中,nhood 是指结构元素定义的邻域。结构元素在 MATLAB 中被定义为一个名为 STREL 的对象,由于 MATLAB 规定不能在表达式中直接使用对象本身的大小,所以必须使用 STREL 对象的 nhood 属性来获得结构元素的邻域。

可以使用 MATLAB 图像处理工具箱函数 strel 创建任意大小和形状的 STREL 对象。strel 函数支持许多种常用的形状,如线形(line)、钻石形(diamond)、圆盘形(disk)和球形(ball)等。例如,以下语句被用于创建一个平面钻石形的结构元素:

```
se = strel('diamond',3);
```

观察 strel 返回结构元素 se 的数值可以看出 MATLAB 结构元素的有关信息：

```
se = strel('diamond', 3)


se = Flat STREL object containing 25 neighbors.
Decomposition: 3 STREL objects containing a total of 13 neighbors


Neighborhood:
    0   0   0   1   0   0   0
    0   0   1   1   1   0   0
    0   1   1   1   1   1   0
    1   1   1   1   1   1   1
    0   1   1   1   1   1   0
    0   0   1   1   1   0   0
    0   0   0   1   0   0   0
```

为了提高执行效率，strel 函数可能会将结构元素拆为较小的块，这种技术通常称为结构元素分解。例如，一个 11×11 的正方形结构元素的膨胀操作可以首先用 1×11 的结构元素进行膨胀，然后再使用 11×1 的结构元素进行膨胀，这样做在理论上会使执行速度提高 6.5 倍。圆盘形和球形结构元素的分解结果是近似的，其分解结果是精确的。如果希望观察分解得到的结构元素序列，可调用 getsequence 函数。getsequence 函数返回一个分解后的结构元素数组。

2）图像膨胀和腐蚀处理的 MATLAB 实现

MATLAB 使用 imdilate 函数进行图像膨胀。imdilate 函数需要两个基本输入参数：待处理的输入图像以及结构元素对象。结构元素对象可以是由 strel 函数返回的对象，也可以是一个定义结构元素邻域的二进制矩阵。imdilate 函数还可以接受两个可选的参数：PADOPT 和 PACKOPT。PADOPT 参数可以影响输出图像的大小，而 PACKOPT 参数用来说明输入图像是否为打包二进制图像。

MATLAB 使用 imerode 函数进行图像腐蚀。imerode 函数需要两个基本输入参数：待处理的输入图像以及结构元素对象。imerode 函数可以接受三个可选参数：PADOPT、PACKOPT 和 M，前两个参数的含义与 imdilate 函数的可选参数类似。

4. 形态重构处理

形状重构处理是图像形态学处理的重要操作之一，通常用来强调图像中与掩模图像指定的对象相一致的部分，同时忽略图像中的其他对象。形态重构根据掩模图像的特征对另一幅图像（标记图像）进行重复膨胀，重点是要选择一个合适的标记图像，使膨胀所得的结果能够强调掩模图像中的主要对象。每一次膨胀处理都从标记图像的峰值点开始，整个膨胀过程将一直重复，到图像的像素值不再变化为止。

形态重构处理具有这样一些独有的特性：形态重构处理是基于两幅图像的，一个是标记图像，另一个是掩模图像，而不仅仅是一幅图像和一个结构元素；重构将一直重复直至图像稳定，即图像不再变化；形态重构是基于连通性概念的，而不是基于结构元素的。

每一次成功的膨胀都是限制在掩模下的。当膨胀操作不再改变图像数值时，重构过程停止，最后一次的膨胀结果就是重构图像。

形态重构从标记图像的峰值开始,根据像素的连通性依次计算到图像的其他部分。像素的连通性定义了该像素是与哪些像素相连的,即像素的邻域是由哪些像素构成的。用户选择的邻域类型将会影响图像中所能找到的对象数目和对象边界。许多形态操作的结果通常因指定的连通类型不同而不同。如果对象是 4 连通的,就不会认为这些数值为 1 的像素构成了一个对象,图像全部是由背景像素构成的,因而处理时会将所有元素数值设置为 0;如果对象是 8 连通的,那么数值为 1 的像素将构成一个环形对象,这就使得图像不但包含环形对象,还包括两个分离的背景对象:闭环中的对象和闭环外的对象。

还可以使用一个数值为 0 和 1 的 $3 \times 3 \times \cdots \times 3$ 数组来指定自定义的邻域,其中,数值 1 可以指定相对于中心元素的邻域连通性。可以对三维图像使用二维连通性,连通性能够作用于三维图像的每一"页"。

5．填充操作

填充操作是一种根据像素边界求取像素区域的操作,也是形态学的一种常用操作。下面通过介绍 MATLAB 的填充操作来说明怎样使用形态学操作实现图像的填充。

MATLAB 图像处理工具箱的 imfill 函数可以用来实现灰度图像和二进制图像的填充操作。对于二进制图像,imfill 函数将相邻的背景像素(数值为 0)设置为对象的边界像素(数值为 1);对于灰度图像,imfill 函数将被较亮区域围绕的黑暗区域的灰度值设置为与围绕区域的像素值相同的数值。从效果上来看,imfill 函数将删除没有连接到边界的局部极小值。这个操作对删除图像中的人为痕迹是非常有用的。imfill 函数有许多种调用格式,最常用的格式如下:

```
BW2 = imfill(BW1,LOCATIONS);
```

其中,BW1 为输入二进制图像,LOCATIONS 表示填充的起始点。

```
BW1 = logical([1 0 0 0 0 0 0 0
               1 1 1 1 1 0 0 0
               1 0 0 0 1 0 1 0
               1 0 0 0 1 1 1 0
               1 1 1 1 0 1 1 1
               1 0 0 1 1 0 1 0
               1 0 0 0 1 0 1 0
               1 0 0 0 1 1 1 0]);
BW2 = 8×8 logical array

  1 0 0 0 0 0 0 0
  1 1 1 1 1 0 0 0
  1 1 1 1 1 0 1 0
  1 1 1 1 1 1 1 0
  1 1 1 1 1 1 1 1
  1 0 0 1 1 1 1 0
  1 0 0 0 1 1 1 0
  1 0 0 0 1 1 1 0
```

填充操作的三个步骤:首先指定填充操作的连通性;然后指定二进制图像填充的起始点;

最后进行二进制图像和灰度图像区域的填充。像素的连通类型与形态重构中介绍的类型是一致的,可以通过 imfill 函数的输入参数指定,缺省情况下二维图像使用 4 连通,三维图像使用 6 连通。

对于二进制图像,可以通过传递位置下标或使用 imfill 函数的交互模式用鼠标来指定填充操作的起始点。例如,如果指定像素 BW(4,3) 作为起始点,那么调用 imfill 函数将仅填充一幅图像中的"洞"。例如,在二维图像中球体对象将显示为圆盘形,但是由于原始照片的反射现象部分球体显示为环形洞,在对图像进行进一步的处理之前,首先要将环形洞填充起来。

6. 图像的极值处理方法

如果将灰度图像视为三维图像,其中 x 和 y 轴描述像素位置,而 z 轴表示每一个像素的亮度,那么在这种理解下,灰度值就可以代表地图中的高度值,图像的高灰度值和低灰度值处就相当于地图的峰和谷。通常图像的峰、谷都代表相关的图像对象,具有重要的形态特征。例如,在一幅包含多个球形对象的图像中,高灰度的地方可以表示对象的顶部。

使用形态学操作对图像的极值进行处理可以辨识图像中的对象。图像中可以有多个局部极小值和极大值,但是只能有一个全局极大值和极小值。判断图像的峰和谷可以用来重建形态重构的标记图像,二者分别代表了一维图像极大值和极小值。在一维图像中,x 代表像素位置,y 代表亮度,x 和 y 为离散值,分别为像素单位和亮度单位,一般情况下可不标单位。

MATLAB 图像处理工具箱提供 imregionalmax 函数和 imregionalmin 函数来确定图像中的所有局部极大值和极小值,另外,还提供 imextendedmax 函数和 imextendedmin 函数来确定所有大于或小于指定值的局部极大值和极小值。这些函数以灰度图像作为输入参数,返回一个二进制图像。在输出的二进制图像中,局部极大值或极小值被设置为 1,其他像素的值则被设置为 0。

在一幅图像中,每一个小灰度波动都代表一个局部极大值或极小值。用户可能仅对那些有重要意义的极大值或极小值感兴趣,而忽略由于背景纹理导致的较小的极小值或极大值。为了消除这些较小的极小值和极大值,同时保证重要的极大值和极小值不变,可使用 imhmax 函数或 imhmin 函数。使用这些函数可以指定一个固定的标准或阈值 h,从而压制所有高度小于 h 的极大值或大于 h 的极小值。

7. 二进制图像的形态学应用

(1) 距离变换

距离变换可以提供一个图像点距离估计矩阵,根据该矩阵可以进行图像分割。MATLAB 图像处理工具箱提供了 bwdist 函数,该函数可计算二进制图像中每一个设置为 off(数值为 0)的像素与其最近的非零像素间的距离。

(2) 对象、区域和特征估计

MATLAB 图像处理工具箱提供了许多利用形态学操作计算二进制图像特征信息的函数[57],包括连接成分标记并使用标记矩阵获得图像的统计信息、选择图像中的对象、计算二进制图像中的面积、计算二进制图像的欧拉数等函数[58]。以下将一一介绍这些函数的实现方法及用途。

bwlabel 函数和 bwlabeln 函数返回的标记矩阵都是双精度类型的,而不是一幅二进制图像。显示这个矩阵的一种方法就是使用 label2rgb 函数将其显示为一幅伪彩色索引图像。在伪彩色索引图像中,标记矩阵中辨识对象的数字将被映射为相关图像调色板中的不同颜色。如果将标记矩阵显示为 RGB 图像,那么原图像中的对象将非常容易辨认[59]。为了说明这个技术,这里以使用 label2rgb 函数显示标记矩阵 X 为例。label2rgb 函数的调用指定了一个标准的 MATLAB 调色板 jet,label2rgb 的第三个参数 k 指定背景颜色为黑色,如图 2-42 所示。

```
X = bwlabel(BW1,4);
RGB = label2rgb(X,@jet,'k');
imshow(RGB,'notruesize');
```

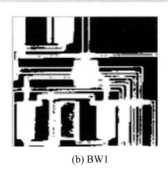 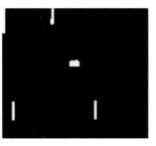

(b) BW1   (b) notruesize

图 2-42 label2rgb 函数

(3) 选择图像中的对象

可以使用 bwselect 函数选择二进制图像中的单个对象。通过指定输入图像的某一像素,bwselect 函数将返回一幅包含所有指定像素对象的二进制图像。可以使用交互或非交互的方法指定像素。如果使用以下调用格式,那么将进行非交互的像素指定。

```
BW2 = bwselect(BW1,C,R,N);
```

其中,BW 为输入图像,像素的坐标由(R,C)指定。如果 R 和 C 是标量,那么将指定一个像素,否则指定一组像素。N 表示连通类型,取值为 4 或 8。

```
BW2  = 4 × 4 logical array

1   +   +   1
1   1   1   1
1   1   +   1
+   1   1   1
```

如果调用 bwselect 函数时没有指定任何输入参数,那么将采用交互的像素指定方法。假设希望选择图像中显示在当前坐标轴上的对象,可输入命令:

```
BW2 = bwselect;

BW2  = 4 × 4 logical array

1   *   *   1
1   1   1   1
1   1   *   1
*   1   1   1
```

此时图像中的光标将变为十字形,单击希望选择的对象,bwselect 函数将在用户所选择的每一个像素处显示一个小星形。所有选择都结束后点击"返回"命令,bwselect 函数就会返回一幅包含用户选择对象的二进制图像,同时删除所有星形。

(4)计算二进制图像的面积

使用 bwarea 函数可以计算二进制图像的面积,其调用格式如下:

```
TOTAL = bwarea(BW);
```

面积是对图像前景大小的估计。粗略地说,面积就是图像中的像素数目,但是 bwarea 函数不是简单的输出设置为 on 的像素数目,而是在计算面积的过程中对每一个不同的像素模式加上不同的权值,这个加权过程是为了补偿将连续图像用离散的像素点描述时产生的误差。例如,一个包含 50 个像素的对角线比一个 50 个像素的水平直线长,作为 bwarea 函数的加权结果,水平直线面积为 50,但是对角线面积为 62.5。以下代码将利用 bwarea 函数来计算。

```
BW = imread('circbw.tif');
imshow(BW);
SE = ones(5);
BW2 = imdilate(BW,SE);
increase = (bwarea(BW2) - bwarea(BW))/bwarea(BW);
increase = 0.3456;
```

计算图像中某个区域的面积以及该区域的周长,根据它们的比值分析该区域所代表的图像形状,这是一种常用的图像分析方法,如图 2-43 所示。

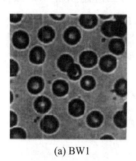

(a) BW1   (b) BW2

图 2-43　bwarea 函数

(5)计算二进制图像的欧拉数

bweuler 函数可以计算二进制图像的欧拉数,其调用格式如下:

```
EUL = bweuler(BW,N);
```

其中,N 表示连通类型。

欧拉数是对图像拓扑的估计,其定义为图像中的对象数目减去这些对象中孔洞的数目。在模式识别中,利用欧拉数进行聚类分析是一种很常用的有效方法。

bweuler 函数支持用 4 连通或 8 连通邻域两种方式进行欧拉数计算。以下代码使用 8 连通邻域计算图像 circbw. tif 的欧拉数。

```
BW1 = imread('circbw.tif');
eul = bweuler(BW1,8);
eul = - 85;
```

在这个例子中,欧拉数是个负数,表明洞的数目大于对象数目。

（6）查表操作

在以上的几种操作中，某些对二进制图像的操作可以使用查表操作非常容易地实现。查表操作就是将经过某一函数邻域操作后所有可能的像素计算结果都记录下来，在进行其像素处理时直接通过查表得到像素的取值，而不是重复进行计算。表通常是一个列向量，每一个元素代表要返回给一个可能的邻域像素联合的数值。可以使用 makelut 函数针对不同的操作创建表，其调用格式如下：

```
LUT = makelut (FUN,N,P1,P2,…);
```

其中，FUN 是一个返回标量的计算函数；N 表示邻域大小；P1、P2 等都是函数 FUN 的参数。makelut 函数可以按照 2×2（4 连通）或 3×3（8 连通）邻域来创建表。对于 2×2 邻域，有 16 种可能的邻域像素排列，因此创建的表是一个 16 元素的向量；对于 3×3 邻域，因为有 512 种可能的邻域像素排列，所以创建的表是一个 512 元素的向量。一旦表创建好，就可以通过调用 applylut 函数借助表来实现所需的操作。

applylut 函数的调用格式非常简单，它以待处理图像和 makelut 函数创建的表 LUT 作为输入参数。

首先需要编写一个计算函数，如果一个 3×3 邻域内有三个或三个以上的像素数值为 1，那么该函数将返回 1，否则返回 0。然后调用 makelut 函数，将写好的计算函数作为 makelut 的第一个参数，使用第二个参数来指定一个 3×3 的表，makelut 函数返回的 LUT 是一个由 1 或 0 组成的 512 元素向量，每一个数值都是 512 种排列中的一种的函数值。

```
f = inline('sum(x(:)> =3');
lut = makelut(f,3);
```

最后使用 applylut 函数实现修改图像所含文本的操作，运行结果如图 2-44 所示。

```
BW1 = imread('text.tif');
BW2 = applylut(BW1,lut);
imshow(BW1);
figure;
imshow(BW2);
```

(a) BW1   (b) BW2

图 2-44　applylut 函数

2.3.12　图像增强与复原类技术

1. 灰度变换增强

1）图像增强技术概述

图像增强的主要目的是改善图像的质量。对于一幅给定的图像，图像增强可以根据图像的模糊情况和应用场合,采用某种特殊的技术来突出图像中的某些信息,削弱或消除某些无关信息,从而有目的地强调图像的整体或局部特征。增强后的图像往往能够增强对特殊信息的识别能力,常常用来改善人对图像的视觉效果,让观察者能够看到更加直接、清晰、适于分析的信息。机器识别中的图像增强预处理往往直接影响着机器的感知和理解能力。

常用的图像增强技术有:图像数据统计分析处理、直方图修改、图像平滑滤波、图像锐化等,这些技术可以单独使用,也可以联合应用。应该指出的是,图像增强没有固定不变的理论方法,增强质量主要是人们根据增强目的而由主观视觉评定的,因而一般在得到满意的结果之前都会进行反复的试验和修改。

图像增强技术从总体上来说可以分为两个大类:频域增强方法和空域增强方法。空域增强方法直接对图像中的像素进行处理,从根本上说是以图像的灰度映射变换为基础的,所用的映射变换类型取决于增强的目的。空域增强方法大致分为三种,它们分别是扩展对比度的灰度变换、清除噪声的各种平滑方法和增强边缘的各种锐化技术。灰度变换主要利用点运算来修改图像像素的灰度,是一种基于图像变换的操作;而平滑和锐化都利用模板来修改像素灰度,是基于图像滤波的操作。

为了有效和快速地对图像进行处理和分析,常常需要将原定义在图像空间中的图像以某种形式转换到其空间中,然后利用该空间的特有性质方便地进行图像处理,最后转换回原图像空间中,从而得到处理后的图像。最常用的变换空间就是频域空间。频域增强方法的关键在于图像的空域与频域变换类型。

以上两种增强方法是根据图像处理的空间不同而进行划分的,事实上图像增强技术的种类还有很多。例如,如果按照图像处理策略的不同进行划分,可以将增强技术分为全局处理和局部处理两种;如果按照处理图像种类的不同来划分,可以分为灰度图像处理和彩色图像处理两种。读者可以根据自身的需要来选择合适的增强方法。本节的主要内容是介绍空域中的灰度变换增强技术和彩色增强技术,其中,空域中的灰度变换增强技术主要是针对灰度图像而言的,而后一种技术则将图像增强技术扩展到彩色图像中。

2)像素值及其统计特性

图像的灰度变换方法有很多种,其基本原则是利用某种变换函数对图像进行点运算,从而修改图像的像素灰度值。显然,为了选择一种合理的变换函数,首先要对原始图像的像素灰度值有大概的了解,然后根据像素的统计特性来确定需要的变换函数类型。直方图是灰度变换技术中最常用的像素统计特性描述方式,除此之外还有单个点的像素值、某一线段上的像素灰度分布、图像的等高线图、图像的统计摘要(包括均值、方差等)以及区域特性度量等方式。MATLAB 图像处理工具箱提供了许多返回图像数据矩阵统计信息的函数。

3)灰度变换增强的 MATLAB 实现

(1)单个像素选择的 MATLAB 实现

MATLAB 图像处理工具箱包括两个能够提供指定像素信息的函数:pixval 函数和 impixel 函数。当光标在图像上移动时,pixval 函数将交互式地显示像素的数据值,另外它还可以显示两个像素间的欧几里得距离;impixel 函数返回被选择像素或像素集合的数据值,既可以通过使用输入参数定义像素坐标,又可以使用光标来选择。

使用 pixval 函数必须首先显示目标,然后输入"pixval on"命令打开图像窗口进行交互访问。pixval 函数将在图形窗口的底部自动添加一个黑色的状态栏,这个状态栏将显示当前光标所在像素的 x 坐标和 y 坐标以及该像素的颜色数据。如果用户在图像中点击并拖动鼠标,那么 pixval 函数还将显示最初单击点与光标当前所在像素之间的欧几里得距离。如果想退出交互操作,可输入"pixval off"命令。如果按照以下格式调用 pixval 函数,那么将打开由参数 FIG 指定的窗口进行交互访问(OPTION 参数可以为 on 或 off)。

```
pixval(FIG,OPTION);
```

pixval 函数给出的像素灰度信息比 impixel 函数多,但是 impixel 函数的优势在于它能够将结果返回一个变量,以后可以通过交互式或非交互式的方法对这个变量进行访问或操作。如果在输入图像参数的后面给出两个指定像素坐标的向量,那么 impixel 函数将返回指定像素的灰度;如果调用 impixel 函数时没有指定输入参数,那么系统将自动选择当前坐标轴中的图像。在交互方式下,选择完毕后单击"返回"命令,impixel 函数将返回被选像素的颜色数据。例如,以下代码首先调用 impixel 函数,通过交互方式选择三个像素,单击"返回"命令后得到所选像素的数值。

(2) 线段上像素灰度分布的计算和绘制的 MATLAB 实现

improfile 函数能够计算并绘制目标中一条或多条线段上所有像素的灰度值。调用该函数时,可以使用端点坐标作为输入参数来定义线段,也可以使用鼠标交互式地定义线段。单击"返回"命令后,improfile 函数将在一个新的图形窗口中显示所得的线段灰度值的分布情况。

无论是交互模式还是非交互模式,improfile 函数都将使用插值方法来确定曲线上等间隔点的数值(缺省情况下,improfile 函数可以使用最近邻域插值方法,也可以使用自定义的插值方法)。improfile 函数在处理灰度图像和 RGB 图像时能够获得非常好的效果。对于单独的线段,improfile 函数将在二维视图中绘制点的灰度值;对于多条曲线,improfile 函数将在三维视图中绘制点的灰度值。

(3) 图像等高线的 MATLAB 实现

可以使用工具箱中的 imcontour 函数来显示灰度图像数据的等高线,这个函数与 MATLAB 中的 contour 函数类似,但是 imcontour 函数能够自动进行坐标轴设置,使输出模型的方向和外观与原始目标吻合。imcontour 函数的调用格式非常简单,就是以图像为输入参数,以输出结果为图像的等高线模型。

(4) 直方图的 MATLAB 实现

直方图是一个显示灰度或索引图像亮度分布情况的图表。直方图函数 imhist 通过使用 n 个等间隔的柱(每一柱代表一个数值范围)来创建这个图表,然后计算每个范围内的像素个数。imhist 函数的调用格式很简单,它以图像和所需的柱数目作为输入参数,自动地绘制该图像的直方图。

可以使用工具箱统计函数 mean2、std2 和 corr2 来计算图像的标准统计特性。mean2 函数和 std2 函数用于计算矩阵元素的平均值和标准偏差;corr2 函数用于计算两个相同大小矩阵的相关系数。事实上,以上这些函数都是 MATLAB 内核函数 mean、std 和 corrcoef 的二维版本。

① 按照卷积核的中心元素将其旋转 180°;

② 将卷积核的中心位置移动到矩阵 A 的元素(2,4)处;

③ 将旋转后的卷积核的每一个权都乘以矩阵 A 的像素值;

④ 计算步骤③所得的单个乘积之和;

⑤ 通过以上计算得出输出像素(2,4)的取值为

$$1\times2+8\times9+15\times4+7\times7+14\times5+16\times3+13\times6+20\times1+22\times8=575$$

另外,还有一种滤波实现方法称为相关性操作。相关性操作与卷积操作密切相关。在相关性操作中,输出像素的取值也是通过计算像素邻域的加权和得到的,不同之处就在于权值矩阵。相关性操作中的权值矩阵称为相关性核,在计算过程中不进行旋转。假设相关性核与卷积核相同,相关性操作后输出像素(2,4)的取值如下:

$$1\times8+8\times1+15\times6+7\times3+14\times5+16\times7+13\times4+20\times9+22\times2=585$$

根据模板的特点可以将空域滤波分为线性和非线性两类。线性空域滤波常常是基于傅里叶分析的,而非线性空域滤波通常是直接对邻域进行操作的。按照空域滤波器的功能又可以将空域滤波器分为平滑滤波器和锐化滤波器两种。平滑滤波器可以用低通滤波实现,目的在于模糊图像(提取图像中的较大对象而消除较小对象或将对象的小间断连接起来)或消除目标噪声;锐化滤波器是用高通滤波实现的,目的在于强调图像中被模糊的细节。下面分别介绍平滑滤波器和锐化滤波器的使用方法和用途[60]。

(5)平滑滤波器的 MATLAB 实现

① 线性平滑滤波器

线性平滑滤波器也称为均值滤波器,是一种最常用的线性低通滤波器。均值滤波器中所有的系数都是正数,为了保证输出图像仍在原来的灰度值范围内,模板与像素邻域的乘积和要除以 9。

还有一种常用的线性平滑滤波器是自适应滤波器,这种滤波器能够计算每一个像素的邻域统计信息,然后根据这些信息采用基于像素的自适应维纳滤波方法对目标进行滤波处理,这种处理方法对图像固有频率附加噪声的处理效果非常好。

② 非线性平滑滤波器

中值滤波器是一种最常用的非线性平滑滤波器,其滤波原理与均值滤波器方法类似,二者的不同之处在于:中值滤波器的输出像素值是由邻域像素的中间值而不是平均值决定的。中值对极限像素值(与周围像素灰度值相差较大的像素)远不如平均值那么敏感,所以中值滤波器产生的模糊较少,更适用于消除图像中的孤立噪声点。

中值滤波器实际上是百分比滤波器的一种。百分比滤波器首先将模板中的像素灰度值进行排序,然后按照确定的百分比选取灰度序列中相应的像素作为模板中心位置对应像素的灰度值。如果百分比取 50%,那么百分比滤波器就是中值滤波器;如果百分比取最大值,那么百分比滤波器就是最大值滤波器;如果百分比取最小值,那么其就是最小值滤波器[61]。

③ 线性锐化滤波器

线性高通滤波器是最常用的线性锐化滤波器,这种滤波器的中心系数为正数,其他系数都为负数。这种滤波器有时会导致输出像素的灰度值为负数,而图像处理中一般仅考虑正灰度值,所以在这种情况下还要进行灰度变换,使像素的灰度值保持在正数范围内。

高通滤波器的滤波效果也可以用原始图像减去低通图像得到。另外,如果先给原始图像乘以一个放大系数,再减去低通图像就可以构成一幅高频增强图像,这样的图像恢复了部分高通滤波时丢失的低频成分,使得最终的结果与原始图像更为相近,这种操作也被称为(非锐化)掩模。

(6)空域滤波的 MATLAB 实现方法

噪声模拟,图像增强操作主要是针对图像中的各种噪声而言的,为了说明以上滤波方法的用途,需要模拟数字图像中的各种噪声来分析滤波效果[62]。数字图像产生噪声的途径有很多种,具体依赖于图像的数字化方式。例如,如果图像是由电影图片扫描而成的,那么电影颗粒就是一个噪声源。噪声也可以是电影遭到破坏的结果,或者是由扫描仪自身产生的。如果图像直接以数字形式获得,那么收集数据的机制(如 CCD 扫描仪)将会不可避免地引入噪声。另外,图像数据的传输也会引入噪声。

① 图像滤波

可以使用 imfilter 函数或 filter2 函数调用创建好的滤波器(可以是预定义滤波器,也可以是自定义滤波器)对图像进行滤波。本书将重点介绍图像处理工具箱中的 imfilter 函数的使用方法。

imfilter 函数使用与图像代数运算函数相同的方法控制数据类型,输出图像与输入图像有相同的数据类型和格式。imfilter 函数使用双精度浮点算术计算每一个输出像素的数值,如果结果超过数据类型的范围,那么 imfilter 函数将按照数据类型允许的数据范围对结果进行截取;如果数据类型是整数,那么 imfilter 将会舍去分数部分。考虑到截取的效果,有时在调用 imfilter 函数之前需要将图像转换为另一种数据类型。例如,当输入数据是双精度类型时,调用 imfilter 函数产生的输出将会出现负值。

对一幅图像进行滤波时,零填充可能会导致图像被一个黑框围绕。为了消除零填充的人工痕迹,imfilter 函数还支持三种可选的边界填充方法:边界复制(replicate)、边界循环(circular)、边界对称(symmetric)。以边界复制为例,所有位于图像外部像素的取值都是通过复制最近的边界像素值获得的。

前面已经介绍过,MATLAB 的 wiener2 函数可以对图像进行自适应的维纳滤波,这种滤波方法能够改变自身模板的大小以符合局部图像变量。当变量值很大时,wiener2 将执行小平滑过程;当变量值较小时,wiener2 将执行大面积的平滑操作,这种方法通常能够产生比线性滤波更好的效果。wiener2 函数需要的计算时间比线性滤波器的长。wiener2 函数在噪声为固定功率噪声,即白噪声(如高斯噪声)时,其滤波效果最好。

② 频域增强

低通滤波,一般来说,图像的边缘和噪声都对应于傅里叶变换中的高频部分,所以低通滤波器能够在让低频信息畅通无阻的同时滤掉高频分量从而平滑图像,去除噪声。常用的几种频域低通滤波器有理想低通滤波器、巴特沃斯(Butterworth)低通滤波器、指数低通滤波器等这几种理想低通滤波器。

这里应该指出,傅里叶变换的主要能量都是集中在频谱中心的,合理地选择截止频率对保留图像的能量是至关重要的。以分辨率为 256×256 的图像为例,如果 $D = 5$,那么理想低通滤波器将保存图像中 90% 的能量。随着 D 的增大,图像的能量迅速流失,如果 $D = 22$,那么 98% 的能量将会通过该滤波器流失。另外,理想低通滤波后的图像将会出现一种"振铃"特性,造成图像不同程度的模糊,且 D 越小,模糊程度越明显。造成这种模糊的原因在于理想低通滤波器的传递函数 $H(u,v)$ 由 1 突变为 0,$H(u,v)$ 经过傅里叶逆变换在空域中将表现为同心圆的形式。

③ 高通滤波

由于图像中灰度发生骤变的部分与其频谱的高频分量相对应,所以采用高通滤波器衰减或抑制低频分量,使高频分量畅通并能够对图像进行锐化处理。常用的高通滤波器有理想高通滤波器、巴特沃斯高通滤波器、指数高通滤波器等。

④ 同态滤波

同态滤波是一种在频域中同时进行图像对比度增强和压缩图像亮度范围的特殊滤波方法。同态系统是指服从广义叠加原理的,输入和输出之间可以用线性变化表示的系统。如果输入量为乘法运算组合形式,则称该系统为乘法同态系统。

图像处理中的同态滤波是基于以反射光和入射光为基础的图像模型的,通常认为图像亮度 $f(x,y)$ 由入射分量(入射到景物上的光强度)$i(x,y)$ 和反射分量(景物反射的光强度)$r(x,y)$ 组成。

图像适合作为乘法同态系统处理。进行图像增强处理的同态滤波过程是这样的:首先对图像取对数,使图像模型中的乘法运算组合变成简单的对数加法运算组合,然后对对数图像做傅里叶变换,再选择合适的传递函数进行滤波,最后对滤波结果进行傅里叶逆变换和对数逆运算(指数运算),得到同态滤波后的输出结果。

从同态滤波的实现过程可以看出,能否达到预期的增强效果和压缩灰度的动态范围的效果取决于同态滤波传递函数的选择。人们通过对入射光分量和反射光分量的研究发现,入射光分量一般反映灰度恒定分量,类似于低频信息,减弱入射光可以缩小目标的灰度范围;而反射光与景物的边界特性密切相关,类似于高频信息,增强反射光可以提高对比度。因此,同态滤波的传递函数一般在低频部分小于1,在高频部分大于1。

MATLAB 的频域增强效果也是使用 imfilter 函数或 filter2 函数实现的,这里要注意的是,因为 MATLAB 系统一般不提供频域增强所使用的滤波器,所以用户需要自定义这些滤波器。首先使用第 5 章中介绍的滤波器设计方法来创建某种类型的频域增强滤波器,然后调用 imfilter 函数或 filter2 函数对图像进行滤波操作,来实现图像的增强。

2. 色彩增强

在图像的自动分析中,色彩是一种能够简化目标提取和分类的重要参数。虽然人眼只能分辨几十种不同深浅的灰度级,但是却能够分辨几千种不同的颜色,因此在图像处理中常常借助色彩来处理图像,以增强人眼的视觉效果。

通常采用的色彩增强方法可以分为伪彩色增强和真彩色增强两种,这两种方法在原理上存在着巨大的差别。伪彩色增强是对原来灰度图像中不同灰度值区域分别赋予不同的颜色,使人眼能够更清楚地区分不同的灰度级。由于原始图像是没有颜色的,所以称这种人工赋予的颜色为伪彩色。伪彩色增强实质上只是一个图像的着色过程,是一种灰度到彩色的映射技术;真彩色增强则是对原始图像本身所具有的颜色进行调节,是一个色彩到色彩的映射过程。由此可见,二者有着本质的区别。下面将对这两种方法进行详细介绍。

伪彩色增强是一种将二维图像像素逐点映射到由三基色确定的三维色度空间中的技术,其目的在于利用人眼对色彩的敏感性,应用伪彩色技术使图像中的不同景物具有一定的色差,从而提高人对图像的分辨能力。伪彩色处理可以分为空域增强和频域增强两种。空域伪彩色处理实际上是将图像的灰度范围划分为若干等级区间,每一个区间映射为某一种颜色。空域伪彩色处理是基于频域运算的伪彩色处理方法。输入图像经过傅里叶变换得到图像的频谱,然后将频谱的各个分量分别送到 R、G、B 三个通道进行滤波,最后对各通道做傅里叶逆变换,得到空域的 R、G、B 分量,最终产生彩色图像。

MATLAB 图像处理工具箱中没有专门的图像伪彩色处理函数,但是工具箱中包含许多可以用来实现伪彩色的函数。例如,灰度图像类型转换函数 grayslice、gray2ind 等,这些函数都是使用空域增强方法来实现图像的伪彩色显示的,可以通过设置函数的参数来选择调色板,也可以使用函数默认的调色板来进行灰度映射。

在 MATLAB 中,调用 imfilter 函数对一幅真彩色(三维数据)图像使用二维滤波器进行滤波就相当于使用同一个二维滤波器对数据的每一个平面单独进行滤波。

3. 成像系统的数学描述

图像是景物经过光学系统映射得到的图片。如果一个成像系统是理想的,那么映射的结果将得到一幅理想的图像,该图像能够毫不失真地映射景物上的所有信息。但是成像系统总是或多或少地存在一些缺陷,例如,光学系统的球差畸变、摄影胶片的非线性、光电转换器件的非线性、摄像机与目标间的相对运动、遥感图像中的大气扰动等都会使图像质量下降,造成图像退化现象。

图像复原就是在研究图像退化原因的基础上,以退化图像为依据,根据一定的先验知识设计一种算子,从而估计出理想场景的操作。一般,得到一幅数字化图像后都会先使用图像复原技术进行处理,再做增强处理。由于不同应用领域的图像有不同的退化原因,所以对同一幅退化图像,不同应用领域要采用不同的复原方法。在实际应用过程中,应该本着具体问题具体分析的原则充分利用本章介绍的方法进行图像复原。

为了刻画成像系统的特征,通常将成像系统看成一个线性系统,从中推导出景物输入与图像输出关系的通用数学表达式,从而建立成像系统的退化模型,在此基础上研究图像复原技术。事实上,成像系统总是存在一定的非线性性质的,但是如果这些非线性性质不至于引起严重的误差,或者是当成像系统在小范围内满足线性性质时,一般仍将成像系统看成线性的,这是因为线性系统已经有了完整的理论体系,不但处理起来方便,而且能够反映系统的主要特性。

由成像系统的线性性质可知,系统中的物函数(系统输入激励)$f(x,y)$可以分解为无数个基元物函数之和,最简单的基元物函数就是 δ 函数(脉冲函数)。

4. 图像复原的 MATLAB 实现方法

1) 模糊及噪声的 MATLAB 实现

为了说明 MATLAB 图像复原函数的效果,针对每一个例子中的复原或噪声图像,本书都给出了其原始图像,用来表示在图像获取状态完美无缺的情况下所应该具有的性质。这样就可以将复原后的图像与原始图像相比较,从而看出复原的效果如何。事实上,例子中给出的模糊或噪声图像都是通过对原始图像人为地添加运动模糊和各种噪声而形成的。基于以上的原因,这里首先对 MATLAB 图像模糊化和添加噪声的函数进行介绍。

根据以上两节的分析可知,如果图像中不存在噪声,那么其模糊状况完全是由 PSF 决定的。在这种情况下,去模糊的基本任务就是使用精确描述失真的 PSF 对模糊图像进行去卷积操作。为了创建模糊化的图像,通常使用 MATLAB 图像处理工具箱中的 fspecial 函数创建一个确定类型的 PSF,然后使用这个 PSF 对原始图像进行卷积,从而得到模糊化的图像。

一般在需要复原的图像中不但包含模糊成分,而且包含一些额外的噪声成分。在 MATLAB 中可以使用两种方法模拟图像噪声:一种是使用 imnoise 函数直接对图像添加固定类型的噪声;另一种是创建自定义的噪声,然后使用 MATLAB 图像代数运算函数 imadd 将其添加到图像中去。这两种方法中用到的函数在前面的章节中已经作过介绍,此处不再赘述。以下给出两个例子说明这两种方法的具体操作。

2）MATLAB 复原函数简介

MATLAB 的图像处理工具箱中包含四个图像复原函数,按照这些函数的复杂程度将其排列如下:

① deconvwnr 函数:使用维纳滤波复原。

② deconvreg 函数:使用约束最小二乘方滤波复原。

③ deconvlucy 函数:使用 Lucy-Richardson 复原。

④ deconvblind 函数:使用盲去卷积算法复原。

以上所有复原函数都是以一个 PSF 和模糊图像作为主要输入参数的。deconvwnr 函数可以实现最小均方误差复原,而 deconvreg 函数可以实现约束最小均方误差复原,可以在这种复原方法中对输出图像采用某些约束(缺省情况下为光滑性约束)。无论是哪一个函数在图像复原过程中,用户都应该向其提供有关噪声的信息。deconvlucy 函数可以实现一个加速收敛的 Lucy-Richardson 算法,这个函数将使用最优化技术和泊松统计完成多次反复过程,该函数无需模糊图像的噪声信息。deconvblind 函数实现盲去卷积算法,在执行过程中可以不需要有关 PSF 的知识,调用时将 PSF 的一个初始化估计作为输入参数即可。deconvblind 函数将给复原后的图像返回一个重建的 PSF。该实现过程使用与 deconvlucy 函数相同的收敛方式。

除了以上四个复原函数外,还可以使用 MATLAB 自定义的复原函数。

3）Lucy-Richardson 复原的 MATLAB 实现

使用 deconvlucy 函数,利用加速收敛的 Lucy-Richardson 算法可以对图像进行复原。Lucy-Richardson 算法能够求出按照泊松噪声统计标准求出与给定 PSF 卷积后最有可能成为输入模糊图像的图像。当 PSF 已知但图像噪声信息未知时,可以使用这个函数进行有效的工作。deconvlucy 函数能够实现多种复杂图像重建算法,这些算法都是基于原始 Lucy-Richardson 最大化可能性算法的。

其参数都是可选参数:NUMIT 表示算法的重复次数,缺省值为 10;DAMPAR 表示偏差阈值,缺省值为 0(无偏差);WEIGHT 表示像素记录能力;READOUT 表示噪声矩阵,缺省值为 0;SUBSMPL 表示子采样时间,缺省值为 1。deconvlucy 函数的输出 J 是一个单元数组。

噪声痕迹是最大化可能性数据逼近算法的常见问题[63]。经过多次重复处理后,尤其是在低信噪比条件下,重建图像上可能会出现一些斑点,这些斑点并不代表图像的真实结构,只不过是输出图像过于逼近噪声所产生的结果[15]。为了控制这些痕迹,deconvlucy 函数使用一个收敛参数 DAMPAR,这个参数用于指定收敛过程中结果图像与原始图像背离程度的阈值。对于那些超过阈值的数据,反复过程将被禁止。

图像重建的另一复杂之处在于那些可能包括坏像素的数据可能会随时间和位置的变化而变化[64]。通过指定 deconvlucy 函数的 WEIGHT 数组参数,可以忽略图像中某些指定的像素。需要忽略的像素对应的 WEIGHT 数组元素值为 0。

CCD 检测器中的噪声有两个主要成分:一个是呈泊松分布的光子计算噪声;另一个是镜头相关的呈高斯分布的读取噪声。Lucy-Richardson 算法的复原过程可以从根本上说明第一种类型的噪声,但是用户必须自己声明第二种噪声情况,deconvlucy 函数使用 READOUT 输入参数来指定这种噪声[18]。READOUT 参数的值通常是读取噪声变量和背景噪声变量的总和,其数值的大小将指定一个能够确保所有数值为正数的偏移量。

如果将采样不足的数据的重建过程建立在一个好的网格操作基础上,就可以大大提高重建效果。如果已知 PSF 具有较高的分辨率,那么 deconvlucy 函数将使用 SUBSMPL 参数来指定采样不足的比例。如果数据采样不足是由图像获取过程中的镜头像素装仓问题产生的,那么每个像素观察到的 PSF 就是一个好的网格 PSF。另外,PSF 还可以通过观察自像素偏移或光学模型技术获得。这种方法对星(高信噪比)图像尤为有效,因为星可以被有效地限制在像素的中心位置[65]。如果星位于两个像素之间,那么它将以邻域像素组合的形式被重建。一个好的网格将会使星扩散流序列重新朝向图像的中心。

4) 盲去卷积复原的 MATLAB 实现

MATLAB 中的 deconvblind 函数使用类似于加速收敛的 Lucy-Richardson 算法的执行过程来同时重建图像和 PSF。盲去卷积复原算法可以在对失真情况(包括噪声和模糊)毫不知情的情况下进行复原操作。与 deconvlucy 函数一样[22],deconvblind 函数可以实现多种基于原始 Lucy-Richardson 最大化可能性算法的复杂图像重建修改算法。WEIGHT 用来屏蔽坏像素,READOUT 表示噪声矩阵。输出参数 J 表示复原后的图像,PSF 与 INITPSF 具有相同的大小,表示重建点扩散函数。下面通过一个实例说明该函数的使用方法。

复原图像都存在一定的"环",这些环是由图像灰度变换较大的部分或图像边界产生的。以下是使用 WEIGHT 参数消除环的存在,提高图像的复原质量的过程。

首先要调用 edge 函数找出图像中灰度变化较大的部分。根据先验知识,选择灰度变化阈值为 0.3。同时对图像进行膨胀操作以扩充图像的处理区域。灰度变换较大的像素和图像的边界像素都将被设置为数值 0。

2.4 雾天图像清晰化效果主客观评价指标

2.4.1 雾天图像清晰化效果主观评价指标

由于对雾天环境完成图像清晰化的目的是服务人的视觉,因此开展雾天图像清晰化效果的主观评价指标研究具有十分重要的意义。而主观评价指标一般仅涉及人眼视觉的主观评价,观测者可以是业内人士,或是外行人士;该方法在统计学的基础上实现图像主观效果评价,因而需要保证参与主观评价的观测人员的数目。

雾天图像清晰化效果主观评价指标[66-68]可根据是否借助雾天图像所对应的理想场景划分为绝对主观评价指标和相对主观评价指标。其中,图像处理领域多采用相对主观评价指标获得目标图像的评价。该指标并不借助理想场景图像对待测评图像质量完成评价,而是借助所提供的待测评图像完成对比,从而得到图像的优劣级别与相应评分;并且常借助单向连续激励质量分级指标(Single Stimulus Continuous Quality Scale, SSCQS),让观测人员对图像质量完成主观打分评价[69],具体评判方法是将待测评图像依据某种方式不断重复播报给观测人员,让观测人员在观察图像时进行评分。国际上关于该评价指标,提供了评价打分的具体依据,如表 2-2 所示。

表 2-2 图像清晰化效果的相对主观评价指标

指标	图像质量	图像清晰化效果
5.0	非常好	所获得的目标图像效果非常好,人眼视觉效果主观判断满意
4.0~4.9	好	所获得的目标图像效果好,人眼视觉效果主观判断较为满意
3.0~3.9	一般	所获得的目标图像效果存在改变,人眼视觉效果主观判断一般
2.0~2.9	较差	所获得的目标图像效果较差,人眼视觉效果主观判断不满意
1.1~1.9	差	所获得的目标图像效果差,人眼视觉效果主观判断不佳
1.0	非常差	所获得的目标图像效果非常差,人眼视觉效果主观判断为不舒服
0~0.9	特别差	所获得的目标图像效果特别差,人眼视觉效果主观判断非常不舒服

由于图像质量的主观评价指标在实际运用过程中,不可避免地会出现不严谨、不稳定等局限性,并且主观评价指标需要组织大量的人力和物力完成反复性实验,而在进行实验的过程中,会发现一直无法避免一些问题,因而实际意义和可操作性不强[70]。例如,同一个人在不同时间、不同外界光线的环境下对同一幅雾天图像清晰化效果给出的分值和结论会存在差异,而不同年龄、性别、审美、知识背景的人群在对相同的图像打分时,也会因为时间、环境、个人情绪等因素给出不同的分值,甚至有些值差别很大,这些不可控且易变化的因素会严重影响主观评价的参考价值[71]。此外,主观评价指标的实践过程也会消耗大量时间,不能实现图像效果的实时性评价,因而其不能很好地作为成熟的标准来衡量雾天图像处理的效果,而是更多地作为目标图像评价的辅助和参考方法[72]。

2.4.2 雾天图像清晰化效果客观评价指标

1. 全参考图像客观评价指标

全参考图像客观评价指标[73]在标准参照图像的辅助模式下,依据所获取的待评判图像与参照图像间的差值[74],给出待评判图像的失真情况,从而给出待评价图像的质量水平。常见的全参考图像质量客观评判方法[75]主要包括以下几种:基于像素级的图像质量评价方法、基于信息论的图像质量评价方法和基于结构数据的图像质量评价方法[76]。以下介绍第一种和第三种评价方法。

(1)基于像素级的图像质量评价方法

基于像素级的图像质量评价方法,主要包括峰值信噪比[77-79](Peak Signal to Noise Ration,PSNR)和均方差[80](Mean Square Error,MSE),其通过测算待评判图像和参照图像间的灰度值差别,从统计学角度完成对待评价图像的考量[81]。$I \times J$ 代表图像的尺度,为长度 $\times$ 宽度;$X(x,y)$ 代表所获得的参照图像在坐标 (x,y) 处的灰度值;$Y(x,y)$ 为失真图像在坐标 (x,y) 处的灰度结果;L 表示峰值数据;对八位灰度图像而言,$L=2^8-1=255$。

采用 MSE 表示图像质量的测算模型:

$$\text{MSE} = \frac{1}{IJ} \sum_{m=1}^{I} \sum_{n=1}^{J} \mid X(x,y) - Y(x,y) \mid^2 \qquad (2\text{-}49)$$

采用 PSNR 表示图像质量的测算模型:

$$\text{PSNR} = 10 \lg \left(\frac{L^2}{\text{MSE}} \right) \qquad (2\text{-}50)$$

　　MSE 和 PSNR 都是通过计算待测评图像与参照图像间的像素偏差全局值来完成图像质量优劣的评价。如果 PSNR 结果很高,则表明待测评图像与参照图像间的失真程度很小,所获得的结果图像质量很好;如果 MSE 结果很低,则表明所获得的结果图像质量很好。这两种图像质量评价指标由于机理简单,操作容易,因此在结果图像去噪等领域被广泛运用。但这类方法主要从图像像素结果的全局统计角度出发,并未从人眼视觉[82-84]的局部单元考量,很难描述结果图像中的局部质量①。

　　PSNR 表示信号中最大可能的有用功率和影响它的表示精度的破坏性噪声带来的功率比值[59]。PSNR 反映的是图像压缩前后的劣化程度,值越大,代表图像的劣化程度越低;值越趋于 0,图像的劣化程度越高。

　　(2) 基于结构数据的图像质量评价方法

　　国外科研工作者早在 2002 年就提出结构数据的理念,从此利用结构数据作为评判结果图像的指标[85]。基于此,这些科研工作者提供满足人眼视觉体系的图像质量客观评判标准,即通用质量评价指标(Universal Quality Index, UQI),该指标可比较图像间的结构数据,完成图像间结构数据的质量衡量和评价。科研工作者在通用质量评价指标基准上得到结构相似性指标[85](Structure Similarity, SSIM)。

　　SSIM 根据图像各个像素间的相关程度来确定图像间的结构相似程度。以同一场景的两幅图像为例,用 $X(x,y)$ 表示参照图像,用 $Y(x,y)$ 表示目标图像,用 $L(x,y)$ 表示亮度,用 $S(x,y)$ 表示结构对比函数,用 $C(x,y)$ 表示对比度,用 o_1、o_2 和 o_3 表示避免分母为零的参量。令 $X(x,y)$ 与 $Y(x,y)$ 的平均值分别为 $\omega_{X(x,y)}$ 和 $\omega_{Y(x,y)}$;$X(x,y)$ 与 $Y(x,y)$ 的标准差值分别为 $\delta_{X(x,y)}$ 和 $\delta_{Y(x,y)}$;$X(x,y)$ 与 $Y(x,y)$ 的协方差为 $\delta_{X(x,y)Y(x,y)}$。

$$L(x,y) = \frac{2\omega_{X(x,y)}\omega_{Y(x,y)} + o_1}{\omega_{X(x,y)}^2 + \omega_{Y(x,y)}^2 + o_1} \tag{2-51}$$

$$S(x,y) = \frac{\delta_{X(x,y)Y(x,y)} + o_2}{\delta_{X(x,y)}\delta_{Y(x,y)} + o_2} \tag{2-52}$$

$$C(x,y) = \frac{2\delta_{X(x,y)}\delta_{Y(x,y)} + o_3}{\delta_{X(x,y)}^2 + \delta_{Y(x,y)}^2 + o_3} \tag{2-53}$$

将式(2-51)、式(2-52)、式(2-53)所示指标加以综合可获得指标 SSIM(其中 a,β,γ 表示系数):

$$SSIM(x,y) = [L(x,y)]^\alpha [S(x,y)]^\beta [C(x,y)]^\gamma \tag{2-54}$$

　　SSIM 依据参照图像和待测评图像相对应像素之间的相关性完成测算,SSIM 值越大,表示结果图像的效果越优。此指标方法实现简单,质量评价结果可靠性高,被业界学者广泛关注并被应用在图像处理的方方面面。

2. 无参考图像客观评价指标

　　采用全参考客观评价指标获得明确的雾天清晰化客观结果,则需要相同场景下清晰化图像和理想环境下的无雾图像作为参考,而该条件在实际应用中往往很难被实现。无参考图像客观评价指标也被称为图像的盲测评指标[65-66],该类方法可完全脱离对参照图像的依赖,因而被广泛地运用于目标图像的效果评价。

---

　　① MSE 与 PSNR 仅仅测算图像像素间的灰度结果差别,并未考虑到像素间的结构关联,其将图像中的全部像素对人眼所提供的数据同等对待,而实际上人眼在观测图像时是区分感兴趣区间的,因而测算结果往往和图像的视觉效果很难保持一致。

（1）亮度均值

亮度均值[68] Lum 表示处理后图像的像素亮度均值，亮度均值越大，表明图像的效果越好。设 $H(x,y)$ 表示待测评图像，$I \times J$ 表示的图像尺寸为长度×宽度，式（2-55）表示亮度均值 Lum 的测算模型。

$$\text{Lum} = \frac{1}{IJ} \sum_{i=1}^{I} \sum_{j=1}^{J} H(x,y) \tag{2-55}$$

（2）标准差值

标准差值[72] bzc 表示处理后图像的灰度值相对于均值的离散状态，标准差值越大，灰度级分布越分散，图像的效果越好，式（2-56）表示标准差值 bzc 的测算公式。

$$\text{bzc} = \sqrt{\frac{1}{IJ} \sum_{i=1}^{I} \sum_{j=1}^{J} (H(x,y) - \varphi)^2} \tag{2-56}$$

（3）信息熵

信息熵[75] Inf 代表图像中信息的包含程度，信息熵值越大，图像中包含的信息量越多。假设待处理图像的各像素点间的灰度值关系为相互独立，则处理后的图像灰度分布状态为 $t = \{t_1, t_2, \cdots, t_i, \cdots, t_m\}$，其中，$t_i$ 代表灰度值为 i 的像素点数目与图像中全部像素点数目的比，m 表示灰度级的总数目，式（2-57）表示信息熵测算公式。

$$\text{Inf} = -\sum_{l=0}^{L} T(l) \lg T(l) \tag{2-57}$$

其中，$T(l)$ 为灰度级 l 在处理图像时所发生的概率，l 为处理后的图像的灰度级总数，对具有 256 个灰度级的图像来说，l 为 255。通常，无参考图像客观评价指标：首先针对理想图像的相关特征进行假定，其次基于此假定建立数学模型进行分析，最后利用待测评图像在数学模型下表现出的特性，获取图像的最终质量评判结果。

（4）对比度

对比度[78] C_g 用来衡量所获得的去雾图像质量，其中，对比度增加值代表雾天清晰化结果相对于雾天图像在对比度指标上的效果提升；对比度值越大，所获得的目标图像越清晰，所获得的可视化效果越优秀；而模糊图像的对比度值往往很小。对比度测算公式为

$$C_g = \overline{C}_R - \overline{C}_F \tag{2-58}$$

其中，$\overline{C}_R$ 与 $\overline{C}_F$ 分别代表雾天清晰化图像结果和雾天图像结果的平均对比度。针对长度与宽度为 $I \times J$ 的图像，均值对比度测算公式为

$$\overline{C} = \frac{1}{IJ} \sum_{i=1}^{I} \sum_{j=1}^{J} C(x,y) \tag{2-59}$$

其中，$C(x,y)$ 表示像素点 (x,y) 相邻区域的对比度，r 表示领域的大小，式（2-60）表示 $C(x,y)$ 的测算模型。雾天图像清晰化图像的对比度值越高，所获得的效果越优秀。其中，$S(x,y)$ 表示图像中前景与背景亮度的差值，如式（2-61）所示；$m(x,y)$ 表示背景亮度，如式（2-62）所示。

$$C(x,y) = \frac{S(x,y)}{m(x,y)} \tag{2-60}$$

$$S(x,y) = \frac{1}{(2r+1)^2} \sum_{m=-r}^{r} \sum_{n=-r}^{r} (H(x+m, y+n) - H(x,y))^2 \tag{2-61}$$

$$m(x,y) = \frac{1}{(2r+1)^2} \sum_{m=-r}^{r} \sum_{n=-r}^{r} (H(x+m, y+n)) \tag{2-62}$$

（5）盲测评指标

盲测评指标是 Hautiere 提出的雾天清晰化效果的量化指标，本书采用新见可见边指标（e）、均值梯度指标（r）[79,80]和曝光像素点问题指标（η）来评判雾天清晰化效果[132]。其中，指标 e 表示图像层次的复杂程度，该结果越大代表图像中所包含的层次和细节越多；指标 r 表示图像细节差值与纹理变化，该值越大表明图像的细节增强程度越好，清晰化程度越高；指标 η 表示图像中过曝光或曝光不足的程度，η 越小表明雾天清晰化图像效果越好，过曝光或曝光不足的程度越小。3 个指标分别如式（2-63）、式（2-64）和式（2-65）所示。

$$e = \frac{n_{\text{out}} - n_{\text{in}}}{n_{\text{in}}} \tag{2-63}$$

$$r = \frac{g_{\text{in}}}{g_{\text{out}}} \tag{2-64}$$

$$\eta = \frac{v_{\text{b}}}{S_x \times S_y} \tag{2-65}$$

式（2-64）中的 n_{out} 与 n_{in} 分别表示去雾后的图像效果与雾天降质图像的可见边数目；g_{out} 与 g_{in} 分别表示去雾后的图像效果与雾天降质图像的均值梯度；v_{b} 表示雾天清晰化后的图像存在过曝光或曝光不足的像素点数目，S_x 与 S_y 分别表示图像的宽度和高度。

（6）灰度均值和灰度标准差

假设图像的大小为 $M \times N$，其灰度分布为

$$p = \{p(0), p(1), \cdots, p(g), \cdots, p(L-1)\} \tag{2-66}$$

其中，L 为灰度级数，$p(g)$ 是灰度值为 g 的像素点个数与总像素点个数之间的比值，且 $\sum\limits_{g=0}^{L-1} p(g) = 1$，那么灰度均值表示为

$$\overline{g} = \sum_{g=0}^{L-1} g \cdot p(g) \tag{2-67}$$

灰度标准差表示为

$$\sigma_g = \sqrt{\sum_{g=0}^{L-1} (g - \overline{g})^2 \cdot p(g)} \tag{2-68}$$

灰度均值和灰度标准差反映了图像处理前后的平均亮度以及对比度情况。灰度均值决定了图像的亮度均值，均值过小反映图像偏暗，均值过大反映图像偏白。灰度标准差体现的是图像的对比度，一幅图像的灰度标准差越大，说明图像的对比度越高，越清晰；反之，图像的噪声越多，清晰度越低。

（7）信息熵

在信息论中，熵是某个随机变量出现的期望值。在信号传输过程中，损失的信息量可以用熵表示。熵值越高说明传输的信息越多，熵值越低说明传输的信息越少。信息熵也可以表示信息源的不确定性，它代表信息中包含的信息量。作为信息论的重要概念，信息量用熵来衡量随机事件的不确定性或者信息量的量度。一个值域为 $\{x_1, x_2, \cdots, x_n\}$ 的随机变量 X 的熵值 H 定义为

$$H(X) = E(I(X)) \tag{2-69}$$

其中，E 代表期望函数，$I(X)$ 代表 X 的信息量。$I(X)$ 本身是个随机变量，p 表示 X 的概率函数，熵表示为

$$H(X) = \sum_{i=1}^{n} p(x_i) I(x_i) = -\sum_{i=1}^{n} p(x_i) \log_b p(x_i) \tag{2-70}$$

图像的熵衡量的是图像信息的丰富程度,熵值大小表示图像信息的平均量的多少。对于一幅图像,其各个像素点的灰度值可以看作相互独立的样本,则这幅图像的灰度分布为 $P = \{p_0, p_1, \cdots, p_i, \cdots, p_{L-1}\}$,其中 p_i 表示灰度值为 i 的像素点个数与图像中像素点总数之比,L 是图像总的灰度级个数。图像经过增强处理后,信息量必然发生改变。信息熵评价了图像增强前后所包含信息量的升降趋势。信息论将图像信息熵定义为

$$E = -\sum_{i=0}^{L-1} p_i \log_2 p_i \tag{2-71}$$

若经过增强后的图像熵值增大,则可以认为增强后图像的信息量有所增加,处理后图像中所含信息越丰富,且增强效果越好。

(8) 平均梯度

平均梯度指的是图像的边界等处附近的灰度变化率。灰度变化率的大小反映了图像的清晰程度,表示的是图像信息中微小的细节反差变化的速率,也反映了图像在多维方向上密度变化的速率。平均梯度的表达式为

$$\nabla \overline{G} = \frac{1}{MN} \sum_{i=1}^{M} \sum_{j=1}^{N} \left[\Delta x f(i,j)^2 + \Delta y f(i,j)^2 \right]^{1/2} \tag{2-72}$$

其中,$\Delta x f(i,j)$、$\Delta y f(i,j)$ 分别表示像元 (i,j) 在 x、y 方向上的一阶差分。

(9) 背景方差和细节方差

基于背景方差和细节方差(BV-DV)的图像评价方法主要通过像素分类来实现,根据图像的特点通常可将一幅图像的像素点分为背景像素点和前景像素点[60]。如果某像素点邻域像素点的灰度值方差小于一个设定的阈值 T,那么该像素点会被认为是背景像素点。与此相反的是,如果某像素点邻域像素点的灰度值方差大于设定的阈值 T,则会被认为是前景像素点。对图像中全部被归类为背景像素点的邻域方差求平均值,该值表示为背景方差 BV。对图像中全部被归类为前景像素点的邻域方差求平均值,该值表示为细节方差 DV。图像增强的算法如果效果显著,那么经过处理后的图像其背景方差值 BV 不会发生明显变化,但是细节方差值 DV 会明显增大,而且增强效果越好细节方差值 DV 越大。背景方差 BV 描述的是图像中的背景信息,所以增强处理后图像的背景与输入的原图像背景信息相同。而细节方差值 DV 描述的是图像的细节信息,DV 值越大图像中包含的前景细节信息越多,因此增强处理后图像的前景信息将发生大的改变。综上,可以采用 BV-DV 方法简单直观地评价图像增强算法的优劣。

本章参考文献

[1] MCCARTNEY E J. Scattering Phenomena (Book Reviews: Optics of the Atmosphere. Scattering by Molecules and Particles)[J]. Science, 1977, 196: 1084-1085.

[2] KUANG H, CHEN L, CHAN L, et al. Feature selection based on tensor decomposition and object proposal for night-time multiclass vehicle detection[J]. IEEE Transactions on Systems, Man, and Cybernetics: Systems, 2019, 49(1): 71-80.

[3] GUO X J, LI Y, LING H B. Lime：Low-light image enhancement via illumination map estimation[J]. IEEE Transactions on Image Processing, 2017, 26(2)：982-993.

[4] 姜雪松. 不良照明条件下的夜晚图像增强方法研究[D]. 哈尔滨：哈尔滨工业大学, 2020.

[5] XUAN D, PANG Y A, WEN J G. Fast efficient algorithm for enhancement of low lighting video[C]// IEEE International Conference on Multimedia & Expo (ICME), Catalonia, Spain：IEEE, 2011：1-6.

[6] FU X, ZENG D, HUANG Y, et al. A variational framework for single low light image enhancement using bright channel prior[C]// IEEE Global Conference on Signal and Information Processing (GlobalSIP), TX, USA：IEEE, 2013：1085-1088.

[7] LEE C H, SHIH J L, LIEN C C, et al. Adaptive multiscale retinex for image contrast enhancement[C]// International Conference on Signal-Image Technology & Internet-Based Systems (SITIS), Adult Genetics Unit, South Australian：IEEE, 2013：43-50.

[8] LI Z, WU X. Learning-based restoration of backlit images[J]. IEEE Transactions on Image Processing, 2017, 27(2)：976-986.

[9] YANG K F, LI H, KUANG H, et al. An adaptive method for image dynamic range adjustment[J]. IEEE Transactions on Circuits & Systems for Video Technology, 2018, 29(3)：640-652.

[10] JIA C, GUO L. Digital image processing[P]. US, US6947593 B2. 2005-09-20.

[11] YANG W H, WANG W J, HUANG H F, et al. Sparse gradient regularized deep retinex network for robust low-light image enhancement[J]. IEEE Transactions on Image Processing, 2021, 30：2072-2086.

[12] JIANG Y F, GONG X Y, LIU D, et al. Enlightengan：Deep light enhancement without paired supervision[J]. IEEE Transactions on Image Processing, 2021, 30：2340-2349.

[13] MA T, GUO M, YU Z H, et al. Retinexgan：Unsupervised low-light enhancement with two-layer convolutional decomposition networks[J]. IEEE Access, 2021, 9：56539-56550.

[14] LEE H, SOHN K, MIN D. Unsupervised low-light image enhancement using bright channel prior[J]. IEEE Signal Processing Letters, 2020, 27：251-255.

[15] TAO P J, KUANG H L, DUAN Y S, et al. Bitpnet：Unsupervised bio-inspired two-path network for nighttime traffic image enhancement[J]. IEEE Access, 2020, 8：164737-164746.

[16] YANG W, WANG S, FANG Y, et al. From fidelity to perceptual quality：A semi-supervised approach for low-light image enhancement[C]// IEEE Conference on Computer Vision and Pattern Recognition (CVPR), Seattle, USA：IEEE, 2020：3063-3072.

[17] YANG W H, WANG S Q, FANG Y M, et al. Band representation-based semi-supervised low-light image enhancement：Bridging the gap between signal fidelity and perceptual quality [J]. IEEE Transactions on Image Processing, 2021, 30：3461-3473.

[18] ZHANG L, ZHANG L, LIU X, et al. Zero-shot restoration of back-lit images using deep internal learning[C]// ACM International Conference on Multimedia (ACM MM), Nice, France:ACM, 2019:1623-1631.

[19] ZHU A, ZHANG L, SHEN Y, et al. Zero-shot restoration of underexposed images via robust retinex decomposition[C]// IEEE International Conference on Multimedia and Expo (ICME), Nice, France:IEEE, 2020:1-6.

[20] GUO C, LI C, GUO J, et al. Zero-reference deep curve estimation for low-light image enhancement [C]// IEEE Conference on Computer Vision and Pattern Recognition (CVPR), Seattle, USA:IEEE, 2020:1777-1786.

[21] LI C, GUO C, CHEN C L. Learning to enhance low-light image via zero-reference deep curve estimation[J]. IEEE Transactions on Pattern Analysis and Machine Intelligence, 2021:1-14.

[22] 张铮, 徐超, 任淑霞, 等. 数字图像处理与机器视觉--Visual C++与 Matlab 实现[M]. 北京:人民邮电出版社. 2014:138-171.

[23] BO L, WANG S, JIN Z, et al. Single image haze removal using content-adaptive dark channel and post enhancement[J]. IET Computer Vision, 2014, 8(2):131-140.

[24] OLKKONEN M, HANSEN T, GEGENFURTNER K R. Color appearance of familiar objects: Effects of object shape, texture, and illumination changes[J]. Journal of Vision, 2008, 8(5):1-16.

[25] TSENG P. Convergence of a block coordinate descent method for nondifferentiable minimization[J]. Journal of Optimization Theory and Applications, 2001, 109(3):475-494.

[26] LI C, GUO C, HAN L, et al. Lighting the darkness in the deep learning era[J]. arXiv preprint arXiv:210410729, 2021.

[27] TRIANTAFYLLIDOU D, MORAN S, MCDONAGH S, et al. Low light video enhancement using synthetic data produced with an intermediate domain mapping [C]//European Conference on Computer Vision (ECCV), Munich, Germany:IEEE, 2020:103-119.

[28] JOHNSON J, ALAHI A, FEIFEI L. Perceptual losses for real-time style transfer and super-resolution [C]// European Conference on Computer Vision (ECCV), Amsterdam, The Netherlands:IEEE, 2016:694-711.

[29] ZHOU W, BOVIK A C, SHEIKH H R, et al. Image quality assessment: From error visibility to structural similarity[J]. IEEE Transactions on Image Processing, 2004, 13(4):600-612.

[30] DENG J. Imagenet: A large-scale hierarchical image database[C]// IEEE Conference on Computer Vision and Pattern Recognition (CVPR), Amsterdam, The Netherlands:IEEE, 2009:1-8.

[31] SIMONYAN K, ZISSERMAN A. Very deep convolutional networks for large-scale image recognition [C]// International Conference on Learning Representations (ICLR), San Diego, CA, USA:IEEE, 2015:1-13.

[32] CAI J，GU S，ZHANG L，et al. Learning a deep single image contrast enhancer from multi-exposure images[J]. IEEE Transactions on Image Processing，2018，27(4)：2049-2062.

[33] BYCHKOVSKY V，PARIS S，CHAN E，et al. Learning photographic global tonal adjustment with a database of input/output image pairs[C]// IEEE Conference on Computer Vision and Pattern Recognition (CVPR)，CO，USA：IEEE，2011：97-104.

[34] LOH Y P，CHAN C S. Getting to know low-light images with the exclusively dark dataset[J]. Computer Vision and Image Understanding，2019，178：30-42.

[35] YUAN Y，YANG W，REN W，et al. Ug track 2：A collective benchmark effort for evaluating and advancing image understanding in poor visibility environments[J]. arXiv preprint arXiv：190404474，2020.

[36] MA K，ZENG K，WANG Z. Perceptual quality assessment for multi-exposure image fusion[J]. IEEE Transactions on Image Processing，2015，24(11)：3345-3356.

[37] MITTAL A. Making a 'completely blind' image quality analyzer[J]. IEEE Signal Processing Letters，2013，20(3)：209-212.

[38] GU K，ZHAI G，YANG X，et al. Using free energy principle for blind image quality assessment[J]. IEEE Transactions on Multimedia，2014，17(1)：50-63.

[39] GU K，WANG S，ZHAI G，et al. Blind quality assessment of tone-mapped images via analysis of information，naturalness，and structure[J]. IEEE Transactions on Multimedia，2016，18(3)：432-443.

[40] KE G，LIN W，ZHAI G，et al. No-reference quality metric of contrast-distorted images based on information maximization[J]. IEEE Transactions on Cybernetics，2017，47(12)：4559-4565.

[41] 顾锞. 基于感知和统计模型的图像质量评价技术及应用研究[D]. 上海：上海交通大学，2015.

[42] GMD B S，SMOLA A J. New support vector algorithms[J]. Neural Computation，2000，12(5)：1207-1245.

[43] CHIH-CHUNG C，CHIH-JEN L. Libsvm：A library for support vector machines[J]. ACM Transactions on Intelligent Systems and Technology，2011，2(3)：1-39.

[44] YEGANEH H，WANG S，KAI Z，et al. Objective quality assessment of tone-mapped videos[C]// IEEE International Conference on Image Processing (ICIP)，AZ，USA：IEEE，2016：899-903.

[45] 魏明强，冯一箪，王伟明，等. 基于区间梯度的联合双边滤波图像纹理去除方法[J]. 计算机科学，2018，45(03)：31-36.

[46] FU J，LI W，OUYANG A，et al. Multimodal biomedical image fusion method via rolling guidance filter and deep convolutional neural networks[J]. Optik，2021，237：166726.

[47] TOMASI C，MANDUCHI R. Bilateral filtering for gray and color images[C]// International Conference on Computer Vision (ICCV)，San Diego，CA：IEEE，2002：839-846.

[48] LIM J，HEO M，LEE C，et al. Contrast enhancement of noisy low-light images based on structure-texture-noise decomposition[J]. Journal of Visual Communication and Image Representation，2017，45：107-121.

[49] LIM J，HEO M，LEE C，et al. Enhancement of noisy low-light images via structure-texture-noise decomposition［C］// Asia-Pacific Signal and Information Processing Association Annual Summit and Conference（APSIPA），Shenzhen，china：IEEE，2017：1-5.

[50] HUANG G，LIU Z，LAURENS V，et al. Densely connected convolutional networks［C］// IEEE Conference on Computer Vision and Pattern Recognition（CVPR），Las Vegas，America：IEEE，2017：2261-2269.

[51] HE K，ZHANG X，REN S，et al. Deep residual learning for image recognition[C]// IEEE Conference on Computer Vision and Pattern Recognition（CVPR），Amsterdam，Holland：IEEE，2016：770-778.

[52] JIE H，LI S，GANG S，et al. Squeeze-and-excitation networks［J］. IEEE Transactions on Pattern Analysis and Machine Intelligence，2020，42(8)：2011-2023.

[53] WANG X，GIRSHICK R，GUPTA A，et al. Non-local neural networks[J]. arXiv preprint arXiv：171107971，2017.

[54] CAO Y，XU J，LIN S，et al. Gcnet：Non-local networks meet squeeze-excitation networks and beyond［C］// IEEE International Conference on Computer Vision Workshop（ICCVW），Seoul，South Korea：IEEE，2019：1971-1980.

[55] FU J，LIU J，TIAN H，et al. Dual attention network for scene segmentation[C]// IEEE Conference on Computer Vision and Pattern Recognition（CVPR），Sltlake city，USA：IEEE，2019：3141-3149.

[56] HUI Z，GAO X，YANG Y，et al. Lightweight image super-resolution with information multi-distillation network［C］// ACM International Conference on Multimedia（ACM MM），Nice，France：IEEE，2019：2024-2032.

[57] ZHANG X，ZHOU X，LIN M，et al. Shufflenet：An extremely efficient convolutional neural network for mobile devices[C]// IEEE Conference on Computer Vision and Pattern Recognition（CVPR），Munich，Germany：IEEE，2018：6848-6856.

[58] 姚旺,刘云鹏,朱昌波. 基于人眼视觉特性的深度学习全参考图像质量评价方法[J]. 红外与激光工程,2018,47(07)：39-46.

[59] 岳靖,刘国军,付浩. 四元数谱余量彩色图像质量评价[J]. 激光与光电子学进展,2019,56(03)：031009.

[60] 杨艳春,李娇,王阳萍. 图像融合质量评价方法研究综述[J]. 计算机科学与探索,2018,12(07)：1021-1035.

[61] HORÉ A，ZIOU D. Image Quality Metrics：PSNRvs. SSIM［C］// International Conference on Pattern Recognition，Istanbul，Turkey：IEEE，2010：2366-2369.

[62] SANDIC-STANKOVIC D，KUKOLJ D，CALLET P L. Image quality assessment based on pyramid decomposition and mean squared error ［C］// 23th

Telecommunications Forum Telfor，Belgrade，Serbia：IEEE，2016：740-743.

［63］ ROY R，LAHA S. Optimization of Stego Image Retaining Secret Information Using Genetic Algorithm with 8-connected PSNR［J］. Procedia Computer Science，2015，60(1)：468-477.

［64］ UMME S，MORIUM A，MOHAMMAD S U. Image Quality Assessment through FSIM，SSIM，MSE and PSNR—A Comparative Study［J］. 2019，7(3)：8-18.

［65］ LI L，ZHOU Y，WU J，et al. Color-Enriched Gradient Similarity for Retouched Image Quality Evaluation［J］. IEICE Transactions on Information & Systems，2016，99(3)：773-776.

［66］ 刘春,谭琨,马英瑞. 一种基于视觉重要性的图像质量评价方法［J］. 吉首大学学报(社会科学版)，2017,38(S2)：234-238.

［67］ 丰明坤. 基于视觉特性的图像质量综合评价方法研究［D］. 南京：南京邮电大学,2017：11-19.

［68］ 李国庆,赵洋,刘青萌,等. 多层感知分解的全参考图像质量评估［J］. 中国图象图形学报,2019, 24(01)：149-158.

［69］ FUNATSU R，KITAMURA K，YASUE T，et al. Development and Image Quality Evaluation of 8K High Dynamic Range Cameras with Hybrid Log-Gamma［J］. Electronic Imaging，2017，2017(12)：152-158.

［70］ ZHANG Y，SUN L，YAN C，et al. Adaptive Residual Networks for High-Quality Image Restoration［J］. IEEE Transactions on Image Processing，27(7)：3150-3163.

［71］ 王阿红,郁梅,彭宗举. 图像质量客观评价方法［J］. 光电工程,2011,38(1)：131-141.

［72］ 卜丽静,王涛. 基于 HVS 的 SSIM 超分辨率重建图像质量评价方法［J］. 测绘与空间地理信息,2019,42(07)：14-18＋21.

［73］ 刘大瑾,叶建兵,刘家骏. SSIM 框架下基于 SVD 的灰度图像质量评价算法研究［J］. 南京师大学报(自然科学版)，2017,40(01)：73-78.

［74］ 黄姝钰,桑庆兵. 基于图像融合的无参考立体图像质量评价［J］. 激光与光电子学进展,2019，56(07)：071004.

［75］ 陈中钱. 监控视频图像质量无参考型客观评价方法研究［J］. 计量与测试技术,2018，45(02)：8-12(16).

［76］ 杨璐,王辉,魏敏. 基于机器学习的无参考图像质量评价综述［J］. 计算机工程与应用,2018，54(19)：34-42.

［77］ 陈勇,吴明明,房昊,等. 基于差异激励的无参考图像质量评价［J］. 自动化学报,1(3)：1-11.

［78］ JANG J，BANG K，JANG H，et al. Quality evaluation of no-reference MR images using multidirectional filters and image statistics［J］. Magnetic Resonance in Medicine，2018，80(3)：914-918.

［79］ 许向阳,贺文琼. 手机拍照图像质量评价方法的研究［J］. 影像技术,2018,30(1)：78-85.

［80］ HOU W，GAO X，TAO D. Blind Image Quality Assessment via Deep Learning［J］. IEEE Transactions on Neural Networks & Learning System，2017，26(6)：1275-1286.

［81］ NEMZER L R. Shannon information entropy in the canonical genetic code［J］. Journal of Theoretical Biology,2017,415(21)：158-170.

［82］ 刘春,谭琨,刘绍辉,等. 基于卷积神经网络的对比度失真图像质量评价［J］. 微电子学与计算机,2018,35(04)：84-88.

［83］ 高敏娟,党宏社,魏立力,等. 基于非局部梯度的图像质量评价算法［J］. 电子与信息学报,2019,41：1-8.

［84］ 孙翠霞,刘有耀. 客观图像质量评价［J］. 计算机与数字工程,2019,47(09)：2290-2294.

［85］ JANOWSKI L,MALFAIT L,PINSON M H. Evaluating experiment design with unrepeated scenes for video quality subjective assessment［J］. Quality and User Experience,2019,4(2)：1-7.

第3章

针对均匀轻雾的雾天图像清晰化方法

3.1　快速双线性最小二乘去雾方法

1. 引言

均匀轻雾环境下所捕获的图像包含的信息量较为丰富,相对于浓雾图像失真程度低[1-3],但仍会存在细节模糊等问题[4-6]。因此,对这类雾天图像场景的清晰化处理往往选择较为简单、高效的去雾方法,来获得较好的图像效果[7-9]。本章针对均匀轻雾图像存在的模糊图像细节、晕轮效应等问题[10-12],通过深入研究雾天图像退化降质机理和图像质量客观评价指标,结合大气散射模型与暗通道先验机理实现完善、改进与创新,提出一种针对均匀轻雾图像的去雾方法。该方法利用空域 LOG(Laplacian of Guassian)边缘检测方法获取大气光值 A 所在的大致区间,再结合二叉树方法得到 A;同时采用双线性最小二乘滤波方法优化初始透射率;最后得到清晰化图像效果可清除初始透射图中的块效应,实现较好的透射图复原效果。

以大气散射物理模型为基础的去雾方法,对透射率的处理过程往往占用了大量处理时间。所采用的双线性最小二乘滤波方法属于线性类算法,计算量较小,处理速度较快,能满足频繁的运算处理与存储量需求。此外,所获取的清晰化图像在亮度、去噪程度、边缘保持度等方面也取得了显著的效果,能够满足一般性实际应用的需求[13-15]。图 3-1 表示快速双线性最小二乘去雾方法的架构。

图 3-1　快速双线性最小二乘去雾方法的架构

2. 空域 LOG 边缘检测方法结合二叉树方法

首先采用空域 LOG 边缘检测方法实现目标图像 $F(x,y)$ 的边缘检测,进而对像素值完成逐行的查找与搜索,并检查边缘双侧 15×15 区间内的像素灰度均值大小,然后可依据 A 值较大的特点,大致判定大气光值 A 被包含的区域;进一步使用二叉树方法得到此区域像素灰度值的最大结果,即大气光值 A。

1) 空域 LOG 边缘检测方法获取大气光值 A 所在区间

单独采用拉普拉斯边缘检测算子获得的图像效果容易被噪声所干扰[16-18],因此有科研工作者采用将高斯滤波方法与拉普拉斯边缘算子相融合的方式,构造出 LOG 边缘检测方法。该算法能够根据人眼视觉领域中的边缘检测原理,实现对目标图像的高斯滤波操作,进而最大程度地削弱图像中现存的噪声[19-21],之后再利用拉普拉斯边缘检测算子实现求取图像中边缘的目的。这是由于传统的拉普拉斯边缘检测算法对图像边缘部分所存在的图像噪声异常敏感,而结合二维高斯滤波方法之后能够完成一定程度上的模糊处理,从而较好地获取图像边缘以及平滑图像噪声,并且较好地消除图像中所存在的部分小孤立点与块效应[22]。

高斯算法数学模型为

$$G(r,\sigma)=\frac{1}{2\pi\sigma^2}\exp\left(-\frac{1}{2\sigma^2}r^2\right) \tag{3-1}$$

其中,(x,y) 表示目标图像中任意像素点的坐标。σ 代表标准差值,该值可控制图像的平滑程度,$r=\sqrt{x^2+y^2}$,假定初始图像为 $k(x,y)$,通过卷积处理完成滤波后的结果为

$$g(x,y)=G(r,\sigma)*k(x,y) \tag{3-2}$$

式(3-2)结合拉普拉斯算子得到平滑后图像的求导运算:

$$\nabla^2 g(x,y)=\nabla^2(G(r,\sigma)*k(x,y))=(\nabla^2 G(r,\sigma))*k(x,y) \tag{3-3}$$

其中,$\nabla^2 G(r,\sigma)$ 是 LOG 模块,其具体的数学模型如下:

$$\nabla^2 G(r,\sigma)=(-1/\pi\sigma^4)(1-r^2/2\sigma^2)\exp(-r^2/2\sigma^2) \tag{3-4}$$

LOG 边缘检测方法能够在抑制噪声的同时获得较好的边缘检测结果。其中,LOG 边缘检测方法可去除小于 r^2 区域中的部分的噪声,因此,σ 选值非常关键。LOG 边缘检测方法的思路可概括如下。

(1) 在某个区域内选取高斯滤波完成平滑操作[23-24],由于该滤波装置为带通型滤波装置,并且在有限的区间内恒定。

(2) 采用二阶导数获取边缘。

(3) 所要求取的边缘位于一阶导数的最高位置,即二阶导数为零之处。

(4) 采用插值化的处理模式获取最优的 σ 值。若 σ 值较大,则表明抑制噪声部分的效果较好,但会损毁边缘细节处的数据;若 σ 值较小,则表明对细节数据的保留效应较好[25-26],但其去噪能力不强。而处理好该对矛盾才是 LOG 边缘检测方法的要点,应利用大量反复实验获得最优 σ 值。

(5) LOG 边缘检测算法可被视为带通滤波算子,其离散模板如下:

$$\begin{bmatrix} -2 & -4 & -4 & -4 & -2 \\ -4 & 0 & 8 & 0 & -4 \\ -4 & 8 & 24 & 8 & -4 \\ -4 & 0 & 8 & 0 & -4 \\ -2 & -4 & -4 & -4 & -2 \end{bmatrix}$$

将雾天图像 $F(x,y)$ 与空域 LOG 边缘检测离散模板实现卷积操作,获得的输出处理图像为 $F_1(x,y)$,如式(3-5)所示。

$$F_1(x,y)=\nabla^2(G(r,\sigma)*F(x,y))=(\nabla^2 G(r,\sigma))*F(x,y)=LOG*F(x,y) \tag{3-5}$$

如图 3-2 表示空域 LOG 边缘检测结合二叉树方法获取大气光值。

(a) 原始图像 (b) LOG 边缘检测 (c) 二叉树估计大气光值

图 3-2　空域 LOG 边缘检测结合二叉树方法获取大气光值

2）二叉树方法获取 A 值

首先，通过空域 LOG 边缘检测方法获得雾天图像 $F(x, y)$ 的边缘部分，并检查边缘双侧 15×15 区间，对像素值完成搜索与比较，获得像素灰度均值大小，由于 A 值往往较大，因此可依据该特征大致判别其所在区间。再将 LOG 边缘检测后的大气光值 A 所在的区间标记为 s_1，进而采用二叉树方法确定大气光值 A。图 3-3 表示二叉树方法的基本原理模型。

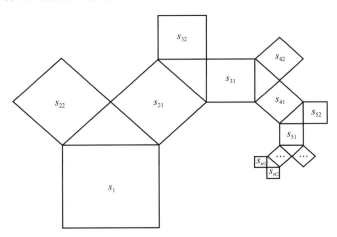

图 3-3　二叉树方法的基本原理模型

具体的过程为：将原始雾天图像所对应的 s_1 区域分割成面积相等的两个部分，计算这两个部分的灰度平均值，进而比较灰度平均值的大小；设定灰度平均值大的图像模块为 s_{21}，并进行该模块的进一步分割；重复上述步骤，直至此部分（s_{n1}）中的像素点数目小于所设定的阈值 t。产生的像素点矩阵 $a[mn]$ 为

$$a[mn] = \begin{pmatrix} a_{00} & \cdots & a_{0n} \\ \vdots & & \vdots \\ a_{m0} & \cdots & a_{mn} \end{pmatrix} \tag{3-6}$$

把像素矩阵 $a[mn]$ 中的各个元素均与 255 比较，其差值设为 d，如式（3-7）所示。能够让 d 获得最小结果的 a_{mn} 即为大气光值 A。

$$d = |255 - a_{mn}| \tag{3-7}$$

3. 双线性最小二乘滤波方法优化透射率

He 等[46]科研工作者通过大量统计得出暗通道先验原理,即除天空区域之外的景物的像素值至少存在一个通道接近于 0,再通过数学变换获得大气光值 A 和初始透射率,而亮度值大的部分表示光线在该部分的透射率很好。但仅通过该理论所获得的初始透射图易呈现深度断续的状况,He 等[46]科研工作者进一步选用软抠图方法完成初始透射率的处理,然而该方法的应用严重影响了文献[46]方法的处理效率。

本节利用双线性最小二乘(正则)滤波方法对透射率完成优化,因为传统最小二乘滤波方法对透射图的边缘细节保持较好,但该方法对噪声的处理效果往往并不理想,而应用双线性最小二乘滤波算法处理透射图,能够在保持边缘细节的同时对噪声实现较好的处理。

式(3-8)表示图像的降质模型[27](在第 4 章详细介绍),其中 $f(x,y)$ 表示原始图像,$n(x,y)$ 表示相应的噪声,$H[\cdot]$ 表示点扩散函数(point spread function, PSF),$g(x,y)$ 表示降质图像。式(3-8)的二维卷积离散型数学模型采用公式(3-9)表示。

$$g(x,y) = H[f(x,y)] + n(x,y) \tag{3-8}$$

$$h(x,y) * f(x,y) = 1/MN \sum_{m=0}^{M-1} \sum_{n=0}^{N-1} f(m,n)h(x-m,y-n) \tag{3-9}$$

$$F(u,v) = \Big[\frac{H^*(u,v)}{|H(u,v)|^2 + \xi[p(u,v)]^2}\Big]G(u,v) \tag{3-10}$$

式(3-10)既表示传统正则滤波的数学模型,也表示图像降质模型基础上的复原实现。其中,$F(u,v)$、$H(u,v)$ 和 $p(u,v)$ 分别表示 $f(x,y)$、点扩散解析式(point spread function,PSF)$h(x,y)$ 以及拉普拉斯算子 $p(x,y)$ 的傅里叶变换参数;$H^*(u,v)$ 表示 $H(u,v)$ 的复共轭;ξ 表示可调节参数。通过设置线性算子 B_1 与 B_2,结合初始透射率 $t(x,y)$ 完成透射率 $t_1(x,y)$ 的构造,获得双线性最小二乘滤波方法的第一个条件式 $\|B_1t(x,y)\|^2 + \|B_2t(x,y)\|^2$,且满足第二个条件式 $\|t(x,y) - H_{t1}(x,y)\|^2 = \|n(x,y)\|^2$,应用拉格朗日参量 λ 构建方程,如式(3-11)所示,并完成最小值的求取。

$$J(t_1(x,y)) = \|B_1t(x,y)\|^2 + \|B_2t(x,y)\|^2 + \lambda(\|t(x,y) - Ht_1(x,y)\|^2 - \|n(x,y)\|^2)$$

$$\tag{3-11}$$

利用双线性最小二乘滤波方法可将初始透射图中的块效应清除,达到较好的透射图复原效果,图 3-4 所示为双线性最小二乘滤波方法处理透射图,其中,图 3-6(d)表示本节方法优化后的透射图。

(a) 原始雾天图像　　　　(b) 灰度图　　　　(c) 初始透射图　　　　(d) 优化后的透射图

图 3-4　双线性最小二乘滤波方法处理透射图

4. 雾天图像清晰化整体流程

分别结合前节所获得的大气光值 A 与透射率 $t(x,y)$,并将其代入所推导出的大气散射模型的变形公式中可以获得目标图像的清晰化效果,图 3-5 所示为本节方法的雾天图像清晰化整体流程图。

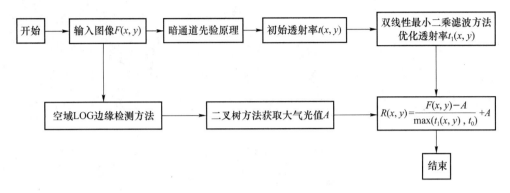

图 3-5 本节方法的雾天图像清晰化整体流程图

5. 实验结果对比与分析

为验证本节方法的效果,本节进行了大量对比实验,并利用 MATLAB 2017a 软件对本节方法和不同文献方法进行了验证。用于实验的设备运行内存为 4 GB,操作系统为 Windows 7,配置为 Inter core i7-2670QM CPU 5 GHz 等。

创建自己的图像数据集,其中包含 512 幅通过拍摄或网络下载的户外雾天图像和理想图像(利用理想图像可完成合成雾天图像的创建),这些图像涵盖不同的户外自然场景(远景和近景),包括各种自然景观、建筑物、树木、湖景、航空摄影图像等。

实验图像采用客观评价策略,即根据实验数据完成无参考图像客观评价指标分析,得到本节方法和不同文献方法的实验效果。无参考图像客观评价指标选用亮度均值(Lum)、对比度(Con)、信息熵(Inf)和盲测评指标〔新见可见边指标(e)、均值梯度指标(r)和曝光像素点问题指标(η)〕,并通过运算处理时间完成本节方法和不同文献方法的对比,得出不同方法的单幅图像处理效率。

1) 实验效果

实验选用的图像都是均匀轻雾图像,包括树林草地类区域、水巷、高原草地等的远景和近景。其中,图 3-6(a)、图 3-7(a)、图 3-8(a)的分辨率分别是 280×360、600×800、980×1260,并采用文献[28]方法、文献[29]方法、文献[30]方法、文献[31]方法和本节方法获得的实验结果图,完成对比与分析。

图 3-6(a)所示的均匀轻雾场景图像以树与草地为主;图 3-6(b)所示的图像呈现出明显的色偏现象,这是对色彩的过度增强所致的;图 3-6(c)所示的图像呈现出颜色泛白的现象,在天空区域尤为明显;图 3-6(d)所示的图像出现的雾气并未完全清除;图 3-6(e)所示的图像呈现出颜色偏暗、细节部分不够清晰的现象;图 3-6(f)所示的图像为本节方法的效果图,其还原效果与不同文献方法的还原效果相比,更接近真实状态。

图 3-7(a)所示的均匀轻雾场景中天空区域主要通过湖水的镜面反射,对该图像的处理很难避免镜面反射带来的问题;图 3-7(b)所示图像中房屋、树枝、拱桥、游船等景物颜色存在失真现象,尤其是湖水中天空的倒影区;图 3-7(c)所示图像的整体亮度好,但具体景物如树枝和小船的颜色反差大;图 3-7(d)所示图像的客观视觉效果较好;图 3-7(e)所示图像存在细节模糊、图像效果偏暗的现象;图 3-7(f)所示为本节方法的效果图,与图 3-7(d)相比,图 3-7(f)的细

(a) 原始雾天图像   (b) 文献[28]方法   (c) 文献[29]方法

(d) 文献[30]方法   (e) 文献[31]方法   (f) 本节方法

图 3-6　本节方法和不同文献方法的雾天清晰化效果(以树与草地为主)

节处更加逼真,这是由于本节方法所获得的 A 值与透射率 $t(x,y)$ 比基于大气散射模型的方法更加准确。

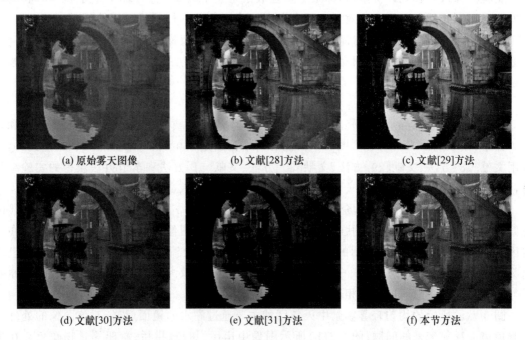

(a) 原始雾天图像   (b) 文献[28]方法   (c) 文献[29]方法

(d) 文献[30]方法   (e) 文献[31]方法   (f) 本节方法

图 3-7　本节方法和不同文献方法的雾天清晰化效果(水巷)

　　图 3-8(a)所示的均匀轻雾场景是高原草地的远景图,其中山脉和天空笼罩着一层薄雾;图 3-8(b)所示图像中呈现出天空颜色被错误地还原的效果;图 3-8(c)所示图像发生局部失真

和泛白,使得去雾效果整体极其不自然;图3-8(d)所示图像效果存在较为严重的晕轮现象,所获得的视觉效果并不柔和;图3-8(e)所示图像存在较为明显的噪声而且视觉效果偏暗;图3-8(f)所示为本节方法的效果图,其认可度最高,图像亮度分布协调,细节清晰,由雾气带来的噪声现象得到抑制,并且已基本消除,所获得的雾天清晰化效果与真实的场景非常相近。

(a) 原始雾天图像　　　　　(b) 文献[28]方法　　　　　(c) 文献[29]方法

(d) 文献[30]方法　　　　　(e) 文献[31]方法　　　　　(f) 本节方法

图 3-8　本节方法和不同文献方法的雾天清晰化效果(高原草地)

借助 2.4 节得出的评分指标,对文献[28]方法、文献[29]方法、文献[30]方法、文献[31]方法与本节方法得到的去雾视觉效果图,本章采用单向连续激励质量分级指标(SSCQS)完成评分。选择不同年龄、性别和职业的人群,包括高中女同学、高中男同学、艺术专业女学生、艺术专业男学生、30 到 50 岁的路人填写调研问卷,共 100 位观测者;所设计的具体评判方案是将待测评图像采用 ipad 视频播放的模式不断重复播放给观测者,让观测者对观察图像给出评分,并分别对这五个人群的打分平均分值进行统计。

由于主观评价指标在雾天图像清晰化处理结果的实际运用和处理过程中不可避免地出现不严谨、不稳定等局限性。例如:相同知识背景的人群在不同时间、不同外界光线的环境下,对同一幅雾天图像清晰化效果给出的分值和结论存在差异,而不同年龄、性别、审美、知识背景等的人群在对相同的图像效果打分时,也会因为时间、环境、个人情绪等因素,给出不同的评分,甚至有些评分差别很大,这些不可控且易变化的因素会严重影响主观评价的参考价值。

由于第 4、5、6 章的雾天图像清晰化效果的主观评价也面临上述的问题,故在第 4、5、6 章中不再赘述。

2) 图像客观指标分析

(1) 无参考图像客观评价指标分析

通过 2.4 节给出的无参考图像客观评价指标,针对图 3-6、图 3-7 和图 3-8 以及图像数据集中的另外 85 幅雾天图像(共 88 幅雾天图像),结合文献[28]方法、文献[29]方法、文献[30]方法、文献[31]方法和本节方法进行去雾处理,并对效果图进行对比与分析,得到 88 幅雾天图像清晰化结果的指标平均值(Aver)。无参考图像客观评价指标选用亮度均值(Lum)、对比度

(Con)、信息熵(Inf)和盲测评指标〔新见可见边指标(e)、均值梯度指标(r)和曝光像素点问题指标(η)〕。

表 3-1 所示为本节方法和不同文献方法的无参考图像客观评价指标结果。文献[28]方法应用变分式 Retinex 算法获得虚拟图像的入射子图,并采用亮度调整的方法处理所获得的实验结果图,该方法所获得的实验结果图像的 Lum 和 Con 指标结果较好,但在雾天图像转换为虚拟化暗通道图像的过程中容易损失图像细节,因而其指标结果不佳;文献[29]方法利用颜色衰减的预判信息构建透射率的亮度线性模型,所获得实验结果的亮度指标较好,但结合低频区域和高频区域复原效果,虽然能够提升雾天图像清晰化效果,但不可避免地会以损坏图像信息为代价,因而获得的指标结果整体不佳;文献[30]方法通过假定传输介质和场景表面阴影不相关,利用场景反射率可以粗略地估计透射率,然而该方法在统计信息不足的情况下效果不佳,因此该方法多用于针对均匀轻雾图像的清晰化复原过程,并在该过程中不断统计图像信息,该算法的 Inf 指标、e 指标、r 指标等结果较好,但该方法的 Con 指标较差;文献[31]方法结合辐射立方模型获取暗通道理论模型的边界条件,并结合容差机制下的权值自适应最小正则算法优化透射率,此方法属于复原型的去雾方法,所获得的实验结果的 e 指标和 r 指标较好,但其 Lum 指标和 Con 指标不佳;本节方法针对均匀轻雾图像采用 LOG 边缘检测结合二叉树方法获取精准的大气光值,并采用双线性最小二乘滤波方法优化透射率,所获取的清晰化图像可复原完整的图像前景细节,滤除图像噪声,削弱晕轮效应,算法的客观评价指标结果较好。

表 3-1　本节方法和不同文献方法的无参考图像客观评价指标结果

方法	图像	Lum	Con	Inf	e	r	η
文献[28]方法	图 3-6(b)	125.3	58.1	7.589 2	0.772 1	1.638 1	0.185 6
	图 3-7(b)	68.3	45.3	7.368 1	0.730 6	1.702 5	0.136 2
	图 3-8(b)	92.6	55.3	7.584 3	0.759 3	1.653 1	0.179 5
	Aver	89.5	52.8	7.569 2	0.758 1	1.660 8	0.168 5
文献[29]方法	图 3-6(c)	138.9	45.2	7.112 4	0.523 9	1.379 2	0.169 5
	图 3-7(c)	79.4	38.6	7.405 2	0.708 5	1.718 8	0.153 1
	图 3-8(c)	105.8	46.1	6.950 3	0.398 3	1.459 2	0.209 9
	Aver	115.2	45.1	7.219 5	0.551 8	1.525 7	0.180 2
文献[30]方法	图 3-6(d)	131.5	31.0	6.683 2	0.272 8	1.283 1	0.267 3
	图 3-7(d)	62.1	41.8	7.683 9	0.685 4	1.627 9	0.121 4
	图 3-8(d)	117.3	42.5	7.634 2	0.739 5	1.706 3	0.166 7
	Aver	128.3	40.9	7.653 1	0.669 2	1.653 9	1.192 7
文献[31]方法	图 3-6(e)	93.7	42.5	7.443 8	0.701 1	1.736 8	0.136 8
	图 3-7(e)	52.1	33.9	6.925 1	0.623 9	1.413 5	0.173 2
	图 3-8(e)	77.5	40.7	7.469 1	0.741 6	1.657 1	0.158 1
	Aver	78.9	41.5	7.482 3	0.718 9	1.649 3	0.161 1
本节方法	图 3-6(f)	128.5	58.6	7.730 9	0.794 4	1.756 3	0.112 5
	图 3-7(f)	81.2	48.0	7.692 0	0.749 2	1.728 6	0.108 3
	图 3-8(f)	99.5	52.9	7.593 8	0.763 1	1.719 2	0.096 8
	Aver	108.3	52.6	7.720 6	0.761 5	1.709 2	0.109 8

（2）方法效率对比

表 3-2 展示了本节方法和不同文献方法所消耗的处理时间。以分辨率为 600×800 的图像为例，本节方法采用双线性最小二乘滤波方法优化透射率，处理时间为 692.6 ms，处理速度最快；在亮度、去噪程度与边缘保持度方面也取得显著效果，并且运行效率高。从算法复杂度的角度而言，本节方法的时间主要损耗在对雾天图像透射率优化的过程中，双线性最小二乘滤波方法属于线性类算法，其计算量较小，因而处理速度较快；优化透射率的计算量主要集中于对初始透射图的二维傅氏变换、频域中数据加乘等运算。其中，对初始透射图的二维傅氏变换的主要目的是实现时域中二维透射图的卷积处理，能够节约计算量和增加时频域的限定约束；利用双线性最小二乘滤波方法所完成的频域中像素级数据加乘运算与时域运算对比，更能满足频繁的运算处理与存储量要求。

文献[28]方法采用变分增强型 Retinex 方法完成图像处理，此方法处理时间为 1 395.3 ms；文献[29]方法结合衰减先验信息构建线性模型，此方法处理时间为 1 831.9 ms；文献[30]方法计算了场景反射率，此方法处理时间为 2 786.1 ms；文献[31]方法结合辐射立方模型获取暗通道理论模型的边界条件，并结合容差机制下的权值自适应最小正则算法优化透射率，此方法处理时间为 8 590.1 ms。

表 3-2 本节方法和不同文献方法所消耗的处理时间 (单位：ms)

分辨率	280×360	600×800	$980 \times 1 260$
文献[28]方法	352.5	1 395.3	2 582.1
文献[29]方法	585.1	1 831.9	3 263.5
文献[30]方法	646.9	2 786.1	4 851.7
文献[31]方法	1 383.2	8 590.1	13 012.8
本节方法	169.3	692.6	1 051.3

6. 结论

本章方法首先选用空域 LOG 边缘检测方法完成均匀轻雾图像的边缘检测，在获得边缘的同时滤除图像中的噪声，进而对图像中的像素值完成逐行查找与搜索，并比较边缘双侧的像素灰度均值大小，依据 A 值较大的特性，粗略判定其所在区域，再利用二叉树方法获得精准的 A 值；其次应用双线性最小二乘滤波方法对透射率进行优化，能够在保持边缘细节的同时实现对噪声的较好处理，达到接近于真实值的透射图复原效果；最后将 A 值和优化后的透射率代到大气散射模型的变形公式中，通过客观评价指标可知，所获得的图像效果逼真、细节清晰、图像亮度分布均匀。

3.2 基于回归模型的单幅图像快速去雾方法

1. 引言

由于大气的存在，在恶劣天气下拍摄的户外图像可能会严重降级[32]。雾霾是室外成像中降低图像质量的主要因素之一[33-35]，它会使图像对比度和色彩保真度降低，并增大了后续图像处理和计算机视觉任务中算法失败的可能性[36,37]。因此，在实际应用中，图像去雾操作是非常必要的。

综上所述，目前的算法存在 3 个主要问题：

(1) 对传输图的估计不够充分，准确地说，其结果可能是过度增强或增强不足[38]；

(2) 未考虑大气球面光的不均匀性，导致阴影区曝光不足或色移[39-41]；

(3) 对于基于学习的算法，样本不易收集，计算复杂度难以降低[41,42]。

为了解决这些问题，本节基于学习框架提出了一种新的去雾算法。本节的算法可以分为两部分：训练和除雾。在训练部分，运行 domly 生成了大量高质量的图像，其不同的纹理和颜色，可以显著提高具有较小类间方差的回归模型的精度；提取 7 个基于质量的雾霾相关特征进行了分析，包括各种对比[43,44]、直方图均衡化[45,46]、颜色饱和度[47]等；最后，通过支持向量回归(SVR)学习回归模型。在去雾部分，本节提出一种估计动态大气的新算法，该方法基于最大滤波和中值滤波的光图[48,49]，所采用的雾霾图像被划分为方形块，其中每个图像使用相同的特征值；这种基于块的特征提取显著降低了输入维数，且算法的有效性好；此外，采用引导滤波器对传输图进行优化。实验结果表明，该方法是有效的，计算复杂度较低，除雾效果较好，且在任何区域都没有过度或不足的增强。

2. 改进策略

1）雾霾图像的基本建模

与只考虑视觉效果的方法相比，采用物理模型可以使计算结果更加准确，改善所处理图像的视觉效果[50,51]。本节使用大气散射模型表征雾霾图像的退化。大气散射的光线进入成像装置可分为两部分——场景亮度衰减和大气衰减[52]，如式(3-12)所示：

$$I(p) = J(p)t(p) + A(p)(1-t(p)) \tag{3-12}$$

其中，$I(p)$ 为在像素位置 p 处观测到的雾霾图像；J 为原始场景亮度；A 是大气光值；t 是透射率，受景物到景物的距离的影响：

$$t(p) = e^{-\beta d(p)} \tag{3-13}$$

其中，β 是散射系数，d 是景深。从 $I(p)$ 中恢复 J 的关键是精确估计 A 和 t。图像复原过程如式(3-14)所示：

$$J(p) = (I(p) - A(p))/t(p) + A(p) \tag{3-14}$$

2）大气光值估计

在雾霾图像的退化模型中，大气光值 A 代表场景的照度。对于传统的方法，如四叉树细分和暗通道先验方法，当雾霾中有大型白色景物时，会出现错误还原图像的现象[53-55]；当图像中有大面积的阴影部分(如景物的阴影侧)或突出区域(如天空)时，这类方法也可能失效[56]。当这种情况发生时，传统大气光值可能会导致不令人满意的结果，即使 A 的位置很难被准确估计。图 3-9 所示为由全球大气光处理后的夜间图像，路边的树看起来很黑，很难避免图像

图 3-9　全球大气光处理后的夜间图像

中存在的噪声[57,58]。

考虑到图像上的光照往往是不均匀的,对照角度的变化和景物光线相互反射之间的影响[59,60],本章提出了基于最大滤波器的一种动态大气光图估计的新方法。本节假设至少有一个图像像素可以表示局部光照,从而获得其最大通道像素值[61]。图像的最大像素值为输入图像中每个像素的最大通道。通过使用最大滤波器(其大小为 20×20)完成图像分析与处理,由此可以估计图像的大气光值。

$$A_{lux}(p) = \max_{y \in \Omega(p)} (\max_{c \in [R,G,B]} (I^c(y))) \tag{3-15}$$

$\Omega(p)$ 是以位置 p 为中心的局部图像[62,63]。虽然 A_{lux} 可以近似地表示图像的照度分布,但其边缘与原始图像不同。因此,需要一些额外的信息来表示相等照明区域的精确边界,根据本节的观察,边缘之间不同等照度区域明显强于正常的纹理边缘,该值通常是低频的[64,65]。而考虑中值滤波可以消除高频边缘,并保留低频信号[66]。快速中值滤波器的大小为 15×15,对灰度图像进行的边缘估计,边缘信息 A_{edge} 的计算公式如式(3-16)所示。

$$A_{edge}(p) = \underset{y \in \Omega(p)}{\mathrm{med}} (gray(I(y))) \tag{3-16}$$

其中,gray($\cdot$)是一个灰度处理操作,用于将彩色图像转换为灰度图像。本节使用导向滤波处理图像,处理后的图像靠近边缘地图 A_{edge}。优化后的光照图像为 A,可视为动态大气球面光图。A 的抠图过程描述如下,其中 GFI 表示引导滤波器[67]。

$$A = GFI(A_{edge}(A_{lux})) \tag{3-17}$$

用所提出的方法估计 A,得到了结果图。与传统的静态大气光值相比,该方法在天空和道路上都有较好的性能区域,使颜色和饱和度更真实,图像像素的强度更亮,距离更近,能重现预期的现实场景。

3)训练数据的生成

去雾回归模型的训练需要较大的训练数据集,由不同雾霾级别的简单图像及其对应的传输参数 t 组成。而在传统方法中,收集不同雾霾条件下的照片,可以将其创建为训练样本。然而,在不同的条件下收集许多样本是相当昂贵和费时的。此外,由于样品的标签(传输)是一个连续的值,因此人类基于视觉对其进行标签是具有挑战性的。

众所周知,许多自然的图像都含有很大的低对比度和低饱和度区域(如天空、墙壁、道路)。当图像属于这样的区域时,可进行切割和收集,从而作为无霾图像样本,无霾特征的类间距离空间明显增加是一个基于学习的框架必须解决的问题。

本节提出了一种基于生成训练数据的新方法。也就是说,该方法使用随机算法获得无雾霾图像,其饱和度和对比度比其他方法高,而且该方法所得的图像同时包含随机的纹理和颜色。

4)特征提取

本节的随机算法可生成 7 000 个清晰的图像,再针对每个清晰图像,随机添加 9 个合成雾霾斑块 $t = [0.9, 0.8, \cdots, 0.1]$,从而获得 70 000 个训练图像。在提取特征之前,这些图像按照降序排列。从训练图像中提取了 7 个特征,其中大多数特征与雾霾水平和温度高度相关,可以代表图像质量。本节介绍、定义了每个特征,并展示了这些特征的性能。

均方误差对比特征 F_{MSE}，表示方差。式(3-18)定义了 F_{MSE}，其中 $I_c(p)$ 为斑块颜色在通道 c 中 p 位置的像素值，N 为 patch 的像素数，I_c 为平均像素的通道 c 的值。在式(3-18)~式(3-19)中，$c \in \{R,G,B\}$ 是 RGB 图像的颜色通道。

$$F_{MSE} = \sum_{c \in \{R,G,B\}} \sum_{p=1}^{N} \frac{(I_c(p) - I_c)}{N} \tag{3-18}$$

由式(3-19)计算的迈克尔逊对比特征 F_{MIC}[7] 通常用于描述周期性图案和纹理，其中 $I_{c,max}$ 和 $I_{c,min}$ 分别为通道 c 中像素值的最大值和最小值。

$$F_{MIC} = \sum_{c \in \{R,G,B\}} \frac{(I_{c,max} - I_{c,min})}{(I_{c,max} + I_{c,min})} \tag{3-19}$$

5）学习回归模型

在本节的算法中，每个特征都是一个标量，所以一个训练样本被表示为一个七维特征向量。这些特征向量连同相应的样本标签一起被发送到 SVR 训练，生成回归模型。libSVM 的训练过程中使用了 MATLAB 2013 中的工具。采用 RBF Kernel 函数进行标准偏差 SVR 训练，参数为 0.01。本节的性能分析模型将在下文描述。

用估计的透射率 t 和大气光值 A，可以恢复场景亮度。

3. 实验结果对比与分析

为了验证该算法的有效性，本节比较了本节方法和 4 种优秀的去雾方法：文献[68]方法，文献[69]方法，文献[70]方法，文献[71]方法。请注意，所有这些方法都是图像去雾技术的典型方法。

使用上文描述的方法，本节生成一组测试数据，用于测试不同的特征或不同的训练样本下本节方法的效果。将这个测试命名为测试图像集，并将其用于本节的实验中。这是鉴于大多数用于图像去雾处理的公开数据集都是室内图像，本节收集了自己的测试集，其中包含 427 张真实的户外雾天图像，上述图像均是在网上收集或由相机拍摄的，包括各种常见的景观：建筑物、街道、监控、航拍、自然风光等。

1）生成训练样本的性能

本节方法的一个新颖之处在于生成培训样本的方法。为了证明其效果，本节比较了本节训练集中训练的模型和传统训练集中训练模型的性能估计。根据之前的学习，本节收集了一组晴朗天气下的城市照片和风景照片，将其划分成大约 7 000 个清晰的子图像。本节使用这两个传统的训练集训练两个回归模型，之后将其应用于测试图像集，并说明本节方法生成训练样本的优越性。

2）不同特性的性能

本节使用训练集图像的 7 个特征学习所设计的回归模型，以确定这些特性是否多余，并测试这些特征的不同组合。

表 3-3 显示了不同特征组合检验结果的准确度，其中 f_1 到 f_7 分别为 MSE、MIC、WEB、HIS、MIN、MEA、SAT。通过观察可知，与颜色相关的特征（如 SAT 特征）比与对比度相关的特征（如 MSE 特征）表现更好。基于上述七个特性，可获得最优的回归模型组合。

表 3-3　不同特征组合检验结果的准确度

特征组合	MSE 值的准确度/$\times 10^3$
f1	8.92
f2	3.81
f3	4.01
f4	74.8
f5	1.95
f6	2.35
f7	1.75
f1,f5	2.01
f1,f2,f3	4.72
f5,f6,f7	1.05
f1~f7	1.02

3）回归模型检验

为了验证回归模型的准确性，通过估计测试图像集的 t 比较了一些传统而有效的方法，如文献[70]方法。这说明该方法总是倾向于高估 t，最终导致图像过度增强。本节估计透射率所使用的方法是一种以标签为中心的均匀分布，能够产生更准确的除雾结果。

4）时间复杂度

以上算法的验证均是在个人电脑上进行测试而完成的，所采用的电脑设置为：Core i5-3350P 3.1 GHz 处理器，4 GB 内存，64 位 Windows 8 操作系统。所有源代码均使用 MATLAB 2019 版本和 libSVM 3.18 实现，并提供不同的综合效率比较算法，通过测试不同分辨率的图像。由表 3-4 中数据可以看出，本节方法具有速度快的优点，此外，由于图像分辨率之间存在线性关系，因此需考虑高计算量的要求。何凯明提出的方法中采用的软抠图优化透射率复杂性高，本节将其替换为引导滤波器[71]，能获得类似的结果，但更有效。

表 3-4　本节方法与对比文献方法所用处理时间　　　　　（单位：ms）

分辨率	280×360	600×800	980×1 260
文献[68]方法	272.1	1 152.8	2 161.5
文献[69]方法	792.3	1 209.9	2 798.8
文献[70]方法	851.5	1 679.5	4 003.3
文献[71]方法	1 601.6	6 001.4	8 995.6
本节方法	462.9	1 183.9	2 985.7

5）质量评价

本节采用客观质量评价和主观分析两种方法来分析这些算法的性能。这些指标能较为准确地反映图像的视觉效果。被过度增强的图像往往会导致更高的对比度和更丰富的边缘，因此，在视觉上可能与原始图像不相似，从而降低了图像的视觉吸引力。所采用的盲测评指标为新见可见边指标（e）、均值梯度指标（r）和曝光像素点问题指标（η）。均值梯度指标可最大限度地检测信息损失约束下的对比，若图像效果过于饱和，则该方法多存在较大的误差。为了解决这个问题，使用两个全参考指标 SSIM 和 PSNR 作为补充，可以为各种图像的分析提供更可靠的客观评价。表 3-5 所示为本节方法与对比文献方法的质量评价结果。

表 3-5　本节方法与对比文献方法的质量评价结果　　　　　（单位:ms）

指标	文献[68]方法	文献[70]方法	本节方法
e	0.772 1	1.638 1	0.185 6
r	0.730 6	1.702 5	0.136 2
η	0.759 3	1.653 1	0.179 5
SSIM	0.759 3	0.762 8	0.781 5
PSNR	17.023 8	20.369 5	21.567 2

6）结果分析

表 3-5 中的评价结果应具有更大的权重。虽然本节方法没有达到最优的新见可见边指标（e）、均值梯度指标（r）指标,但本节方法具有较优秀的 SSIM 和 PSNR。

由于客观的质量评估不足以完整地分析对去雾图像质量的影响,因此必须进一步观察分析一些有代表性的图像。如图 3-10 所示为实验结果。其中,图 3-10（a）、图 3-10（e）、图 3-10（i）为原始雾霾图像,图 3-10（b）、图 3-10（f）、图 3-10（j）为文献[68]方法去雾结果,图 3-10（c）、图 3-10（g）、图 3-10（k）为文献[70]方法去雾结果,图 3-10（d）、图 3-10（h）、图 3-10（l）为本节方法去雾结果。在评估这些算法时不添加任何后处理或额外的约束。每个算法处理所有测试图像的参数均恒定,无需手动调整。

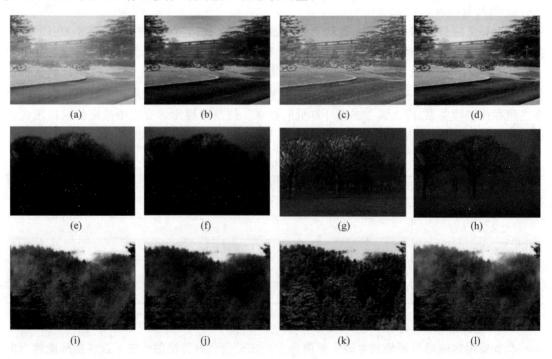

图 3-10　实验结果

通过与文献[68]方法和文献[70]方法对比发现,文献[68]方法处理后颜色失真严重,文献[70]方法处理后天空区域的效果不理想,成因是其处理明亮白色或灰色区域时,该区域不匹配暗通道先验的理论模型,透射率的取值有偏差。利用改进算法能有效解决该问题,得到接近真实值的透射率。处理后的雾霾图像,较好地再现了图像细节,色度上与日光下的真实场景相近。

4. 结论

本节在学习框架的基础上提出了一种单幅图像去雾算法。与目前最先进的方法相比,本节方法具有较低的计算复杂度且去雾效果合理,场景适应性强。此外,本节提出了一种生成训练样本的新方法,其处理不同场景图像的有效性已得到证明。本节还表明,传统的方法在处理一些场景时有限制,例如,背景复杂的街景图像。

3.3　环境光模型暗通道快速去雾处理

1. 引言

随着现代工业的发展,生成的悬浮物质大量排放于大气中。天空中的悬浮粒子散射和吸收光线,使得室外拍摄图像的效果对比度和色度保真度降低[72]。室外图像质量要求较高的应用[73-75],大到军事监控敌情、刑侦捕获犯罪细节,小到日常汽车安全行驶对前方障碍物的观测[76,77]等,都需要对得到的图像实现去雾处理,还原清晰可见的细节[78]。图像去雾处理从美学角度能使图像质量得到改善[79-81],使之更好地应用于高级图像处理领域。

传统的暗通道先验算法在场景中主体与天空颜色相近时,去雾效果将大打折扣[82-84]。而且该方法对灰度区域处理效果不佳,并在深度不连续处出现晕轮效应,应用软抠图方法则消耗大量处理时间。本节对暗通道先验方法提出改进,对大气光值 A 的估计方法进行创新,通过维纳滤波及图像形态学方法对透射率进行优化,优化去雾图像视觉效果的同时节约了处理时间。

2. 暗通道先验算法的改进

在多数去雾算法中,通过对雾气视觉效果为浓烈区的估计[85,86],使得某些镜面反射物质[87],如水面或若干反光体表面[88,89],被错误地用于估计大气光值 A。本节先利用 LOG 算子进行边缘检测,再通过四叉树结合 Skyline 算法寻找大气光最大值。通过维纳滤波,图像形态学方法对透射率进行优化,提高算法处理效率。

1) 边缘检测分区

暗通道先验算法中对大气光值 A 的估计是粗略的,因而实现去雾处理时图像效果不佳。利用 LOG 算子对雾天图像 $H(x,y)$ 处理,再对其像素值逐行查找和搜索,能粗略地判断天空区域位置。LOG 算子是拉普拉斯算子基础上的改进,拉普拉斯算子求取二阶导数并通过零点位置确定边缘,实质是求一阶导数的最大值[90,91],该方法对边缘处的图像噪声尤为敏锐,引入二维高斯进行模糊[9],能较好地获得图像边缘[92],同时平滑图像[93-95],对图像中一些小孤立点和结块进行消除[96-98]。

利用 LOG 算子对雾天图像 $H(x,y)$ 进行边缘检测,即对 $H(x,y)$ 与 $G(x,y)$ 进行卷积运算:

$$\Delta|G_\sigma(x,y)*H(x,y)|=|\Delta G_\sigma(x,y)|*H(x,y)=\text{LOG}*H(x,y) \tag{3-20}$$

$$R(x,y)=\frac{H(x,y)-A}{\max(t_2(x,y),t_0)}+A \tag{3-21}$$

利用拉普拉斯算子 L^2 实现对雾天图像的边缘检测[99,100]处理,输出图像为 $H_1(x,y)$,其论证式为

$$H(x,y)G(x,y)L^2H_1(x,y)=L^2(G(x,y)\bigotimes H(x,y)) \tag{3-22}$$

其中 $\bigotimes$ 表示卷积。对 L^2 的计算公式 $L^2=\frac{\partial^2}{\partial x^2}+\frac{\partial^2}{\partial y^2}$ 应用卷积计算定理,再进行交换可得

$$H_1(x,y)=L^2G(x,y)\bigotimes H(x,y) \tag{3-23}$$

其中,$L^2G(x,y)$ 为 LOG 算子:

$$\text{LOG}(x,y)=L^2G(x,y)=\frac{1}{\pi\delta^4}-\left[\frac{x^2+y^2}{2\delta^2}-1\right]e^{-\frac{x^2+y^2}{2\delta^2}} \tag{3-24}$$

综上可知,利用 LOG 算子对雾天图像边缘检测[101-103],首先采用二维高斯进行雾霾图平滑[104-105],再利用 $L^2=\frac{\partial^2}{\partial x^2}+\frac{\partial^2}{\partial y^2}$ 进行边缘提取。将 LOG 函数得到的 $H_1(x,y)$ 与 $H(x,y)$ 比较,发现 $H(x,y)$ 中小于 $H_1(x,y)$ 的部分主要为噪声,这是该算法滤波的特点[106]。

2) 四叉树估计 A 值

为准确确定天空 m,通过对雾霾图像 $H(x,y)$ 用 LOG 边缘检测方法得 $H_1(x,y)$ 并逐行查找,再利用四叉树构造 Skyline 算法估计大气光值 A。图 3-10(b)中,将天空区域 m 与原始图像 $H(x,y)$ 对照,寻找 $H(x,y)$ 中对应部分 m_1;图 3-10(c)将 m_1 划分为四个区域,计算四个部分的灰度平均值,并比较,取灰度平均值最大的分块,至分块的尺寸小于给定的值,对块进行 Skyline 搜索。Skyline 搜索的基本思想为寻找不受其他点支配的点组合,支配的定义的是:点 $B=(B[1],B[2],\cdots,B[n])$ 支配另外一个点 $B=(B[1],B[2],\cdots,B[n])$,当且仅当 $B[i]\geqslant B[j]$,至少有一个维度满足 $B[i]>B[j]$。图 3-11 所示为四叉树估计 A 值的过程。

(a) 原始图像 (b) LOG 边缘检测 (c) 大气光值估计

图 3-11 四叉树估计 A 值的过程

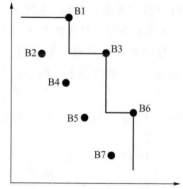

图 3-12 Skyline 搜索原理图

图 3-12 中 B2 点受 B1 点支配,B4、B5 点受 B3 点支配,B5、B7 点受 B6 点支配,而 B1、B3、B4 点是不受其他点支配的,为 Skyline 点。对图 3-10(c)中取灰度平均值最大的块,应用 Skyline 搜索寻找此图像块中灰度值最大的点 $H_{\max}(x,y)$,其灰度值近似为大气光值 A。

3) 分区改进维纳滤波结合图像形态学优化透射率

透射率不是某一区域的固定值,而是随景深变化

而变化[107]并在边缘处快速变化的[108]，这使得处理后的雾天图像边缘处往往出现晕轮效应[109-111]，晕轮效应的实质是透射率 $t(x,y)$ 选取值偏差大。采用 softmatting 选取规模较大的系数矩阵处理透射率，处理代价大，耗时长，计算 $t(x,y)$ 占用了大部分时间。对此，本节对透射率的处理实现改进，采用维纳滤波和图像形态学处理中的膨胀和腐蚀优化透射率。

$$t(x,y) = e^{-\beta d(x,y)} \tag{3-25}$$

$t(x,y)$ 和景深 $d(x,y)$ 成指数关系[112]，除在边缘处景深的偏差较大[113]，可假定一定区域内的景深是相同的，即透射率 $t(x,y)$ 一定。为进行 $t(x,y)$ 在边缘处的处理，所选取的滤波算法在去除噪声的同时，尽可能完整地保留边缘细节[114-116]。维纳滤波去除噪声效果明显，视觉上存在良好的感官，但滤波后的图像边缘区振铃效应明显，因而本节选取分区改进维纳滤波实现对透射率 $t_2(x,y)$ 的处理。维纳滤波是基于最小均方差的卷积模型：

$$t_2(x,y) = \frac{|H(x,y)|^2}{|H(x,y)|^2 + |S_n(x,y)/S_f(x,y)|} \cdot \frac{G(x,y)}{t(x,y)} \tag{3-26}$$

其中，$t(x,y)$ 为透射率图，$G(x,y)$ 为点扩散函数 PSF，$S_f(x,y)$ 为原始图像的功率谱，$S_n(x,y)$ 为噪声功率谱，$t_2(x,y)$ 为输出图像。改进算法流程图如图 3-13 所示。

$$\gamma = S_n(x,y)/S_f(x,y) \tag{3-27}$$

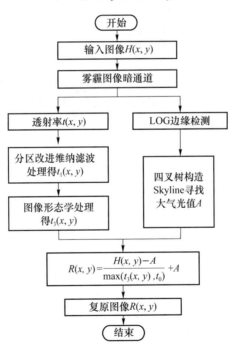

图 3-13　改进算法流程图

复原图像在亮度、边缘保持、去噪程度[117]上保持平衡，取 $\gamma = 10^{-5}$。分区改进的维纳滤波依据人的视觉特性对图像分区，分为边缘、平坦和纹理三区，三区的局部方差 δ 的求解方法如下：

$$m_{\text{local}}(x,y) = \frac{1}{(2P+1)(2Q+1)} \sum_{i=x-P}^{x+P} \sum_{j=y-Q}^{y+Q} t(i,j) \tag{3-28}$$

$$\delta_{\text{local}}(x,y) = \frac{1}{(2P+1)(2Q+1)} \sum_{i=x-P}^{x+P} \sum_{j=y-Q}^{y+Q} [t(i,j) - m_{\text{local}}(x,y)]^2 \tag{3-29}$$

其中，$m_{local}(x,y)$为局部均值；$\delta_{local}(x,y)$为局部方差；(x,y)为图像像素点；$(2P+1)$和$(2Q+1)$为使用模板的大小，选择的模板应与暗通道图像分块匹配，因而选取15×15的模板。式(3-28)和式(3-29)分别求取围绕在(x,y)周围$(2P+1)$和$(2Q+1)$区域的像素值均值和方差。

图 3-14 所示为分区改进维纳滤波结合图像形态学优化透射率的过程。其中，图 3-14(a)、图 3-14(e)、图 3-14(i)是原始雾天图像；图 3-14(b)、图 3-14(f)、图 3-14(j)是雾天图像暗通道；图 3-14(c)、图 3-14(g)、图 3-14(k)是初始透射图；图 3-14(d)、图 3-14(h)、图 3-14(l)是本节方法的透射图。

图 3-14　分区改进维纳滤波结合图像形态学优化透射率的过程

首先计算 $t(x,y)$ 的局部方差，获取和保存局部方差最大值 $\delta_{maxlocal}(x,y)$，将图像分成上述三区并融合。应用分区改进的维纳滤波将透射率中的块效应基本清除。但将此处得到的透射率 $t_2(x,y)$ 直接用于雾天图像处理将出现晕轮效应，由于对雾天图像实现分区改进维纳滤波后 $t_2(x,y)$ 边缘与待处理雾天图像 $H(x,y)$ 的边缘有偏离，需深入处理。利用图像形态学方法对 $t_2(x,y)$ 处理，为保留图像细节区域和景深突变的区域，先采用膨胀处理，使图像边缘处部分小细节达到连通，能去除部分零散的边缘细节，并进行腐蚀操作；为使边缘向内缩小，基于透射率的像素值是二值化的，实质为求解块中的最小值：

$$t_3(x,y) = \min(t_2(x,y)) \tag{3-30}$$

对 $t_2(x,y)$ 进行腐蚀处理的程度取决于块大小，腐蚀程度过大或过小都将出现与原图 $H(x,y)$ 不匹配的边缘，通常取块的 1/2。与文献[118]方法相比，本节方法求得的透射率虽没有保留所有边缘细节，但对整体信息和边缘部分处理所得的透射率，与真实的透射率是相近的。可以看出，利用分区改进维纳滤波[8]结合图像形态学优化透射率的方法可行。

4）雾霾图像还原

本节通过 LOG 边缘检测和四叉树构造 Skyline 算法寻找大气光值 A，采用分区改进维纳滤波和图像形态学[12]处理中的膨胀和腐蚀优化透射率得到 $t_2(x,y)$。至此，利用已知的 A、$t_2(x,y)$、$H(x,y)$ 来还原无雾图像 $R(x,y)$。

3. 实验结果对比与分析

实验所用操作系统为 Windows 7，在 Inter core i7-2670QM CPU 5 GHz、4 GB 内存的操作平台上运行。基于 OpenCV 2.4.8 对本节算法进行验证，改进算法不仅在视觉效果上提升，而且对比表 3-6 可以看出本节算法在处理速度上有明显提高，缩短了程序运行时间。

1）去雾效果的对比

为了验证算法的可靠性，利用日常捕获和网络搜索的大量雾天图像进行测试。图 3-15 给出了文献[118]方法，文献[119]方法和本节方法的去除雾霾后的效果对比。

图 3-15(a)、图 3-15(e)、图 3-15(i)为原始雾天图像；图 3-15(b)、图 3-15(f)、图 3-15(j)为文献[118]方法去雾结果；图 3-15(c)、图 3-15(g)、图 3-15(k)为文献[119]方法去雾结果；图 3-15(d)、图 3-15(h)、图 3-15(l)为本节方法去雾结果。

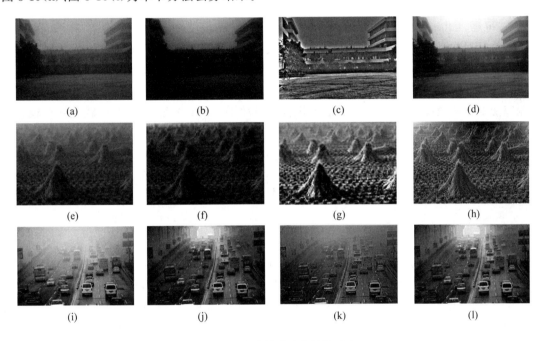

图 3-15　去除雾霾后的效果对比

通过与文献[118]方法和文献[119]方法对比发现，文献[119]方法处理后颜色失真严重，文献[118]方法处理后天空区域的效果不理想，原因是其处理明亮白色或灰色区域时，该区域块不匹配暗通道先验的理论模型，透射率的取值有偏差。利用改进算法能有效解决该问题，得到接近真实值的透射率。处理后的图像较好地再现了图像细节，在色度上与日光下的真实场景相近。

2）处理速度和运算耗时

表 3-6 给出不同图像像素值的图片在两种方法处理下所需的时间，对于一幅分辨率为 600×400 的图像，文献[118]方法处理时间为 14 560 ms，其中计算透射率消耗 10 200 ms，占用了大部分处理时间；文献[119]方法处理时间为 768.5 ms，虽时间上占优势，但复原图像效果失真严重；本节方法处理时间为 821.67 ms，兼顾视觉效果。与暗通道先验算法相比，本节方法处理时间显著缩短，具有一定的鲁棒性。

表 3-6　运算效率对照

图像大小	文献[118]方法/ms	本节方法/ms	比值
280×320	5 663	314.61	18
300×450	8 960	500.83	17.89
350×550	9 980	560.05	17.81
400×600	14 560	821.67	17.72
455×670	16 898	981.87	17.21
500×800	18 312	1 057.27	17.32
620×850	20 158	1 201.3	16.78
1 280×960	25 332	1 597.2	15.86

4. 结论

本节针对文献[118]方法估计透射率计算时间长、处理周期慢及对大气光值 A 估计偏差大的问题,对该方法提出改进:对 A 估计方法进行创新,采用 LOG 边缘检测和四叉树构造 Skyline 寻找大气光值 A,并通过维纳滤波以及图像形态学方法对透射率实现优化,处理边缘景深突变处晕轮效应效果明显,优化去雾图像视觉效果的同时缩短处理时间,优化效果较为理想,真实地还原了日光场景。

3.4　基于视觉效果提升的去雾方法

1. 引言

在恶劣天气下拍摄的场景图像,如雾和霾场景下的图像,所捕获图像多随着光的传播而减弱[119-121]。这是因为在大气散射的条件下,当场景亮度与环境光相结合时,所获得的图像的图像对比度、色彩饱和度及能见度随场景距离增加而逐渐降低[122,123]。上述因素作为影响雾天图像特征提取的因素,往往在捕获图像之前需要采用相应算法改进图像质量,使之可用于相关计算机视觉应用,如监控、安防、交通监控和驾驶辅助[124-126]。

去雾技术是一种雾天图像的恢复技术,所捕获雾天图像均可通过逆转大气散射的影响而实现去雾。除估计场景深度、雾气严重程度等参数带来的挑战,去雾过程中还容易出现噪声放大的现象[127-129]。

本节着重讨论了减弱去雾时的伪影和噪声的影响[130-132],分析了在图像去噪、去样和去雾三种相互作用中,无论这些操作的顺序如何,都应预先考虑伪影和噪声的影响。为此,本节提出了去噪和去雾相结合的数字图像处理框架,开发了一种基于视觉效果提升的去雾算法,该算法可有效去除图像噪声[133,134]。本节方法在增强变分去雾方法 EVID 上加以改进,形成一种扩展变分去雾方法 FVID。本节方法可同时进行去雾和去噪过程,其优点是能最大限度地减去雾后的残余误差。扩展该方法可同时执行去雾和去噪过程,其优点是能最大限度地减少去雾后的残余误差。

2. 基于视觉效果提升的去雾方法

基于视觉效果提升的去雾算法主要结合伪影去除方法 $y(i, j)$ 和传感器噪声去除方法

$n(i, j)$。因此,本节提出一个替代方案,解决了去雾和去噪的双重问题。FVID 方法旨在最大限度地减少去雾后图像的影响[135-137]。

传统的增强型去雾方法有很好的去雾能力,但同时会产生过度增强的结果,处理后的图像中本应携带的有用前景信息往往也被滤除了,因此,本节提出一种针对图像每个部分进行不同程度增强的处理方法。根据上述分析,本节的设计思路为:所采用的方法既能够有效保留关键信息,又能够实现逐级优化[138-140],从而完成雾天图像清晰化建模。在建立了上述思路之后,本节制定了一个融合去雾的模型,能够迭代到各幅雾天图像中,且只保留每个输入层的最有用的视觉效果信息[138-140]。

1) 渐进式 DiffSat 地图生成

为捕获能量 FVID 方法的能量所生成的隐式深度信息[141-143],可将 EVID 方法的能量扩展为

$$E_{\text{FVID}}(I^j) = E_{\text{EVID}}(I^j) + \tau \sum_x I^j(x) \qquad (3\text{-}31)$$

这个简单的扩展保留了去雾功能,同时增加了去噪的惩罚项值[144]。实际上,上述思路相当于优先处理图像噪声。其中,I^j 是一个颜色通道,该值取 $[0,1]$。

通过对包含的额外项目进行惩罚,可以获得图像中的高强度值。因此,梯度下降方法[145-147]会减小输入图像的强度值。为了达到能量最小化,本节在非负图像空间中设定了一种约束,即对该模型增加一个非线性约束,可以使用不同的方法来处理。此外,在该模型中采用了一种更简单的方法,即通过迭代取负值并将图像反向投影到 $[0,1]$ 范围内,然后通过剪切来测距。需要注意的是,E_{FVID} 的最小值会引入灰度变化的效果。

实际上,本节关注的不是 E_{FVID} 的最小值,而是每个像素强度值 $I(x, y)$ 的变化趋势。较近的区域有更多饱和的像素[151],并且它们的值在通道之间通过最大化对比度来驱动,往往会迅速下降。图像中较远的部分大多包含不饱和的像素[152,153],并且需要更长的时间才能消失。因此,可以观察到每次迭代与前一次迭代在饱和度上的差异[154]。最后,可以生成一系列 DiffSat 地图,以精确表示场景中的深度分布[155,156]。

2) 算法融合的过程

通过本节方法可生成 FVID 的迭代项 $\{I_j\}_{j=1}^N$ 及 DiffSat 映射图 $\{D_k\}_{k=1}^M$,然后融合这两个信息来源。融合过程应该反映出,对应于迭代后期的 DiffSat 地图,即那些雾较重的图像区域,经过进一步的相关处理可以得到无雾的迭代结果。

首先,对 DiffSat 的集合进行插值或预测,以获得一组 N 维的深度映射[157]。然后,将这些新的映射与三维高斯核进行卷积(x,y 和 temporal),为了实现平滑过渡,可以在时间域中将任何像素 x 的维数设定为 1。最后,对这些归一化深度图进行加权求和,并将融合图像作为结果。

$$F_{\text{FVID}}(x) = \sum_{j=1}^N D_j(x) \cdot I_j(x)^{\Gamma_j} \qquad (3\text{-}32)$$

其中,$\Gamma = [\Gamma_1, \cdots, \Gamma_N]$ 是原始图像在 0.45 和 1.2 之间递增的线性集合。

3. 实验结果分析

本节使用了以下参考值:$\alpha = 0.5, \beta = 0.5, \gamma = 0.2, \eta = 0.02, \tau = 1$。两个距离函数是标准偏差为 50 像素的高斯函数。时间步长分别设置为 $\Delta t = 0.15$、$\Delta t = 0.05$,并允许更详细的 DiffSat 映射集。通过考虑达到梯度下降的稳定状态,如果连续两次操作之间的图像差异低于

0.02，则 Γ 值集合的间隔为 0.45（第一次迭代时的值）和 1.2（最后一次迭代时所采用的值）。

在计算复杂度方面，FVID 方法比 EVID 方法的复杂度增加了一倍，因为该方法的计算成本主要为最小化模型之间的迭代次数。本节提出的快速傅里叶变换技术可以应用于图像去雾，提供了 $O(n)$ 的复杂度。在实现过程中，需要一定的时间来处理以万像素为单位的图像，并完成能量最小化算法的分析。

图 3-16(a)描述了一个典型的有雾场景。虽然所有方法均提高了小麦的可见度，但文献[55]方法的图像被过度增强，而文献[56]方法针对该图像似乎得到了良好的去雾效果。这点可通过一个简单的实验来证实：首先，利用暗原色先验法得到一个深度图，其为退化图像提供了可靠的透射率；然后，对传输率进行归一化，并在连续的深度级别上对其进行优化，以获得累积深度图和相应的部分优化图；最后，应用 SSIM 指标测量原始图像与去雾结果图像的偏差结构。

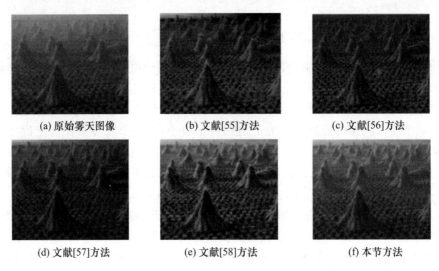

(a) 原始雾天图像　　　(b) 文献[55]方法　　　(c) 文献[56]方法

(d) 文献[57]方法　　　(e) 文献[58]方法　　　(f) 本节方法

图 3-16　本节方法和不同文献方法的雾天清晰化效果（有雾场景）

即使图像中存在不均匀的光照，本节方法仍可以去除其中的雾霾。例如，图 3-17(a)左侧的太阳产生了不均匀的光照。传统的去雾方法多假设雾霾有规律的分布，文献[55]方法过度补偿了左侧区域的光照，并在去雾过程中引入了淡黄色的人工色调。相反，本节方法在处理不均匀光照的雾天图像时，则增加了其可见度（参见图 3-17(f)中央的树），而且并不引入多余的颜色，因此，FVID 方法可以有效避免过度处理。

(a) 原始雾天图像　　　(b) 文献[55]方法　　　(c) 文献[56]方法

(d) 文献[57]方法　　　(e) 文献[58]方法　　　(f) 本节方法

图 3-17　本节方法和不同文献方法的雾天清晰化效果（不均匀光照）

另一个困难的问题是对天空区域的处理。在这方面,本节方法能够灵活地处理天空区域,并且不会过度增强图像的处理效果。本节根据自适应加权策略,利用 DiffSat 地图生成方案中的数据项,通过修改 β 参数,从而生成了考虑天空区域的 DiffSat 地图。这种方法减少了天空区域的色差,而且保留了该区域的对比度增益,包括远处的建筑物。

4. 结论

本节介绍了一种新型的 FVID 去雾方法。该方法显著地扩展了先前提出的变分模型信息的迭代方式,并采用一个分层的 DiffSat 地图集完成了对 FVID 方法图像能量的扩展。其视觉融合则基于这两种信息的有效结合。此外,当增强雾天图像中的遥远图像区域时,FVID 方法产生的视觉效果可与人眼视觉结构获得的图像相媲美。

本章参考文献

[1] 吴迪,朱青松. 图像去雾的最新研究进展[J]. 自动化学报,2015,41(2):221-239.

[2] KIM T K, PAIK J K, KANG B S. Contrast Enhancement System Using Spatially Adaptive Histogram Equalization with Temporal Filtering[J]. IEEE Transactions on Consumer Electronics,1998,44(1):82-87.

[3] KIM J Y, KIM L S, HWANG S H. An Advanced Contrast Enhancement Using Partially Overlapped Sub-block Histogram Equalization[J]. IEEE Transactions on Circuits & Systems for Video Technology,1999,11(4):475-484.

[4] REZA A M. Realization of the Contrast Limited Adaptive Histogram Equalization (CLAHE) for Real-Time Image Enhancement[J]. Journal of Vlsi Signal Processing Systems for Signal Image & Video Technology,2004,38(1):35-44.

[5] XU Z, LIU X, CHEN X. Fog removal from video sequences using contrast limited adaptive histogram equalization[C]// International Conference on Computational Intelligence and Software Engineering, Wuhan, China:IEEE,2009:1-4.

[6] GAO Y, HU H M, WANG S, et al. A Fast Image Dehazing Algorithm Based on Negative Correction Signal Processing[J]. Signal Processing,2014,103(10):380-398.

[7] LIAN X, PANG Y, YANG A. Learning Intensity and Detail Mapping Parameters for Dehazing[J]. Multimedia Tools and Applications,2017(3):1-26.

[8] SEOW M J, ASARI V K. Ratio Rule and Homomorphic Filter for Enhancement of Digital Colour Image[J]. Neurocomputing,2006,69(7-9):954-958.

[9] SHEN H, LI H, QIAN Y, et al. An Effective Thin Cloud Removal Procedure for Visible Remote Sensing Images[J]. ISPRS Journal of Photogrammetry and Remote Sensing,2014,96(11):224-235.

[10] FENG Y, HE M, LIU W. A new method for foggy image enhancement[C]// IEEE Conference on Industrial Electronics and Applications(ICIEA), Hefei, China:2009:2416-2419.

[11] WANG J L, ZHU R. Image Defogging Algorithm of Single Color Image Based on

Wavelet Transform and Histogram Equalization [J]. Mathematical Problems in Engineering, 2013, 7(79): 3913-3921.

[12] ARICI T, DIKBAS S, ALTUNBASAK Y. A Histogram Modification Framework and Its Application for Image Contrast Enhancement[J]. IEEE Transactions on Image Processing, 2009, 18(9):1921-1935.

[13] CHOI L K, YOU J, BOVIK A C. Referenceless perceptual image defogging[C]// IEEE Computer Society Conference on Image Analysis and Interpretation(ICVISP), Belfast, United Kingdom: IEEE, 2014:165-168.

[14] CHOI L K, YOU J, BOVIK A C. Referenceless Prediction of Perceptual Fog Density and Perceptual Image Defogging[J]. IEEE Transactions on Image Processing, 2015, 24(11): 3888-3901.

[15] LAND E H. The Retinex Theory of Color Vision[J]. Scientific American, 1977, 237(6):108-128.

[16] JOBSON D J, RAHMAN Z, WOODELL G A. Properties and Performance of a Center/Surround Retinex[J]. IEEE Transactions on Image Processing, 1997, 6(3): 451-462.

[17] MCCANN J J. Lessons learned from Mondrians applied to real images and color gamuts[C]// The Seventh Color Imaging Conference: Color Science, Systems, and Applications Putting It All Together, Boston, America: IEEE, 1999:1-8.

[18] SEO H, KWON O. CUDA implementation of McCann99 retinex algorithm[C]// International Conference on Computer Sciences and Convergence Information Technology, Boston, America: IEEE, 2010:388-393.

[19] RAHMAN Z, JOBSON D J, WOODELL G A. Multiscale Retinex for color image enhancement[C]// International Conference on Image Processing, Long Beach, CA, USA:IEEE, 1996:1003-1006.

[20] JOBSON D J, RAHMAN Z, WOODELL G A. A Multi-Scale Retinex For Bridging the Gap Between Color Images and the Human Observation of Scenes[J]. IEEE Transactions on Image Processing: Special Issue on Color Processing, 1997, 6(7): 965-976.

[21] KIMMEL R, ELAD M, SHAKED D, et al. A Variational Framework for Retinex [J]. International Journal of Computer Vision, 2003, 52(1):7-23.

[22] ZHOU J, ZHOU F. Single image dehazing motivated by Retinex theory[C]//IEEE International Symposium on Instrumentation & Measurement, Sensor Network and Automation, Long Beach, CA, USA:IEEE, 2013:243-247.

[23] NG M K, WANG W. A Total Variation Model for Retinex[J]. SIAM Journal on Imaging Sciences, 2011, 4(1):345-365.

[24] 陈炳权, 刘宏立. 基于全变分 Retinex 及梯度域的雾天图像增强算法[J]. 通信学报, 2014, 35(6):139-147.

[25] ZOSSO D, TRAN G, OSHER S J. Non-Local Retinex-A Unifying Framework and Beyond[J]. SIAM Journal on Imaging Sciences, 2015, 8(2):787-826.

[26] MA W, OSHER S. A TV Bregman Iterative Model of Retinex Theory[J]. Inverse Problems and Imaging，2017，6(4)：697-708.

[27] 汪荣贵，傅剑峰，杨志学，等. 基于暗原色先验模型的 Retinex 算法[J]. 电子学报，2013 (6)：1188-1192.

[28] SCHAUL L, FREDEMBACH C, SÜSSTRUNK S. Color image dehazing using the near-infrared[C]// IEEE International Conference on Image Processing，Hong Kong，China：IEEE，2010：1629-1632.

[29] ANCUTI C, BEKAERT P. Efficient single image dehazing by fusion[C]// IEEE International Conference on Image Processing (ICIP)，FL，USA：IEEE，2010：3541-3544.

[30] ANCUTI C, ANCUTI C O, HABER T, et al. Enhancing underwater images and videos by fusion[C]// IEEE Conference on Computer Vision and Pattern Recognition (CVPR)，Springs，USA：IEEE，2012：81-88.

[31] LI Y, MIAO Q, LIU R, et al. A Multi-Scale Fusion Scheme Based on Haze-Relevant Features for Single Image Dehazing[J]. Neurocomputing，2018，283(2018)：73-86.

[32] GALDRAN A, VAZQUEZCORRAL J, PARDO D, et al. Fusion-Based Variational Image Dehazing[J]. IEEE Signal Processing Letters，2017，24(2)：151-155.

[33] NARASIMHAN S G, NAYAR S K. Chromatic framework for vision in bad weather [C]// IEEE Conference on Computer Vision and Pattern Recognition (CVPR)，Portland，America：IEEE，2000：598-605.

[34] NARASIMHAN S G, SRINIVASA G, NAYAR S K, et al. Vision and the Atmosphere[J]. International Journal of Computer Vision，Springs，USA：IEEE，2002，48(3)：233-254.

[35] NARASIMHAN S G, NAYAR S K. Interactive (de) weathering of an image using physical models[C]// IEEE International Conference on Computer Vision，Nice，France：IEEE，2003：65-71.

[36] HAUTIÈRE N, J. TAREL J P, AUBERT D. Towards fog-free in-vehicle vision systems through contrast restoration[C]// IEEE Conference on Computer Vision and Pattern Recognition(CVPR)，Santiago，Chile：IEEE，2007：1-8.

[37] KOPF J, NEUBERT B, CHEN B, et al. Deep Photo：Model-Based Photograph Enhancement and Viewing[J]. ACM Transactions on Graphics，2008，27(5)：1-10.

[38] NARASIMHAN S G, NAYAR S K. Contrast Restoration of Weather Degraded Images[J]. IEEE Transactions on Pattern Analysis and Machine Intelligence，2003，25(6)：713-724.

[39] SCHECHNER Y Y, NARASIMHAN S G, NAYAR S K. Instant dehazing of images using polarization[C]// IEEE Computer Society Conference on Computer Vision and Pattern Recognition，Amsterdam，Holland：IEEE，2001：325-332.

[40] SCHECHNER Y Y, NARASIMHAN S G, NAYAR S K. Polarization-Based Vision Through Haze[J]. Applied Optics，2003，42(3)：511-525.

[41] NAMER E, SCHECHNER Y Y. Advanced visibility improvement based on

polarization filtered images[C]// The International Society for Optical Engineering, Amsterdam, Holland: IEEE, 2005:36-45.

[42] TREIBITZ T, SCHECHNER Y Y. Polarization: Beneficial for visibility enhancement[C]// IEEE Conference on in Computer Vision and Pattern Recognition (CVPR), FL, USA: IEEE, 2009:525-532.

[43] Tan R T. Visibility in bad weather from a single image[C]// IEEE Conference on Computer Vision and Pattern Recognition, Portland, America: IEEE, 2008:1-8.

[44] FATTAL R. Single Image Dehazing[J]. ACM Transactions on Graphics, 2008, 27(3):1:9.

[45] KRATZ L, NISHINO K. Factorizing scene albedo and depth from a single foggy image[C]// IEEE International Conference on Computer Vision (ICCV), Kyoto, Japan: IEEE, 2009: 1701-1708.

[46] NISHINO K, KRATZ L, LOMBARDI S. Bayesian Defogging[J]. International Journal of Computer Vision, 2012, 98(3):263-278.

[47] TAREL J P, HAUTIERE N. Fast visibility restoration from a single color or gray level image[C]// IEEE International Conference on Computer Vision (ICCV), Kyoto, Japan: IEEE, 2009: 2201-2208.

[48] 禹晶,李大鹏,廖庆敏. 基于物理模型的快速单幅图像去雾算法[J]. 自动化学报,2011, 37(2):143-149.

[49] BAO L, SONG Y, YANG Q, et al. An Edge-preserving Filtering Framework for Visibility Restoration[C]// International Conference on Pattern Recognition(ICPR), Tsukuba, Japan:IEEE, 2012: 384-387.

[50] LIU X, ZENG F, HUANG Z, et al. Single color image dehazing based on digital total variation filter with color transfer[C]// IEEE International Conference on Image Processing (ICIP), Beijing, China: IEEE, 2013: 909-913.

[51] 李权和,毕笃彦,许悦雷,等. 雾霾天气下可见光图像场景再现[J]. 自动化学报,2014, 40(4): 744-750.

[52] HE K, SUN J, TANG X. Single Image Haze Removal Using Dark Channel Prior[J]. IEEE Transactions on Pattern Analysis and Machine Intelligence, 2011, 33(12): 2341-2353

[53] HE K, SUN J, TANG X. Guided image filtering[C]//European Conference on Computer Vision(ECCV), Santiago, Chile: IEEE, 2010: 1-14.

[54] 方帅,王勇,曹洋,等. 单幅雾天图像复原[J]. 电子学报, 2010, 38(10):2279-2284.

[55] FANG F, LI F, YANG X, et al. Single image dehazing and denoising with variational method[C]// IEEE International Conference on Image Analysis and Signal Processing, Crete, Greece: IEEE, 2010:219-222.

[56] DING M, TONG R F. Efficient Dark Channel Based Image Dehazing Using Quad-trees[J]. Science China Information Sciences,2012, 56(9): 1-9.

[57] 褚宏莉,李元祥,周则明,等. 基于黑色通道的图像快速去雾优化算法[J]. 电子学报, 2013, 41(4): 791-797.

[58]　ZHU Q, HENG P, SHAO L, et al. A novel segmentation guided approach for single image dehazing[C]// IEEE International Conference Robotics and Biomimetics (IEEE-ROBIO), Shenzhen, China：IEEE, 2013：2414-2417.

[59]　ZHANG J, CAO Y, WANG Z. A New image filtering method：nonlocal image guided averaging[C]//IEEE International Conference on Acoustic, Speech and Signal Processing, island of Rhodes, Greek：IEEE, 2014：2479-2483.

[60]　张小刚,唐美玲,陈华,等. 一种结合双区域滤波和图像融合的单幅图像去雾算法[J]. 自动化学报,2014,40(8)：1733-1739.

[61]　汤红忠,张小刚,朱玲,等. 结合最小颜色通道图与传播滤波的单幅图像去雾算法研究 [J]. 通信学报,2017,38(1)：26-34.

[62]　CHANG J H R, WANG Y C F. Propagated image filtering[C]// IEEE Conference on Computer Vision & Pattern Recognition(CVPR), Boston, America：IEEE, 2015： 10-18.

[63]　张登银,鞠铭烨,王雪梅. 一种基于暗通道先验的快速图像去雾算法[J]. 电子学报, 2015,43(7)：1437-1443.

[64]　刘海波,杨杰,吴正平,等. 基于暗通道先验和 Retinex 理论的快速单幅图像去雾方法[J]. 自动化学报,2015,41(7)：1264-1273.

[65]　鞠铭烨,张登银,纪应天. 基于雾气浓度估计的图像去雾算法[J]. 自动化学报,2016, 42(9)：1367-1379.

[66]　KE N, CHEN J. Real-time visibility restoration from a single image[C]// IEEE International Conference on Image Processing, Santiago, Chile：IEEE, 2013： 923-927.

[67]　LI Z, ZHENG J, ZHU Z, et al. Weighted Guided Imaging[J]. IEEE Transactions on Image Processing, 2015,24(1)：120-129.

[68]　LI Z, ZHENG J. Edge-preserving Decomposition Based Single Image Haze Removal [J]. IEEE Transactionns on Image Processing,2015,24(12)：5432-5441.

[69]　LI Z, ZHENG J. Single Image De-hazing Using Globally Guided Image Filtering[J]. IEEE Transactions on Image Processing, 2018,27(1)：442-450.

[70]　陈书贞,任占广,练秋生. 基于改进暗通道和导向滤波的单幅图像去雾算法[J]. 自动化学报,2016,42(3)：455-465.

[71]　CHEN C, DO N M, WANG J. Robust image and video dehazing with visual artifact suppression via gradient residual minimization[C]// European Conference on Computer Vision(ECCV), Amsterdam, the Netherlands：IEEE, 2016：576-591.

[72]　刘杰平,黄炳坤,韦岗. 一种快速的单幅图像去雾算法[J]. 电子学报, 2017,45(8)： 1896-1901.

[73]　杨燕,陈高科. 基于光补偿和逐像素透射率的图像复原算法[J]. 通信学报,2017, 38(5)：48-56.

[74]　LIU Q, GAO X, HE L, et al. Single Image Dehazing With Depth-Aware Non-Local Total Variation Regularization[J]. IEEE Transactions on Image Processing, 2018, 27(10)：5178-5191.

[75] SULAMI M, GLATZER I, FATTAL R, et al. Automatic recovery of the atmospheric light in hazy images [C]// IEEE Conference on Computational Photography, Boston, America: IEEE, 2014:1-11.

[76] ZHU Q, MAI J, SHAO L. A Fast Single Image Haze Removal Algorithm Using Color Attenuation Prior[J]. IEEE Transactions on Image Processing, 2015, 24(11): 3522-3533.

[77] LI J, ZHANG H, YUAN D, et al. Single Image Dehazing Using the Change of Detail Prior[J]. Neurocomputing, 2015, 156:1-11.

[78] MENG G, WANG Y, DUAN J, et al. Efficient image dehazing with boundary constraint and contextual regularization [C]// IEEE International Conference on Computer Vision (ICCV), Sydney, Australia: IEEE, 2013: 617-624.

[79] BERMAN D, TREIBITZ T, AVIDAN S. Non-local image dehazing[C]// IEEE Computer Society Conference on Computer Vision and Pattern Recognition, NV, United States: IEEE, 2016: 1674-1682.

[80] JIANG Y, SUN C, ZHAO Y, et al. Image Dehazing Using Adaptive Bi-Channel Priors on Superpixels[J]. Computer Vision and Image Understanding, 2017, 165: 17-32.

[81] WANG W, YUAN X, WU X, et al. Fast Image Dehazing Method Based on Linear Transformation[J]. IEEE Transactions on Multimedia, 2017, 19(6):1142-1155.

[82] BUI T M, KIM W. Single Image Dehazing Using Color Ellipsoid Prior[J]. IEEE Transactions on Image Processing, 2018, 27(2):999-1009.

[83] FENG C, ZHUO S J, ZHANG X P, et al. Near-infrared guided color image dehazing [C]// IEEE International Conference on Image Processing (ICIP), Sydney, Australia: IEEE, 2013: 2363-2367.

[84] WANG Y, TAN C. Single Image Defogging by Multiscale Depth Fusion[J]. IEEE Transactions on Image Processing, 2014, 23(11): 4826-4837.

[85] 张朝阳, 程海峰, 陈朝辉, 等. 偏振遥感在伪装目标识别上的应用及对抗措施 [J]. 强激光与粒子束, 2008, 20(4): 4.

[86] TANG K, YANG J, WANG J. Investigating haze-relevant features in a learning framework for image dehazing [C]// IEEE Conference on Computer Vision and Pattern Recognition(CVPR),columbus,USA: IEEE, 2014: 2995-3000.

[87] CAI B, XU X, JIA K, et al. Dehazenet: An End-to-End System for Single Image Haze Removal [J]. IEEE Transactions on Image Processing, 2016, 25 (11): 5187-5198.

[88] REN W, LIU S, ZHANG H, et al. Single image dehazing via multi-scale convolutional neural net-works [C]// European conference on computer vision (ECCV), Amsterdam, Holland: IEEE, 2016:154-169.

[89] ZHAO X, WANG K, LI Y, et al. Deep fully convolutional regression networks for single image haze removal[C]// IEEE Visual Communications and Image Processing (VCIP), FL, USA:IEEE, 2017:1-4.

[90] COOPER A W, LENTZ W J, WALKER P L. Infrared polarization measurements of ship signatures and background contrast [J]. Proceedings of SPIE-The International Society for Optical Engineering, 1994, 2223:300-309.

[91] LUAN Z, SHANG Y, ZHOU X, et al. Fast Single Image Dehazing Based on a Regression Model[J]. Neurocomputing, 2017, 245(C):10-22.

[92] 张海洋, 李颐, 颜昌翔, 等. 分时偏振光谱测量系统的起偏效应校正 [J]. 光学精密工程, 2017, 25(2): 325-33.

[93] PEI S C, LEE T Y. Nighttime haze removal using color transfer pre-processing and Dark Channel Prior [C]//IEEE International Conference on Image Processing, Valletta, Malta: IEEE, 2012:957-960.

[94] WOLFF L B. Polarization vision: a new sensory approach to image understanding [J]. Image & Vision Computing, 1997, 15(2): 81-93.

[95] ZHANG J, CAO Y, FANG S, et al. Fast haze removal for nighttime image using maximum reflectance prior[C]// IEEE Conference on Computer Vision and Pattern Recognition, Hawaii, USA: IEEE, 2017:7418-7426.

[96] 方帅, 赵育坤, 李心科, 等. 基于光照估计的夜间图像去雾[J]. 电子学报, 2016, 44(11):2569-2575.

[97] 郭璠, 邹北骥, 唐琎. 基于多光源模型的夜晚雾天图像去雾算法[J]. 电子学报, 2017, 45(9):2127-2134.

[98] JU M, ZHANG D, WANG X. Single Image Dehazing via an Improved Atmospheric Scattering Model[J]. Visual Computer, 2017,33(12): 1613-1625.

[99] MA K, LIU W, WANG Z. Perceptual evaluation of single image dehazing algorithms [C]//IEEE International Conference on Image Processing, Quebec City, Canada: IEEE, 2015:3600-3604.

[100] LI Y, YOU S, BROWN M S, et al. Haze Visibility Enhancement: A Survey and Quantitative Benchmarking[J]. Computer Vision and Image Understanding, 2017, 165:1-16.

[101] LI B, REN W, FU D, et al. Benchmarking Single-Image Dehazing and Beyond[J]. IEEE Transactions on Image Processing, 2018, 28(1):492-505.

[102] WANG Z, BOVIK A C, SHEIKH H R, et al. Image Quality Assessment: From Error Visibility to Structural Similarity [J]. IEEE Transactions On Image Processing, 2004, 13(4):600-612.

[103] HAUTIÈRE N, TAREL J P, AUBERT D, et al. Blind Contrast Enhancement Assessment by Gradient Ratioing at Visible Edges [J]. Image Analysis & Stereology, 2008, 27(2):87-95.

[104] 郭璠, 蔡自兴. 图像去雾算法清晰化效果客观评价方法[J]. 自动化学报, 2012, 38 (9): 1410-1419.

[105] HUANG K Q, WANG Q, WU Z Y. Natural Color Image Enhancement and Evaluation Algorithm Based on Human Visual System[J]. Computer Vision and Image Understanding, 2006,103(1): 52-63.

[106] 李大鹏，禹晶，肖创柏. 图像去雾的无参考客观质量评测方法[J]. 中国图象图形学报，2011，16(09)：1753-1757.

[107] MITTAL A，ANUSH K M，ALAN C B. No-reference Image Quality Assessment in the Spatial Domain[J]. IEEE Transactions on Image Processing，2012，21(12)：4695-4708.

[108] CHEN Z，JIANG T，TIAN Y. Quality assessment for comparing image enhancement algorithms[C]// IEEE Conference on Computer Vision and Pattern Recognition，Columbus，America：IEEE，2014：3003-3010.

[109] GIBSON K B，NGUYEN T Q. A No-Reference Perceptual Based Contrast Enhancement Metric for Ocean Scenes in Fog[J]. IEEE Transactions on Image Processing，2013，22(10)：3982-3993.

[110] KANG L，YE P，LI Y，et al. Convolutional neural networks for No-Reference image quality assessment [C]// Computer Vision and Pattern Recognition，Columbus，America：IEEE，2014：1733-1740.

[111] CORDTS M，OMRAN M，RAMOS S，et al. The cityscapes dataset for semantic urban scene understanding[C]// IEEE Conference on Computer Vision and Patten Recognitionn，Las Vegas，America：IEEE，2016：3213-3223.

[112] ZHANG Y，DING L，SHARMA G. Hazerd：An outdoor scene dataset and benchmark for single image dehazing[C]// IEEE International Conference on Image Processing，Beijing，China：IEEE，2017：3205-3209.

[113] FATTAL R. Dehazing Using Color-Lines[J]. ACM Transactions on Graphics (TOG)，2014，34(1)：1-14.

[114] TAREL J P，HAUTIERE N，CARAFFA L，et al. Vision Enhancement in Homogeneous and Heterogeneous fog[J]. IEEE Intelligent Transportation Systems Magazine，2012，4(2)：6-20.

[115] LIU F，SHEN C，LIN G，et al. Learning Depth from Single Monocular Images Using Deep Convolutional Neural Felds[J]. IEEE Transactions on Pattern Analysis and Machine Intelligence，2016，38(10)：2024-2039.

[116] SAKARIDIS C，DAI D，VAN G L. Semantic Foggy Scene Understanding with Synthetic Data [J]. International Journal of Computer Vision，2018，126(9)：973-992.

[117] 南栋，毕笃彦，马时平，等. 基于景深约束的单幅雾天图像去雾算法[J]. 电子学报，2015，43(3)：500-504.

[118] 祝培，朱虹，钱学明，等. 一种有雾天气图像景物影像的清晰化方法[J]. 中国图象图形学报，2004，9(1)：124-128.

[119] KIM J H，JANG W D，SIM J Y，et al. Optimized Contrast Enhancement for Real-Time Image and Video Dehazing[J]. Journal of Visual Communication & Image Representation，2013，24(3)：410-425.

[120] 贾平，张葆. 航空光电侦察平台关键技术及其发展 [J]. 光学精密工程，2003，11(1)：82-8.

[121] 裴洪飞. 航空图像中舰船目标识别技术研究 [D]. 哈尔滨：哈尔滨工程大学，2010.

[122] 苏丽，吴俊杰，尹义松. 一种改进的全景海雾图像去雾算法 [J]. 计算机仿真，2016，11：8-12.

[123] 马忠丽，文杰，郝亮亮. 海面舰船场景的视频图像海雾去除算法 [J]. 系统工程与电子技术，2014，9：1860-7.

[124] 吴文达，张葆，张玉鑫，等. 机载红外与合成孔径雷达共孔径天线设计 [J]. 中国光学，2020，

[125] 李岩. 灵巧型共口径双波段光学系统研究 [D]. 长春：中国科学院长春光学精密机械与物理研究所，2013.

[126] 孙明超. 可见光与红外侦察图像融合技术研究 [D]. 长春：中国科学院长春光学精密机械与物理研究所，2012.

[127] 张宝辉. 红外与可见光的图像融合系统及应用研究 [D]. 南京：南京理工大学，2013.

[128] 彭海. 红外与可见光图像融合方法研究 [D]. 杭州：浙江大学，2012.

[129] 尉志文. 机载合成孔径雷达地面运动目标检测与成像技术 [D]. 武汉：武汉理工大学，2012.

[130] 李晖晖. 多传感器图像融合算法研究 [D]. 西安：西北工业大学，2006.

[131] 赵永强，潘泉，程咏梅. 成像偏振光谱遥感及应用 [M]. 北京：国防工业出版社，2011.

[132] DE JONG W. Infrared polarization measurements and modeling applied to surface-laid antipersonnel landmines [J]. Optical Engineering，2002，41(5)：1021.

[133] ANDRESEN B F，ARON Y，FULOP G F，et al. Polarization in the LWIR：a method to improve target aquisition [J]. Infrared Technology and Applications XXXI，2005，5783：653-61.

[134] 朱攀. 红外与红外偏振/可见光图像融合算法研究[D]. 天津：天津大学，2017.

[135] 李淑军，姜会林，朱京平，等. 偏振成像探测技术发展现状及关键技术 [J]. 中国光学，2013，6(6)：803-9.

[136] 姜会林，强付，锦段，等. 红外偏振成像探测技术及应用研究 [J]. 红外技术，2014，36(5)：345-50.

[137] 都安平. 成像偏振探测的若干关键技术研究 [D]. 西安：西北工业大学，2006.

[138] 梅风华，李超，张玉鑫. 光谱成像技术在海域目标探测中的应用 [J]. 中国光学，2017，10(6)：708-18.

[139] 林跃春，郭金海，阳雷. 浅析偏振光遥感的应用 [J]. 测绘与空间地理信息，2011，34(2)：147-9.

[140] 赵云升，吴太夏，胡新礼，等. 多角度偏振反射与二向性反射定量关系初探 [J]. 红外与毫米波学报，2005，24(6)：441-4.

[141] GOLDSTEIN D H. Polarimetric characterization of Federal Standard paints. pdf [J]. Proc of SPIE，2000，4133(112-23.

[142] 周强. 基于红外偏振成像的目标增强技术研究 [D]. 杭州：浙江大学，2014.

[143] BENDOR B，OPPENHEIM U P，BALFOUR L S. Polarization properties of targets

and backgrounds in the infrared [J]. Proc of SPIE, 1992, 1971:68-76.

[144] CHENAULT D B, LEFAUDEUX N, GOLDSTEIN D H, et al. Compact and robust linear Stokes polarization camera [J]. SPIE Defense and Security Symposium, 2008, 6972:69720B.

[145] 莫春和, 锦段, 强付, 等. 国外偏振成像军事应用的研究进展(下) [J]. 红外技术, 2014, 36(4): 265-70.

[146] FLYNN D S. Polarized surface scattering expressed in terms of a bidirectional reflectance distribution function matrix [J]. Optical Engineering, 1995, 34(6): 1646-50.

[147] COOK R L, TORRANCE K E. A reflectance model for computer graphics [J]. ACM Transactions on Graphics, 1982, 1(1): 7-24.

[148] MAXWELL J R, BEARD J, WEINER S, et al. Bidirectional Reflectance Model Validation and Utilization [J]. Bidirectional Reflectance Model Validation & Utilization, 1973,

[149] PRIEST R G, GERNER T A. Polarimetric BRDF in the Microfacet Model: Theory and Measurements [J]. In Proceedings of the Meeting of the Military Sensing Symposia Specialty Group on Passive Sensors, 2000.

[150] 李岩, 张伟杰, 陈嘉玉. 偏振场景目标探测的建模与仿真 [J]. 光学精密工程, 2017, 25(8): 2233-43.

[151] 段锦, 付强, 莫春和, 等. 国外偏振成像军事应用的研究进展(上) [J]. 红外技术, 2014, 36(4): 190-5.

[152] 邱跳文. 面向目标探测识别的红外偏振特性分析与特征提取 [D]. 长沙: 国防科学技术大学, 2014.

[153] DING Y, PAU S. Circularly and elliptically polarized light under water and the Umov effect [J]. Light: Sci Appl, 2019, 8(1): 32.

[154] LI B, PENG X, WANG Z, et al. Aod-net: All-in-one dehazing network[C]// IEEE International Conference on Computer Vision. Venice, ltaly: IEEE, 2017: 4770-4778.

[155] SONG Y, JIA L, WANG X, et al. Single Image Dehazing Using Ranking Convolutional Neural Network[J]. IEEE Transactions on Multimedia, 2018, 20(6): 1548-1560.

[156] ZHANG J, CAO Y, WANG Z. Nighttime haze removal based on a new imaging model[C]// IEEE International Conference on Image Processing, Paris, France: IEEE, 2014: 4557-4561.

[157] 汪云飞, 冯国强, 刘华伟, 等. 基于超像素的均值-均方差暗通道单幅图像去雾方法[J]. 自动化学报, 2018, 44(3): 481-489.

第 4 章

针对均匀浓雾的雾天图像清晰化方法

4.1 基于大气光特性的自适应维纳滤波去雾方法

1. 引言

由于均匀浓雾环境下所捕获图像,其主要降质特征为图像整体细节丢失严重[1,2]、景深较大的部分泛白(较大的图像噪声和高亮度)[3-5],这是由于被浓雾影响的图像部分包含大量低频参量[6-8];而图像中的前景和细节部分属于图像的高频区域,细节丢失的原因是高频参量被削弱[9-11]。针对均匀浓雾图像存在细节缺失、噪声过大等问题,通过深入研究雾天环境下图像退化降质机理和图像客观质量评价指标,结合大气散射模型与暗通道先验机理实现完善、改进与创新[12-14],提出一种基于大气光特性的自适应维纳滤波去雾方法。

由于大气光值 A 取决于降质图像中雾气最浓的部分,该部分属于图像的低频区并严重影响着均匀浓雾雾天图像的清晰化效果,因而本节方法首先应用高斯低通滤波处理图像的低频区,然后采用循环四分图方法获取大气光值;而对于初始透射率的优化则采用自适应维纳滤波方法,通过求取局部均值和局部方差可自适应图像的平坦区、纹理区和边缘区[15-17],进而对三个区域分别设置信噪比参数,并结合图像形态学方法进一步优化和强化图像细节,去除块效应和图像噪声。图 4-1 展示了基于大气光特性的自适应维纳滤波去雾方法的架构。

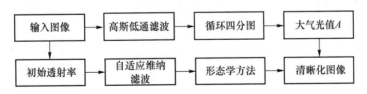

图 4-1 基于大气光特性的自适应维纳滤波去雾方法的架构

2. 基于大气光特性的循环四分图方法求取 A 值

1) 高斯低通滤波定位 A 区间

式(4-1)表示图像的成像建模[18],此公式可划分为两个部分:其一是入射光 $i(x,y)$,表示大气光值 A 的照度参量[19-21],此部分是被雾气影响的模块,其中包含大量低频参量[21-23];其二为反射光 $r(x,y)$,该部分代表雾天图像中的目标还原物反射的光线强度,可表现图像中的细节、纹理,其中包含了大量的高频参量[24,25]。

$$F(x,y)=i(x,y)r(x,y) \tag{4-1}$$

均匀浓雾场景下拍摄的图像的降质原因往往包含两个方面[26],其一是照度参量被扩大,使得整体图像呈现为灰白色[27-29];其二是反射参量被削弱,使得图像中的纹理、边缘或细节模块被削弱[30,31];上述两种效应带来的相互作用与影响使得图像在均匀浓雾环境下获得的整体效果不佳[32,33]。由于大气光值 A 属于降质图像中雾气最浓的部分,该部分属于图像的低频区[34,35]。本节利用高斯低通滤波方法完成对雾天图像的滤波,再对滤波后的图像选用循环四分图方法确定大气光值 A。式(4-2)表示高斯低通滤波方法模型:

$$G_L(u,v)=e^{-E^2(u,v)/2\sigma^2} \tag{4-2}$$

其中,$G_L(u,v)$ 表示 (u,v) 与频率阵列原点的间距,σ 表示标准偏差[36];令 $\sigma=E_0$,将 E_0 设定为截止频率参量,可得

$$G_L(u,v)=e^{-E^2(u,v)/2E_0^2} \tag{4-3}$$

将截止频率参量设定为 E_0,则滤波最大值由 1 变为 0.608。对仅有的已知参量雾天图像 $F(x,y)$ 实现傅里叶转换得到频域图 $F(u,v)$,进而完成频域处理得到 $F_L(u,v)$:

$$F_L(u,v)=G_L(u,v)F(u,v) \tag{4-4}$$

对式(4-4)进行傅里叶逆变换,可获得高斯低通滤波[37]处理后的结果图像 $F_L(x,y)$:

$$F_L(x,y)=F^{-1}[G_L(u,v)F(u,v)] \tag{4-5}$$

图 4-2 展示了高斯低通滤波方法获得大气光值所在区间的过程。

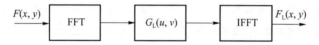

图 4-2 高斯低通滤波获得大气光值所在区间的过程

2) 循环四分图方法求取 A 值

参量 $F_L(x,y)$ 代表采用高斯低通滤波方法处理后获得的雾天图像低频部分,属于受到均匀浓雾影响的部分[38]。进而,应用循环四分图方法完成对 $F_L(x,y)$ 的处理,所获得的 A 值较为准确。图 4-3 展示了大气光值的获取方式,其中,图 4-3(c)表示循环四分图分割。

(a) 初始图像 (b) 图像低频部分 (c) 循环四分图分割

图 4-3 大气光值的获取方式

循环四分图方法实现的流程为:首先将雾天图像的低频参量 $F_L(x,y)$ 平均分割成四个子部分,计算这几个子部分的像素均值;其次取像素均值最大的子部分 $F_{L1}(x,y)$ 继续分割;重复以上步骤,直到子部分 $F_{Ln}(x,y)$(n 代表第 n 次分割)的像素平均值大于所设定的阈值,将高于阈值的像素均值 $F_{Ln}(x,y)$ 设置为大气光值 A。

3. 自适应维纳滤波方法优化透射率

1）维纳滤波方法模型

（1）图像降质机理

捕获数字图像的进程会受到气象条件、传感器等硬件装备和拍摄者自身技术水平等因素的制约，得到的图像常常会发生降质现象[39]，采用统一的数学模型可完成不同图像降质原因的建模。将降质方程表示成线性、非变化的方程，并且图像噪声往往与图中的像素值不相关，因此降质方程可表示为

$$g(x,y) = f(x,y) * h(x,y) + n(x,y) \tag{4-6}$$

其中，$f(x,y)$ 表示原始图像；$n(x,y)$ 为加性噪声；降质图像可表示为 $g(x,y)$；$h(x,y)$ 为点扩散函数，通常将其表示为空域算子的形式；$*$ 表示空域卷积处理。式（4-6）的矩阵向量模型为

$$g = Hf + n \tag{4-7}$$

其中，f 表示原始图像；n 表示噪声；g 采用 $g(x,y)$ 的 M 行像素，每行设置 M 个像素点；H 表示 $M \times M$ 的 PSF 参量阵列。该模型所涉及的原始图像的复原属于参量反转型问题，而还原该参量的过程属于图像复原类问题。

（2）逆滤波数学模型

逆滤波数学模型[40]在图像中的运用是一种不具备约束性的复原模式，此方法多用于近地远端处理装置发回的降质图像的处理。逆滤波数学模型的原理为：在式（4-7）的图像降质数学模型中，若 n 值尚不能判定，则依据 Hf 实现目标图像 f 的还原，使得 Hf 能够在最小均方差限定的条件下逼近 g，在该标准下获得的范数 n 结果最小，如式（4-8）所示。

$$\|n\|^2 = n^T n = \|g - Hf\|^2 = (g - Hf)^T (g - Hf) \tag{4-8}$$

根据式（4-8）可将图像复原视为对 f 最小值的获取，如式（4-9）所示。

$$L(f) = \|g - Hf\|^2 \tag{4-9}$$

利用微分模型处理 f，并将所获取的值设定为 0，完成转置和逆处理运算，得到无约束的复原式，如式（4-10）所示。

$$f = (H^T H)^{-1} H^T g = H^{-1} (H^T)^{-1} H^T g = H^{-1} g \tag{4-10}$$

再根据循环型矩阵对角化公式，可将式（4-10）转换为

$$F(u,v) = \frac{G(u,v)}{H(u,v)} \tag{4-11}$$

再关于 $F(u,v)$ 完成傅里叶变换，可实现图像的逆变换处理，获得其复原形式：

$$f(x,y) = F^{-1}[F(u,v)] = F^{-1}\left[\frac{G(u,v)}{H(u,v)}\right] \tag{4-12}$$

从式（4-12）可知，如果 $H(u,v)$ 的 u、v 维度的取值结果很小，则通过逆滤波复原所获得的结果值和之前设定的结果值偏差较大。事实上，$H(u,v)$ 的值随着 u、v 和频域原点间的距离增大而迅速变小，而噪声功率谱的变化却尤为缓慢。基于此，图像的复原在距原点较近的区间内可以实现，而在此状况下，逆滤波模型并不完全等价于 $1/H(u,v)$，可采用式（4-13）表示 $M(u,v)$，此方程也常被称作复原转移方程。

$$M(u,v) = \begin{cases} t, & H(u,v) \leqslant d \\ 1/H(u,v), & \text{其他} \end{cases} \tag{4-13}$$

其中，t 和 d 均是小于 1 的常数值，且 d 值越小，逆滤波的效果越好。

（3）维纳滤波数学模型

维纳滤波[41]是一类很早就被科研工作者运用在图像中的复原策略。维纳滤波中的卷积处理基于图像信号能够作为平稳信号的假设,把得到的 $f(x,y)$ 与 $f_1(x,y)$ 间偏差 e^2 的最小结果值,作为完成图像复原的准则,如式（4-14）所示:

$$e^2 = \min E\{[f(x,y) - f_1(x,y)]^2\} \tag{4-14}$$

对满足式（4-14）的 f_1 结合线性变换阵列 Q 完成复原操作,从而得到多项式 $\|Qf_1\|^2$,并利用拉格朗日乘子法获得 f_1 的最小结果参数。令 a 代表拉格朗日乘子,有

$$L(f_1) = \|Qf_1\|^2 + a(\|g - Hf_1\|^2 - \|n\|^2) \tag{4-15}$$

为得到图像的复原效果,将 s 设定为 $1/a$,并结合式（4-10）可得

$$f_1 = [H^{\mathrm{T}}H + sQ^{\mathrm{T}}Q]^{-1}H^{\mathrm{T}}g \tag{4-16}$$

依据图像 f 与噪声 n 的自相关阵列,分别用 R_f 与 R_n 表示 Q,则可获得图像维纳滤波还原后的结果;令 $R_f = E\{ff^{\mathrm{T}}\}$ 与 $R_n = E\{nn^{\mathrm{T}}\}$,可将 $Q^{\mathrm{T}}Q$ 设定为 $R_f^{-1}R_n$,并将其引入式（4-16）,设置 s 为1,可以获得复原图像的频域结果 $F(u,v)$:

$$F(u,v) = \left[\frac{1}{H(u,v)}\frac{|H(u,v)|^2}{|H(u,v)|^2 + S_n(u,v)/S_f(u,v)}\right]G(u,v) \tag{4-17}$$

其中,$G(u,v)$ 表示图像的降质频域参量;$H(u,v)$ 表示点扩散函数的频域式;$N(u,v)$ 表示噪声功率谱;$S_n(u,v) = |N(u,v)|^2$ 表示噪声功率的估计式;$S_n(u,v)/S_f(u,v)$ 表示图像的信号与噪声功率比,可简称为"信噪比",也可用常数值 γ 替代;$|H(u,v)|^2 = H^*(u,v)H(u,v)$,其中 $H^*(u,v)$ 表示 $H(u,v)$ 的复共轭。可将式（4-17）转换为

$$T_w(u,v) = \left[\frac{1}{H(u,v)}\frac{|H(u,v)|^2}{|H(u,v)|^2 + \gamma}\right]T(u,v) \tag{4-18}$$

其中,若 γ 值为零,则该模型转换为标准逆滤波模型;若 γ 值不等于0,则表示可削弱噪声。随着 γ 值增加,其削弱噪声的能力变强,但复原图像的效果不佳,所获得的图像效果变得模糊;如果 γ 值减小,那么其图像复原的状态更加精准,但削弱噪声的效果变得不佳。

2）自适应维纳滤波方法优化透射率

由于透射率随景深的改变而改变,尤其在边缘处呈现出迅速变化的状态,因而通过大气散射模型复原所得的图像在其边缘处往往很难规避晕轮效应等问题,其实质在于透射率获得的结果值较大。若采用导向滤波算法完成透射率 $t(x,y)$ 的处理,但由于该算法涉及大规模的拉普拉斯矩阵,因而算法运行的过程占用大量处理单元,消耗时间长,而算法计算所占据的大量处理时间主要用于对透射率 $t(x,y)$ 的处理。本节选用自适应维纳滤波方法完成对透射率 $t(x,y)$ 的优化和改进。

由于透射率 $t(x,y)$ 与景深的关系,事实上,景物边缘处的景深偏差往往很大,因而所选取的滤波算法在去除图像噪声的同时,应该能够尽可能多地保留边缘处的细节。传统维纳滤波算法去除噪声的效果较好,在视觉效果上存在良好的感官,但是在图像边缘区域的振铃效应较为严重。采用自适应维纳滤波方法对透射率的处理不仅尽可能地规避了传统维纳滤波算法存在的不足,而且由于改进的维纳滤波算法能够依据图像各区域特征分别设值,因此该方法可以使图像达到图像亮度、边缘保存与图像去噪效果上的最佳状态。在该算法处理的过程中,首先需要求得初始透射率的局部均值,获取与存储局部方差最大的结果值 $\delta_{\mathrm{maxlocal}}(x,y)$;进而采用自适应维纳滤波方法求取初始透射率的结果,可通过求取局部均值与局部方差自适应图像的

平坦区、纹理区和边缘区,对 3 个区域分别设置信噪比参数;最后结合图像形态学方法完成进一步的优化。

$$m_{\text{local}}(x,y) = \frac{1}{(2P+1)(2Q+1)} \sum_{i=x-P}^{x+P} \sum_{j=y-Q}^{y+Q} t(i,j) \tag{4-19}$$

$$\delta_{\text{local}}(x,y) = \frac{1}{(2P+1)(2Q+1)} \sum_{i=x-P}^{x+P} \sum_{j=y-Q}^{y+Q} \left[t(i,j) - m_{\text{local}}(x,y) \right]^2 \tag{4-20}$$

其中,(x,y) 表示图像中某个像素点,$t(i,j)$ 代表局部区间内的初始透射率元,$2P+1$ 与 $2Q+1$ 分别表示所使用模板的长度与宽度,$m_{\text{local}}(x,y)$ 表示图像的局部均值,$\delta_{\text{local}}(x,y)$ 表示图像的局部方差。由于所使用的模板应和暗通道图像分块配准,因此,选择 15 ×15 模板,从而求得在 (x,y) 周边 $(2P+1)(2Q+1)$ 像素块的局部均值和局部方差。

令 $S_f(u,v)$ 和 $S_n(u,v)$ 分别代表初始图像和噪声的功率谱,令 γ 代表图像中信号与噪声的功率比(简称信噪比),有

$$\gamma = S_n(u,v)/S_f(u,v) \tag{4-21}$$

传统的维纳滤波算法并不区分不同区域下的 γ 值,即将整幅图像的 γ 值统一设定为 10^{-5}。而自适应维纳滤波方法将分别设定不同 γ 值的平坦区、纹理区和边缘区,其中,平坦区 $\gamma_{\text{flat}} = 10^{-2}$,纹理区 $\gamma_{\text{vein}} = 10^{-3}$,边缘区 $\gamma_{\text{edge}} = 10^{-5}$。因此,复原后的图像在亮度特性、边缘保持和去噪水平上都能达到最优效果。

3)图像形态学方法优化透射率

(1)形态学方法介绍

图像形态学是构建在严密的推导逻辑——数学模型基础上的一门学科,该学科起源于生物学。图像处理主要包含对图像中目标数学模型的表达和解析,而应用图像形态学处理图像是一类新的技术处理手段,在各个子类图像处理中得到发展和应用。

采用形态学方法完成图像的处理,其基本步骤为:根据基本形态学方法处理初始图像,从而输出优化后的图像。具体步骤为:首先找到图像中景物的集合构造,其次依据所选择的相应处理模块完成形态学处理,从而得到对应景物的图像特征,最后利用图像形态学方法得到图像数据。

图像形态学操作和其他频域或空域的处理方式相比,存在一定的优势:图像形态学处理不仅可以降低图像噪声,而且可以尽可能完整地保存真实场景的图像数据,使图像的几何特征凸显。基础的图像形态学处理过程为膨胀操作、腐蚀操作、开启操作和关闭操作,这些操作的功能包括:削弱图像噪声、获得图像特征点、检测边缘模块、分析图像纹理数据、复原失真图像等。

(2)图像形态学方法优化透射率

对 $T_w(u,v)$ 采用傅里叶逆变换获得 $t_w(x,y)$,然后利用图像形态学基本操作实现对 $t_w(x,y)$ 的后续处理,得到 $t_m(x,y)$:首先选用膨胀操作 $\oplus$,使得效果图像的边缘模块零散小细节得到连通;再完成腐蚀操作 $\ominus$,使效果图像的边缘向内缩小,从而达到保存图像细节和景深突变部分的目的,如式(4-22)所示。

$$t_m(x,y) = \oplus(\ominus t_w(x,y)) \tag{4-22}$$

针对 $t_w(x,y)$ 完成腐蚀处理的状态由腐蚀块的大小来确定,腐蚀程度太大或太小都会产生和真实场景不匹配的边缘,通常选取尺寸为 3×3 的图像块。和导向滤波去雾方法相对比,本节方法得到的透射率虽很难保留全部的边缘细节,但整体图像数据与边缘部分的处理效果

和真实状态下获得的透射率相近。如图 4-4 展示了自适应维纳滤波方法处理透射图的效果。

(a) 原始雾天图像　　　　(b) 灰度图　　　　(c) 初始透射图　　　　(d) 优化后的透射图

图 4-4　自适应维纳滤波方法处理透射图的效果

4. 雾天图像清晰化整体流程

将第 3 章获得的大气光值 A 与透射率 $t(x,y)$ 代入大气散射模型的变形公式可以获得目标图像的清晰化效果,图 4-5 给出本节方法的雾天图像清晰化整体流程图。

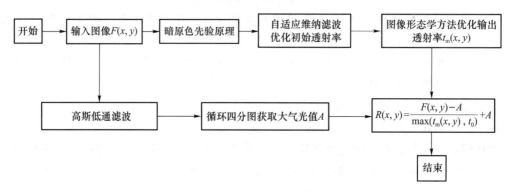

图 4-5　本节方法的雾天图像清晰化整体流程图

5. 实验结果对比与分析

为验证本节方法的效果,本节进行了大量对比实验,利用 MATLAB 2017a 软件对本节方法和不同文献方法进行验证。完成实验的设备运行内存为 4 GB,操作系统为 Windows 7,配置为 Inter core i7-2670QM CPU 5 GHz 等。

创建图像数据集,其中包含 512 幅通过拍摄或网络下载的户外雾天图像和理想图像(利用理想图像可完成雾天图像的创建),这些图像涵盖不同的户外自然场景,包括各种自然景观、建筑物、树木、湖景、航空摄影图像等。

实验图像采用客观评价策略,即根据实验数据完成无参考图像客观评价指标分析,比较本节方法和不同文献方法的实验效果。无参考图像客观评价指标选用亮度均值(Lum)、对比度(Con)、信息熵(Inf)和盲测评指标〔新见可见边指标(e)、均值梯度指标(r)和曝光像素点问题指标(η)〕,并通过运算处理时间完成本节方法和不同文献方法的对比,得出不同方法的单幅图像处理效率。

1)实验效果

实验选用的均匀浓雾图像包含树林、故宫建筑物和校园小楼等远景或近景的测试图像,图 4-6(a)、图 4-7(a)、图 4-8(a)的分辨率分别为 280×360、600×800、980×1 260,并采用文献[42]方法、文献[43]方法、文献[44]方法、文献[45]方法和本节方法获得的实验结果图完成对比与分析。

图 4-6(a)所示的均匀浓雾场景中景物较为单一,主要是冬日的树木和落叶;图 4-6(b)所示的图像是增强处理后的结果,呈现出的效果较好;图 4-6(c)所示图像的复原效果失真程度严重;图 4-6(d)所示的图像呈现出雾气尚未清除干净,复原效果不好的状况;图 4-6(e)所示图像还原效果虽与真实场景接近,但存在一定程度的细节模糊。图 4-6(f)表示本节方法所得的效果图,处理所得效果的前景色明亮,能够突出复原图像的细节。

(a) 原始雾天图像 (b) 文献[42]方法 (c) 文献[43]方法

(d) 文献[44]方法 (e) 文献[45]方法 (f) 本节方法

图 4-6 本节方法和不同文献方法的雾天清晰化效果(树木和落叶)

图 4-7(a)所示的均匀浓雾场景包含的故宫建筑物和人物非常复杂;图 4-7(b)所示的效果被过度增强,图像中的广场与天空区域呈现出明显的色偏现象;图 4-7(c)所示图像的复原效果亮度得到提升,但雾气残留量较高;图 4-7(d)和图 4-7(e)所示图像均存在晕轮效应,尤其是图 4-7(e)。图 4-7(f)表示本节方法所得的效果图,对近景和远景图像的还原程度较好,同时保留一定量的雾气,使得图像效果更加真实。

图 4-8(a)所示的校园小楼是近景图像,呈现出的图像画面感较强;图 4-8(b)所示的图像使用了增强型算法存在严重的图像过饱和现象;图 4-8(c)所示图像的场景效果并不自然,和实际场景偏离较大;图 4-8(d)和图 4-8(e)所示的图像局部区域存在大量的噪声,所获得的效果并不自然。图 4-8(f)表示本节方法所得的效果图,图中的大量景物被较为真实地还原,且更加清晰。

2) 图像客观指标分析

(1) 无参考图像客观评价指标分析

通过前节给出的无参考图像客观评价指标,针对图 4-6、图 4-7 和图 4-8,以及图像数据集中的另外 85 幅雾天图像(共 88 幅雾天图像),结合文献[42]方法、文献[43]方法、文献[44]方法、文献[45]方法和本节方法进行去雾处理,并对效果图进行对比与分析,得到 88 幅雾天图像清晰化结果的指标平均值(Aver)。无参考图像客观评价指标仍然选用亮度均值(Lum)、对比度(Con)、信息熵(Inf)和盲测评指标〔新见可见边指标(e)、均值梯度指标(r)和曝光像素点问题指标(η)〕。针对上述指标的分析与第 3 章一致,在此不做赘述。

(a) 原始雾天图像　　　　　(b) 文献[42]方法　　　　　(c) 文献[43]方法

(d) 文献[44]方法　　　　　(e) 文献[45]方法　　　　　(f) 本节方法

图 4-7　本节方法和不同文献方法的雾天清晰化效果(故宫建筑物)

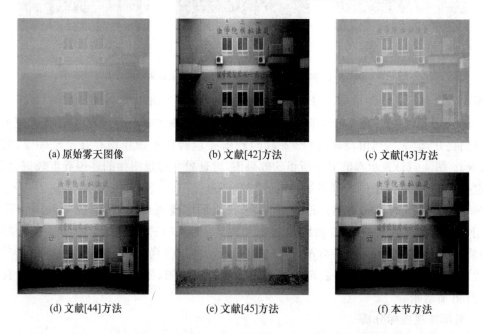

(a) 原始雾天图像　　　　　(b) 文献[42]方法　　　　　(c) 文献[43]方法

(d) 文献[44]方法　　　　　(e) 文献[45]方法　　　　　(f) 本节方法

图 4-8　本节方法和不同文献方法的雾天清晰化效果(校园小楼)

　　表 4-1 展示了本节方法和不同文献方法的无参考图像客观评价指标结果。其中,文献[42]方法利用增强型 Retinex 方法结合多单块自适应动态结果求取高频信息,实现提升高频细节数据的目的,该方法的 Con 和 Inf 指标的结果较好,但由于不能均衡各个单块的增强效果,r 指标不佳。文献[43]方法采用中值引导滤波来优化均匀浓雾图像的去雾过程,并通过分

割图像块测算图像的高频数据的动态值,然后通过融合多幅图像增强图像的层次,因而该方法虽然能够显著提升图像的整体亮度,但通过该算法获得的图像容易过曝光,算法的细节处理欠佳;同时,该方法的 Lum 指标较高,但 e、η 指标不佳。文献[44]方法通过在颜色衰减先验条件基础上构建一维模型,并给出均匀浓雾图像的景深估计方程,但该方法的散射指标存在一定的不适定性,因此该方法的 Lum、Con 指标存在较好的均衡性,但 e、η、r 指标结果并不理想。文献[45]方法结合 LeNet-5 神经网络与大气散射模型推导出透射率,对大气光值和透射率的获取较为准确,因此其无参考图像客观评价指标结果均较好。本节方法采用高斯低通滤波结合循环四分图获取大气光值,并采用自适应维纳滤波结合形态学优化透射率,所获取的清晰化图像不仅在亮度、去噪程度、边缘保持度等方面具有显著的效果,而且块效应和图像噪声也得到有效的抑制,因而本节方法所获得的各指标结果较高。

表 4-1 本节方法和不同文献方法的无参考图像客观评价指标结果

方法	图像	Lum	Con	Inf	e	r	η
文献[42]方法	图 4-6(b)	138.5	52.9	7.632 1	0.765 8	1.648 6	0.108 7
	图 4-7(b)	89.4	54.8	7.324 5	0.551 8	1.384 2	0.173 5
	图 4-8(b)	95.3	43.8	7.036 6	0.496 9	1.412 5	0.153 9
	Aver	108.5	51.5	7.368 5	0.612 9	1.489 8	0.159 8
文献[43]方法	图 4-6(c)	**201.5**	31.6	6.395 8	0.201 7	1.280 6	0.286 9
	图 4-7(c)	**148.5**	48.5	7.108 8	0.498 3	1.596 8	0.209 2
	图 4-8(c)	128.2	42.7	7.298 3	0.632 1	1.498 3	0.170 2
	Aver	**185.6**	45.3	7.058 2	0.458 2	1.486 2	0.238 2
文献[44]方法	图 4-6(d)	196.3	29.3	6.284 6	0.197 8	1.213 5	0.293 1
	图 4-7(d)	121.5	42.1	7.416 3	0.812 5	1.721 3	0.134 2
	图 4-8(d)	148.2	30.8	6.350 2	0.317 9	1.270 8	0.193 5
	Aver	155.8	35.9	7.198 3	0.594 2	1.596 8	0.258 3
文献[45]方法	图 4-6(e)	131.6	48.7	7.198 5	0.529 7	1.563 1	0.125 1
	图 4-7(e)	79.3	39.6	7.509 2	0.793 3	1.597 2	0.164 1
	图 4-8(e)	119.3	42.6	7.108 3	0.583 1	1.351 9	0.132 9
	Aver	128.9	45.8	7.290 1	0.598 3	1.602 2	0.148 7
本节方法	图 4-6(f)	162.8	**56.3**	**7.639 2**	**0.784 1**	**1.685 8**	**0.087 8**
	图 4-7(f)	145.3	**61.2**	**7.895 8**	**0.815 9**	**1.758 3**	**0.089 2**
	图 4-8(f)	**153.6**	46.5	7.350 2	0.658 2	1.562 8	**0.090 5**
	Aver	156.9	**56.6**	**7.501 1**	**0.765 9**	**1.668 2**	**0.088 9**

(2) 方法效率对比

本节将本节方法与文献[42]方法、文献[43]方法、文献[44]方法和文献[45]方法进行对比。表 4-2 展示了本节方法与对比的文献方法所用处理时间。以表中分辨率为 600×800 的图像为例,本节方法的处理时间为 1 179.2 ms,与文献[43]方法、文献[44]方法和文献[45]方法相比较短。其中,文献[42]方法利用增强型 Retinex 方法结合多单块自适应动态结果求取高频信息,此方法的处理时间为 1 096.8 ms;文献[43]方法采用中值引导滤波优化均匀浓雾图像的去雾过程,此方法的处理时间为 1 231.9 ms;文献[44]方法在颜色衰减先验条件基础上构建一维模型,此方法的处理时间为 1 683.5 ms;文献[45]方法结合 LeNet-5 神经网络与大气散射模型估计透射率,此方法的处理时间为 5 592.4 ms。

表 4-2　本节方法与对比文献方法所用处理时间　　　　　　　　（单位:ms）

分辨率	280×360	600×800	980×1 260
文献[42]方法	253.1	1 096.8	2 081.5
文献[43]方法	786.3	1 231.9	2 864.8
文献[44]方法	848.5	1 683.5	3 952.3
文献[45]方法	1 585.6	5 592.4	9 018.6
本节方法	4 58.9	1 179.2	3 039.8

6. 结论

本节首先采用高斯低通滤波方法获得雾天图像的低频部分,对处理后的图像采用循环四分图方法获得 A 值;其次选用自适应维纳滤波方法完成透射率的优化处理,不仅能克服传统维纳滤波方法的不足之处,而且能在图像亮度和边缘保存上实现好的效果(这是由于自适应维纳滤波方法可根据图像特征完成分区设置参数,然后采用膨胀处理使图像边缘的零散小细节得以连通,进而利用腐蚀处理实现图像边缘向内缩小的目的);最后将 A 值和优化后的透射率代入大气散射模型的变形公式,所获得的图像效果前景色明亮,细节突出,图像更加清晰。

4.2　基于大气光幕雾图清晰度复原方法

1. 引言

光在大气中传输[46-48],与空气中的胶体状悬浮颗粒相遇后被散射和衰减等,使所得图像降质[49]。Narasimhan 以悬浮粒子的所占比例和大小为依据,根据雨、雪、薄雾和浓雾等对所获取图像的不同散射效应,得到各个程度的户外降质图像[50-52]。这些视觉保真度和对比度受损的图像,对需要户外图像的运转系统产生一定程度的负面效应[53-55],如与大众息息相关的行车监控系统,其与交通安全息息相关[56]。另外,去雾清晰化算法可以为图像处理领域算法做预处理,如分割类算法、识别算法和跟踪算法等,均基于图像的色度和纹理等信息[57-59],去雾清晰化算法能够加强这些特征值以提高其鲁棒性[60]。

本节首先采用各向异性滤波对大气光幕处理,然后用色调调整。对大气光值 A,先采用高通滤波滤取,进而采用循环四分图算法做精细化处理。

2. 大气光值 A 的估计

绝大多数去雾算法选取整幅图像中值最大的像素点的 0.1% 作为图像的大气光值 A,一些白色景物或镜面反光景物被误估在其中[61-63],因而此方法获取的 A 误差较大。使用基于软扣图的去雾方法对此加以改进,选取接近于雾气浓度的暗通道最亮值的 0.1% 作为大气光值 A。但该方法也存在局限性:由于光照变化是非线性的[64,65],但该方法将其做线性处理,处理后呈现"晕轮效应"[66],并且块的大小选取对大气光值影响显著,若选取块较大,则图像细节弱化[67-69];若选取块较小,则图像的平滑效果差,因此求得的大气光值 A 将产生较大的偏差。本节首先采用高斯低频滤波对雾气图像 $D(x,y)$ 进行处理,由于大气光值 A 取自图像中雾气最浓之处,而图像被雾气影响的部分属于低频区,滤波操作之后可得大气光值 A 的区间,进而对滤波之后的图像采用循环四分图算法确定大气光值 A。

1) 高斯低频滤波定位 A 值区间

Retinex 对图像建模如式(4-23)所示,该式分为两个部分:其一为入射光 $i(x,y)$,代表大气光的照度分量[70-72],该部分主要反映受到雾气影响的部分,并且包含大量低频成分;其二为反射光 $r(x,y)$,代表图像中景物表面所反射的光照强度,该部分主要体现图像的细节部分,并且属于图像的高频区。

$$D(x,y)=i(x,y) \cdot r(x,y) \tag{4-23}$$

图像在雾气条件下降质有两个原因:其一为扩大照度的分量,使得图像的整体效果呈现灰白色[73,74];其二为削弱反射的分量,使得图像的细节边缘区域被弱化。这两种效果的互相作用使得图像在雾气条件下整体降质[75]。高斯低通滤波能采用式(4-24)表示:

$$H(u,v)=\mathrm{e}^{-E^2(u,v)/2\delta^2} \tag{4-24}$$

其中,$E(u,v)$ 指 (u,v) 与频率矩阵原点之间的距离,δ 表示高斯函数扩散的程度[76,77]。令 $\delta=E_0$,E_0 为选取的介质频率参数,可得

$$H(u,v)=\mathrm{e}^{-E^2(u,v)/2E_0^2} \tag{4-25}$$

当截止频率参数设定为 E_0 时,滤波器的最值由 1 变化为 0.607。雾气图像为 $D(x,y)$,对其进行傅里叶变换后为 $D(u,v)$,应用式(4-26)可实现频域处理。

$$D_1(u,v)=H(u,v)D(u,v) \tag{4-26}$$

对式(4-26)进行傅里叶逆变换,得到高斯低通滤波处理后的图像 $D_1(x,y)$。

$$D_1(x,y)=F^{-1}\big[H(u,v)D(u,v)\big] \tag{4-27}$$

该过程能用图 4-9 表示:

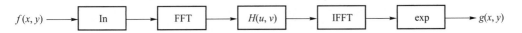

$f(x,y) \longrightarrow \boxed{\text{In}} \longrightarrow \boxed{\text{FFT}} \longrightarrow \boxed{H(u,v)} \longrightarrow \boxed{\text{IFFT}} \longrightarrow \boxed{\text{exp}} \longrightarrow g(x,y)$

图 4-9　高斯低频滤波流程图

2) 循环四分图算法确定大气光值 A

图像 $D_1(x,y)$ 为高斯低频滤波后所得的雾气图像的低频部分,该部分为受到雾气影响的部分。进而针对 $D_1(x,y)$ 采用循环四分图法处理,该方法估测的 A 值较为准确。图 4-10 展示了确定大气光值 A 的流程图。

(a) 初始图像　　　　　　(b) 图像低频部分　　　　　　(c) 循环四分图分割

图 4-10　确定大气光值 A 的流程图

循环四分图法具体实现步骤为：首先把低频部分图像 $D_1(x,y)$ 平均划分为 4 个部分，计算每一个部分的像素平均值，将像素平均值最大的部分继续分割，重复上述步骤，至最大部分包含的像素点的个数小于给定的阈值。将所得的像素平均值 $D_2(x,y)$ 作为大气光值 A。

3. 各向异性高斯滤波处理大气光幕

本节优化大气光幕的策略为：针对初始雾气图像求取其 RGB 三通道的最小值[78,79]，获取雾气图像的暗通道图像 $D^{\text{dark}}(x,y)$，进而采用各向异性高斯滤波处理大气光幕 $H(x,y)$。图 4-11 展示了初始大气光幕与初始图像的对比。

1）粗预测大气光幕

根据暗通道理论，给出散射部分的粗略估计方式。式（4-28）中给出 x 周围的小领域范围对其 R、G、B 三通道求解最小值的操作。

$$\min_{c\in\{R,G,B\}}(\min_{y\in\Omega(x)}D^c(x,y))=\min_{c\in\{R,G,B\}}(\min_{y\in\Omega(x)}F^c(x,y))t(x,y)+A(1-t(x,y)) \qquad (4\text{-}28)$$

暗通道理论可表述为：在清晰无雾的图像之中，整幅图像像素点的 R、G、B 三通道的最小值均趋于零，能用式（4-29）表述：

$$\min_{c\in\{R,G,B\}}(\min_{y\in\Omega(x)}F^c(x,y))\to 0 \qquad (4\text{-}29)$$

将式（4-28）代入式（4-27），且 $H(x,y)=A(1-t(x,y))$，则可得式（4-30）。

$$H(x,y)=\min_{c\in\{R,G,B\}}(\min_{y\in\Omega(x)}D^c(x,y))=D^{\text{dark}}(x,y) \qquad (4\text{-}30)$$

因而可以采用雾天图像的最小值实现大气光幕的近似，从而实现对 $H(x,y)$ 的粗预测，但利用该过程对雾天图像在小范围区域内寻求最小值得到的预测结果有明显的块状效应[80-82]。

(a) 初始图像　　　　　　　　　　(b) 初始大气光幕

图 4-11　初始大气光幕与初始图像的对比

2）初始大气光幕优化思路

针对粗预测的大气光幕在图像角点处和边缘处产生的不连续的方块效应，本节采用各向异性高斯滤波进行优化。散射部分 $H(x,y)$ 的最优解能通过式（4-31）表述：

$$\arg\max_{H}\int_x(H(x,y)-\lambda\phi(\|\nabla H(x,y)\|)) \qquad (4\text{-}31)$$

其中，λ 表示解的平滑性质，ϕ 是增函数。求解式（4-31）即为获取最优解的 $H(x,y)$，但该过程占用大量的处理资源。求 $H(x,y)$ 的最优解即为求取尽可能大的 $H(x,y)$ 值，并且满足使 $H(x,y)$ 尽量平滑。因而，本节采用另一种方式优化初始大气光幕，即滤波法。

在雾天图像中，景深大的景物（远景）受到雾霾的影响程度大，并且其 R、G、B 三通道的值近似等于大气光值 A，$H(x,y)$ 值较大；近景受雾霾的影响程度小，景物颜色艳丽或为冷色，$H(x,y)$ 值较小。因而，远近景之间易出现跃变，选取的滤波器应能保证平滑，在减小图像梯度的同时避免块状效应的产生[83,84]。本节选取的滤波器具有一般滤波器的平滑功能，也可以保存图像的角点和边缘。

3）各向异性高斯滤波器

能够保存图像的边缘和角点的滤波器主要有双边滤波器和基于各向异性的扩散滤波器。双边滤波器需要进行加权和平均实现运算，算法占用处理资源多，处理效率不高。各向异性的扩散滤波器具有较好的适应性和鲁棒性，并能够保存大量角点和边缘。

常用的高斯滤波模板是以原点为中心、对 xy 平面投影的圆，如图 4-12(a)所示，令 σ 代表尺度，θ 表示方向，其数学公式可以表示为

$$G(x,y,\sigma) = \frac{1}{2\pi\sigma^2}\exp\left(-\frac{1}{2}\left(\frac{x^2+y^2}{\sigma^2}\right)\right) \tag{4-32}$$

若对 x、y 取不同的比率，则能获得各向异性高斯滤波器，其在坐标平面上的投影为一个椭圆，如图 4-12(b)所示，用式(4-33)表达：

$$G(x,y,\sigma_x,\sigma_y) = \frac{1}{2\pi\sigma_x\sigma_y}\exp\left(-\frac{1}{2}\left(\frac{x^2}{\sigma_x^2}+\frac{y^2}{\sigma_y^2}\right)\right) \tag{4-33}$$

将图 4-12(b)中的椭圆以原点为中心旋转变换 θ 角度，能够将图像从 x-y 坐标系变换到 u-v 坐标系上，如图 4-12(c)所示，坐标变换如式(4-34)所示。

$$\begin{bmatrix} u \\ v \end{bmatrix} = \begin{bmatrix} \cos\theta & \sin\theta \\ -\sin\theta & \cos\theta \end{bmatrix} \begin{bmatrix} x \\ y \end{bmatrix} \tag{4-34}$$

将式(4-34)代入式(4-33)实现 θ 角度变换，得到滤波算子：

$$G(x,y,\sigma_x,\sigma_y) = \frac{1}{2\pi\sigma_x\sigma_y}\exp\left\{-\frac{1}{2}\left[\frac{(x\cos\theta+y\sin\theta)^2}{\sigma_u^2}+\frac{(-x\sin\theta+y\cos\theta)^2}{\sigma_v^2}\right]\right\} \tag{4-35}$$

(a) 高斯滤波器　　　　(b) 各向异性型高斯滤波器　　　　(c) 旋转之后的滤波器

图 4-12　高斯滤波模型

对于图像的不同部分，若滤波统一采用确定比例的尺度 σ 和方向 θ，则其中之一的情况为边缘与短轴一致时图像模糊程度趋于极大值。因而，选取的滤波尺度和方向应当根据图像不同特征的变化而变化，即本节采用的自适应各向异性高斯滤波。

4）自适应各向异性高斯滤波优化大气光幕

本节选用自适应各向异性高斯滤波处理图像，能够在平滑图像的同时，有效地保存边缘细节。长轴的尺度 σ_u 采用式(4-36)确定。

$$\sigma_u^2(x,y) = 1/D(x,y) \tag{4-36}$$

其中，x 和 y 为图像中某点的像素值；$D(x,y)$ 为雾天图像的灰度值按比例缩放在 0 和 1 之间的结果。

本节采用以下规则确定短轴尺度 σ_v：平滑区的短、长轴比例接近 1；边缘区的短、长轴比率接近 0。因而，图像的平滑程度是选取比率的关键。式(4-37)为灰度方差，代表雾天图像平滑程度。

$$\mathrm{DS} = 1/(M\times N)\sum_{i=1}^{M}\sum_{j=1}^{N}(D(i,j)-\overline{D}(i,j))^2 \tag{4-37}$$

其中，$M \times N$ 为选取的小区域范围；$\overline{D}(i_0, j_0)$ 为该区域范围内的灰度平均值，$\overline{D}(i_0, j_0)$ 和 $D(i_0, j_0)$ 在 0 与 255 之间取值；DS 表示小区域的方差。则可得短、长轴的比例为

$$R = K/K + DS \tag{4-38}$$

其中，K 为比例因子。则短轴尺度 σ_v 表示为

$$\sigma_v = R \cdot \sigma_u \tag{4-39}$$

综上可知，自适应高斯滤波需确定方向 θ 和比率 K 的大小，并转换为求取方向 θ 的垂直角 $\theta^{\perp}$。即求解 Guass 函数在水平和垂直两个方向上的导数并与雾天图像进行卷积，获取雾天图像在 xy 平面上的垂直梯度角 $\theta_{\perp}$。

$$E_x = \frac{\partial G(x, y, \sigma)}{\partial x} * D(x, y) \tag{4-40}$$

$$E_y = \frac{\partial G(x, y, \sigma)}{\partial y} * D(x, y) \tag{4-41}$$

$$\theta_{\perp}(x, y) = \arctan\left[E_y(x, y)/E_x(x, y)\right] \tag{4-42}$$

方向角 θ 与垂直梯度角 $\theta_{\perp}$ 之间满足

$$\theta = \theta_{\perp} + 90° \tag{4-43}$$

将式(4-42)代入式(4-43)可得

$$G(x, y, \sigma_u, \sigma_v, \theta_{\perp}) = \frac{1}{2\pi\sigma_u\sigma_v} \exp\left\{-\frac{1}{2}\left[\frac{(x\cos\theta_{\perp} + y\sin\theta_{\perp})^2}{\sigma_u^2} + \frac{(-x\sin\theta_{\perp} - y\cos\theta_{\perp})^2}{\sigma_v^2}\right]\right\} \tag{4-44}$$

σ_u、σ_v 以及垂直梯度角 $\theta^{\perp}$ 可用上式求得。经过反复实验，得出 K 值取 20 时，自适应各向异性高斯滤波对雾天图像的处理效果最优，并且此滤波器的处理效果优于高斯滤波器和线性滤波器的处理效果。

5）还原清晰化图像

将大气光幕 $H(x, y)$、大气光值 A 还原，即可得到清晰图像 $F(x, y)$，从而将大气光学模型改写为

$$D(x, y) = F(x, y)\left(1 - \frac{H(x, y)}{A}\right) + H(x, y) \tag{4-45}$$

进一步将式(4-45)变换为

$$F(x, y) = \frac{D(x, y) - H(x, y)}{1 - H(x, y)/A} \tag{4-46}$$

其中，$F(x, y)$ 为修复后的清晰图像，$D(x, y)$ 为原始降质图像。采用高斯低通滤波估测 A 值，以及自适应各向异性高斯滤波优化得到的大气光幕 $H(x, y)$，最终依据式(4-46)还原清晰无雾图像 $F(u, v)$。

6）图像的色调调整

在雾气状态的影响下，由于环境光的作用，雾天图像的整体色彩趋于灰白色，并且其像素值与实际相比较高，因而去雾清晰化处理后的图像，整体亮度值较低，如图 4-13(b)所示效果，因此对清晰化后的图像实现色调调整操作是必要的，这能使得处理后的图像色度和对比度更接近真实值。

色调调整是高动态技术处理高动态图像常选用的策略，该方法的目标是依据特定的方式将高动态图像压缩，使之能够在低动态的显示器上显示。本节采用 Drago 对数算子实现色调

(a) 初始图像　　　　　　　　　(b) 去雾清晰化处理后的图像

图 4-13　初始图像与去雾清晰化处理后的图像对比

调整,能够调节图像的整体明度、细节保存程度和对比度。该方法中显示器的亮度和场景的亮度的映射关系为

$$L_\mathrm{d}=\frac{L_{\mathrm{d\,max}}\times 0.01}{\lg\,(L_{\mathrm{w\,max}}+1)}\ \bullet\ \frac{\ln(L_\mathrm{w}+1)}{\ln\left\{2+\left[\left(\dfrac{L_\mathrm{w}}{L_\mathrm{w}^{\max}}\right)^{\frac{\ln b}{\ln 0.5}}\right]\times 8\right\}} \tag{4-47}$$

其中,L_d 代表显示器的亮度;$L_{\mathrm{d\,max}}$ 代表显示器亮度的最大值,取 100;参数 b 表示像素亮度值的压缩度和按区域的可见细节程度,b 的值越高,其亮度值被压缩得越严重。本节针对清晰化后的图像效果偏暗使得很多细节信息丢失的问题,致力于提升图像暗区域的亮度值和对比度,经过反复实验可知,当 b 的值为 1.3~1.6 时,处理后的效果最佳。进行色调调整后的图像亮度值增大,细节区域更加明显,接近于无雾的清晰图像。

4. 实验结果与分析

本节方法在 Windows 7 操作系统下,采用 MATLAB 2012a 实现算法验证。计算机选用 4 GB内存,Pentium(R) Dual-Core CPU T4200 @ 2.00 GHz 的配置。

本节分别对比本节方法与文献[85]方法、文献[86]方法、文献[87]方法和文献[88]方法的视觉评价指标和测值评价指标,得出本节方法在保证图像视觉效果的同时提高了算法的处理效率。各方法处理效果对比如图 4-14 所示。

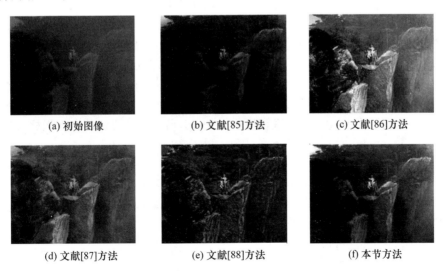

(a) 初始图像　　　　　　(b) 文献[85]方法　　　　　　(c) 文献[86]方法

(d) 文献[87]方法　　　　　　(e) 文献[88]方法　　　　　　(f) 本节方法

图 4-14　各方法处理效果对比

1) 视觉评价指标

视觉评价由人眼视觉信息实现判断,该评价指标具有便捷、准确、效率高和操作简单等特点。视觉评价的步骤为:选择一定数目的观测人群,在给定的实验条件下用图像测试,观测者依据一定的规则根据自我的感知对图像评分,对所有观测者的评分求取平均值,所得为 MOS (Mean Opinion Score)。视觉评价指标应对以下因素考量,包括:对比度、亮度、色度、图像清晰度、背景平滑性、图像有无伪影效应、晕轮效应、尾部拖拉效应等。本节选取 60 人(属于不同年龄、不同领域),其中 13～18 岁中学生男女各 10 人,18～28 岁高校美术专业学生男女各 15 人,30～45 岁文艺学院老师男女各 5 人对各算法处理的图片进行评分(采用 5 分制:5 分为优,表示无干扰;4～5 分为良好,表示干扰难以察觉;3～4 分为可以,表示能察觉干扰,但可以接受;2～3 分为差,表示干扰明显,并且干扰严重;1～2 分为很差,表示干扰很明显,并且无法接受)。男、女性视觉评分分别如表 4-3 和表 4-4 所示。

图 4-3　男性视觉评分

年龄段	图 4-14(b)	图 4-14(c)	图 4-14(d)	图 4-14(e)	图 4-14(f)
10～18 岁学生	2.1	4.2	3.9	3.8	4.1
18～28 岁学生	1.9	3.5	3.6	3.3	4.2
30～45 岁老师	2.5	3.5	3.2	3.3	3.9

表 4-4　女性视觉评分

年龄段	图 4-14(b)	图 4-14(c)	图 4-14(d)	图 4-14(e)	图 4-14(f)
10～18 岁学生	1.5	3.6	3.6	3.5	3.9
18～28 岁学生	1.9	3.3	3.1	3.1	3.8
30～45 岁老师	2.3	3.1	2.8	3.3	3.6

2) 测值评价指标

本节选取运行时间、亮度、对比度这几项测值对文献[85]方法、文献[86]方法、文献[87]方法、文献[88]方法和本节方法实现对比。文献[87]选用软抠图方法对透射率进行处理,此方法需处理拉普拉斯矩阵,占用大量的处理时间;文献[86]应用高斯函数对图像进行卷积后增强,处理速度快;文献[88]采用独立成分分析法(ICA)实现大气光值 A 的估计,消耗很多处理资源;文献[85]选用直方图匹配,处理效率高;本节方法处理时间短,占用时间资源少。

亮度表现图像的明暗程度,初始图像中雾气的干扰会使图像的亮度值增大;对比度代表整幅图像的灰度范围分布和亮度强弱差值,对比度越大的图像亮度的强弱差值越大;峰值信噪比表示图像的失真程度,信噪比大的失真程度小。表 4-5 所示为各方法的客观指标对比。

表 4-5　各方法的客观指标对比

评价指标	选用图像	文献[85]方法	文献[86]方法	文献[87]方法	文献[88]方法	本节方法
运行时间/s	200×300	8.562 3	0.155 7	6.842 7	0.132 8	0.587 3
	380×420	10.286 5	0.187 1	8.983 0	0.158 7	0.705 5
	400×500	12.892 6	0.234 5	10.314 1	0.213 2	0.904 7
亮度	图 4-14	86.25	92.56	162.53	141.86	178.63
	某图 1	75.32	158.69	154.38	138.54	149.28
	某图 2	96.28	187.25	156.87	158.49	153.98

续 表

评价指标	选用图像	文献[85]方法	文献[86]方法	文献[87]方法	文献[88]方法	本节方法
对比度	图 4-14	1.85	2.35	16.83	14.69	16.95
	某图 1	0.92	15.48	13.95	11.76	16.03
	某图 1	3.17	18.87	12.45	12.89	16.77

根据去雾图像的效果可知,原始雾天图像亮度受雾影响大且对比度低,整体图像模糊,细节不清晰;文献[85]方法处理后的图像细节清晰但亮度不足,抗偏白景物的干扰能力差;文献[86]方法处理后的图像色彩鲜亮且对比度高,但图像易发生色偏;文献[87]方法处理后的图像景物亮度高,颜色逼近真实值,但细节处存在"晕轮效应";文献[88]方法处理后的图像加强了图像的对比度,算法简单效果明显,但景深突变处易丢失信息并且出现过度增强现象;本节方法处理所得图像,亮度和对比度适中,图像细节丰富,边缘处较为完整地保存了信息,噪声干扰小,图像整体质量高。

5. 结论

本节采用高斯低通滤波求取雾天图像低频区,并对低频区采用循环四分图算法得到较精准的大气光值 A;选取雾气图像最小值近似大气光幕,进而通过自适应各向异性高斯滤波平滑大气光幕的边缘和角点;应用大气光学模型还原清晰化图像后,采用色调调整实现图像的整体调节。本节方法是文献[86]方法的改进,文献[86]对景深突变处修复白色块状采用的软抠图方法消耗大量处理时间,相比之下,本节方法处理时间提高了十几倍,得到亮度、对比度效果较好的处理图像,并能较完整地保留边缘细节。

4.3 基于细节还原的雾天图像清晰化方法

1. 引言

去雾清晰化算法有 2 种思路,即增强和复原。增强类算法的依据是环境光模型色调与深度之间的非线性衰减关系,该类算法应当具备自动调节的能力[89,90],以直方图均衡为基础的算法是较为典型的算法。该类算法的优点为原理简单,执行效率高[91],但有一定的局限性:该算法适用于变化不丰富的场景,对于场景复杂的图像,若对全局进行统一处理,会损失大量细节[91-93]。

本节对传统暗原色清晰化算法加以改进,采用 Canny 边缘检测算子和二分图法确定精准的大气光值 A,并采用中值 Rank 变换型滤波和膨胀腐蚀算法优化透射率。

2. 大气光值 A 的获取

很多去雾算法根据雾天图像的视觉效果强弱,在效果强的区域中估计大气光值 A,但使得一些镜面反射的景物[94],如水面或者表面反射的景物被误估为大气光值 A。传统的暗原色清晰化算法选取整幅图像 1% 最大的像素平均值作为大气光 A 值,但是该取值的精确度不高。

本节首先应用 Canny 边缘检测算子对图像实现边缘检测,进而对大气光值 A 采用二分图取值,使得 A 值的选取较为精确并且提高了算法的效率,最后通过中值 Rank 变换型滤波和图像形态学方法对透射率进行处理,获取的透射率优化效果较好。

1）Canny 边缘检测算子定位 A 值区间

本节首先对 $K(x,y)$ 采用 Canny 边缘检测算子实现边缘检测,在执行此操作后,对边缘两侧区域采用尺寸为 15×15 的模块逐行查找并搜索。像素值大的部分可初步判断为天空区域 s_1。

Canny 边缘检测算子采用高斯滤波首先对图像进行平滑操作,通过高斯操作和图像卷积去除图像中的噪声:

$$G(x,y)=\frac{1}{2\pi\sigma^2}\exp\left[\frac{-(x^2+y^2)}{2\sigma^2}\right] \tag{4-48}$$

$$I(x,y)=(\nabla G(x,y))*f(x,y)=\nabla(G(x,y)*f(x,y)) \tag{4-49}$$

通常,高斯离散算子模板被用作计算梯度值和梯度方向[95-97],边缘为梯度方向的局部最大点。本节采用 2×2 的一阶有限差分计算平滑图像的梯度幅值和方向。

$$P_x[i,j]=(I[i+1,j]-I[i,j]+I[i+1,j+1]-I[i,j+1])/2 \tag{4-50}$$

$$P_y[i,j]=(I[i,j+1]-I[i,j]+I[i+1,j+1]-I[i+1,j])/2 \tag{4-51}$$

进而,采用范数求取幅值和梯度:

$$M[i,j]=\sqrt{P_x[i,j]^2+P_y[i,j]^2} \tag{4-52}$$

$$\theta[i,j]=\arctan[P_y[i,j]/P_x[i,j]] \tag{4-53}$$

如图 4-15 所示,将平面每 45 度划分为一个方向,共划分为 8 个边缘梯度方向。

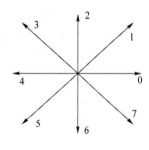

图 4-15　边缘梯度方向

根据图像边缘点幅值大的规律,本节对边缘梯度幅值采用非最大值抑制,即舍弃图像中像素幅值小的点[98,99],并比较图像中每一点的平均梯度幅值与该点的 $\theta[i,j]$ 方向和其反方向的 2 个梯度幅值。若该结果小于该方向的 2 个梯度幅值,则该点不是局部最大值,将其标记为 0,并且该点不是边缘点[100]。由此,可以获得非最大值抑制的结果图像[101-103]。

Canny 边缘检测的结果图像如图 4-16(c)所示。对结果图像做进一步处理,选取 2 个阈值 L_{th} 和 H_{th},本节取 $L_{th}=0.5H_{th}$;取幅值大于 H_{th} 的像素点为边缘,小于 L_{th} 的像素点不是边缘;对于幅值介于两者之间的像素点,则判断其 8 个领域中是否有大于 H_{th} 的值,如果有则是边缘,没有则不是边缘[104,105]。

采用 Canny 边缘检测算子对降质图像处理噪声的同时,能够对边缘部分的细节较为精确地定位。经过边缘检测的处理后,可得天空区域 s_1。

2）二分图法定位 A 值

对得到的天空区域 s_1 采用二分图模型实现分割,将雾天图像中的 s_1 分割为 2 个相等的区域,分别计算这 2 个区域的灰度平均值;比较这 2 个灰度平均值的大小,取灰度平均值大的部分为 s_2,并对 s_2 重复上述操作。

重复上述步骤直至区域中像素点的个数小于给定的阈值。对雾天图像进行二分图算法操作如图 4-16(d)所示,并将 s_n 中的像素矩阵 $a[m,n]$ 中的值与 255 作差,差为最小值的 a_{mn} 即为大气光值 A。

$$a[m,n]=\begin{pmatrix} a_{00} & \cdots & a_{0n} \\ \vdots & & \vdots \\ a_{m0} & \cdots & a_{mn} \end{pmatrix} \tag{4-54}$$

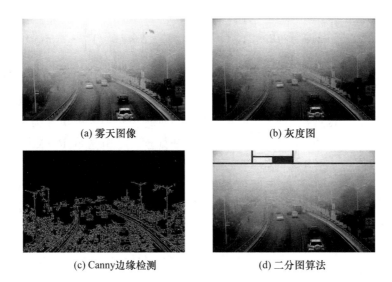

(a) 雾天图像　　　　　　　　　　(b) 灰度图

(c) Canny 边缘检测　　　　　　　　(d) 二分图算法

图 4-16　大气光值 A 的获取及定位

3. 透射图

由于透射率随着场景深度的变化而变化,并在边缘处快速变化,因此在去雾处理的过程中,边缘处易出现"晕轮效应"[106-108],根本原因是透射图选取的参数偏差较大。传统暗原色方法采用大规模系数矩阵并用软抠图处理透射图。该处理过程占用大量的运行空间,同时消耗大量的处理时间[109]。本节采用中值 Rank 变换型滤波法处理透射率,并采用图像形态学中的膨胀和腐蚀进一步优化透射图。

1)中值 Rank 变换型滤波处理透射率

传统暗原色方法采用软抠图处理投射率,由于算法融入拉普拉斯矩阵,因此算法复杂度增加。中值滤波处理过程简单、效率高,具有较强的去噪和维持边缘细节的能力,是常用在图像处理中的非线性空域滤波方法。但标准中值滤波具有一定的局限性,其对图像的所有像素点进行统一处理,噪声区域像素虽得到平滑,但损失了部分细节。本节采用中值 Rank 变换型滤波方法处理透射率,该方法较好地避免了噪声误处理和细节误丢失。

本节首先对图像实现 Rank 变换,进而针对 Rank 变换的结果判断图像中的孤立点,图像中的噪声绝大多数为孤立点,最后利用中值滤波针对孤立点处理,可以在尽可能去除噪声的同时保留较为完整的边缘细节。

Rank 变换取图像中以某像素点为心的框型区域,将该区域命名为 Rank 框,并记录该框中像素灰度值小于质心像素灰度值的数目值,用该数目值取代原质心像素灰度值。将整幅图像的像素点灰度值进行 Rank 变换后得到的图像矩阵,即为 Rank 变换图像阵。

$t(x,y)$ 为透射图的像素灰度值,$m(x,y)$ 为以 $t(x,y)$ 为质心的 Rank 框中像素点的集合,本节取 3×3 大小的 Rank 框。$s(x,y)$ 为质心 $t(x,y)$ 的 Rank 变换式:

$$s(x,y) = \sum_{i=-1}^{1}\sum_{j=-1}^{1}\alpha(t(x,y),t(x+i,y+j)) \tag{4-55}$$

$$\alpha(x_1,x_2) = \begin{cases} 1, & x_1 > x_2 \\ 0, & x_1 \leqslant x_2 \end{cases} \tag{4-56}$$

$$m(x,y) = \begin{pmatrix} 216 & 217 & 212 \\ 219 & 218 & 215 \\ 220 & 212 & 215 \end{pmatrix} \rightarrow \alpha(x,y) = \begin{pmatrix} 1 & 1 & 1 \\ 0 & 0 & 1 \\ 0 & 1 & 1 \end{pmatrix} \rightarrow s(x,y) = 6 \tag{4-57}$$

以 $t(x,y)$ 为 218 的质心像素点为例,其 Rank 框中的像素值经过式(4-56)和式(4-57)的变换,转换为式(4-57)中的 $\alpha(x,y)$,统计 $\alpha(x,y)$ 中像素值大于 218 的像素个数可得 $s(x,y)$ 的值为 6。该变换表示灰度值从 0～255 的灰度值可以处理为 0～(S−1)(S 为 Rank 框中像素点的数目)的小范围整数值[110-112],便于后续的判断和处理。本节选取 Rank 框为 3×3 矩阵,因此,该小范围整数值在 0 到 8 之间。

孤立点为 $t(x,y)$ 质心像素灰度值的 3×3 领域中的像素灰度值均满足式(4-58)或式(4-59),即质心像素灰度值均大于或者小于 Rank 框内的像素灰度值。满足孤立点[113]条件的 $s(x,y)$ 值为 0 或 8。

$$t(x,y) > \max(f(x+i,y+j)), \quad i,j \in \{-1,0,1\} \tag{4-58}$$
$$t(x,y) \leqslant \min(f(x+i,y+j)), \quad i,j \in \{-1,0,1\} \tag{4-59}$$

对整幅透射图进行搜索处理,对满足孤立点条件的像素点进行中值滤波。该算法的具体操作为:选取孤立点的 3×3 领域,进行排序操作取中间值;对不满足孤立点条件的透射图像素点不做处理,保持原先值不变[114-116]。

用本节方法优化透射图的过程如图 4-17 所示。

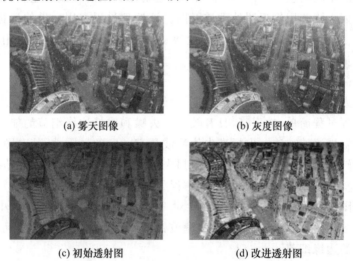

(a) 雾天图像　　　　　　　　　(b) 灰度图像

(c) 初始透射图　　　　　　　　(d) 改进透射图

图 4-17　用本节方法优化透射图的过程

2) 膨胀和腐蚀优化透射图

本节对中值滤波处理后的透射图,进一步采用膨胀和腐蚀算法处理[117-119],膨胀算法将图像边缘周围的细小块状部分连通成一个整体[120],腐蚀算法则将连通后的整体向内缩小。

本节采用中值 Rank 变换型滤波和膨胀腐蚀算法对透射图进行处理,避免了标准中值滤波对图像采用统一处理时对细节部分的误处理[121,122]。首先对整幅透射图判断出噪点部分,进而对噪点部分采用中值滤波。该方法能够较准确地去除图像噪声,并能够最大限度地保留边缘细节[123],可以实现优化透射图的目的。

4. 实验结果比较与分析

改进算法通过 MATLAB 7.0 在配置环境为奔腾(R)D，E6700,8 GB 的处理器上运行。其中,文献[124]方法、文献[125]方法和文献[126]方法是典型的还原类去雾算法,而文献[123]方法是典型的增强类去雾算法。这些算法都具备较好的去雾能力。本节比较并分析了本节方法与上述文献方法的实验结果。

1) 主观视觉效果

图 4-18 展示了不同去雾算法复原结果的对比,其分辨率为 680×560 像素。从实验结果可以得出以下的结论:传统暗原色算法的结果图像亮度性质稍显不足;文献[124]方法的结果图像边缘细节不清晰,并且在边缘处存在晕轮效应;文献[125]方法的结果图像局部降质明显;而文献[123]方法由于颜色的过度增强出现色彩的偏移。本节方法的前景色彩鲜明,保留了少量雾气的同时强调图像的细节,使得图像更加真实。

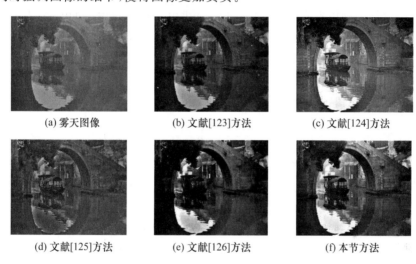

| (a) 雾天图像 | (b) 文献[123]方法 | (c) 文献[124]方法 |

| (d) 文献[125]方法 | (e) 文献[126]方法 | (f) 本节方法 |

图 4-18　不同去雾算法复原结果的对比

2) 客观参数评价

根据平均梯度、信息熵和视觉保真度这 3 个指标,本节评价了 5 种去雾方法的复原结果。其中,平均梯度代表了图像的层次,值越大,图像层次越多;信息熵表示图像信息的丰富程度,值越大,图像信息越丰富,图像质量越好;视觉保真度表示对人眼视觉的影响,值越大,图像越清晰。

对于图 4-18,表 4-6 中展示了算法的图像质量评价指标值。可以得出以下结论:本节方法和文献[123]方法的指标值整体优于其他方法。本节方法得到的清晰化图像去雾质量得到显著地提高,但文献[123]方法的视觉保真度较低,易出现色彩的偏移。

表 4-6　各算法的图像质量评价指标值

类别	图像	平均梯度	信息熵/bit	视觉保真度
雾天图像	图 4-18(a)	6.258 2	7.298 7	—
文献[123]方法	图 4-18(b)	9.012 3	7.156 3	2.326 7
文献[124]方法	图 4-18(c)	12.102 3	7.701 5	2.901 2
文献[125]方法	图 4-18(d)	8.278 9	7.702 3	2.052 3
文献[126]方法	图 4-18(e)	8.990 8	3.998 6	3.001 2
本节方法	图 4-18(f)	10.103 3	7.902 5	3.190 7

3）算法处理效率

在实际的工程应用中,必须考虑算法的实时性。文献[125]方法采用中值滤波方法,该方法为领域类的线性平滑滤波,选取滤波窗口在图像中移动,对窗口中像素值排列后找到中间值,处理效率较高;文献[123]方法应用了快速傅里叶变换对图像采用式(4-60)将其由空域变换到频域,进而在频域中实现图像的滤波、锐化以及增强等后续操作,处理时间较快。

$$K(u,v) = \frac{1}{\sqrt{M}\sqrt{N}}\sum_{m=0}^{M-1}\sum_{n=0}^{N-1}k(m,n)\mathrm{e}^{-\mathrm{j}2\pi(\frac{mu}{M}+\frac{nv}{N})}, \quad u = 0,1,\cdots,M-1, v = 0,1,\cdots,N-1$$

$$(4-60)$$

传统暗原色算法选用软抠图方法对图像透射率进行处理,该过程需要求解大型稀疏拉普拉斯矩阵,并采用迭代算法提高精度,复杂度较高,占用了整个算法处理时长的70%以上。

文献[124]方法则利用独立成分分析(Independent Component Analysis, ICA)算法,该算法将图像作为随机选取的样本值并采用白化矩阵,如式(4-61)所示实现自适应处理,其中 w_0 为白化矩阵;ICA 基本模型如式(4-62)所示,其中 $z(t)$ 为白化处理后的观察信号,$x(t)$ 为源信号,A 为混合矩阵;进而,在放入固定点快速算法之后得到若干个独立影像,再将独立影像糅合为特征空间表征测试图像,此算法的复杂度较高。

$$z(t) = w_0 x(t) \tag{4-61}$$

$$x(t) = Az(t) \tag{4-62}$$

对比上述算法的处理速度,本节方法处理透射图时主要采用了中值 Rank 变换型滤波,处理效率高、实时性强。以分辨率为 400×600 像素的图像为例,本节方法的处理速度为 3.45 s,与传统暗原色算法〔文献[124]方法〕的处理速度(20.23 s)相比,处理速度快了 6 倍左右;此外,文献[126]方法的处理速度为 30.68 s,文献[125]方法的处理速度为 2.03 s,文献[123]方法的处理速度为1.61 s。表 4-7 展示了各算法的处理时间,根据前文对算法复杂度的比较和表中的同幅图像处理时间可知,文献[123]方法和文献[125]方法处理速度快,本节方法处理速度较快,而文献[124]方法和文献[126]方法的处理效率不高。

表 4-7　各算法的处理时间　　　　　　　　　　　　　（单位:s）

图像大小/像素	文献[123]方法	文献[124]方法	文献[125]方法	文献[126]方法	本节方法
220×300	1.12	16.32	1.56	25.87	2.28
400×600	1.61	20.23	2.03	30.68	3.45
600×800	2.15	28.67	2.58	35.24	3.95

5. 结论

本节对大气光值 A 和透射率 $t(x,y)$ 的求取进行改进,首先采用Canny 边缘检测算子定位大气光值 A 的区间,进而采用二分图算法搜索区间定位大气光值 A。与传统暗原色算法采用软抠图对透射率处理不同,本节方法使用中值 Rank 变换型滤波对透射率进行处理,处理时间显著缩短,并获得好的去雾效果。本节方法仍存在一定的不足,当雾气的浓度过高时,清晰化算法处理后的有雾图像细节信息还原度有限;并且当图像出现天空与大片白色景物连通时,所得大气光值 A 仍不够精准。上述问题可作为下一步的研究方向,并进一步提高算法的处理速度,使之适用于视频处理领域。

4.4　自适应维纳滤波的二叉树分解单帧图像去雾方法

1. 引言

在雾天状态下,户外场景中的悬浮粒子或者水蒸气会带来视觉效果下降的问题,如图像对比度低或者颜色暗淡[127-129],而将雾天图像直接用作视觉处理系统的输入图像往往会带来特征偏移等问题[130-132]。因而,本节提出了一种适用于大多数实际应用设备并具有显著应用特征的图像处理技术。

近几年来,很多单幅图像去雾技术被提出,并应用在改进雾天图像的视觉效果中[133]。前人的去雾方法大多是基于附加信息而并不是局限于输入图像自身的[134,135]。这些方法在获得足够准确的额外信息后效果较优[136-138]。事实上,获取这些额外信息很难,而且无形中增加了开销。

本节受上述方法的启发,提出一种基于大气光散射模型的新型去雾方法,并将整个去雾过程划分为两个部分:在第一个部分中,采用阈值分割结合二叉树分割的方法得到大气光值,该方法能够明显提高在大气光散射模型中所获取变量的精准度;在第二个部分中,本节采用维纳滤波和形态学方法处理透射率,时间效率高,图像去雾效果好[139-142],并且和现有的主流去雾方法相比,本节方法能够得到更优的视觉效果和颜色保真度。

2. 阈值分割结合二叉树分割获取大气光值 A

在很多去雾算法中,对大气光值 A 的估计往往会受强视觉区域所带来的镜面反射作用的影响。例如,反射物常被错误地用于估测大气光值 A。传统去雾方法采用整幅图像中最大像素值的 1% 作为大气光值 A,但该方法得到的 A 值精准度低。本节采用阈值分割获取大气光值 A 的大致区域,进而通过二叉树方法获得大气光值 A。本节方法的效率可通过自适应维纳滤波和图像形态学方法进行估计。

1) 锁定天空区域

阈值分割的目标是把前景物从背景中分离,从而得到大气光值的大致区域,因而阈值分割方法的重要步骤就是阈值的选择。从先验信息可得,天空模块的像素结果逼近 210,因而本节采用简单阈值分割方法,不仅能节约处理时间,而且能够避免大部分阈值分割策略出现的问题,如自适应阈值分割策略消耗大量处理时间的问题。本节采用灰度阈值分割策略,采用给定阈值把图像分割为前景与背景两个板块,将图像转化为灰度图像,再利用单个灰度级产生的概率制作直方图。将初始图像设定为 $V(x,y)$,分割图像设定为 $V_1(x,y)$,阈值设定为 T,基本计算式可表达为

$$V_1(x,y)=\begin{cases}1, & V(x,y)\geqslant T\\0, & V_1(x,y)<T\end{cases} \tag{4-63}$$

分别设置阈值为 150、200 和 210,如图 4-19 所示,使天空部分 s 和前景完成分离[143-145]。

2) 精准地估测大气光值 A

为精准地获取大气光值 A,本节进一步采用二叉树模型分割。该方法的基本操作是将天空区域 s_1 分割为两个相等的部分,设定为 s_{21} 和 s_{22},进而测算这两个部分的灰度平均值,对比灰度平均值,将灰度平均值较大的部分设定为 $\overline{s}_{21}$,另一个部分则设定为 $\overline{s}_{22}$,选择区域 $\overline{s}_{21}$ 并进一

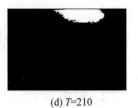

(a) 原图   (b) $T=150$ (c) $T=200$ (d) $T=210$

图 4-19 阈值分割模型

步分割为两个子部分,重复上述步骤,直到最大灰度平均值 $\bar{s}_{n1}$ 和 255 的差 d 小于给定的阈值 t,$\bar{s}_{n1}$ 即为大气光值[146-148]。二叉树分割模型如图 4-20 所示。

$$d = |255 - \bar{s}_{n1}| \tag{4-64}$$

$$\begin{cases} A = \bar{s}_{n1}, & d < t \\ A \neq \bar{s}_{n1}, & d \geqslant t \end{cases} \tag{4-65}$$

(a) 原图   (b) 二叉树分割

图 4-20 二叉树分割模型

3. 透射率

大气光值 A 对图像的影响随着景物和观测者间距离的增加而增加,从视觉影响的视角而言,图像亮度随着雾气浓度的增加而变亮[149-151]。基于雾天图像的先验信息和大气光值 A,$t(x,y)$ 可以被粗略地估计出来。然而,透射率随着景深的变化而变化,并在边缘部分快速变化[152-154]。此外,在去雾效果图中边缘处容易产生晕轮效应,因而早期的基于暗通道的去雾方法采用软抠图算法结合大型矩阵处理透射率,整个处理过程开销大并且消耗大量处理时间,尤其是对 $t(x,y)$ 的处理过程占用了大量时间。因而,本节采用自适应维纳滤波结合图像形态学方法优化透射率。

1)优化透射率

维纳滤波被广泛地运用在图像复原中。该方法不仅在降质图像复原中产生好的效果,还具有明显的抗击噪声能力[155-157]。因而,由于维纳滤波计算量小,因此其消耗的处理时间不多。$t(x,y)$ 和景深之间的指数在景深变化处易出现大的偏差。此外,雾天图像在边缘区域往往存在振铃效应,因此选择的滤波方法需要在保留尽可能多边缘的同时去除图像噪声[158]。传统维纳滤波具有好的去除噪声的效果,并能够形成良好的视觉效果,但该方法容易被振铃效应影响。本节采用自适应维纳滤波处理透射率,能够规避传统维纳滤波的上述缺陷。

传统维纳滤波将最小均方差转换作为频域表达式:

$$T_2(u,v) = \frac{H^*(u,v)}{|H(u,v)|^2 + |S_n(u,v)/S_f(u,v)|} \cdot T(u,v) \tag{4-66}$$

其中,$T(u,v)$ 和 $H(u,v)$ 是点扩散函数 $h(x,y)$ 和 $t(x,y)$ 的傅里叶变换,$H^*(u,v)$ 则是 $H(u,v)$ 的

复共轭形式,$S_f(u,v)$ 是初始图像的功率谱,$S_n(u,v)$ 则为噪声的功率谱,$T_2(u,v)$ 为输出图像的傅里叶变换形式。

$$\gamma = S_n(u,v)/S_f(u,v) \tag{4-67}$$

自适应维纳滤波将整幅图像分割为三个部分——平坦区域、纹理区域和边缘区域,并将 γ 值分别设置为 $\gamma_{flat}=10^{-2}$、$\gamma_{vein}=10^{-3}$、$\gamma_{edge}=10^{-5}$,复原图像在亮度、边缘保持度和去噪程度上达到最佳效果。而传统维纳滤波为整幅图像设置统一参数 $\gamma=10^{-5}$。

$$m_{local}(x,y) = \frac{1}{(2P+1)(2Q+1)} \sum_{i=x-P}^{x+P} \sum_{j=y-Q}^{y+Q} t(i,j) \tag{4-68}$$

$$\delta_{local}(x,y) = \frac{1}{(2P+1)(2Q+1)} \sum_{i=x-P}^{x+P} \sum_{j=y-Q}^{y+Q} \left[t(i,j) - m_{local}(x,y) \right]^2 \tag{4-69}$$

其中,$m_{local}(x,y)$ 表述局部均值;$\delta_{local}(x,y)$ 表述局部方差;(x,y) 表示透射图的像素,$(2P+1)(2Q+1)$ 代表所选取的模板尺寸。基于所选模板应当和暗通道块相适应,本节采用 15×15 模板,并计算在 (x,y) 周围的 $(2P+1) \times (2Q+1)$ 像素块。

本节首先计算初始透射图的局部偏差[159],获取并保存局部方差最大结果 $\delta_{maxlocal}(x,y)$,进而将图像按照上述规则划分为三个区间分别测算其 γ 值。自适应维纳滤波能够基本清除透射图中存在的块效应。但处理之后的透射图边缘与雾天图像的对比仍然存在偏差,需要进一步处理。

2) 消除块效应

本节采用傅里叶逆变换将 $T_2(u,v)$ 转换为 $t_2(x,y)$,之后采用形态学处理对 $t_2(x,y)$ 进行后续操作,为了处理好边缘区域和景深突变区,本节首先采用膨胀操作连接边缘部分分散的细节,进而采用腐蚀操作缩小边缘。由于透射图的像素值是二值化的,上述操作实质上等同于对目标进行最小值操作,获取图像块中的最小值。

$$t_3(x,y) = \min(t_2(x,y)) \tag{4-70}$$

腐蚀操作的程度取决于块的大小,过强或者过弱的腐蚀均会使初始图像产生不匹配的边缘[160]。实际上,常取块的 1/2 进行匹配。和传统的基于暗通道的去雾方法对比,本节方法得到的透射图能够得到更多的整体信息,并且透射图的边缘更接近自然效果。由图 4-21 的结果可知,采用自适应维纳滤波结合图像形态学操作对透射率进行处理是可行的。

(a) 原图   (b) 暗通道   (c) 初始透射率   (d) 优化透射率

图 4-21 阈值分割过程

3) 图像还原

通过分析可得大气光值 A 和透射率,进一步得无雾场景图像 $R(x,y)$:

$$R^c(x,y) = \frac{V^c(x,y) - A^c}{\max\{t_3(x,y), t_0\}} + A^c \tag{4-71}$$

其中,t_0 表示透射率的下限值,本节根据经验将其设定为 0.1。

4. 实验结果对比和分析

本节设置了大量实验验证方法的有效性。本节方法和对比方法均在 MATLAB 2012a 软件上验证。该软件在配置为奔腾(R)D,E6700 GHz,CPU 8 GB 内存的计算机上搭建实验环境,其中文献[161]方法基于物理模型,文献[162]方法是增强类算法。上述方法均有好的去雾效果,实验结果主要通过对比本节方法和以上方法完成。

本节创建的图像数据集包括 512 幅通过网络下载和设备采集得到的户外图像,包含丰富的场景,如自然景观、建筑、树、湖。

1) 主观视觉评价

本节选取测试集中不同类型的雾天图像并将其运用在实验中。图 4-22 展示了不同去雾图像的效果,场景包括桥洞(分辨率:320×480)、树木(分辨率:420×550)和建筑物(分辨率:550×620)。

以桥洞为例,图 4-22(b)包含丰富的边缘细节,视觉效果呈现过度增强的状况。虽然天空区域在文献[162]方法处理后是明显的,但色偏现象往往在天空和非天空交界处产生。图 4-22(d)给出采用本节方法的去雾结果,可以发现,目标物显露出来,雾气大部分被清除。对比其他两种方法,本节方法具有更好的去雾效果。

| (a) 桥洞原图 | (b) 桥洞文献[161]方法 | (c) 桥洞文献[162]方法 | (d) 桥洞本节方法 |

| (e) 树木原图 | (f) 树木文献[161]方法 | (g) 树木文献[162]方法 | (h) 树木本节方法 |

| (i) 建筑物原图 | (j) 建筑物文献[161]方法 | (k) 建筑物文献[162]方法 | (l) 建筑物本节方法 |

图 4-22 去雾视觉效果

2) 客观评价

本节采用信息熵、平均梯度和视觉保真度完成本节方法和其两种方法的评价。其中,信息熵指标用以下的式子表示。

$$\text{IIE} = -\sum_{w=0}^{I-1} \frac{F_w}{M \times N} \lg \frac{F_w}{M \times N} \tag{4-72}$$

通常而言,图像的信息熵表示一副图像的信息丰富程度,IIE 结果越大,表明去雾后的效果越饱和清晰。从表 4-8 和图 4-23 可知,本节方法的信息熵指标优于其他两种方法,这是由于本节方法天空区域的过饱和程度低,并且没有产生太多不必要的信息。平均梯度表示图像层次的丰富度,指标越大,图像细节保留越完备。视觉保真度表示人眼感官的综合状态,该值越高,图像失真度越弱。从表4-8中可知,和其他两种方法对比,本节方法得到较好的信息熵指标,并且能够保留清晰的边缘细节和较高的对比度。

表 4-8　几种算法指标值

类　别	编　号	平均梯度	信息熵	视觉保真度
雾气图像	图4-22(a)	6.321 3	7.153 1	—
	图4-22(e)	5.062 7	7.362 7	—
	图4-22(i)	8.320 8	6.896 8	—
文献[161]方法	图4-22(b)	10.089 2	7.384 3	2.865 4
	图4-22(f)	10.682 6	7.532 7	1.568 2
	图4-22(j)	13.985 4	6.986 3	1.909 8
文献[162]方法	图4-22(c)	9.092 8	7.412 5	2.982 6
	图4-22(g)	6.652 3	7.627 8	1.608 7
	图4-22(k)	10.280 5	7.301 3	1.682 5
本节方法	图4-22(d)	12.052 8	7.892 5	3.210 5
	图4-22(h)	9.863 5	7.693 5	2.156 7
	图4-22(l)	15.628 3	7.412 8	3.098 2

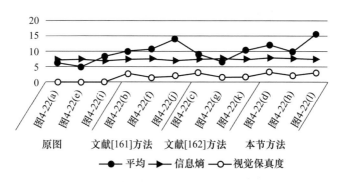

图 4-23　几种算法指标值对比

3）时间复杂度

为了检验本节方法在处理时间上的优越性,本节采用多种尺寸的图像进行实验。本节方法和文献[161]方法、文献[162]方法对比,如表4-9所示,文献[161]方法采用ICA方法,该方法执行效率高,而文献[162]方法效率很低,这是由于该方法采用软抠图处理大型稀疏矩阵会占用大量计算资源。

表 4-9　各方法效率对比

分辨率	文献[161]方法/ms	文献[162]方法/ms	本节方法/ms	比值
320×480	1 521	17 823	1 057	16.86
420×550	2 032	19 849	1 217	16.31
550×620	3 187	24 619	1 532	16.07

5. 结论

本节基于大气光物理模型对未知参量(包括大气光值 A 和透射率 $t(x,y)$)进行估计,通过阈值分割方法得到天空区域,进而采用二叉树搜索该区域得到较为精准的大气光值,最后采用自适应维纳滤波取代软抠图处理透射率。和文献[161]方法、文献[162]方法相比,本节方法得到的复原图像更加清晰、自然、有效,但结果存在很小的图像噪声和色偏现象。本节方法尤其适用于天空区域占比较大的图像。

本章参考文献

[1] 霍宏涛. 数字图像处理[M]. 北京:机械工业出版社,2003.

[2] 董鲁平,古燕莹. 计算机图像处理[M]. 北京:清华大学出版社,2008.

[3] 张登银,鞠铭烨,钱雯. 图像去雾算法研究现状与展望[J]. 南京邮电大学学报:自然科学版,2020,40(5):101-111.

[4] 王道累,张天宇. 图像去雾算法的综述及分析[J]. 图学学报,2020,41(6):861-870.

[5] 魏红伟,田杰,肖卓朋. 图像去雾算法研究综述[J]. 软件导刊,2021,20(8):231-235.

[6] 嵇晓强. 图像快速去雾与清晰度恢复技术研究[D]. 长春:中国科学院长春光学精密机械与物理研究所,2012.

[7] 王丹. 基于暗通道先验的图像和视频去雾模型及算法研究[D]. 北京:国防科学技术大学,2016.

[8] XU Y, WEN J, FEI L, et al. Review of Video and Image Defogging Algorithms and Related Studies on Image Restoration and Enhancement[J]. IEEE Access, 2016, 4: 165-188.

[9] KIM Y T. Contrast enhancement using brightness preserving bi-histogram equalization [J]. IEEE Transactions on Consumer Electronics, 1997, 43(1): 1-8.

[10] STARK J A. Adaptive image contrast enhancement using generalizations of histogram equalization[J]. IEEE Transactions on Image Processing, 2000, 9(5): 889-896.

[11] ZUIDERVELD K. Contrast Limited Adaptive Histogram Equalization[M]. Academic Press Professional, Inc. 1994.

[12] LAND E H. The Retinex [J]. Ciba Foundation Symposium-Colour Vision: Physiology and Experimental Psychology. 1964, 52: 217-227.

[13] JOBSON D J, RAHMAN Z, WOODELL G A. A multiscale retinex for bridging the gap between color images and the human observation of scenes [J]. IEEE Transactions on Image Processing, 1997, 6(7): 965-976.

[14] RAHMAN Z, WOODELL G A, JOBSON D J. A comparison of the multiscale retinex with other image enhancement techniques [C]//The Society for Imaging Science and Technology, Hangzhou, china: IEEE, 1997: 426-431.

[15] 洪平. 基于 RETINEX 理论的图像去雾研究[D]. 上海:上海交通大学,2013.

[16] LI Z, ZHENG J. Single Image De-hazing Using Globally Guided Image Filtering[J].

IEEE Transactions on Image Processing，2018，27(1)：442-450.

[17] JIA J F, YUE H. A wavelet-based approach to improve foggy image clarity[J]. IFAC Proceedings Volumes，2014，47(3)：930-935.

[18] 贺欢，阿布都克力木，何笑. 基于小波变换的交通图像去雾方法[J]. 电子设计工程，2020，28(12)：56-59.

[19] 李飞，丁若修，张志佳. 基于曲波变换的图像去雾算法研究[J]. 计算机技术与发展，2017，27(7)：65-67.

[20] 詹翔，周焰. 一种基于局部方差的雾天图像增强方法[J]. 计算机应用，2007，27(2)：510-512.

[21] 方帅，黄宏华，黄印博，等. 基于大气调制传递函数的大气退化图像复原[J]. 红外与激光工程，2008，37(S2)：642-645.

[22] 王挥，刘晓阳. 利用大气调制传递函数复原天气退化图像[J]. 沈阳航空工业学院学报，2006，23(5)：94-96.

[23] NARASIMHAN S G, NAYAR S K. Contrast restoration of weather degraded images[J]. IEEE Transactions on Pattern Analysis and Machine Intelligence，2003，25(6)：713-724.

[24] SCHECHNER Y Y, NARASIMHAN S G, NAYAR S K. Instant dehazing of images using polarization[C]// Proceedings of the 2001 IEEE Computer Society Conference on Computer Vision and Pattern Recognition(CVPR)，Barcelona，Spain：IEEE，2001：1-1.

[25] TREIBITZ T, SCHECHNER Y Y. Polarization：Beneficial for visibility enhancement[C]//2009 IEEE Conference on Computer Vision and Pattern Recognition(CVPR)，Florida，USA：IEEE，2009：525-532.

[26] MIYAZAKI D, AKIYAMA D, BABA M, et al. Polarization-Based Dehazing Using Two Reference Objects[C]// 2013 IEEE International Conference on Computer Vision Workshops，Sydney，Australia：IEEE，2013：852-859.

[27] KOPF J, NEUBERT B, CHEN B, et al. Deep photo：model-based photograph enhancement and viewing[J]. ACM Transactions on Graphics，2008，27(5)：1-10.

[28] SHWARTZ S, NAMER E, SCHECHNER Y Y. Blind Haze Separation[C]// 2006 IEEE Computer Society Conference on Computer Vision and Pattern Recognition，California，USA：IEEE，2006：1984-1991.

[29] 周理，毕笃彦，何林远. 融合变分偏微分方程的单幅彩色图像去雾[J]. 光学精密工程，2015，23(5)：1466-1473.

[30] 薛文丹，赵凤群. 涉及景深的雾天图像增强的偏微分方程模型[J]. 计算机工程与应用，2017，53(19)：192-197.

[31] 张然. 基于分数阶偏微分方程的雾天图像增强算法[D]. 西安：西安理工大学，2018.

[32] TAN R T. Visibility in bad weather from a single image[C]// 2008 IEEE Conference on Computer Vision and Pattern Recognition，Alaska，USA：IEEE，2008：1-8.

[33] FATTAL R. Single image dehazing[J]. ACM Transactions on Graphics，2008，27(3)：1-9.

［34］ TAREL J，HAUTIERE N. Fast visibility restoration from a single color or gray level image［C］//2009 IEEE 12th International Conference on Computer Vision，AK，USA：IEEE，2009：2201-2208.

［35］ HE K，SUN J，TANG X. Single Image Haze Removal Using Dark Channel Prior［J］. IEEE Transactions on Pattern Analysis and Machine Intelligence，2010，33（12）：2341-2353.

［36］ LEVIN A，LISCHINSKI D，WEISS Y. A closed form solution to natural image matting［C］//2006 IEEE Computer Society Conference on Computer Vision and Pattern Recognition，NY，USA：IEEE，2006：61-68.

［37］ HE K，SUN J，TANG X. Guided image filtering［J］. IEEE Transactions on Pattern Analysis and Machine Intelligence，2012，35（6）：1397-1409.

［38］ HE K，SUN J. Fast Guided Filter［J］. Computer Science，2015.

［39］ 方帅，王勇，曹洋，等. 单幅雾天图像复原［J］. 电子学报，2010，38（10）：2279-2284.

［40］ GIBSON K B，VO D T，NGUYEN T Q. An Investigation of Dehazing Effects on Image and Video Coding［J］. IEEE Transactions on Image Processing，2012，21（2）：662-673.

［41］ 褚宏莉，李元祥，周则明，等. 基于黑色通道的图像快速去雾优化算法［J］. 电子学报，2013，41（4）：791-797.

［42］ MENG G，WANG Y，DUAN J，et al. Efficient Image Dehazing with Boundary Constraint and Contextual Regularization［C］// 2013 IEEE International Conference on Computer Vision，Portland，America：IEEE，2013：617-624.

［43］ 张小刚，唐美玲，陈华，等. 一种结合双区域滤波和图像融合的单幅图像去雾算法［J］. 自动化学报，2014，40（8）：1733-1739.

［44］ 刘海波，杨杰，吴正平，等. 基于暗通道先验和 Retinex 理论的快速单幅图像去雾方法［J］. 自动化学报，2015，41（7）：1264-1273.

［45］ WANG J B，HE N，ZHANG L L，et al. Single image dehazing with a physical model and dark channel prior［J］. Neurocomputing，2015，149：718-728.

［46］ 程丹松，刘欢，张永强，等. 结合自适应暗通道先验和图像融合策略的单幅图像除雾方法［J］. 哈尔滨工业大学学报，2016，48（11）：35-40.

［47］ 汤群芳，杨杰，刘海波，等. 基于暗通道先验的单幅图像快速去雾方法［J］. 光子学报，2017，46（09）：211-219.

［48］ LIU X，ZHANG H，TANG Y Y，et al. Scene-adaptive single image dehazing via opening dark channel model［J］. IET Image Processing，2016，10（11）：877-884.

［49］ 王柯俨，胡妍，王怀，等. 结合天空分割和超像素级暗通道的图像去雾算法［J］. 吉林大学学报（工学版），2019，49（4）：1377-1384.

［50］ XIANG R，WU F. Single image haze removal with approximate radiance darkness prior［J］. Modern Physics Letters B，2018，32：1840086.

［51］ 安冬，国凌明，邵萌，等. 基于暗通道先验的自适应超像素去雾算法［J］. 控制与决策，2020，35（8）：1929-1934.

［52］ KOUKUL T，ANPARASY S. Single Image Defogging using Depth Estimation and

Scene-Specific Dark Channel Prior［C］//2020 20th International Conference on Advances in ICT for Emerging Regions(ICAER)，Sri Lanka：IEEE，2020：190-195.

［53］ 高涛，刘梦尼，陈婷，等. 结合暗亮通道先验的远近景融合去雾算法[J]. 西安交通大学学报，2021，55(10)：78-86.

［54］ FATTAL R. Dehazing using color-lines[J]. ACM Transactions on Graphics (TOG)，2014，34(1)：1-14.

［55］ ZHU Q，MAI J，Shao L. A fast single image haze removal algorithm using color attenuation prior［J］. IEEE Transactions on Image Processing，2015，24（11）：3522-3533.

［56］ BERMAN D，AVIDAN S. Non-local image dehazing[C]// 2016 IEEE Conference on Computer Vision and Pattern Recognition，Las Vegas，America：IEEE，2016：1674-1682.

［57］ BERMAN D，TREIBITZ T，AVIDAN S. Air-light estimation using haze-lines［C］// 2017 IEEE International Conference on Computational Photography，Portland，America：IEEE，2017：1-9.

［58］ BUI T M，KIM W. Single image dehazing using color ellipsoid prior［J］. IEEE Transactions on Image Processing，2018，27(2)：999-1009.

［59］ TANG K，YANG J，WANG J. Investigating haze-relevant features in a learning framework for image dehazing[C]// 2014 IEEE Conference on Computer Vision and Pattern Recognition，Columbus，America：IEEE，2014：2995-3000.

［60］ CAI B，XU X，JIA K，et al. DehazeNet：An end-to-end system for single image haze removal[J]. IEEE Transactions on Image Processing，2016，25(11)：5187-5198.

［61］ MIN X，GU K，ZHAI G，et al. Blind quality assessment based on pseudo-reference image[J]. IEEE Transactions on Multimedia，2018，20(8)：2049-2062.

［62］ MIN X，ZHAI G，GU K，et al. Blind image quality estimation via distortion aggravation[J]. IEEE Transactions on Broadcasting，2018，64(2)：508-517.

［63］ QIN M，XIE F，LI W，et al. Dehazing for multispectral remote sensing images based on a convolutional neural network with the residual architecture[J]. IEEE Journal of Selected Topics in Applied Earth Observations and Remote Sensing，2018，11（5）：1645-1655.

［64］ SHERIKH H R，BOVIK A C，DE VECIANA G. An information fidelity criterion for image quality assessment using natural scene statistics[J]. IEEE Transactions on Image Processing，2005，14(12)：2117-2128.

［65］ CHEN D，HE M，FAN Q，et al. Gated context aggregation network for image dehazing and deraining［C］// 2019 IEEE winter conference on applications of computer vision，Nevada，USA：IEEE，2019：1375-1383.

［66］ 黄英吉，钟猛猛，张庭霖，等. 基于客观评价的图像质量评估方法综述[J]. 电脑知识与技术，2021，17(28)：92-94.

［67］ HUANG P，ZHAO L，JIANG R，et al. Self-filtering image dehazing with self-supporting module[J]. Neurocomputing，2021，432：57-69.

[68] ZHANG J，LI L，ZHANG Y，et al. Video dehazing with spatial and temporal coherence[J]. The Visual Computer，2011，27(6)：749-757.

[69] KIM J H，JANG W D，Sim J Y，et al. Optimized contrast enhancement for real-time image and video dehazing [J]. Journal of Visual Communication and Image Representation，2013，24(3)：410-425.

[70] MA K，LIU W，KAI Z，et al. End-to-end blind image quality assessment using deep neural networks [J]. IEEE Transactions on Image Processing，2018，27（3）：1202-1213.

[71] MA K，LIU W，LIU T，et al. dipIQ：Blind image quality assessment by learning-to-rank discriminable image pairs[J]. IEEE Transactions on Image Processing，2017，26(8)：3951-3964.

[72] ALAJARMEH A，ZAIDAN A A. A real-time framework for video dehazing using bounded transmission and controlled gaussian filter [J]. Multimedia Tools and Applications，2018，77(20)：26315-26350.

[73] 崔童，田建东，王强，等. 基于吸收透射率补偿及时空导向图像滤波的实时视频去雾[J]. 机器人，2019，41(6)：761-770.

[74] 张志强，王万玉. 一种改进的双边滤波算法[J]. 中国图象图形学报，2009，14(3)：443-447.

[75] PENG S J，ZHANG H，LIU X，et al. Real-time video dehazing via incremental transmission learning and spatial-temporally coherent regularization [J]. Neurocomputing，2021，458：602-614.

[76] CHUMAK A V，SERGA A A，WOLFF S，et al. Scattering of surface and volume spin waves in a magnonic crystal [J]. Applied Physics Letters，2009，94(17)：172511.

[77] MCCARTNEY E J. Optics of the atmosphere：scattering by molecules and particles [J]. New York，1976.

[78] NAYAR S K，NARASIMHAN S G. Vision in bad weather[C]// Proceedings of the Seventh IEEE International Conference on Computer Vision，Columbus，America：IEEE，1999，2：820-827.

[79] NARASIMHAN S G，NAYAR S K. Vision and the atmosphere[J]. International Journal of Computer Vision，2002，48(3)：233-254.

[80] MILLER F P，VANDOME A F，MCBREWSTER J. KD-Tree [M]. Alpha Press，2009.

[81] RUDIN L I，OSHER S，Fatemi E. Nonlinear total variation based noise removal algorithms[J]. Physica D Nonlinear Phenomena，1992，60(1-4)：259-268.

[82] FARBMAN Z，FATTAL R，LISCHINSKI D，et al. Edge-preserving decompositions for multi-scale tone and detail manipulation[J]. ACM Transactions on Graphics，2008，27(3)：1-10.

[83] XU L，LU C，XU Y，et al. Image smoothing via L0 gradient minimization[J]. ACM Transactions on Graphics，2011，30(6)：1-12.

［84］ GUNTURK B K. Fast bilateral filter with arbitrary range and domain kernels［J］. IEEE Transactions on Image Processing，2011，20(9)：2690-2696.

［85］ 姚婷婷，梁越，柳晓鸣，等. 基于雾线先验的时空关联约束视频去雾算法［J］. 电子与信息学报，2020，42(11)：2796-2804.

［86］ 韩昊男，钱锋，吕建威，等. 改进暗通道先验的航空图像去雾［J］. 光学精密工程，2020，28(6)：1387-1394.

［87］ DONG Y，LIU Y，ZHANG H，et al. FD-GAN：Generative adversarial networks with fusion-discriminator for single image dehazing［J］. Proceedings of the AAAI Conference on Artificial Intelligence，2020，34(7)：10729-10736.

［88］ LIU X，MA Y，SHI Z，et al. GridDehazeNet：Attention-based multi-scale network for image dehazing［C］// 2019 IEEE/CVF International Conference on Computer Vision，Seoul，South Korea：IEEE，2019：7314-7323.

［89］ 褚江，陈强，杨曦晨. 全参考图像质量评价综述［J］. 计算机应用研究，2014，31(01)：13-22.

［90］ 高敏娟，党宏社，魏立力，等. 全参考图像质量评价回顾与展望［J］. 电子学报，2021，49(11)：2261-2272.

［91］ WANG Z，SIMONCELLI E P. Reduced-reference image quality assessment using a wavelet-domain natural image statistic model［C］// Human Vision and Electronic Imaging X. International Society for Optical Engineering，CA，USA：IEEE，2005，5666：149-159.

［92］ SIMONCELLI E P，OLSHAUSEN B A. Natural image statistics and neural representation［J］. Annual Review of Neuroscience，2001，24(1)：1193-1216.

［93］ REHMAN A，WANG Z. Reduced-reference image quality assessment by structural similarity estimation［J］. IEEE Transactions on Image Processing，2012，21(8)：3378-3389.

［94］ LIU Y，ZHAI G，GU K，et al. Reduced-reference image quality assessment in free-energy principle and sparse representation［J］. IEEE Transactions on Multimedia，2017，20(2)：379-391.

［95］ WANG Z，SHEIKH H R，BOVIK A C. No-reference perceptual quality assessment of JPEG compressed images［C］// International Conference on Image Processing，Columbus，America：IEEE，2002，1：I-I.

［96］ SHEIKH H R，BOVIK A C，CORMACK L K. No-reference quality assessment using natural scene statistics：JPEG2000［J］. IEEE Transactions on Image Processing，2005，14(11)：1918-1927.

［97］ FERZLI R，KARAM L J. A no-reference objective image sharpness metric based on the notion of just noticeable blur (JNB)［J］. IEEE Transactions on Image Processing，2009，18(4)：717-728.

［98］ MOORTHY A K，BOVIK A C. Blind image quality assessment：from natural scene statistics to perceptual quality［J］. IEEE Transactions on Image Processing，2011，20(12)：3350-3364.

［99］　MITTAL A, SOUNDARARAJAN R, BOVIK A C. Making a 'completely blind' image quality analyzer［J］. IEEE Signal Processing Letters, 2013, 20(3)：209-212.

［100］　YE P, DOERMANN D. No-reference image quality assessment using visual codebooks［J］. IEEE Transactions on Image Processing, 2012, 21(7)：3129-3138.

［101］　张满. 无参考图像质量评价及其应用［D］. 西安：西安电子科技大学, 2018.

［102］　沈威. 增强图像的无参考质量评价方法与应用研究［D］. 北京：中国矿业大学, 2018.

［103］　王志明. 无参考图像质量评价综述［J］. 自动化学报, 2015, 41(6)：1062-1079.

［104］　方玉明, 眭相杰, 鄢杰斌, 等. 无参考图像质量评价研究进展［J］. 中国图象图形学报, 2021, 26(2)：265-286.

［105］　HUYNH-THU Q, GHANBARI M. Scope of validity of PSNR in image/video quality assessment［J］. Electronics Letters, 2008, 44(13)：800-801.

［106］　WANG Z, BOVIK A C, SHEIKH H R, et al. Image quality assessment: from error visibility to structural similarity［J］. IEEE Transactions on Image Processing, 2004, 13(4)：600-612.

［107］　WANG Z, SIMONCELLI E P, BOVIK A C. Multiscale structural similarity for image quality assessment［C］// The Thrity-Seventh Asilomar Conference on Signals, Systems and Computers, Columbus, America: IEEE, 2003, 2：1398-1402.

［108］　WANG Z, LI Q. Information content weighting for perceptual image quality assessment［J］. IEEE Transactions on Image Processing, 2011, 20(5)：1185-1198.

［109］　ZHANG L, SHEN Y, LI H. VSI: A visual saliency-induced index for perceptual image quality assessment［J］. IEEE Transactions on Image Processing, 2014, 23(10)：4270-4281.

［110］　ZHANG L, ZHANG L, MOU X, et al. FSIM: A feature similarity index for image quality assessment［J］. IEEE Transactions on Image Processing, 2011, 20(8)：2378-2386.

［111］　LIU A, LIN W, NARWARIA M. Image quality assessment based on gradient similarity［J］. IEEE Transactions on Image Processing, 2012, 21(4)：1500-1512.

［112］　XUE W, ZHANG L, MOU X, et al. Gradient magnitude similarity deviation: A highly efficient perceptual image quality index［J］. IEEE Transactions on Image Processing, 2014, 23(2)：684-695.

［113］　NAFCHI H Z, SHAHKOLAEI A, HEDJAM R, et al. Mean deviation similarity index: Efficient and reliable full-reference image quality evaluator［J］. IEEE Access, 2016, 4：5579-5590.

［114］　YANG G, LI D, FAN L, et al. RVSIM: a feature similarity method for full-reference image quality assessment［J］. EURASIP Journal on Image and Video Processing, 2018, 2018(1)：1-15.

［115］　LAYEK A, UDDIN A F M, LE T P, et al. Center-emphasized visual saliency and a contrast-based full reference image quality index［J］. Symmetry, 2019, 11(3)：296.

［116］　SHI C, LIN Y. Full reference image quality assessment based on visual salience with color appearance and gradient similarity［J］. IEEE Access, 2020, 8：97310-97320.

[117] WANG Z, SIMONCELLI E P. Reduced-reference image quality assessment using a wavelet-domain natural image statistic model[C]// Human Vision and Electronic Imaging X, Columbus, America: IEEE, 2005, 5666: 149-159.

[118] SIMONCELLI E P, OLSHAUSEN B A. Natural image statistics and neural representation[J]. Annual Review of Neuroscience, 2001, 24(1): 1193-1216.

[119] SOUNDARARAJAN R, BOVIK A C. RRED indices: Reduced reference entropic differencing for image quality assessment [J]. IEEE Transactions on Image Processing, 2011, 21(2): 517-526.

[120] REHMAN A, WANG Z. Reduced-reference image quality assessment by structural similarity estimation[J]. IEEE Transactions on Image Processing, 2012, 21(8): 3378-3389.

[121] LIU Y, ZHAI G, GU K, et al. Reduced-reference image quality assessment in free-energy principle and sparse representation[J]. IEEE Transactions on Multimedia, 2017, 20(2): 379-391.

[122] MITTAL A, MOORTHY A K, BOVIK A C. No-reference image quality assessment in the spatial domain[J]. IEEE Transactions on Image Processing, 2012, 21(12): 4695-4708.

[123] REN W, LIU S, ZHANG H, et al. Single image dehazing via multi-scale convolutional neural networks[C]// European Conference on Computer Vision, Columbus, America: IEEE, 2016: 154-169.

[124] LI B, PENG X, WANG Z, et al. Aod-net: All-in-one dehazing network[C]// 2017 IEEE International Conference on Computer Vision, Barcelona, Spain: IEEE, 2017: 4770-4778.

[125] CAI B, XU X, Tao D. Real-time video dehazing based on spatio-temporal MRF [C]// Pacific Rim Conference on Multimedia, Amsterdam, Holland: IEEE, 2016: 315-325.

[126] QING C, YU F, XU X, et al. Underwater video dehazing based on spatial-temporal information fusion[J]. Multidimensional Systems and Signal Processing, 2016, 27(4): 909-924.

[127] HAUTIERE N, TAREL J P, AUBERT D, et al. Blind contrast enhancement assessment by gradient ratioing at visible edges[J]. Image Analysis and Stereology, 2008, 27(2): 87-95.

[128] CHOI L K, YOU J, BOVIK A C. Referenceless prediction of perceptual fog density and perceptual image defogging[J]. IEEE Transactions on Image Processing, 2015, 24(11): 3888-3901.

[129] GU K, TAO D, QIAO J F, et al. Learning a no-reference quality assessment model of enhanced images with big data[J]. IEEE Transactions on Neural Networks and Learning Systems, 2018, 29(4): 1301-1313.

[130] MIN X, ZHAI G, GU K, et al. Objective quality evaluation of dehazed images[J]. IEEE Transactions on Intelligent Transportation Systems, 2019, 20(8): 2879-2892.

[131] MIN X, ZHAI G, GU K, et al. Quality evaluation of image dehazing methods using synthetic hazy images[J]. IEEE Transactions on Multimedia, 2019, 21(9): 2319-2333.

[132] LI B, REN W, FU D, et al. Benchmarking single-image dehazing and beyond[J]. IEEE Transactions on Image Processing, 2019, 28(1): 492-505.

[133] KENDALL M G. A new measure of rank correlation[J]. Biometrika, 1938, 30(1-2): 81-93.

[134] NISHINO K, KRATZ L, LOMBARDI S. Bayesian defogging[J]. International Journal of Computer Vision, 2012, 98(3): 263-278.

[135] VQEG. Final report from the video quality experts group on the validation of objective models of video quality assessment[C]//Validation and ITU Standardization of Objective Perceptual Video Quality Metrics (VQEG meeting), Amsterdam, Holland:IEEE, 2000:19-25.

[136] MA K, LIU W, WANG Z. Perceptual evaluation of single image dehazing algorithms[C]//2015 IEEE International Conference on Image Processing(ICIP), QC, Canada:IEEE, 2015: 3600-3604.

[137] ZHU M, HE B, WU Q. Single image dehazing based on dark channel prior and energy minimization[J]. IEEE Signal Processing Letters, 2017, 25(2): 174-178.

[138] HAN H, QIAN F, ZHANG B. Single-image dehazing using scene radiance constraint and color gradient guided filter[J]. Signal, Image and Video Processing, 2022, 1:1-8.

[139] BOYKOV Y, VEKSLER O, ZABIH R. Fast approximate energy minimization via graph cuts[J]. IEEE Transactions on Pattern Analysis and Machine Intelligence, 2002, 23(11): 1222-1239.

[140] KOLMOGOROV V, ZABIN R. What energy functions can be minimized via graph cuts[J]. IEEE Transactions on Pattern Analysis Machine Intelligence, 2004, 26(2): 147-159.

[141] BOYKOV Y, KOLMOGOROV V. An experimental comparison of min-cut/max-flow algorithms for energy minimization in vision[J]. IEEE Transactions on Pattern Analysis and Machine Intelligence, 2004, 26(9): 1124-1137.

[142] GONZALEZ R C, WOODS R E, EDDINS S L. Digital image processing using MATLAB[M]. Publishing House of Electronics Industry, 2004.

[143] LI Z, ZHENG J, ZHU Z, et al. Weighted guided image filtering[J]. IEEE Transactions on Image Processing, 2014, 24(1): 120-129.

[144] KOU F, CHEN W, WEN C, et al. Gradient domain guided image filtering[J]. IEEE Transactions on Image Processing, 2015, 24(11): 4528-4539.

[145] DAI L, YUAN M, ZHANG F, et al. Fully connected guided image filtering[C]// IEEE International Conference on Computer Vision, Santiago, Chile: IEEE, 2015: 352-360.

[146] SILBERMAN N, HOIEM D, KOHLI P, et al. Indoor segmentation and support

inference from RGBD images[C]// European Conference on Computer Vision，QC，Canada：IEEE，2012：746-760.

[147] HIRSCHMULLER H，SCHARSTEIN D. Evaluation of cost functions for stereo matching[C]// 2007 IEEE Conference on Computer Vision and Pattern Recognition，Columbus，America：IEEE，2007：1-8.

[148] SCHARSTEIN D，HIRSHMULLER H，KITAJIMA Y，et al. High-resolution stereo datasets with subpixel-accurate ground truth[C]// German Conference on Pattern Recognition(GCPR)，Münster，Germany：IEEE，2014：31-42.

[149] 张霓，曾乐襄，何熊熊，等. 基于滚动时域粒子群优化的视频去雾算法[J]. 控制与决策，2021，36(9)：2218-2224.

[150] LIU F，SHEN C，LIN G，et al. Learning depth from single monocular images using deep convolutional neural fields[J]. IEEE Transactions on Pattern Analysis and Machine Intelligence，2015，38(10)：2024-2039.

[151] 董建宁. 雾霾环境下视频图像透雾系统研究[D]. 长春：长春理工大学，2019.

[152] 白雪纯. 降质视频图像清晰化处理及其应用研究[D]. 大连：大连海事大学，2020.

[153] 李梦蕊. 降质视频图像特性分析和清晰化方法的研究[D]. 大连：大连海事大学，2020.

[154] 陈茹. 雾霾天气下视频图像清晰化技术研究[D]. 西安：西安理工大学，2021.

[155] 戚娜. 改进的 Retinex 雾天视频图像增强算法[J]. 科技通报，2015，31(10)：106-108.

[156] 刘兴瑞. 自适应直方图均衡化处理下船舶视频监控图像去雾算法[J]. 舰船科学技术，2020，42(16)：70-72.

[157] MEI X，YANG J，ZHANG Y，et al. Video image dehazing algorithm based on multi-scale retinex with color restoration[C]// 2016 International Conference on Smart Grid and Electrical Automation，Bengaluru，India：IEEE，2016：195-200.

[158] ANCUTI C O，ANCUTI C，DE VLEESCHOUWER C，et al. Color balance and fusion for underwater image enhancement[J]. IEEE Transactions on image processing，2017，27(1)：379-393.

[159] 崔童，田建东，王强，等. 基于吸收透射率补偿及时空导向图像滤波的实时视频去雾[J]. 机器人，2019，41(06)：761-770.

[160] 神和龙，尹勇，夏桂林，等. 海上监控视频实时去雾算法研究[J]. 北京理工大学学报，2018，38(04)：381-386.

[161] 黄鹤，宋京，郭璐，等. 基于新的中值引导滤波的交通视频去雾算法[J]. 西北工业大学学报，2018，36(03)：414-419.

[162] HUO F，ZHU X，ZENG H，et al. Fast fusion-based dehazing with histogram modification and improved atmospheric illumination prior[J]. IEEE Sensors Journal，2020，21(4)：5259-5270.

第 5 章

针对非均匀或合成雾天图像的清晰化方法

5.1 基于多特征双向深度卷积网络的去雾方法

1. 引言

雾天图像合成是根据大气散射模型,利用已知的理想场景图像与景深等参量完成不同浓度的雾天图像合成[1,2]。合成雾天图像清晰化方法往往通过设计深度学习网络,利用理想场景图像作参考图像完成参数训练,通过训练后的神经网络适应各类复杂雾天图像的清晰化目标,从而获得较好的去雾效果[3,4]。非均匀雾天图像是在短时间内工业大量排泄废气情况下或采用无人机倾斜航拍以及云下飞行航拍所捕获的雾天图像,这类图像场景的降质机理复杂[5-7],其清晰化还原需要适应不同雾级(或不同浓度的雾气)的图像模糊程度,采用训练好的神经网络能够较好地还原非均匀雾天图像[8,9]。

针对非均匀或合成雾天图像中不同雾级图像模糊程度不同等问题[10,11],本节在深入探究雾天图像退化降质机理与研究图像质量客观评价指标的基础上,实现在大气散射模型与暗通道先验机理下的完善、改进和创新[12,13],提出了一种基于多特征双向深度卷积网络的雾天图像清晰化方法。首先利用基于 Skyline 精准搜索的灰度阈值四分图方法获得精准的大气光值 A;然后通过大量训练样本,根据暗通道特征、高频特征、颜色特征和自编码网络提取的纹理结构特征进行算法自学习;其次采用 GoogleNet 单元结构和多尺度深度卷积结构完成双向深度卷积与非线性映射,实现透射率的重建;最后利用雾天图像复原的整体流程还原清晰化效果,并完成图像客观实验结果的对比与分析。实验结果表明:所获取的透射率与真实场景接近,得到的去雾效果更加真实、生动和自然,并且稳定性好。图 5-1 展示了基于多特征双向深度卷积网络的去雾方法架构。

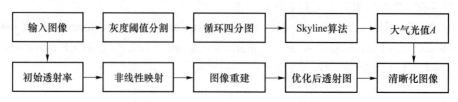

图 5-1 基于多特征双向深度卷积网络的去雾方法架构

2. 基于 Skyline 精准搜索的灰度阈值四分图方法

1）灰度阈值分割方法定位天空区域

阈值分割的主要目标是完成图像的背景与前景的分离[14-16]，采用灰度阈值分割方法的目的是缩小大气光值 A 所在的大致区间，即从背景中分离包含大气光值 A 的大致区间 s，而采用合理的阈值能够在提升算法效率的同时有效地获取 A 值。根据先验信息，大气光值 A 取值往往为 218～223。为节约处理时间手动设定一个阈值，通过设定单独的阈值，灰度阈值分割方法能够有效地将初始图像划分为背景与目标两个部分。该方法首先将初始图像转化为灰度图像，然后根据灰度阶获得直方图[17-19]。

$F_1(x,y)$ 代表 $F(x,y)$ 的分割图像，T 代表所设定的阈值，本节将其设置为 215。

$$F_1(x,y)=\begin{cases}1, & F(x,y)\geqslant T\\0, & F(x,y)<T\end{cases} \tag{5-1}$$

图 5-2 所示为灰度阈值分割方法定位 A 值区间的过程。

(a) 原始雾天图像　　　　(b) 灰度图　　　(c) 一种改进阈值的分割算法[12] (d) 阈值T设定为215的分割效果

图 5-2　灰度阈值分割方法定位 A 值区间的过程

2）循环四分图方法精准定位 A 值区间

为进一步精准定位大气光值 A 所在的区间，进而用循环四分图方法完成分割，采用的具体步骤为：把大气光值 A 所在区间 s_1 分割为四个面积相等的模块，计算这四个模块的灰度均值，并将其分别设定为 s_{21}、s_{22}、s_{23}、s_{24}；通过对比四个灰度均值，将灰度均值最大的模块设定为 s_{21}，其灰度均值设定为 $\overline{s}_{21}$，则其他模块设定为 s_{22}、s_{23} 和 s_{24}；将 s_{21} 模块进一步分割，根据相同的过程将其分割为四个子部分，重复上述步骤，直至最大灰度均值 $\overline{s}_{n1}$ 与 255 间的差值小于所设定的阈值 t。s_{n1} 即为大气光值 A 所在的区间。

图 5-3 代表循环四分图方法精准定位 A 值区间的过程，其中，图 5-3(a) 代表原始雾天图像，图 5-3(b) 代表将阈值 T 设定为 215 的图像分割效果，图 5-3(c) 代表循环四分图方法所获得的 A 值区间。

(a) 原始雾天图像　　　(b) 阈值T设定为215的分割效果　(c) 循环四分图方法所获得的A值区间

图 5-3　循环四分图方法精准定位 A 值区间的过程

3）Skyline 算法精准搜索 A 值

为更精准地获得大气光值 A，采用 Skyline 算法搜索 A 值区间。Skyline 算法的主要功能是获得最优选择，即对比所获得的不同 Skyline 点，并将最大值设定为大气光值 A。该搜索策略的关键是获取不受其他点支配的点。假定存在两个点 $E[i]$ 与 $F[i]$，其中，$E[i]=(E[1]$，$E[2]，\cdots，E[n])$，$F[i]=(F[1]，F[2]，\cdots，F[n])$，$(i\in[1,n])$；$E[i]$ 应当在任意维度上均不小于 $F[i]$，且 $E[i]$ 必须满足至少在一个维度上的结果高于 $F[i]$ 的条件。根据数学模型，若 $E[i]$ 与 $F[i]$ 满足 $E[i]\geqslant F[i]$，且至少在一个维度上满足 $E[i]>F[i]$，则满足点 $E[i]$ 支配点 $F[i]$。

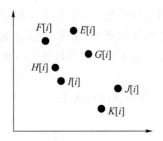

图 5-4　Skyline 算法数学模型

假定在二维空间中存在点 $E[i]，F[i]，G[i]，H[i]$，$I[i]，J[i]，K[i]$，如图 5-4 所示的 Skyline 算法数学模型。其中，点 $F[i]，H[i]，I[i]$ 被点 $E[i]$ 支配；点 $H[i]$ 与点 $I[i]$ 被点 $G[i]$ 支配；点 $K[i]$ 被点 $J[i]$ 支配；但点 $E[i]，G[i]，J[i]$ 不受任意点的支配，这些点被称为 Skyline 点。比较所获得的 Skyline 点，将其中的最大值设置为大气光值 A。

3. 基于多特征双向深度卷积网络的透射率优化

1）特征提取

透射率值估计的关键在于获得一系列关于雾的特征[20,21]，如暗通道特征图、高频特征图、RGB 特征图与纹理结构特征图等。这些特征图虽然可以通过人工方法获取，但往往耗时耗力，而采用的卷积处理与自编码网络所获得的有雾图像特征更加简便有效[22-24]。图 5-5 所示为特征提取模型。

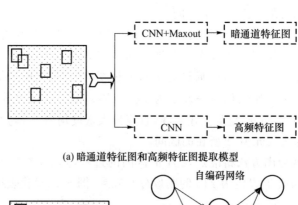

(a) 暗通道特征图和高频特征图提取模型

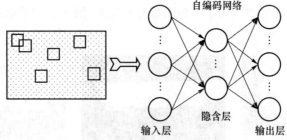

(b) 自编码网络提取纹理特征图模型

图 5-5　特征提取模型

（1）暗通道特征图

暗通道特征图提取的卷积核由长度与宽度分别为 5 的逆滤波器（pad=2）组成，如图 5-6

所示;再通过 Maxout 激活函数($k=5$),可获得一个长度与宽度分别为 16 的暗通道特征图。计算过程如式(5-2)所示。

$$k_1(a_i) = \max_{j \in [1,k]} (w_1^j * a_i + b_1^j) \tag{5-2}$$

其中,w_1^j 表示卷积核长度与宽度均为 5 的逆滤波器,a_i 表示雾天图像块,b_1^j 表示偏置。Maxout 激活函数能够将雾天图像块划分为 k 段求取最大值,将获得的最大值作为所求的最小像素值,并采用暗通道特征提取方式完成暗通道特征的自主学习[25-27]。

(2) 高频特征图提取

提取高频特征图的卷积核由长度与宽度均为 3 的空域高通滤波算子(pad=1)组成,如图 5-7 所示,从而获得一个长度与宽度均为 16 的高频特征图。计算过程如式(5-3)所示。

$$k_2(a_i) = w_h * a_i + b_h \tag{5-3}$$

其中,w_h 表示空域高通滤波算子,b_h 表示偏置。将所获得的输出结果作为高频特征图,该特征图不仅减弱雾气对原图的影响,而且使边缘的锐化和照度分量被减小[28-30]。

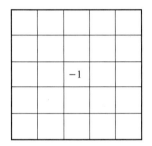

图 5-6 5×5 逆滤波器

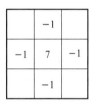

图 5-7 3×3 空域高通滤波算子

(3) 用自编码网络提取纹理结构特征图

提取纹理结构特征的自编码网络共有三层:输入层、隐含层、输出层。将各层神经元的数目分别设置为 $v \times v$、$t \times t$、$v \times v$,其中,v 大于 t。

在自编码网络的训练阶段[31,32],针对训练样本集合,随机选取 M 个尺寸为 $v \times v$ 的雾天图像块 a_i,将 a_i 视为输入标签进行训练,各层之间选用 sigmoid 激活函数,所选用的消耗函数为均方误差模型,再利用随机梯度下降(Stochastic gradient descent, SGD)算法调整参数。针对训练样本输入 a_i,自编码网络的输入层、隐含层和输出层的模型分别如式(5-4)、式(5-5)与式(5-6)所示。其中,$f(k(j))$ 表示 sigmoid 激活函数,如式(5-7)所示。

$$k(1) = a_i \tag{5-4}$$

$$k(2) = f\left(\sum w(1)a(1) + b(1)\right) \tag{5-5}$$

$$k(3) = f\left(\sum w(2)a(2) + b(2)\right) \tag{5-6}$$

$$f(k(j)) = \frac{1}{(1 + \exp(-k(j)))}, \quad j = 1, 2, 3 \tag{5-7}$$

其中,自编码网络层数为 3,网络参量 w 与 b 分别表示相邻两层间的权值与偏重参量;$k(j)$ 表示每层的输出结果值,$k(1) = a_i$ 所表示的结果为第一层网络输出。获得网络参量 w 与 b 的过程是通过最小化网络输入与输出间的损失函数实现的[33],其中,样本数目为 M,采用的均方误差结构的损失方程数学模型如式(5-8)所示。

$$C(w, b, a) = \frac{1}{M} \sum_{i=1}^{M} \| k(3) - a_i \| \tag{5-8}$$

通过参数初始化后,更新集成规则 SGD 技术,实现从上一次获得的权重 $w_{(old)}$ 与偏差 $b_{(old)}$ 生成新的权重 w 与偏差 b,如式(5-9)与式(5-10)所示,其中 η 表示学习率。

$$w = w_{(old)} - \eta \frac{\partial}{\partial w} C(w, b, a) \tag{5-9}$$

$$b = b_{(old)} - \eta \frac{\partial}{\partial b} C(w, b) \tag{5-10}$$

在进行参数训练的过程中,本节以图像数据集中 18 000 个长度与宽度均为 16 的雾天图像块作为输入,并将隐含层的区域设定为 196,将网络参量权重 w 根据 $N[0, 0.01]$ 实现正态分布初始化,将偏置 b 的初始化值设置为 0,此外,将迭代次数设置为 60 次。在获得最优参数 w 与 b 后,记录各个训练样本 a_i 的隐含层输出结果,其值为 $k(2, a_i)$,并将隐含层特征图归一化为与输入图像相同的大小(16×16)。其中,输入的图像块 a_i 为 RGB 三通道图像,对三通道图像分别进行训练可获得自编码网络;由于所采用的自编码网络包含一个输入层、一个隐含层与一个输出层,因此所获得的特征图维数为 $3 \times 2 = 6$,再将 a_i 与归一化特征图完成融合,可获得 $16 \times 16 \times 6$ 的特征图块序列。

图 5-8 展示了一幅测试雾天图像的原始图像和特征图像。其中,图 5-8(b)~图 5-8(g)分别表示暗通道特征图、空域高通特征图、R 分量特征图、G 分量特征图、B 分量特征图、纹理特征图 1、纹理特征图 2、纹理特征图 3。上述特征图的获取过程为:通过将雾天图像块代入训练好的特征提取网络结构,得到相应的特征图块序列,再把全部特征图块序列依据对应位置完成重组[34],得到一个 8 维的序列。

2)非线性映射

(1)构建映射关联

雾天图像的相关特征图和透射图间具有非线性关联,如式(5-11)所示。

$$t(a_i) = g_1(g_2(\cdots(g_n(k(1), k(2), k_1(a_i), k_2(a_i)))\cdots)) \tag{5-11}$$

其中,$k(1), k(2), k_1(a_i), k_2(a_i)$ 表示雾天图像特征图;$g_1, g_2, \cdots, g_n$ 表示雾天图像特征图和透射图间的非线性关联,也称随机森林。所选取的双向深度卷积网络,通过获得的雾天图像细节信息和多尺度信息,结合分解卷积处理得到雾天图像特征图和透射图间的非线性关联,并采用全连接操作重建透射图。图 5-9 所示为雾天图像特征图和透射图的非线性关联。其中,双向深度卷积网络的首层为输入层;第二层包含双向深度卷积网络 CNN1 与 CNN2,CNN1 采用 GoogleNet 单元结构[35],如图 5-10 所示,CNN2 采用多尺度深度卷积结构,如图 5-11 所示;激活函数均为 ReLU。过渡层卷积神经网络层可串行三个单尺度卷积层,串行过程均采用 PReLU 激活函数完成修正,并通过全连接层获得和原始雾天图像大小一致的单通道透射图。

双向深度卷积网络结构主要包括:卷积处理、激活函数 PReLU 或 ReLU 与全连接层(Fully Connected Layer, FC)。

在卷积处理中,将第 l 层与第 $l+1$ 层的输出设定成 t_p^l 与 t_q^{l+1}。其中,p 和 q 表示特征图的数量,w^{l+1} 表示卷积核,b^{l+1} 表示偏差。则第 $l+1$ 层的输出如式(5-12)所示。

$$t_q^{l+1} = \sum_p (t_p^l * w^{l+1}) + b^{l+1} \tag{5-12}$$

再加入相应的激活函数 ReLU 或 PReLU,二者分别如式(5-13)与式(5-14)所示。其中,PReLU 是 ReLU 的优化模型,所加入的参量修正,可在一定程度上达到正则效果,同时提升模型的泛化能力;此外,PReLU 能有效规避梯度消失,完成网络稀疏化。

$$\text{ReLU}(t_p^{l+1}) = \max(0, t_p^{l+1}) \tag{5-13}$$

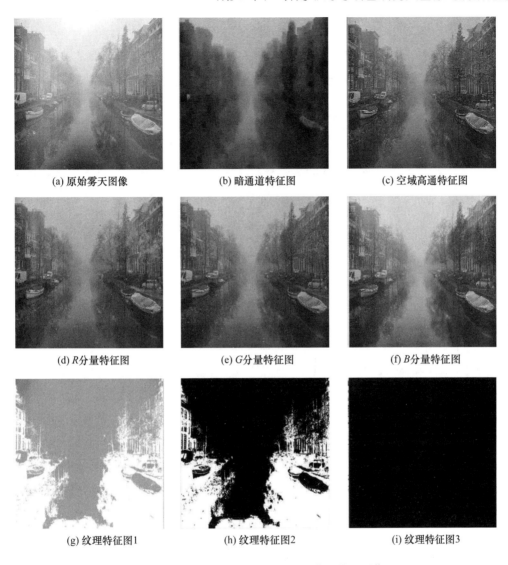

(a) 原始雾天图像　　　　　　(b) 暗通道特征图　　　　　　(c) 空域高通特征图

(d) R分量特征图　　　　　　(e) G分量特征图　　　　　　(f) B分量特征图

(g) 纹理特征图1　　　　　　(h) 纹理特征图2　　　　　　(i) 纹理特征图3

图 5-8　一幅测试雾天图像的原始图像和特征图像

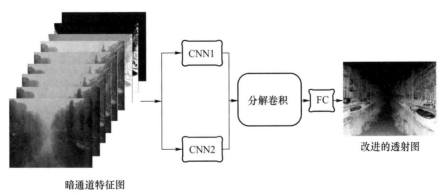

暗通道特征图
高频特征图
RGB通道特征图
自编码特征图

改进的透射图

图 5-9　雾天图像特征图与透射图的非线性关联

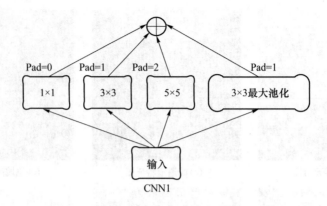

图 5-10　GoogleNet 单元结构构造 CNN1

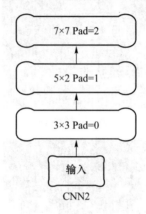

图 5-11　多尺度深度卷积结构构造 CNN2

$$\mathrm{PReLU}(t_p^{l+1}) = \begin{cases} t_p^{l+1}, & t_p^{l+1} > 0 \\ a_{l+1}t_p^{l+1}, & t_p^{l+1} < 0 \end{cases} \tag{5-14}$$

其中,系数 a_{l+1} 可被学习,将初始值设定为 0.25,并采用带动量的学习方式,如式(5-15)所示。

$$\Delta a_{l+1} = u\Delta a_{l+1} + \varepsilon \frac{\partial \varepsilon}{\partial a_{l+1}} \tag{5-15}$$

其中,u 表示动量,ε 表示学习率。在输出优化透射率之前,设定一个全连接层(FC),使得最终网络的输出维度为 1。

（2）网络训练

根据最小化成本函数的结果可以得到最佳透射率,而损失函数 $C(w,b)$ 可以通过计算估计值与透射率实际值之间的均方误差(MSE)得到,如式(5-16)所示。

$$C(w,b) = \frac{1}{2n}\sum_i \parallel t(x,y) - t'(x,y) \parallel^2 \tag{5-16}$$

其中,$t'(x,y)$ 为透射率的估值,$t(x,y)$ 为实际透射率的结果,w 为权值,b 为偏置,n 代表相应训练集中的图像像素点的数目。

在给定条件有限的情况下,传统复原方法很容易受到病态问题的影响。然而,本章方法选用随机梯度下降(SGD)算法训练参数,可以将问题转换为求解凸优化问题中的最小值来避免上述问题,从而获得更接近自然状态的透射率。

根据式(5-17)中 $F(x,y)$、$R(x,y)$、A 与 $t(x,y)$ 之间的数学几何关系。在神经网络的参数训练过程中,选用 18 000 个长和宽均为 16 的合成雾天图像块 $F(x,y)$ 和对应的无雾图像块 $R(x,y)$ 作为输入。选用已有的参量 $F(x,y)$、$R(x,y)$ 及获取到的大气光值 A,能够获得接近实际透射率 $t(x,y)$ 的值。式(5-16)可转换为

$$C(w,b)=\frac{1}{2n}\sum_i \parallel t(x,y)-t'(x,y)\parallel^2 = \frac{1}{2n}\sum_i \parallel \frac{\parallel A-F(x,y)\parallel}{\parallel A-R(x,y)\parallel}-t'(x,y)\parallel^2$$

$$(5-17)$$

在 SGD 自学习的过程中,最小化耗散方程 $C(w,b)$ 的关键在于不断调节权重 w^{l+1} 和偏差 b^{l+1}。采用平均值是 0 与标准差是 0.01 的高斯分布 $N(0,0.01)$,并将初始卷积神经网络中的各层次权重和偏差初始化成 0。

在将参数初始化之后,可选用梯度下降法完成参数的优化,实现用之前的权重 $w^{l+1}_{(old)}$ 与偏差 $b^{l+1}_{(old)}$ 生成新的权重 w^{l+1} 与偏差 b^{l+1},如式(5-18)与式(5-19)所示,其中 η 表示学习率。

$$w^{l+1}=w^l_{(old)}-\eta\frac{\partial}{\partial w^{l+1}}C(w,b)\tag{5-18}$$

$$b^{l+1}=b^l_{(old)}-\eta\frac{\partial}{\partial b^{l+1}}C(w,b)\tag{5-19}$$

表 5-1 展示了多特征双向深度卷积方法优化透射率各层的网络参数。

表 5-1 多特征双向深度卷积方法优化透射率各层的网络参数

类型	层	种类	输入图大小	卷积核数	卷积核大小	Pad
输入	输入层	\	16×16	\	\	\
特征提取	暗通道特征提取层	Conv	16×16	1	5×5	2
		Maxout		1	\	
	高频特征提取层	Conv	16×16	1	3×3	1
	三通道图	\	16×16×3	\	\	\
	自编码网络	Conv+Sigmoid	16×16×3	1	3×3×3	1
双向深度卷积	GoogleNet单元结构	Conv+ReLU	16×16×8	6	1×1×8	0
		Conv+ReLU	16×16×8	6	3×3×8	1
		Conv+ReLU	16×16×8	6	5×5×8	2
		Conv+ReLU	16×16×8	6	3×3×8	1
	多尺度卷积	Conv	16×16×8	6	3×3×8	1
		Conv	16×16×6	6	5×5×6	2
		Conv	16×16×6	6	7×7×6	3
	分解卷积	Conv+PReLU	16×16×30	6	1×5×30	[0 0 2 2]
		Conv+PReLU	16×16×6	6	5×1×6	[2 2 0 0]
	全连接	FC	16×16×6	1	3×3×6	1
输出层	\	\	16×16	\	\	\

3)透射率重建

假定雾天图像的长度与宽度分别为 d 和 e,选取大小为 $v\times v$ 的方形框,以步长 s 完成扫描,其中,s 小于或等于 $v/2$;则雾天图像被扫描后所得的局部图像块数目 z 如式(5-20)所示。

$$z = \left(\left[\frac{d-v}{s} \right] + 1 \right) \left(\left[\frac{e-v}{s} \right] + 1 \right) \tag{5-20}$$

将多特征双向深度卷积神经网络所优化的透射率块依据对应位置重新组合为原始图像的大小,可输出优化后的透射率图像。其中,图 5-12 所表示的是基于多特征双向深度卷积网络的去雾方法。

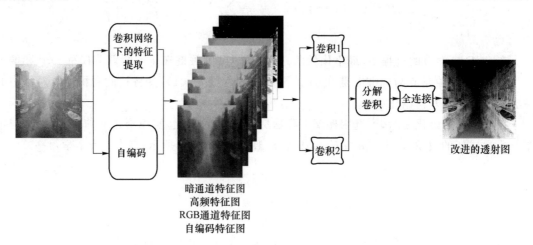

图 5-12　基于多特征双向深度卷积网络的去雾方法

4. 雾天图像清晰化整体流程

结合前节所获得大气光值 A 与透射率 $t(x, y)$,并将其代到前节推导出的大气散射模型的变形公式中,可以获得目标图像的清晰化效果。图 5-13 展示了本节方法的雾天图像清晰化整体流程图。

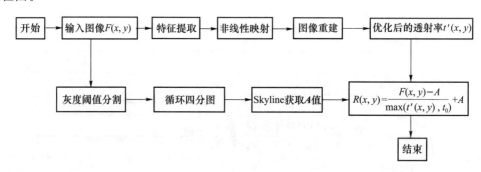

图 5-13　本节方法的雾天图像清晰化整体流程图

5. 实验结果对比与分析

为验证本节方法的效果,本节进行了大量对比实验,利用 MATLAB 2017a 软件对本节方法和不同文献方法进行验证,完成实验的设备运行内存为 4 GB,操作系统为 Windows 7,配置为 Inter core i7-2670QM CPU 5 GHz 等。

创建自己的图像数据集,其中包含 512 幅拍摄或网络下载的户外雾天图像和理想图像(利用理想图像可完成合成雾天图像的创建:生成了 18 000 个长度与宽度均为 16 的合成雾天图像块和对应的无雾图像块),这些图像涵盖不同的户外自然场景,包括各种自然景观、建筑物、树木、湖景等。

实验图像选用客观评价的方法,可依据实验数据实现全参考图像客观评价指标与无参考图像客观评价指标的两类分析,得到本节方法和不同文献方法的实验效果。全参考图像客观评价指标选用峰值信噪比(PSNR)、均方差(MSE)和结构相似性指标(SSIM);无参考图像客观评价指标选用亮度均值(Lum)、对比度(Con)、信息熵(Inf)和盲测评指标〔新见可见边指标(e)、均值梯度指标(r)和曝光像素点问题指标(η)〕,并通过运算处理时间完成本节方法和不同文献方法的对比,得出不同方法的单幅图像处理效率。

1) 实验效果

实验选用各类雾天图像,包含小镇(合成雾天图像)、水巷(合成不均匀雾天图像)、险峰(不均匀雾天图像)等远景与近景的测试图像,图 5-14(a)、图 5-15(a)、图 5-16(a)的分辨率分别为 280×360、600×800、980×1 260;并采用文献[36]方法、文献[37]方法、文献[38]方法、文献[39]方法和本节方法获得实验结果图,并完成对比与分析。

图 5-14(a)所示的图像复原效果偏暗,色彩失真,且存在明显的图像噪声;图 5-14(b)所示图像的天空和建筑物衔接不自然,是增强方法产生的图像结果;图 5-14(c)所示图像的远景呈现的效果较好,但图像整体效果并不自然;图 5-14(d)所示的雾天图像还原效果并不彻底,残留的雾气尤为严重;图 5-14(e)表示烈日下小镇的合成雾天场景图;图 5-14(f)表示本节方法所得的效果图,与图 5-14(g)所示的原始图像相比,显得更加真实自然。

(a) 文献[36]方法　　　(b) 文献[37]方法　　　(c) 文献[38]方法　　　(d) 文献[39]方法

(e) 合成雾天图像　　　　(f) 本节方法　　　　(g) 原始图像

图 5-14　本节方法和不同文献方法的雾天清晰化效果(小镇)

图 5-15(a)表示浓雾下的水巷图,该图属于薄雾图像加雾后的合成不均匀雾天图像。图 5-15(b)所示图像存在明显的色偏现象和晕轮效应;图 5-15(c)所示图像的效果不自然,亮暗差别明显;图 5-15(d)所示图像的效果为边缘细节处存在伪影,且效果不连贯;图 5-15(e)所示图像的整体状态较好,但天空中仍然存在较为明显的图像噪声;图 5-15(f)表示本节方法所得的效果图,还原效果更加贴近真实和自然的场景。

图 5-16(a)表示雾气下的险峰场景图(该图属于航拍视角的自然界不均匀雾天图像);图 5-16(b)所示图像的色彩出现明显的失真现象;图 5-16(c)所示图像偏亮,虽然图像效果较

好,但依然残留一定量的雾气;图 5-16(d)所示图像的效果呈现出过饱和效应;图 5-16(e)所示图像的颜色整体偏暗,细节处模糊;图 5-16(f)表示本节方法获得的实验结果图像,对细节的还原程度较好,图像效果非常自然和逼真。

(a) 不均匀雾天图像   (b) 文献[36]方法   (c) 文献[37]方法

(d) 文献[38]方法   (e)文献[39]方法   (f) 本节方法

图 5-15   本节方法和不同文献方法的雾天清晰化效果(水巷)

(a) 不均匀雾天图像   (b) 文献[36]方法   (c) 文献[37]方法

(d) 文献[38]方法   (e) 文献[39]方法   (f) 本节方法

图 5-16   本节方法和不同文献方法的雾天清晰化效果(险峰)

2）图像客观指标分析

（1）全参考图像客观评价指标分析

本节图像数据集由 100 幅合成雾天图像和相应的理想场景参考图像组成,借助全参考图像客观评价指标,对本节方法和不同文献方法的效果图进行对比与分析。全参考图像客观评价指标需要借助待评判图像和参照图像间的数学差别完成测算和分析,进而从统计学的角度完成待评价图像的考量。其中,待评判图像指本节方法和不同文献方法处理后的图像,而参照图像指手动改变参数后的图像、通过相应方法处理后较好的图像,以及理想天气条件下的户外图像（与合成雾天图像对应）等。

MSE 代表待测评图像与参照图像间的平均差异状态,所获得的值越小,通过算法得到的图像的质量越高;SSIM 表示人类视觉系统（HVS）的场景感知,该指标根据各像素间相关度测算的结果图像表示结构间的近似程度,其结果值越大,图像保存结构信息的能力越强;PSNR 表示待测评图像和参照图像的失真程度,其值越大,图像的失真程度越小。表 5-2 展示了本节方法与不同文献方法的全参考图像客观评价指标结果。

表 5-2　本节方法与不同文献方法的全参考图像客观评价指标结果

指标	$MSE/\times 10^2$	$SSIM_{ave}$	PSNR
文献[36]方法	12.523 3	0.759 3	17.023 8
文献[37]方法	11.831 6	0.762 8	20.369 5
文献[38]方法	13.090 8	0.774 5	18.695 3
文献[39]方法	10.721 5	0.771 6	19.608 2
本节方法	7.628 5	0.910 3	23.260 8

（2）无参考图像客观评价指标

通过无参考图像客观评价指标,针对图 5-14、图 5-15 和图 5-16,以及图像数据集中的另外 85 幅雾天图像（共 88 幅雾天图像）,结合文献[36]方法、文献[37]方法、文献[38]方法、文献[39]方法和本节方法进行去雾处理,并对效果图进行对比与分析,得到 88 幅雾天图像清晰化结果的指标平均值（Aver）。无参考图像客观评价指标仍然选用亮度均值（Lum）、对比度（Con）、信息熵（Inf）和盲测评指标〔新见可见边指标（e）、均值梯度指标（r）和曝光像素点问题指标（η）〕。针对上述指标的分析与第 3 章一致,在此不做赘述。

表 5-3 代表本节方法和不同文献方法的无参考图像客观评价指标结果。其中,文献[36]方法结合全局、局部照度参量与反射率积构造改进的 Retinex 模型,并将雾天图像清晰化由 RGB 空间参量转换为 HSV 空间参量来处理,此方法的 Con 和 Lum 指标较好;此外,所采用的改进 Retinex 模型从人眼视觉角度强化图像的细节和纹理特征,因此该方法的 Inf、e 和 r 指标较好。文献[37]方法提出一种可自学习霾层特征的深度学习网络方法,能够获得有雾图像与清晰化图像间的映射关联,该方法在霾层特征的学习过程中需要进行大量参数训练,所获得的无参考图像客观评价指标相对较差,尤其是由于所获得的清晰化效果的雾气残留严重,Lum 和 η 指标不佳。文献[38]方法根据图像去雾前和去雾后的低高频数据完成叠合以获得清晰化图像效果,算法所获得的清晰化效果的细节和层次较为丰富,因此 Inf 和 e 指标较高,但该方法很难避免数据叠加后所存在的图像层之间的干扰,图像的纹理特征被削弱,因此该方法所获

得的 r 指标较差。文献[39]方法利用定量和定性地改善网络的去雾性能的方式获取雾天图像的暗通道、最优对比度、颜色衰减参量、色相差值等特征复原清晰化图像,所获得的实验结果的Con、Inf、e、r 和 η 指标较好,但图像的整体亮度不高。本节方法通过提取雾天图像特征完成算法自学习、双向深度卷积与非线性映射,实现透射率的重建,所获取的清晰化图像中透射图与真实场景更加贴近,还原图像的效果更加真实,稳定性更好。因而,本节方法的无参考图像客观评价指标均较好。

表 5-3 本节方法与不同文献方法的无参考图像客观评价指标结果

指标	图像	Lum	Con	Inf	e	r	η
文献[36]方法	图 5-14(b)	69.3	48.7	7.529 3	0.732 8	1.593 8	0.163 9
	图 5-15(b)	62.7	52.3	7.469 1	0.756 3	1.723 1	0.159 8
	图 5-16(b)	**103.8**	50.8	7.238 2	0.740 5	1.638 5	0.168 9
	Aver	85.9	49.6	7.398 2	0.741 8	1.651 7	0.161 2
文献[37]方法	图 5-14(c)	127.9	46.9	6.993 3	0.698 2	1.369 2	0.198 3
	图 5-15(c)	83.2	**53.9**	6.564 1	0.396 8	1.293 5	0.227 8
	图 5-16(c)	79.8	30.5	7.382 1	0.702 1	1.406 7	0.114 5
	Aver	96.3	42.9	7.061 1	0.613 5	1.351 6	0.182 6
文献[38]方法	图 5-14(d)	**136.9**	30.2	6.734 2	0.459 8	1.270 9	0.254 7
	图 5-15(d)	81.6	41.7	7.653 1	0.785 3	1.738 8	0.168 2
	图 5-16(d)	82.9	40.5	7.590 2	**0.762 8**	1.719 8	0.119 3
	Aver	**110.2**	36.5	7.525 7	0.580 9	1.520 1	0.156 2
文献[39]方法	图 5-14(e)	72.5	29.3	6.382 3	0.594 2	1.379 2	0.201 1
	图 5-15(e)	85.9	50.5	7.513 8	0.752 1	1.751 9	0.130 9
	图 5-16(e)	72.8	36.8	7.309 5	0.703 9	1.706 9	0.133 7
	Aver	75.3	36.9	7.368 2	0.651 8	1.560 9	0.168 2
本节方法	图 5-14(f)	119.5	**49.1**	**7.562 8**	**0.739 2**	**1.627 9**	**0.130 9**
	图 5-15(f)	**91.2**	51.7	7.602 1	**0.809 4**	**1.769 9**	**0.090 3**
	图 5-16(f)	98.5	**52.9**	**7.610 8**	0.759 3	**1.728 9**	**0.078 5**
	Aver	102.8	50.1	**7.608 4**	**0.749 2**	**1.713 8**	**0.082 6**

(3)方法效率对比

本节方法与文献[36]方法、文献[37]方法、文献[38]方法和文献[39]方法进行方法效率对比。表 5-4 展示了本节方法和不同文献方法所用处理时间。以分辨率 600×800 的图像为例,本节方法的处理时间为 2 675.3 ms,该方法在参数训练过程中用时较长,但在处理雾天图像的过程中,与基于神经网络的文献[39]方法相比用时较短;文献[36]方法应用了单尺度的Retinex 模型,此方法的处理时间为 599.1 ms;文献[37]方法采用可自学习霾层特征的深度学习网络完成图像处理,此方法的处理时间为 2 632.4 ms;文献[38]方法根据图像去雾前和去雾后的低高频数据完成叠合,此方法的处理时间为 2 586.3 ms;文献[39]方法利用随机森林方法获取雾天图像的暗通道、最优对比度、颜色衰减参量、色相差值等特征以复原清晰化图像,此方法的处理时间为 2 795.1 ms。

表 5-4　本节方法和不同文献方法的所用处理时间(单位:ms)

分辨率	280×360	600×800	980×1 260
文献[36]方法	255.2	599.1	1 083.1
文献[37]方法	888.1	2 632.4	4 267.6
文献[38]方法	651.2	2 586.3	3 853.8
文献[39]方法	1 087.8	2 795.1	6 021.3
本节方法	909	2 675.3	4 082.4

6. 结论

本节方法首先采用基于 Skyline 精准搜索的灰度阈值四分图方法获得精准的大气光值 A,进而利用卷积处理与自编码网络提取暗通道图、高频特征图、纹理结构特征图,再结合输入的 RGB 通道特征图构成特征图组,这是对透射率估计的关键;其次采用 GoogleNet 单元结构和多尺度深度结构的双向卷积网络完成非线性映射,利用图像数据集通过均方差结构的损失函数和随机梯度下降方法完成网络参数权值和偏置结果的训练,实现不断优化深度学习网络的目的,从而完成透射率的重建。最后将 A 值和优化后的透射率代入大气散射模型的变形公式,所获得的图像细节还原度较好,更加真实自然。

5.2　基于深度神经网络的交错残差连接和 半监督由粗到细图像去雾方法

1. 引言

雾霾是能见度下降的主要原因,其主要是由空气中微小颗粒的散射和衰减效应引起的[40,41],能够带来图像模糊、对比度下降、颜色失真等问题。图像质量的下降严重阻碍了计算机视觉任务的相关表现[42-44]。

本节提出了一种基于真实世界雾霾图像的半监督去雾算法,所提出的去雾网络采用金字塔结构,按顺序恢复雾霾图像的粗结构和细节[45,46]。此外,本节方法将级联的多尺度特征融合模块纳入金字塔的每一层,并使用交织残差连接构造特征传递模型。

2. 改进的去雾方法

本节提出的框架包括一个去霾网络 $G(\cdot)$ 和一个鉴别器 $D(\cdot)$,将半监督训练算法引入去雾结构[47,48]。

1) 去霾网络

去霾网络 $G(\cdot)$ 采用的金字塔结构可以分解为三个层级[49],分别为{Gcoarse($\cdot$)→Gmedium($\cdot$)→Gfine($\cdot$)},取 1/4 和 1/2 下采样和全尺寸的雾霾图像分别作为输入。不同网络层具有相同的结构[50,51],包含一个特征提取模块,n 级联卷积块由残差模块连接以及图像重建模块。$G(\cdot)$ 的相邻能级由一条路径连接用于传输特性,这避免了网络工作模型学习冗余[52-54],并强制了上层网络结构关注更高分辨率的细节。

2) 交织的多尺度卷积块

剩余网络连接的每个去雾结构中的关键是金字塔网络结构,该结构包含 n 个级联的多尺

度卷积块 $\{O_k(\,\cdot\,)\mid k=1,\cdots,n\}$ 用于将域变换特征从雾霾图像转换为清晰化图像。该结构包括一个上采样层[55,56]、两个多尺度特征变换模块($E(\,\cdot\,)$ 和 $F(\,\cdot\,)$ 在不同模型下运行)、信道关注层 $A(\,\cdot\,)$ 以及一个下采样层。此外,本节使用交织残差连接相邻的特征变换模块。第 k 块 F_k 的计算公式如公式(5-21)~式(5-22)所示。

$$O_k = \begin{cases} A[E(F_{k-1})] + O_{k-1}, & k \neq 2 \\ A[E(F_{k-1})] + O_{k-1} + P, & k = 2 \end{cases} \tag{5-21}$$

$$F_k = F(O_k) + F_{k-1} \tag{5-22}$$

向下采样层和向上采样层分别使 $E(\,\cdot\,)$ 模块和 $F(\,\cdot\,)$ 模块在大尺度卷积核和小尺度卷积核上完成处理。因此,内部连接在尺度空间中形成了两条路径[57,58],分别为 O_k 和 F_k。$E(\,\cdot\,)$ 模块和 $F(\,\cdot\,)$ 模块在不同情况下的配对效果也使去雾网络的表现力交互被增强了。

$E(\,\cdot\,)$ 模块和 $F(\,\cdot\,)$ 模块具有相同的结构,但嵌入每个卷积块的不同位置[59,60]。以 $E(\,\cdot\,)$ 模块为例,该模块由四个交叉连接的 3×3 和 5×5 卷积构成卷积层[61,62],和这些层的输出则是通过融合模块相连接的。用 X 表示 $E(\,\cdot\,)$ 模块的输入,表示卷积层由 $C_{3\times3}^i(\,\cdot\,)$ 和 $C_{5\times5}^i(\,\cdot\,)$ 构成,则输出 $E(X)$ 可以表述为

$$S = C_{3\times3}^1(X) + C_{5\times5}^1(X) \tag{5-23}$$

$$E(X) = C_{3\times3}^2(S) + C_{5\times5}^2(S) + S + X \tag{5-24}$$

进而使用交叉连接,使两个模版卷积分别匹配向下和向上采样层[63],每个组合以特定的规模提取特征。因此,每个模块的图像输出可实现多尺度表示,嵌入在级联块中的模块可以联合不同规模的复原对象。

3)半监督对抗训练

为了更好地泛化现实场景,$G(\,\cdot\,)$ 为以半监督的方式使用合成或训练后的真实世界的雾天图像。本节还训练了一个鉴别器 $D(\,\cdot\,)$,用以评估去雾后图像在视觉效果上是否真实,作为真正的无雾图像。本节方法鉴别模型对两类图像使用级联卷积和全连接层。

此外,本节使用最小二乘损失函数完成参数训练,并利用 $G(\,\cdot\,)$ 和 $D(\,\cdot\,)$ 完成交替训练。

3. 实验分析

1)数据集和实现细节

本节采用接近真实状态的合成雾天图像作为数据集,其中包括 13 990 张合成图像和其对应的清晰场景。本节选择了其中 4 000 张雾霾图像和 4 000 张对应的清晰图像分别作为训练组和对照组,完成量化评估。除视觉质量外,本节还采用了检测实验评估去雾效果。该算法输入的图像被调整为 512 像素×512 像素,并取多尺度卷积块数 n 为 3。

首先对去雾网络 $G(\,\cdot\,)$ 进行 50 个 epoch 在监督模式下的样本配对。然后采用监督训练的方式,对 $G(\,\cdot\,)$ 和 $D(\,\cdot\,)$ 在两个交叉连接配对上分别完成一次优化,再实现 10 个 epoch 和未配对样本的训练;在对 $G(\,\cdot\,)$ 和 $D(\,\cdot\,)$ 训练的过程中,使用指数衰减率的亚当优化器[64]作为损失函数,使一阶和二阶矩估计相等,并分别降至 0.95 和 0.999。本节将初始学习率设为 2×10^{-4},最后按余弦衰减策略,使其权重分别为 $\gamma=0.7,\delta=0.5,\lambda=0.4$。其实验效果如图 5-17 所示。

2)去雾效果

本节从去雾视觉质量的角度评价了所提出的方法与其他三种去雾方法,并比较了这几种算法的性能。评价度量标准则包括峰值信噪比(PSNR)和结构相似度指数(SSIM)。从表 5-5

中可知,本节方法在去雾合成图像中取得了最好的定量性能,其性能也比其他方法的效能优越,能够实现以上效果可以归因于本节方法的金字塔结构以及多尺度之间的相互作用。结果证明,半监督训练有利于处理真实世界的雾霾图像。而对于其他测试图像,本节方法也可完全实现去雾,同时保留真实场景的良好纹理效果。

(a) 初始图像

(b) 文献[65]方法

(c) 文献[66]方法

(d) 文献[67]方法

(e)文献[68]方法

(f) 本节方法

图 5-17　各方法处理效果

表 5-5　数据集的定量评价结果

图像类型	指标	文献[65]方法	文献[66]方法	文献[67]方法	本节方法
室内图像	PSNR	17.759 3	17.023 8	17.167 2	18.369 5
	SSIM	0.762 8	0.759 3	0.741 3	0.772 9
室外图像	PSNR	17.172 1	17.731 9	17.318 4	18.551 6
	SSIM	0.752 4	0.761 1	0.753 1	0.714 6

4. 结论

本节提出了一种半监督去雾算法,其中去雾网络遵循由粗到细的设计方式。此外,本节还开发了一个多尺度特征融合模型,使用交错残差连接使特征从源域转移到目标域。实验结果证明了该方法的优越性,而且该方法在不同的图像处理及目标检测应用中,可进一步实现性能改进。

5.3　基于深度学习模型的域随机化图像去雾方法

1. 引言

图像是一种重要的信息媒介[69-71]。照片所捕获的图像被用于各种各样的技术领域和相关应用行业[72,73]。例如,计算机视觉被广泛应用于数字图像处理和视频分析领域。实际上,图像是一种二维表达,而人类所生活的复杂的三维世界投影所形成的二维图像经常受到各种环境因素的障碍和影响[74-76]。大气中含有许多尘埃颗粒、薄雾和气溶胶[77]。这些粒子散射、反射的光被相机捕获,往往使很多有用的信息要么完全丢失,要么被隐藏在雾霾之后[78,79]。在具有视觉挑战性的场景下拍摄的照片,很多重要和次要的细节都可能会在雾霾中丢失或被恢复[80,81]。

本节提出了基于深度学习模型的域随机化图像去雾方法。

2. 基于深度学习模型的域随机化图像去雾方法流程

深度学习系统严重依赖所提供的模拟数据集训练后的模型,直到获得满意的图像去雾效果。本节定义了一个基于 CNN 的去雾模型 $Y = f(X; \theta(\varphi))$,该模型由权重 $\theta(\varphi)$ 参数化。φ 定义分布训练数据,从中优化模型[82,83]。输入一个模糊图像 X,输出模型的期望为一个去雾的图像 Y。对于一个真实自然的雾霾图像,无雾图像对训练一个学习模型很重要。

在域随机化情况下,本节主要关注的是随机化数据中的变量在去雾过程中可能会发生的变化,以适应训练后的模型[84,85]。在图像去雾的情况下,景物反射和环境变量(如光照)会发生变化。但该模型的基本目标是恢复丢失的数据,转换由于光的散射而产生的光强度变化[86,87]。因此,需要创建一个用来训练去雾模型的理想数据集。在保留基本特征的同时引入这些变量是复原真实图像的基本属性至关重要的环节。采用科学的去雾方式,能给予所研究的雾天图像理想化的实验分析。

本节使用 Unity 3D[88]作为仿真环境。它拥有强大的功能,能够逼真地渲染游戏、AR、VR 和动画的虚拟场景,并在训练阶段将该模型暴露在各种环境中,使有纹理的景物和无纹理的景物在各种光线下表现不同。为了创建不同的设置,本节使用了 ShapeNet——一个具有不同对象的集合。所描述的不同纹理的环境和景物纹理数据集(DTD)也被用来完成测试。

本节试图建立一个模型,令真实数据的分布作为整体数据的子集,所生成的一些数据点在训练阶段的模型中部署,以适应其在训练中生成的数据带来的变化。理想的去雾模型应能够恢复输入图像的边缘和颜色。因此,数据集需要包含各种颜色和形状的图像,但合成图像不需要遵循真实世界的数据分布。此外,模拟的雾霾属性应该与现实世界的雾霾相匹配。

1) 数据生成

在本节方法的实现中使用了立体雾,即模拟雾粒子,并与虚拟环境的照明进行对比。立体雾是一种对图像有效添加雾霾的方法。立体雾模块可在 Unity 3D 的高定义渲染通道(HDRP)中被用于产生雾霾图像,此模块允许更改各种参数,如光的衰减程度、距离,边界的雾和反射率[89]。

2) 参数在生成过程中的变化

通过模拟雾天图像生成数据集,其中一个重要的目标是确保数据集中没有可能导致错误的过度拟合模型[90],如果出现某种伪色彩或景物,将在整个数据集中导致过拟合的情况产生[91]。因而,在参数生成的过程中应避免这种情况,以确保在数据集中相关属性的随机化性。

(1) 数据集中使用了 200 个不同雾天图像的生成过程,其中每幅图像场景中会有 30 到 80 个景物,这些图像均是随机选择的[92]。

(2) 每个景物都会在从 0.2 m 到 30 m 不等的距离上变化,景物离现场摄像头越远效果越好。

(3) 单幅图像中的对象方向和大小是随机的。

(4) 单幅图像中的对象材质属性,如颜色和纹理也是随机的,其材料的性质,如光滑度和金属度也有所不同,均展示了对象材质对入射光的反应。

(5) 环境照明的属性,如强度、颜色的变化,可体现单幅图像的拍摄时间变化。

(6) 在单幅图像的场景中添加的照明元素不同的颜色和设置。

上述所有图像均从数据集中均匀取样,这是因为大多数场景中的环境照明是有限的,如太阳所发出的光线(考虑到白天的去雾)。类似场景的参数选择,可通过适当地调整参数下界和上界来优化去雾效果[93]。

3)工作流程

本节提出的方法是一个迭代的过程[94],仍需要连续的调整,以达到最优的结果。在模型训练使用模拟数据集和训练集测试并调整参数之后,可以将更改后的参数引入模型,以获得更好的结果。

4)训练方法

本节研究所建议的数据可生成有效性的方案,所使用的文献[95]方法启发架构不包含乘法块,可被广泛应用于图像去雾等领域的图像到图像的转换任务。本节共生成 12 000 张模拟图像用于模型的训练。

3. 实验设置及结果

本节方法的训练是在 DGX 工作站和一台英伟达电脑上完成的。数据集使用 Unity 3D 提供的高清渲染通道。

本节方法不需要使用任何真实世界的数据进行训练。本节对本节方法采用标准数据集进行了评估,该数据集被广泛用于基准测试;还定量地比较了文献[95]方法、文献[96]方法、文献[97]方法和本节方法的结果,这些方法使用模拟数据训练了 50 个 epoch 下的雾天图像数据集,并使用驻留 SOTS 进行测试。对所有样本进行全参考指标分析,给出不同方法下的测试图像的去雾输出结果的平均 PSNR 和 SSIM 指标,如表 5-6 所示。图像分辨率在执行测试时保持不变。

表 5-6 本节方法与其他方法的数据集定量评价结果

图像类型	指标	文献[95]方法	文献[96]方法	文献[97]方法	本节方法
室内图像	PSNR	17.129 8	17.230 6	17.551 8	18.098 4
	SSIM	0.718 2	0.749 1	0.752 3	0.769 5
室外图像	PSNR	17.239 8	17.699 1	17.451 9	18.509 5
	SSIM	0.723 3	0.759 8	0.764 8	0.779 7

本节还对所提出的方法采用 SOTS 数据集进行了评估,该数据集被广泛应用于去雾方法的基准测试。本节采用文献[95]方法、文献[96]方法利用 SOTS 数据集定量地比较了结果,并利用文献[97]方法和文献[98]方法搭配模拟数据训练了 50 个 epoch 的雾天图像数据集。对所有样本进行全参考指标分析,针对输出的测试图像分析了平均 PSNR 和 SSIM 指标,各方法处理效果如图 5-18 所示。保证图像分辨率在执行测试时保持不变。

由图 5-18 可知,与其他方法相比,本节方法在视觉上表现较好。标记图像的区域位于远场,大量的颜色和细节被恢复,这可能是由于场景中出现了立体雾效果,而且使用了鸟瞰雾天图像的形式进行比较。不像其他训练模型,本节方法将细节完整地呈现在图像中。值得注意的是,基于先验的去雾方法,文献[97]方法产生了更好的去雾结果。尽管基于先验的去雾方法在许多图像中表现良好,但其去雾结果仍然存在不同深度的变化效果,而其他方法则在这一点上表现得不好。

| (a) 初始图像 | (b) 文献[95]方法 | (c) 文献[96]方法 |
| (d) 文献[97]方法 | (e)文献[98]方法 | (f) 本节方法 |

图 5-18　各算法处理效果

4. 结果与分析

随着深度学习的发展,对标注图像的需求也随着计算机视觉模型的扩大而增加。利用最新技术渲染图像生成可用于图像去雾的数据集是一个值得探索的方向。由于现实环境之间存在的差距以及模拟环境间的差别,使用纯合成雾天图像在分类和回归领域有很大的挑战。在图像去雾的实际任务中,分析具体的哪个方向出了问题通常更容易。所获得的图像结果也显示了使用不同参数的域连续迭代后的结果。在图像数据集中进行此类更改对提高去雾的整体性能有很大的提升。

结果表明,使用经过训练的深度学习模型对真实雾天图像和合成雾天图像进行处理均能够得到较好的效果;在不使用任何真实数据的情况下,在模拟数据集上训练去雾模型,能获得高质量的去雾图像;此外,本节对所提方法的性能进行了评估,该方法获得了良好的 PSNR 和 SSIM 结果。本节方法也获得了更好的视觉效果,与其他基于学习的去雾方法相比,去雾效果进一步改善。

5.4　端到端密集残差扩张型去雾网络

1. 引言

雾霾是现实生活中常见的现象,但在照片中通常不被接受[99]。因此,用户通常需要去除图像中的雾来保证图像的清晰。越来越多的去雾技术能够增强图像的对比度和细节,并恢复图像的视觉效果与细致程度[100-102]。研究人员已将图像去雾技术广泛地应用于多媒体系统,如图像分类和监控系统[103,104]。而所有这些方法均假设输入图像是清晰的,因此,复原雾天图像有助于提高计算机视觉系统的性能[105,106]。

从图像中提取雾天图像的有效特征至关重要,因此本节提出了一种新颖的端到端密集残差扩张型去雾(DRDDN)网络,该模型将整幅雾天图像作为输入,通过密集残差网络直接输出对应的清晰化图像。该网络同时考虑全局和局部的上下文数据[107,108],避免了对中间变量的估计[109,110],从而获得全局的结构和局部的特征。

本节设计的密集网络结构和提出的端到端密集残差扩张型去雾网络(DRN)是恢复无雾图像细节的关键,使用密集残差可以简化训练过程;提出了扩张型的密集连接块(DDCB),这是重建去雾模型的重要组成部分;增加了感受野的扩张卷积和密集连接的新功能,并设计了一种消除图像伪影的膨胀卷积方案。

2. 本节的改进方法

本节详细介绍了端到端密集残差扩张型去雾网络,将原始的雾天图像作为输入,并输出相应的去雾结果。该方法通过提取多尺度特征,使用密集残差学习来增强图像细节。此外,本节的网络模型主要由四个部分组成:特征提取层、密集扩张层、连接块、重建层和密度剩余层。其中,特征提取层用于从输入的雾天图像中提取浅层特征,该网络设计的目的是从浅层特征中提取层次化的特征[111];密集扩张层用于从层次特征中重建清晰图像。

1)激励层

如前所述,卷积网络模型已成功应用于雾天图像。然而,由于传统的卷积网络模型感受野通常较小,这些模型只能利用有限的上下文信息[112]。为了利用更多的上下文信息,本节采用扩张卷积来增大模型的感受野[113]。由于景物在图像中往往尺寸不同,因此本节通过密集连接来捕获多尺度景物。对于较大的目标,通常采用扩张卷积来增大模型的感受野[114]。由此,本节提出了一种端到端密集残差扩张型去雾网络模型,该模型结合了密集连接、卷积、扩张模型和深度卷积网络的优点[115]。本节所采用的密集扩张连接块,可用于多尺度去雾功能提取。此外,本节还引入了残差学习模型来进一步提高去雾性能,并具体分析了为什么膨胀卷积可以改善模型的感受野。

2)密集残差网络

本节设计的端到端密集残差扩张型去雾网络具有优化残差网络的能力,可以减少网络参数的冗余。本节的端到端密集残差扩张型去雾网络包括长残差学习和短残差学习等子网络。本节展示了更多关于 DRN 结构的细节[116],其中包括膨胀密集连接块和密集跳跃连接模型(DSC)。此外,全局剩余学习和堆叠残差块已被证明在构建深度残差网络方面的有效性[117]。使用这种方法所构建的深度网络具有比浅层网络更好的性能,因为该模型保留了浅层结构中的信息,而在典型的深度前馈卷积过程中,易造成一些中高频信息的丢失。

将 DDCB 的输入首层作为特征提取的输出层,并将其定义为 F_0。假设本节有 N 个 DDCB,定义输出的第 N 个 DDCB 为 F_n。则输入端的先扩张密集连接块可以表述为

$$I_1 = F_0 \tag{5-25}$$

为将信息从浅层传递到深层,本节设计了一种密集残差策略:DDCB 接收了先前 DDCB 的特征。而第 n 个 DDCB 的输入可以被定义为

$$I_n = F_0 + \cdots + F_{n-1} \tag{5-26}$$

其中,F_{n-1} 表示第 $n-1$ 次膨胀密集连接。本节网络可以最大限度地提高深度学习模型的优化能力,但易产生密集残差,其原因主要有两点。首先,残差映射的证明表明深度网络的训练很容易,而本节的密集残差网络可学习 DDCB 之间的残差。其次,残差网络仅使用本地短连接

传输相邻残块之间的信息,并可利用长残余学习法完成从浅层次传播信息到深层次优化的结果。DRN 包含几个直接连接,并可将信息从 DDCB 传递给后续模块。

因此,所有块都可以从前面的 DDCB 中获取信息。即,深层残差网络通过残差路径隐式重用特性,并可将浅层特征传递到深层,弥补其中高频信息的损失。

3)扩张密集连接块

本节介绍了扩张密集连接块,其中,DDCB 包括密集连接和膨胀卷积。密集连接策略为进一步扩大层与层之间的信息流,采用与密集网络中的层、与所有后续层直接连接的层交换信息的方法。结果表明,密集连接所具有的阻塞作用可通过连接各个层,改善信息流,实现更好的收敛。因此,本节可以将 $F_{d,l}$ 层表示为

$$F_{d,l} = H_{dc}([F_{d,0}, \cdots, F_{d,l-1}]) \tag{5-27}$$

其中,H_{dc} 表示扩张卷积,$F_{d,l}$ 表示输出扩张操作后的扩张密集连接块。DDCB 中最后一个膨胀卷积层的函数的重要性在于将最具代表性的特性传递下级层。为此,本节采用了一个膨胀卷积层来自适应地融合之前所有层的状态。

如上所述,前面各层的特征图可直接引入最后一层,有助于减少特征数[118]。受 MemNet 的启发,本节介绍了一个 3×3 的扩展卷积层,用以输出最重要的信息。与 MemNet 不同的是,本节方法的局部特征融合可以通过相应的操作合并到 DDCB 中。

为了减少卷积运算的负担并使网络集中在更具代表性的特征上,本节引入了最后一层——扩张卷积层。该层通过增大接受域,即增加滤波器的大小、深度和下采样,放大了前一步的子图像。然而,增加深度或滤波卷积的大小会增加模型的大小和计算时间。因此,本节使用 3×3 过滤卷积来增大网络的接受域。此外,下采样会导致空间信息的损失,从而使得去雾任务更加困难。当一个对象在空间上不占优势时(如天空中的树叶),透射率或颜色则无法正确恢复。为了解决这个问题,本节在网络卷积的过程中保持空间分辨率,并使用所提出的扩张卷积。本节的 8 个 DDCB 网络的有效场域为 365 像素×365 像素。

本节所使用的 3×3 卷积滤波器,其模型的尺寸可设置为 69 像素×69 像素。该模型相比于传统模型,能够捕获更多的上下文信息,并且有助于理解图像的场景设置,从而恢复清晰化图像。

为了最大化信息流,本节发现图像的采样率越大,其有效的滤波范围就越大,权重越小。为了减少信息损失,本节采用了密集连接的方法利用卷积网络传播信息,即从上一层传输到下一层。此外,本节还使用了残差学习的方法,将信息从先前的块传播到后续部分,并结合密集连接和残余学习,实现最大化信息流动。

3. 实验结果

本节对介绍的算法性能进行了评估,并与其他先进的去雾方法进行了比较,如文献[120]方法、文献[121]方法、文献[122]方法和文献[123]方法。

1)合成数据集

本节对合成数据集和真实世界雾霾图像进行了定量和定性分析。此外,本节还构建了一种新的雾天图像数据集,包括室外雾天图像和室内雾天图像,其中室内图像采用了 NYU 数据集。本节的数据集包含 2 500 张无雾图像,其中包括 1 400 张室内图像和 1 100 张室外图像,每张清晰化图像对应生成 10 张雾霾图像,并且将所有的雾霾图像调整为 512 像素×512 像素大小。

2)合成数据集

在本节提出的网络中,使用了 3×3 大小的内核进行卷积操作,卷积层数为 24(包括膨胀

层),最后一个卷积层的通道数为 3。实验中,本节设置了 8 个 DDCB,每个 DDCB 的扩张率都相同。此外,本节设置 $\lambda_1 = 0.01$、$\lambda_2 = 1$,使用 LReLU 作为激活函数,并使用 Adam 优化器进行训练,其中,$\beta_1 = 0.9$ 和 $\beta_2 = 0.999\ 9$。批大小和学习率分别设置为 1 和 0.000 1。在训练过程中,本节设置每 30 个周期减少一半的学习率。本节网络由 TensorFlow 和 Nvidia GTX 1080Ti GPU 构建,并使用多种指标度量进行训练,根据训练图像的状态,可调整图像大小(300 像素×300 像素和 600 像素×600 像素)。

3) 分析

本节共提出了六个改进点:

(1) 扩展密集连接结构(DDC)是一种无残差学习的模型;

(2) 深度残差密集连接结构;

(3) 深层残差膨胀结构(DRD);

(4) 深层残差扩张结构(DRDC);

(5) 残差扩张密集连接结构(DeRDDN);

(6) 最后一层为 1×1 卷积的密集残差 DDCB。

采用 PSNR 和 SSIM 两个标准评价去雾性能。用不同方法得到的室内图像和室外图像的去雾图像的 SSIM 和 PSNR 结果如表 5-7 所示。可以得到以下结论:

(1) 本节提出的方法能够保持较大的全局结构;

(2) 膨胀卷积可以显著提高去雾质量;

(3) 残差学习有助于模型收敛并提高去雾质量;

(4) 密集连接能最大化信息流动并提高去雾质量;

(5) 在特征融合方面,所使用的 1×1 卷积可以提升去雾性能。

表 5-7 数据集的定量评价结果

图像类型	指标	文献[120]方法	文献[121]方法	文献[122]方法	本节方法
室内图像	PSNR	16.851 2	16.330 8	17.189 2	17.723 5
	SSIM	0.709 2	0.728 9	0.721 6	0.745 8
室外图像	PSNR	16.993 6	16.790 8	17.202 5	17.446 5
	SSIM	0.711 8	0.731 6	0.731 1	0.752 4

为了测试所提出的方法在处理自然雾天图像时的泛化能力,本节在具有挑战性的自然环境中进行了测试,结果如图 5-19 所示。结果表明,文献[120]方法容易产生颜色失真,文献[121]方法倾向于保留雾霾,文献[122]方法由于颜色失真问题而受到影响,文献[123]方法不能很好地处理浓雾图像;本节方法能够很好地捕捉到雾霾分布,这是因为较大的网络的接收野是去除不均匀性的关键,而捕获低级特征是恢复纹理的关键,该模型通过密集残差将低层特征迁移到深层特征进行学习。因此,本节方法可以还原出图像本身的颜色,并能适度去除雾霾。

4. 局限性

需要指出的是,本节方法在不同目标物之间存在的差异。每个数据集可以被视为一个域,深度网络可能不擅长将所学知识推广到新的数据集或环境中。即使是与训练集相比的轻微变化,也可能导致深度网络对目标域做出虚假预测。这样的问题对于去雾模型来说,既有利也有弊。从弊端来说,首先,当测试样本不同时,从合成训练图像的角度来看,模型可能无法很好地工作;其次,如果预期输出与模型相差甚远,结果可能是不可靠的。下一步应收集更全面的清晰化样本和模拟更多数据来解决这些问题。

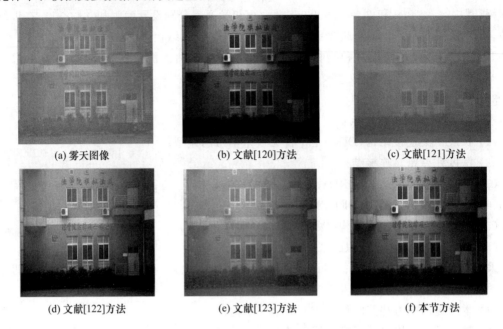

(a) 雾天图像   (b) 文献[120]方法   (c) 文献[121]方法

(d) 文献[122]方法   (e) 文献[123]方法   (f) 本节方法

图 5-19   不同方法的处理结果

5. 结论

本节提出了一个端到端密集残差扩张型去雾网络,称为 DRDDN,由残差学习结构组成,并与扩张密集连接块相连。实验表明,本节方法对三个合成雾霾数据集和真实雾霾图像的去雾效果展示了其有效性。与现有方法相比,本节方法对深度学习模型进行了一定的改进,并采用了扩张密集连接块。此外,本节方法还结合了融合研究的思想,并创新性地使深度学习与扩张密集连接相结合。

5.5 DeeptransMap:基于深度透射估计网络的图像去雾方法

1. 引言

雾霾是一种常见现象,由于大气中悬浮的浑浊颗粒或水滴[124]以及大气光的吸收和散射而形成。恶劣天气下拍摄的图像往往不能令人满意[125,126],如对比度和色彩保真度的丧失[127-129]严重影响了底层图像分析和高级视觉任务[130](如目标跟踪)。因此,图像去雾技术在各种可视化应用中通常具有重要意义。

本节提出了基于深度透射估计网络的 PrismNet 模型,它是一种无监督特征提取方案[131,132],具有自动提取雾霾相关特征的能力。通过生成多尺度的雾霾相关特征,并将其与原始雾霾图像进行拼接,可以获取精确的透射图。为了保证透射估计的稳定性和准确性[133-135],本节设计了一个端到端的深度卷积神经网络,该网络通过堆叠模型来最大化信息传递。实验结果表明,本节方法在不同领域的数据集上具有良好的性能[136]。本节构造了一个独特的训练集,其由室内雾天图像和室外雾天图像组成,覆盖了不同的场景深度[137,138]。最终,本节对来自不同领域的各种数据集进行实证调查,并定性和定量比较了本节方法与其他方法的去雾效果。

2. 基于深度透射估计网络的去雾方法

本节的重点是透射图的估计。因此,本节将详细分析基于深度透射估计网络的 PrismNet 模型,并讨论如何训练模型和学习参数。最后,本节将描述并分析基于大气散射物理模型恢复无雾图像的方法。

1）基于深度透射估计网络的 PrismNet 模型

为了获得用于单幅图像去雾的精确透射图,本节设计了一种基于深度传输模型的透射图,该模型是在精确深度混合神经网络结构下实现的。从模型的整体而言,基于深度学习的透射估计网络的 PrismNet 模型由输入单元(雾天图像)、特征提取单元、透射估计单元和输出(估计的透射图)组成。特征提取单元用于提取与雾相关的特征,并进行传输分析。

2）无监督雾相关特征提取

在该模型中,特征提取单元首先通过一个无监督学习模式生成多尺度的雾相关特征[139],这些特征从模糊的雾天图像中获取。具体来说,本节采用名为 PrismNet 的深度自动编码器神经网络来提取雾霾的多尺度数据表示,并将图像转换为空间层次相关的雾图特征。这个过程类似于将白光分解成不同颜色的单色光,用于光谱分析[140,141]。为了减少图像特征提取的计算成本,本节首先将模糊图像分割成大小为 $r \times r$(像素)的小块,如红框区域,然后对每个小块的三个颜色通道依次输入自定义的自动编码器。该编码器采用全连接深度神经网络结构,并使用 Sigmoid 函数作为每个神经元的激活函数[142-144]。

通过这种无监督学习方式,所有分割块的编码结果生成了两组不同尺度（$s \times s$ 和 $t \times t$,这里 $r > s > t$)的中间表示[145,146]。最后,将每组中间表示组合成原始雾霾图像在不同颜色通道下的三张与雾相关的特征图。作为输出结果,从一张相应的雾天图像中提取出 6 个特征图。此外,还可通过填充每个分割块的多尺度中间表示,将提取的特征图调整为与原始雾天图像相同的大小。

3）深层透射图估计

在进行特征提取之后,将学习到的多尺度数据模型与原始模糊图像在空间上拼接[147],形成分层的雾相关特征图集合。考虑到数据在深层中的流动性以及信息缺失等问题,可能会显著降低表示能力,在模型学习的过程中,本节将各通道的特征映射集合作为扩展输入,输入透射估计单元,并进一步设计透射估计单元。透射估计单元是一个端到端的深度卷积神经网络,该模型具有足够的信息特征,以确保稳定的透射估计能力。具体来说,为了最大限度地减少信息丢失并保证透射估计的稳定性[148],本节设计了卷积神经网络,该网络通过堆叠一系列重复的模块来实现。本节提供了具体的构建模块方法和相关分析,该模型的宽度可以将特征映射作为传递数据的信息通道进行调整。

4）信息保留块

本节在残差分支中,按照顺序进行点群卷积、信道 shuffle 操作、深度卷积、点卷积、全局平均池化(GAP)、全连接操作、全连接,并分别设置 Relu 和 Sigmoid 激活函数以及通道缩放操作来增强信息流。同时,本节仍然使用快捷路径逆向传播梯度。此外,在构建块重复之前,应统一通道尺寸,并添加一个特殊的信息。除此之外,还应注意:

（1）在快捷路径中加入标准卷积操作;

（2）使用通道连接代替按卷积元进行的加法,这样可以轻松扩展通道维度,而且额外的计算成本很小。

3. 实验与分析

基于以上内容,对本节提出的单幅图像去雾方法展开了实验研究,记录了不同环境下进行的实验结果,并将本节方法与其他去雾方法进行比较,以进行定性和定量评价。测试图像来自不同领域的雾天图像。

1)实验设置

本节设计了基于大气散射的单幅图像去雾透射估计模型,该方法准确性高。本节提出的深度模型由两个深度神经网络组成,用于透射估计。实验中,首先在台式机上进行训练,台式机配置为 3.3 GHz Intel i7-5820K CPU 和 NVIDIA GeForce GTX Titan X GPU。根据相应的训练方法从头开始训练,直至 100 个 epoch。本节使用 Nesterov 作为损失函数,完成神经网络进行训练,动量设置为 0.9,初始学习率设置为 0.000 1,改进后的损失函数可使损失值在每 33 个周期后减少十分之一。此外,本节设置隐藏层数为 2,尺度分别为 13×13 和 11×11 ($s = 13, t = 11$)的网络模型,设置每个 patch 的大小为 15×15($r = 15$)。

考虑到本节实验的目的是验证所提出的透射估计模型对单幅图像去雾的影响,因此使用传统的策略获得大气光值 A,便于与各种其他去雾算法进行比较。

2)去雾图像的视觉效果

在本节方法中,特别设计了一个重要单元用于透射率估计,即通过无监督学习方法提取雾霾相关特征,以验证所提出方法的有效性。此外,本节将本节方法得到的结果与其他几种方法得到的图像进行比较。所采用的其他方法包括文献[149]方法、文献[150]方法、文献[150]方法、文献[151]方法。

此外,为了证明本节方法的可行性,对研究中具有挑战性的雾天图像进行了实验处理和分析,并将本节方法与上述四种具有代表性的方法进行了比较。图 5-20(b)~图 5-20(f)分别展示了所获得去雾图像的直观视觉效果,表明本节方法可以从测试的雾天图像中恢复出清晰的图像。

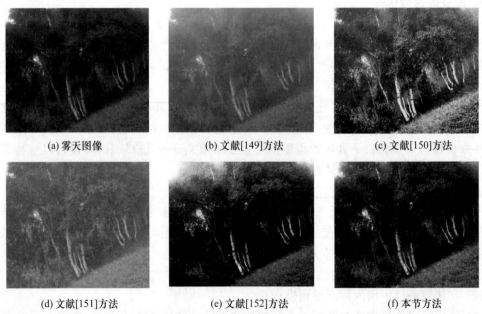

(a) 雾天图像　　　　　　(b) 文献[149]方法　　　　　　(c) 文献[150]方法

(d) 文献[151]方法　　　　　　(e) 文献[152]方法　　　　　　(f) 本节方法

图 5-20　不同方法的处理结果

图 5-20 所示的结果表明,其他四种方法都存在一定的不足,例如,文献[150]方法恢复出的图像较暗,文献[149]方法和文献[151]方法恢复的图像仍然存在部分雾霾,文献[152]方法恢复的图像颜色泛白。相比之下,本节方法在测试图像上获得了最佳的视觉效果,尤其是在保留图像细节方面。

表 5-8 展示了不同方法不同数据集去雾图像的定量评价结果。结果发现,室内图像数据集中每个图像质量评价指标的平均结果相当或略高于室外图像数据集的平均结果。这表明本节所构建的室内图像训练集包含了许多不同的雾霾场景,这些场景涵盖了更多的图像深度信息,从而有利于提高本节提出的透射估计模型的鲁棒性。

表 5-8　不同方法不同数据集去雾图像的定量评价结果

图像类型	指标	文献[149]方法	文献[150]方法	文献[151]方法	本节方法
室内图像	PSNR	16.635 2	16.687 1	17.059 8	17.660 9
	SSIM	0.712 4	0.706 2	0.711 3	0.732 5
室外图像	PSNR	16.882 4	16.682 3	17.105 2	17.504 8
	SSIM	0.700 9	0.712 3	0.721 8	0.726 5

4. 结论

从以上实验结果可以看出,本节提出的去雾方法在定性和定量评价上都取得了令人满意的效果。这主要得益于本节在网络模型特殊设计中考虑的六个关键因素。

(1)通过无监督特征学习后得到的图像结构、颜色和亮度等真实雾霾相关特征,能够有效地表征雾霾细节。

(2)多尺度卷积的相关功能能够呈现更多的图像细节,并且可以按需调节自定义无监督学习框架中隐藏层的数量和大小,从而获得基于深度神经网络(PrismNet)的透射估计模型。

(3)通过增加透射估计模型的深度尺寸,可以提高准确性和鲁棒性,以确保透射估计模型的可靠性。

(4)卷积神经网络能够提供增强输入,并将多尺度雾霾相关特征与原始雾霾相连接,从而形成信息的链接。

(5)本节的深度卷积透射估计模型中应用了一些较为前沿的卷积运算,如点向群卷积、信道模型和深度卷积,这些卷积运算在减轻图像细节缺失的同时,使信息能够在端到端深度学习通道中传输,但也会增加深度模型的时间消耗。

(6)本节还构建了一个独特的训练集,用于推广透射估计能力模型,包含多个不同的雾霾场景。

需要注意的是,本节提出的方法不适用于夜间雾霾图像,但对于分布不均的雾霾图像,本节方法是适用的。而在特定的去雾场景下,为了获得更好的去雾效果,本节可以通过分配重要性来定制网络,如调整隐藏层的比例,生成更适合的与雾霾相关的特征图。然而,为 PrismNet 选择合适的超参数通常是一项耗时的工作,需要指定参数 r、s 和 t,因为隐藏层的数量和尺度实际上对应着不同的局部接受野的数量和大小,并且在很大程度上取决于经验规律。

本节方法在模型训练方面需要花费一定的时间,如在上述配置的台式电脑上大约需要 8 小时。由于深度网络模型具有许多需要学习的参数,因此时间成本是不可避免的。然而,在去雾后进行透射估计时,本节方法非常高效,甚至可以在计算能力非常有限的移动设备上使用。

因此,本节方法相比于其他文献方法节约了大量时间成本。

综上,本节探索了一种有前景的方法对单个雾天图像进行去雾处理,旨在提高基于无监督表示学习和深度卷积神经网络的技术相结合的透射估计模型的鲁棒性和精度。虽然还有很多问题需要进一步解决,但本节的图像优化目的已基本实现。

本章参考文献

[1] PANG J,ZHANG D,LI H,et al. Hazy Re-ID:An Interference Suppression Model for Domain Adaptation Person Re-Identification Under Inclement Weather Condition [C]// In Proceedings of the 2021 IEEE International Conference on Multimedia and Expo (ICME),Shenzhen,China:IEEE,2021:1-6.

[2] ZHOU Z,ZHOU Y. Comparative study of logarithmic image processing models for medical image enhancement[C]// IEEE International Conference on Systems (SMC), Man,Cybernetics:IEEE,2016:1046-1050.

[3] LI G,YANG Y,QU X. Deep Learning Approaches on Pedestrian Detection in Hazy Weather[J]. IEEE Trans. Ind. Electron. ,2020,67(10):8889-8899.

[4] PRIYADHARSHINI R,ARUNA S. Visibility Enhancement Technique for Hazy Scenes [C]// In Proceedings of the 2018 International Conference on Electrical Energy Systems (ICEES),Chennai,India:IEEE,2018:540-545.

[5] PANETTA K,AGAIAN S,ZHOU Y,et al. Parameterized logarithmic framework for image enhancement[J]. IEEE Transactions on Systems Man & Cybernetics Part B, 2011,41(2):460-473.

[6] WANG Z,LIU C,DONGY,et al. Profiling of Dust and Urban Haze Mass Concentrations during the 2019 National Day Parade in Beijing by Polarization Raman Lidar [J]. Remote Sensing 2021,13,3326.

[7] QIAN R,TAN R T,YANG W,et al. Attentive Generative Adversarial Network for Raindrop Removal from A Single Image [C]// In Proceedings of the 2018 IEEE/CVF Conference on Computer Vision and Pattern Recognition (CVPR),Salt Lake City,UT, USA:IEEE,2018:2482-2491.

[8] KINGMA D,BA J. Adam:A method for stochastic optimization[C]// International Conference on Learning Representations (ICLR),Man,Cybernetics:IEEE,2015:1-15.

[9] HUANG S,JAW D,LI W,et al. Image Dehazing in Disproportionate Haze Distributions [J]. IEEE Access,2021,9:44599-44609.

[10] SHEN J,LI Z,YU L,et al. Implicit Euler ODE Networks for Single-Image Dehazing [C]// In Proceedings of the 2020 IEEE/CVF Conference on Computer Vision and Pattern Recognition Workshops (CVPRW),Seattle,WA,USA:IEEE,2020:877-886.

[11] WOO B,LEE M. Comparison of Tissue Segmentation Performance Between 2D U-Net and 3D U-Net on Brain MR Images [C]// In Proceedings of the 2021 International Conference on Electronics,Information,and Communication (ICEIC),

Jeju,Korea：IEEE,2021:1-4.

[12] YU Y,LIU H,FU M,et al. A Two-branch Neural Network for Non-homogeneous Dehazing via Ensemble Learning ［C］// In Proceedings of the 2021 IEEE/CVF Conference on Computer Vision and Pattern Recognition Workshops（CVPRW）,Nashville,TN,USA:IEEE,2021:. 193-202.

[13] CHAUDHARY S, MURALA S. TSNet：Deep Network for Human Action Recognition in Hazy Videos ［C］// In Proceedings of the 2018 IEEE International Conference on Systems,Man,and Cybernetics（SMC）,Miyazaki,Japan：IEEE,2018: 3981-3986.

[14] CHEN T, LU M, YAN W, et al. 3D LiDAR Automatic Driving Environment Detection System Based on MobileNetv3-YOLOv4 ［C］// In Proceedings of the 2022 IEEE International Conference on Consumer Electronics（ICCE）,Las Vegas,NV, USA:IEEE,2022:1-2.

[15] ZHANG J,CHEN X. Multi-UAV Reconnaissance Task Assignment based on Wide-Area Search Scenario ［C］// In Proceedings of the 2021 International Conference on Dependable Systems and Their Applications（DSA）,Yinchuan,China：IEEE,2021: 620-625.

[16] HU S, HU S. Research on Intelligent Segmentation Algorithm and Terminal Adaptation Technology of Vertical（Transverse）comic Mobile Phone Based on Genetic Algorithm ［C］// In Proceedings of the 2022 IEEE International Conference on Power,Electronics and Computer Applications（ICPECA）,Shenyang,China:IEEE, 2022：620-624.

[17] QIE Y,XIE T. 3S Forest Fire Prevention Construction Intelligent System based on Communication System Optimization Model ［C］// In Proceedings of the 2021 International Conference on Electronics,Communication and Aerospace Technology （ICECA）,Coimbatore,India:IEEE,2021：550-553.

[18] ZHU Z,LUO Y,WEI H,et al. Atmospheric Light Estimation Based Remote Sensing Image Dehazing ［J］. Remote Sensing 2021,13,2432.

[19] MCCARTNEY E. Optics of the Atmosphere：Scattering by Molecules and Particles ［J］. Phys. Today,1977,30(5):76.

[20] NAYAR S,NARASIMHAN S. Vision in Bad Weather ［C］// In Proceedings of the 1999 IEEE International Conference on Computer Vision（ICCV）,Kerkyra,Greece: IEEE,1999:820-827.

[21] NARASIMHAN S,NAYAR S. Removing Weather Effects from Monochrome Images ［C］// In Proceedings of the 2001 IEEE Computer Society Conference on Computer Vision and Pattern Recognition（CVPR）,Kauai,HI,USA:IEEE,2001：186-193.

[22] NARASIMHAN S,NAYAR S. Vision and the Atmosphere ［J］. Int. J. Comput. Vis. ,2002,48(3)：233-254.

[23] BAKIR M,KELES V. Deep Learning Based Cell Segmentation Using Cascaded U-Net Models［C］// In Proceedings of the 2021 Signal Processing and Communications

Applications Conference (SIU), Istanbul, Turkey: IEEE, 2021:1-4.

[24] TAN R. Visibility in Bad Weather from a Single Image [C]// In Proceedings of the 2008 IEEE/CVF Conference on Computer Vision and Pattern Recognition (CVPR), Anchorage, AK, USA: IEEE, 2008:1-8.

[25] FATTAL R. Single Image Dehazing [J]. ACM Trans. Graph., vol. 27, no. 3, pp. 1-9, 2008.

[26] TAREL J, HAUTIERE N. Fast Visibility Restoration from a Single Color or Gray Level Image [C]// In Proceedings of the 2009 IEEE International Conference on Computer Vision (ICCV), Kyoto, Japan: IEEE, 2009:2201-2208.

[27] ANCUTI C, ANCUTI C, HERMANS C, et al. A Fast Semi-inverse Approach to Detect and Remove the Haze from a Single Image [C]// In Proceedings of the 2010 Asian Conference on Computer Vision (ACCV), Queenstown, New Zealand: IEEE, 2010:501-514.

[28] HE K, SUN J, TANG X. Single Image Haze Removal Using Dark Channel Prior [J]. IEEE Trans. Pattern Anal. Mach. Intell., 2011, 33(12):2341-2353.

[29] NISHINO K, KRATZ L, LOMBARDI S. Bayesian Defogging [J]. Int. J. Comput. Vis., 2012, 98(3):263-278.

[30] ANCUTI C, ANCUTI C. Single Image Dehazing by Multi-scale Fusion [J]. IEEE Trans. Image Process., 2013, 22(8):3271-3282.

[31] MERTENS T, KAUTZ J, REETH F. Exposure Fusion: A Simple and Practical Alternative to High Dynamic Range Photography [J]. Comput. Graph. Forum., 2009, 28(1):161-171.

[32] DENG J, DONG W, SOCHER R, et al. ImageNet: A large-scale hierarchical image database [C]//In Proceedings of the 2009 IEEE Conference on Computer Vision and Pattern Recognition (CVPR), Miami, FL, USA: IEEE, 2009:248-255.

[33] ZHU Q, MAI J, SHAO L. A Fast Single Image Haze Removal Algorithm Using Color Attenuation Prior [J]. IEEE Trans. Image Process., 2015, 24(11):3522-3533.

[34] CHOI L, YOU J, BOVIK A. Referenceless Prediction of Perceptual Fog Density and Perceptual Image Defogging [J]. IEEE Trans. Image Process., 2015, 24 (11): 3888-3901.

[35] BERMAN D, TREIBITZ T, AVIDAN S. Non-local Image Dehazing [C]// In Proceedings of the 2016 IEEE Conference on Computer Vision and Pattern Recognition (CVPR), Las Vegas, NV, USA: IEEE, 2016:1674-1682.

[36] WANG W, YUAN X, WU X, et al. Fast Image Dehazing Method Based on Linear Transformation [J]. Linear Transform., 2017, 19:1142-1155.

[37] CAI B, XU X, JIA K, et al. Dehazenet: An End-to-end System for Single Image Haze Removal[J]. IEEE Trans. Image Process., 2016, 25(11):5187-5198.

[38] REN W, LIU S, ZHANG H, et al. Single Image Dehazing via Multi-scale Convolutional Neural Networks [C]//In Proceedings of the 2016 European Conference on Computer Vision (ECCV), Amsterdam, Netherlands: IEEE, 2016:

154-169.

[39] LI B, PENG X, WANG Z, et al. AOD-Net: All-in-One Dehazing Network [C]// In Proceedings of the 2017 IEEE International Conference on Computer Vision (ICCV), Venice, Italy: IEEE, 2017: 4780-4788.

[40] ZHANG H, PATEL V. Densely Connected Pyramid Dehazing Network [C]// In Proceedings of the 2018 IEEE/CVF Conference on Computer Vision and Pattern Recognition (CVPR), Salt Lake City, UT, USA: IEEE, 2018: 3194-3203.

[41] Bai K, Rao M, Ramana K. Auxiliary Conditional Generative Adversarial Networks for Image Data Set Augmentation [C]// In Proceedings of the 2018 International Conference on Inventive Computation Technologies (ICICT), Coimbatore, India: IEEE, 2018: 263-269.

[42] ZHAO L, JIAO Y, CHEN J, et al. Image Style Transfer Based on Generative Adversarial Network [C]// In Proceedings of the 2021 International Conference on Computer Network, Electronic and Automation (ICCNEA), Xi'an, China: IEEE, 2021: 191-195.

[43] LI R, PAN J, LI Z, et al. Single Image Dehazing via Conditional Generative Adversarial Network [C]// In Proceedings of the 2018 IEEE/CVF Conference on Computer Vision and Pattern Recognition (CVPR), Salt Lake City, UT, USA: IEEE, 2018: 8202-8211.

[44] LEE S, KO B, LEE K, et al. Many-To-Many Voice Conversion Using Conditional Cycle Consistent Adversarial Networks [C]// In Proceedings of the 2020 IEEE International Conference on Acoustics, Speech and Signal Processing (ICASSP), Barcelona, Spain: IEEE, 2020: 6279-6283.

[45] ENGIN D, GENC A, EKENEL H. Cycle-dehaze: Enhanced CycleGAN for Single Image Dehazing [C]// In Proceedings of the 2018 IEEE/CVF Conference on Computer Vision and Pattern Recognition Workshops (CVPRW), Salt Lake City, UT, USA: IEEE, 2018: 9380-9388.

[46] CHEN D, HE M, FAN Q, et al. Gated Context Aggregation Network for Image Dehazing and Deraining [C]// In Proceedings of the 2019 IEEE Winter Conference on Applications of Computer Vision (WACV), Waikoloa, HI, USA: IEEE, 2019: 1375-1383.

[47] QU Y, CHEN Y, HUANG J, et al. Enhanced Pix2pix Dehazing Network [C]// In Proceedings of the 2019 IEEE/CVF Conference on Computer Vision and Pattern Recognition (CVPR), Long Beach, CA, USA: IEEE, 2019: 8152-8160.

[48] CHEN S, CHEN Y, QU Y, et al. Multi-Scale Adaptive Dehazing Network [C]// In Proceedings of the 2019 IEEE/CVF Conference on Computer Vision and Pattern Recognition Workshops (CVPRW), Long Beach, CA, USA: IEEE, 2019: 2051-2059.

[49] QIN X, WANG Z, BAI Y, et al. FFA-Net: Feature Fusion Attention Network for Single Image Dehazing [C]// In Proceedings of the 2020 AAAI Conference on Artificial Intelligence, New York, NY, USA: IEEE, 2020: 11908-11915.

[50] HA E, SHIN J, PAIK J. Gated Dehazing Network via Least Square Adversarial Learning [J]. Sensors 2020,20: 6311.

[51] KUANAR S, MAHAPATRA D, BILAS M, et al. Multi-path Dilated Convolution Network for Haze and Glow Removal in Nighttime Images [J]. Visual Comput. , 2021,3:1-14.

[52] WANG C,CHEN R,LU Y,et al. Recurrent Context Aggregation Network for Single Image Dehazing [J]. IEEE Signal Process. Lett. ,2021,28:419-423.

[53] GOODFELLOW I, POUGET A J, MIRZA M, et al. Generative Adversarial Nets [M]. MIT Press: Cambridge,MA,USA:Springer,2014.

[54] ZHU J,PARK T,ISOLA P,et al. Unpaired Image-to-Image Translation Using Cycle-Consistent Adversarial Networks [C]// In Proceedings of the 2017 IEEE International Conference on Computer Vision (ICCV), Venice, Italy: IEEE, 2017: 2242-2251.

[55] VASWANI A,SHAZEER N,PARMAR N,et al. Attention is All You Need [C]// In Proceedings of the 2017 International Conference on Neural Information Processing Systems (NIPS),Long Beach,CA,USA:IEEE,2017:6000-6010.

[56] MIRZA M, OSINDERO S. Conditional Generative Adversarial Nets [J]. Comput. Sci. ,2014,pp. 2672-2680.

[57] HUANG G,LIU Z,MAATEN L,et al. Densely Connected Convolutional Networks [C]// In Proceedings of the 2017 IEEE Conference on Computer Vision and Pattern Recognition (CVPR),Honolulu,HI,USA:IEEE,2017:2261-2269.

[58] RONNEBERGER O, FISCHER P, BROX T. U-Net: Convolutional Networks for Biomedical Image Segmentation [C]// In Proceedings of the 2015 International Conference on Medical Image Computing and Computer-Assisted Intervention (MICCAI),Munich,Germany:IEEE,2015:234-241.

[59] DOSOVITSKIY A,BEYER L,KOLESNIKOV A,et al. An Image is Worth 16X16 Words: Transformers for Image Recognition at Scale [C]// In Proceedings of the 2021 International Conference on Learning Representations (ICLR),Vienna,Austria: IEEE,2021:1-21.

[60] PRABHAT N, VISHWAKARMA D. Comparative Analysis of Deep Convolutional Generative Adversarial Network and Conditional Generative Adversarial Network using Hand Written Digits [C]// In Proceedings of the 2020 International Conference on Intelligent Computing and Control Systems (ICICCS),Madurai,India:IEEE,2020: 1072-1075.

[61] FAROOQUI F,HASSAN M,YOUNIS M,et al. Offline Hand Written Urdu Word Spotting Using Random Data Generation [J]. IEEE Access,8,2020:131119-131136.

[62] RAJ N,VENKETESWARAN N. Single Image Haze Removal using a Generative Adversarial Network [C]//In Proceedings of the 2020 International Conference on Wireless Communications Signal Processing and Networking (WiSPNET),Chennai, India:IEEE,2020: 37-42.

[63] JIANG W, LUO X. Research on Super-resolution Reconstruction Algorithm of Remote Sensing Image Based on Generative Adversarial Networks [C]//In Proceedings of the 2019 IEEE International Conference on Automation, Electronics and Electrical Engineering (AUTEEE), Shenyang, China: IEEE, 2019: 438-441.

[64] LIU Z, TONG M, LIU X, et al. Research on Extended Image Data Set Based on Deep Convolution Generative Adversarial Network [C]// In Proceedings of the 2020 IEEE Information Technology, Networking, Electronic and Automation Control Conference (ITNEC), Chongqing, China: IEEE, 2020: 47-50.

[65] DENG Z, ZHU L, HU X, et al. Deep Multi-Model Fusion for Single-Image Dehazing [C]// In Proceedings of the 2019 IEEE/CVF International Conference on Computer Vision (ICCV), Seoul, Korea: IEEE, 2019: 2453-2462.

[66] SHIN J, PAIK J. Photo-Realistic Image Dehazing and Verifying Networks via Complementary Adversarial Learning [J]. Sensors, 2021, 21: 6182.

[67] PANG Y, NIE J, XIE J, et al. BidNet: Binocular Image Dehazing Without Explicit Disparity Estimation [C]// In Proceedings of the 2020 IEEE/CVF Conference on Computer Vision and Pattern Recognition (CVPR), Seattle, WA, USA: IEEE, 2020: 5930-5939.

[68] REN W, MA L, ZHANG J, et al. Gated Fusion Network for Single Image Dehazing [C]// In Proceedings of the 2018 IEEE/CVF Conference on Computer Vision and Pattern Recognition (CVPR), Salt Lake City, UT, USA: IEEE, 2018: 3253-3261.

[69] HONO Y, HASHIMOTO K, OURA K, et al. Singing Voice Synthesis Based on Generative Adversarial Networks [C]// In Proceedings of the 2019 IEEE International Conference on Acoustics, Speech and Signal Processing (ICASSP), Brighton, UK: IEEE, 2019: 6955-6959.

[70] DIN N, JAVED K, BAE S, et al. Effective Removal of User-Selected Foreground Object From Facial Images Using a Novel GAN-Based Network [J]. IEEE Access, 2020, 8: 109648-109661.

[71] MAO C, HUANG L, XIAO Y, et al. Target Recognition of SAR Image Based on CN-GAN and CNN in Complex Environment [J]. IEEE Access, 2021, 9: 39608-39617.

[72] ISOLA P, ZHU J, ZHOU T, et al. Image-to-Image Translation with Conditional Adversarial Networks [C]// In Proceedings of the 2017 IEEE Conference on Computer Vision and Pattern Recognition (CVPR), Honolulu, HI, USA: IEEE, 2017: 5967-5976.

[73] ZHONG Z, LI J, CLAUSI D, et al. Generative Adversarial Networks and Conditional Random Fields for Hyperspectral Image Classification [J]. IEEE Trans. Cybern. , 2019, 50(7): 3318-3329.

[74] WANG H, TAO C, QI J, et al. Semi-Supervised Variational Generative Adversarial Networks for Hyperspectral Image Classification [C]// In Proceedings of the 2019 IEEE International Geoscience and Remote Sensing Symposium (IGARSS), Yokohama, Japan: IEEE, 2019: 9792-9794.

[75] LU Y, LIU K, HSU C. Conditional Generative Adversarial Network for Defect Classification with Class Imbalance [C]// In Proceedings of the 2019 IEEE International Conference on Smart Manufacturing, Industrial and Logistics Engineering (SMILE), Hangzhou, China: IEEE, 2019: 146-149.

[76] XU W, LONG C, WANG R, et al. DRB-GAN: A Dynamic ResBlock Generative Adversarial Network for Artistic Style Transfer [C]// In Proceedings of the 2021 IEEE/CVF International Conference on Computer Vision (ICCV), Montreal, QC, Canada: IEEE, 2021: 6363-6372.

[77] YUAN H, YANAI K. Multi-Style Transfer Generative Adversarial Network for Text Images [C]// In Proceedings of the 2021 IEEE International Conference on Multimedia Information Processing and Retrieval (MIPR), Tokyo, Japan: IEEE, 2021: 63-69.

[78] MURALI S, RAJATI M, SURYADEVARA S. Image Generation and Style Transfer Using Conditional Generative Adversarial Networks [C]// In Proceedings of the 2019 IEEE International Conference On Machine Learning And Applications (ICMLA), Boca Raton, FL, USA: IEEE, 2019: 1415-1419.

[79] ZHANG H, SINDAGI V, PATEL V. Image De-Raining Using a Conditional Generative Adversarial Network [J]. IEEE Trans. Circuits Syst. Video Technol., 2019, 30(11): 3943-3956.

[80] HETTIARACHCHI P, NAWARATNE R, ALAHAKOON D, et al. Rain Streak Removal for Single Images Using Conditional Generative Adversarial Networks [J]. Applied Science 2021, 11: 2214.

[81] LI R, CHEONG L, TAN R. Heavy Rain Image Restoration: Integrating Physics Model and Conditional Adversarial Learning [C]// In Proceedings of the 2019 IEEE/CVF Conference on Computer Vision and Pattern Recognition (CVPR), Long Beach, CA, USA: IEEE, 2019: 1633-1642.

[82] CHEN Z, TONG L, QIAN B, et al. Self-Attention-Based Conditional Variational Auto-Encoder Generative Adversarial Networks for Hyperspectral Classification [J]. Remote Sensing 2021, 13: 3316.

[83] ZAND J, ROBERTS S. Mixture Density Conditional Generative Adversarial Network Models (MD-CGAN) [J]. Signals 2021, 2: 559-569.

[84] ZHANG Q, LIU X, LIU M, et al. Comparative Analysis of Edge Information and Polarization on SAR-to-Optical Translation Based on Conditional Generative Adversarial Networks [J]. Remote Sensing 2021, 13: 128.

[85] PATHAK D, KRAHENBUHL P, DONAHUE J, et al. Context Encoders: Feature Learning by Inpainting [C]// In Proceedings of the 2016 IEEE Conference on Computer Vision and Pattern Recognition (CVPR), Las Vegas, NV, USA: IEEE, 2016: 2536-2544.

[86] YANG M, HE J. Image Style Transfer Based on DPN-CycleGAN [C]//In Proceedings of the 2021 International Conference on Pattern Recognition and Artificial

Intelligence (PRAI),Yibin,China:IEEE,2021:141-145.

[87] WANG W,WONG H,LO S,et al. Uncouple Generative Adversarial Networks for Transferring Stylized Portraits to Realistic Faces,[J]. IEEE Access,8:213825-213839,2020.

[88] PALSSON S,AGUSTSSON E,TIMOFTE R,et al. Generative Adversarial Style Transfer Networks for Face Aging [C]//In Proceedings of the 2018 IEEE/CVF Conference on Computer Vision and Pattern Recognition Workshops (CVPRW),Salt Lake City,UT,USA:IEEE,2018:2165-21658.

[89] NETZER Y,WANG T,COATES A,et al. Reading Digits in Natural Images with Unsupervised Feature Learning [C]// In Proceedings of the 2011 Conference on Neural Information Processing Systems (NIPS),Granada,Spain:IEEE,2011:1-9.

[90] LIU W,HOU X,DUAN J,et al. End-to-End Single Image Fog Removal Using Enhanced Cycle Consistent Adversarial Networks [J]. IEEE Trans. Image Process. , vol. 29,pp. 7819-7833,2020.

[91] YAN C,CHEN H,YANG Z. End-to-End Medical Image Denoising via Cycle-consistent Generative Adversarial Network [C]// In Proceedings of the 2021 International Conference on Information Science,Parallel and Distributed Systems (ISPDS),Hangzhou,China:IEEE,2021:30-33.

[92] HE K,ZHANG X,REN S,et al. Deep Residual Learning for Image Recognition [C]// In Proceedings of the 2016 IEEE Conference on Computer Vision and Pattern Recognition (CVPR),Las Vegas,NV,USA:IEEE,2016: 770-778.

[93] SRIVASTAVA R,GREFF K,SCHMIDHUBER J. Training Very Deep Networks [C]// In Proceedings of the 2015 International Conference on Neural Information Processing Systems (NIPS),Montreal,Canada:IEEE,2015:2377-2385.

[94] LARSSON G,MAIRE M,SHAKHNAROVICH G. FractalNet:Ultra-Deep Neural Networks without Residuals [C]// In Proceedings of the 2017 International Conference on Learning Representations (ICLR),Toulon,France:IEEE,2017:1-11.

[95] LIU W,HOU X,DUAN J,et al. End-to-End Single Image Fog Removal Using Enhanced Cycle Consistent Adversarial Networks [J]. IEEE Trans. Image Process. , vol. 29,pp. 7819-7833,2020.

[96] MENG G,WANG Y,DUAN J,et al. Efficient Image Dehazing with Boundary Constraint and Contextual Regularization [C]// In Proceedings of the 2013 IEEE International Conference on Computer Vision (ICCV),Sydney,NSW,Australia: IEEE,2013:617-624.

[97] ZHU Z,LUO Y,WEI H,et al. Atmospheric Light Estimation Based Remote Sensing Image Dehazing [J]. Remote Sensing 2021,13,2432.

[98] SHYAM P,YOON K,KIM K. Towards Domain Invariant Single Image Dehazing [C]// In Proceedings of the 2021 AAAI Conference on Artificial Intelligence,held virtually:IEEE,2021:9657-9665.

[99] MUSTAFA N,ZHAO J,LIU Z,et al. Iron ORE Region Segmentation Using High-

Resolution Remote Sensing Images Based on Res-U-Net [C]// In Proceedings of the 2020 IEEE International Geoscience and Remote Sensing Symposium (IGARSS), Waikoloa,HI,USA:IEEE,2020: 2563-2566.

[100] JEON K,CHUN C,KIM G,et al. Lightweight U-Net Based Monaural Speech Source Separation for Edge Computing Device [C]// In Proceedings of the 2020 IEEE International Conference on Consumer Electronics (ICCE),Las Vegas,NV,USA: IEEE,2020:1-4.

[101] QU A,NIU J,MO S. Enhancing Transformer with Horizontal and Vertical Guiding Mechanisms for Neural Language Modeling [C]// In Proceedings of the 2021 IEEE International Conference on Communications (ICC),Montreal,QC,Canada:IEEE, 2021: 1-6.

[102] CAMGOZ N,KOLLER O,HADFIELD S,et al. Sign Language Transformers:Joint End-to-End Sign Language Recognition and Translation [C]// In Proceedings of the 2020 IEEE/CVF Conference on Computer Vision and Pattern Recognition (CVPR), Seattle,WA,USA:IEEE,2020:10020-10030.

[103] SHETTY V, MARY M. Improving the Performance of Transformer Based Low Resource Speech Recognition for Indian Languages [C]// In Proceedings of the 2020 IEEE International Conference on Acoustics, Speech and Signal Processing (ICASSP),Barcelona,Spain:IEEE,2020:8279-8283.

[104] LIANG J, CAO J, SUN G, et al. SwinIR: Image Restoration Using Swin Transformer [C]// In Proceedings of the 2021 IEEE/CVF International Conference on Computer Vision Workshops (ICCVW),Montreal,BC,Canada:IEEE,2021: 1833-1844.

[105] QIN Q, YAN J, WANG Q,et al. ETDNet:An Efficient Transformer Deraining Model [J]. IEEE Access,2021,9:119881-119893.

[106] H. Chen, Y. Wang, T. Guo, et al. Pre-Trained Image Processing Transformer [C]// In Proceedings of the 2021 IEEE/CVF Conference on Computer Vision and Pattern Recognition (CVPR),Nashville,TN,USA: IEEE,2021:12294-12305.

[107] LI B,REN W,FU D,et al. Benchmarking Single-Image Dehazing and Beyond [J]. IEEE Trans. Image Process. ,2019,28(1):492-505.

[108] SILBERMAN N, HOIEM D, KOHLI P,et al. Indoor Segmentation and Support Inference from RGBD Images [C]// In Proceedings of the 2012 European Conference on Computer Vision(ECCV),Florence,Italy:IEEE,2012: 746-760.

[109] SCHARSTEIN D, SZELISKI R. High-Accuracy Stereo Depth Maps Using Structured Light [C]// In Proceedings of the 2003 IEEE Computer Society Conference on Computer Vision and Pattern Recognition (CVPR),Madison,WI, USA:IEEE,2003:195-202.

[110] ANCUTI C, ANCUTI C, TIMOFTE R,et al. O-HAZE:A Dehazing Benchmark with Real Hazy and Haze-Free Outdoor Images [C]// In Proceedings of the 2018 IEEE/CVF Conference on Computer Vision and Pattern Recognition Workshops

(CVPRW),Salt Lake City,UT,USA:IEEE,2018:867-8678.

[111] SCHROFF F, KALENICHENKO D, PHILBIN J. FaceNet: A Unified Embedding for Face Recognition and Clustering [C]// In Proceedings of the 2015 IEEE Conference on Computer Vision and Pattern Recognition (CVPR), Boston, MA, USA:IEEE,2015:815-823.

[112] ANCUTI C,ANCUTI C,TIMOFTE R. NH-HAZE: An Image Dehazing Benchmark with Non Homogeneous Hazy and Haze-Free Images [C]//In Proceedings of the 2020 IEEE/CVF Conference on Computer Vision and Pattern Recognition Workshops (CVPRW),Seattle,WA,USA:IEEE,2020:1798-1805.

[113] ANCUTI C,ANCUTI C,TIMOFTE R. NTIRE 2018 Challenge on Image Dehazing: Methods and Results [C]// In Proceedings of the 2018 IEEE/CVF Conference on Computer Vision and Pattern Recognition Workshops (CVPRW),Salt Lake City, UT,USA:IEEE,2018:1004-100410.

[114] ANCUTI C, ANCUTI C, TIMOFTE R, et al. NTIRE 2019 Image Dehazing Challenge Report [C]//In Proceedings of the 2019 IEEE/CVF Conference on Computer Vision and Pattern Recognition Workshops (CVPRW),Long Beach,CA, USA:IEEE,2019: 2241-2253.

[115] WU H, QU Y, LIN S, et al. Contrastive Learning for Compact Single Image Dehazing [C]// In Proceedings of the 2021 IEEE/CVF Conference on Computer Vision and Pattern Recognition (CVPR), Nashville, TN, USA: IEEE, 2021: 10546-10555.

[116] HORE A,ZIOU D. Image Quality Metrics: PSNR vs. SSIM [C]// In Proceedings of the 2010 International Conference on Pattern Recognition (ICPR), Istanbul, Turkey:IEEE,2010: 2366-2369.

[117] ZHANG Y,LI K,LI K,et al. Image Super-Resolution Using Very Deep Residual Channel Attention Networks [C]// In Proceedings of the 2018 European Conference on Computer Vision(ECCV),Munich,Germany:IEEE,2018:294-310.

[118] HU J,SHEN L,ALBANIE S,et al. Squeeze-and-Excitation Networks [J]. IEEE Trans. Pattern Anal. Mach. Intell. ,2020,42(8):2011-2023.

[119] PARK T,EFROS A,ZHANG R,et al. Contrastive Learning for Unpaired Image-to-Image Translation [C]// In Proceedings of the 2020 European Conference on Computer Vision (ECCV),Glasgow,UK:IEEE,2020:319-345.

[120] ZHAO H,SHI J,QI X,et al. Pyramid Scene Parsing Network [C]// In Proceedings of the 2017 IEEE Conference on Computer Vision and Pattern Recognition (CVPR), Honolulu,HI,USA: IEEE,2017:6230-6239.

[121] ZHANG H, SINDAGI V, PATEL V. Multi-scale Single Image Dehazing Using Perceptual Pyramid Deep Network [C]// In Proceedings of the 2018 IEEE/CVF Conference on Computer Vision and Pattern Recognition Workshops (CVPRW),Salt Lake City,UT,USA:IEEE,2018:1015-1024.

[122] ANCUTI C, ANCUTI C, TIMOFTE R, et al. NTIRE 2019 Image Dehazing

Challenge Report [C]// In Proceedings of the 2019 IEEE/CVF Conference on Computer Vision and Pattern Recognition Workshops (CVPRW),Long Beach,CA,USA:IEEE,2019: 2241-2253.

[123] LI B,GOU Y,GU S,et al. You Only Look Yourself: Unsupervised and Untrained Single Image Dehazing Neural Network [J]. Int. J. Comput. Vis. ,2021,(11): 1-14.

[124] ANCUTI C,ANCUTI C,SBERT M,et al. Dense-Haze: A Benchmark for Image Dehazing with Dense-Haze and Haze-Free Images [C]// In Proceedings of the 2019 IEEE International Conference on Image Processing (ICIP),Taipei,Taiwan:IEEE,2019:1014-1018.

[125] LOW D. Distinctive Image Features from Scale-Invariant Keypoints [J]. Int. J. Comput. Vis. ,2004,2:91-110.

[126] MAHESH M S. Automatic feature based image registration using SIFT algorithm [C]//In Proceedings of the 2012 International Conference on Computing, Communication and Networking Technologies (ICCCNT),Coimbatore,India:IEEE, 2012:1-5.

[127] CHEN C,MU Z. An Impoved Image Registration Method Based on SIFT and SC-RANSAC Algorithm [C]//In Proceedings of the 2018 Chinese Automation Congress (CAC),Xi'an,China: IEEE,2018:2933-2937.

[128] FISCHLER M,BOLLES R. Random Sample Consensus: A Paradigm for Model Fitting with Applications To Image Analysis and Automated Cartography [J]. Commun. ACM,1981,6:381-395.

[129] JIANG X,LU L,ZHU M,et al. Haze Relevant Feature Attention Network for Single Image Dehazing [J]. IEEE Access,2021,9:106476-106488.

[130] TANG K,YANG J,WANG J. Investigating Haze-Relevant Features in a Learning Framework for Image Dehazing [C]// In Proceedings of the 2014 IEEE Conference on Computer Vision and Pattern Recognition (CVPR),Columbus,OH,USA:IEEE, 2014: 2995-3002.

[131] SIMONYAN K,ZISSERMAN A. Very Deep Convolutional Networks for Large-Scale Image Recognition [C]// In Proceedings of the 2015 International Conference on Learning Representations (ICLR),San Diego,CA,USA:IEEE,2015:1-14.

[132] SHI W,CABALLERO J,HUSZAR F,et al. Real-Time Single Image and Video Super-Resolution Using an Efficient Sub-Pixel Convolutional Neural Network [C]// In Proceedings of the 2016 IEEE Conference on Computer Vision and Pattern Recognition (CVPR),Las Vegas,NV,USA:IEEE,2016:1874-1883.

[133] CHU X,TIAN Z,ZHANG B,et al. Conditional Positional Encodings for Vision Transformers[J]. ArXiv preprint 2021,arXiv: 2102. 10882.

[134] PAN W,GAN Z,QI L,et al. Efficient retinex-based low-light image enhancement through adaptive reflectance estimation and lips postprocessing [C]// Chinese Conference on Pattern Recognition and Computer Vision (PRCV),Salt Lake City,

UT,USA：IEEE,2018：335-346.

[135] XU L, YAN Q, XIA Y, et al. Structure extraction from texture via relative total variation[J]. ACM Transactions on Graphics,2012,31(6)：1-10.

[136] RUDIN L I, OSHER S, FATEMI E. Nonlinear total variation based noise removal algorithms[J]. Physica D：Nonlinear Phenomena,1992,60：259-268.

[137] WANG Y, YANG J, YIN W, et al. A new alternating minimization algorithm for total variation image reconstruction[J]. SIAM Journal on Imaging Sciences,2008, 1(3)：248-272.

[138] EBNER M. Color constancy[J]. Coloration Technology,2007,125(6)：366-394.

[139] HE K, SUN J. Fast guided filter[J]. Computer Science,2015：1-2.

[140] PU Y F, SIARRY P, CHATTERJEE A, et al. A fractional-order variational framework for retinex：Fractional-order partial differential equation-based formulation for multi-scale nonlocal contrast enhancement with texture preserving [J]. IEEE Transactions on Image Processing,2018,27(3)：1214-1229.

[141] ZHAO Y, LIU Y, SONG R, et al. Extended non-local means filter for surface saliency detection[C]// IEEE International Conference on Image Processing (ICIP), FL,USA：IEEE,2012：633-636.

[142] XIE D, LIU S, LIN K, et al. Intrinsic decomposition for stereoscopic images[C]// IEEE International Conference on Image Processing (ICIP), Arizona, USA：IEEE, 2016：1744-1748.

[143] ZOSSO D, TRAN G, OSHER S J. Non-local retinex-a unifying framework and beyond[J]. SIAM Journal on Imaging Sciences,2015,8(2)：787-826.

[144] BUADES A, COLL B, MOREL J M. Non-local means denoising[J]. Image Processing On Line,2011,1：208-212.

[145] EILERTSEN G, MANTIUK R K, UNGER J. Real-time noise-aware tone-mapping and its use in luminance retargeting[C]// IEEE International Conference on Image Processing (ICIP),Arizona,USA：IEEE,2016：894-898.

[146] EISENSTAT S C. Efficient implementation of a class of preconditioned conjugate gradient methods[J]. SIAM Journal on Scientific and Statistical Computing,1981, 2(1)：1-4.

[147] TANAKA M, SHIBATA T, OKUTOMI M. Gradient-based low-light image enhancement [C]// IEEE International Conference on Consumer Electronics (ICCE),NV,USA：IEEE,2019：1-2.

[148] Schiller P H. Parallel information processing channels created in the retina[J]. Proceedings of the National Academy of Sciences,2010,107(40)：17087-17094.

[149] YANG K F, ZHANG X S, LI Y J. A biological vision inspired framework for image enhancement in poor visibility conditions [J]. IEEE Transactions on Image Processing,2020,29：1493-1506.

[150] NAVARRO L, DENG G, COURBEBAISSE G. The symmetric logarithmic image processing model[J]. Digital Signal Processing,2013,23(5)：1337-1343.

[151] JIANG X, LU L, ZHU M, et al. Haze Relevant Feature Attention Network for Single Image Dehazing [J]. IEEE Access, vol. 9, pp. 106476-106488, 2021.

[152] MUJBAILE D, ROJATKAR D. Model based Dehazing Algorithms for Hazy Image Restoration-A Review [C]// In Proceedings of the 2020 International Conference on Innovative Mechanisms for Industry Applications (ICIMIA), Bangalore, India: IEEE, 2020: 142-148.

[153] CHEN B, HUANG S, LI C, et al. Haze Removal Using Radial Basis Function Networks for Visibility Restoration Applications [J]. IEEE Trans. Neural Netw. Learn. Syst., 2018, 29(8): 3828-3838.

[154] ZHANG B, WANG M, SHEN X. Image Haze Removal Algorithm Based on Nonsubsampled Contourlet Transform [J]. IEEE Access, 2021, 9: 21708-21720.

第6章

针对特殊场景雾天图像的清晰化方法

6.1 基于精准搜索的各向异性型高斯滤波去雾方法

1. 引言

特殊场景雾天图像,即存在大天空区域或白色景物干扰的图像[1-3],会对大气光值 A 的求取产生影响,采用清晰化方法复原后的图像易出现色彩失真、不均匀色斑和过曝光等现象[4,5];而大气光值 A 的不精准估计,往往会对后续处理过程中的图像细节和颜色保真度产生影响。因此,针对特殊场景雾天图像的复原图像易产生色偏、色斑和过曝光等问题[6,7],本节在深入探究雾天图像退化降质机理与研究图像质量客观评价指标基础上,实现了对大气散射模型与暗通道先验机理的完善、改进和创新,并提出了一种基于精准搜索的各向异性型高斯滤波去雾方法。

首先利用灰度阈值分割方法缩小大气光值 A 所在的大致区间(一部分天空区域),再利用循环四分图方法进一步定位 A 值区间,并利用 Skyline 算法精准获取 A 值;其次通过研究各向异性型高斯滤波方法的数学模型,并利用其方法优化透射率;最后利用雾天图像复原的整体流程还原清晰化效果,再采用色调映射来调整清晰化图像的整体效果,能够拉升图像整体的亮度、对比度与清晰度,并完成图像质量的优化。图 6-1 所示为基于精准搜索的各向异性型高斯滤波去雾方法的整体架构。

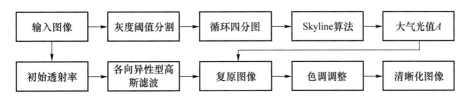

图 6-1 基于精准搜索的各向异性型高斯滤波去雾方法的整体架构

2. 精准搜索 A 值

基于 Skyline 精准搜索的灰度阈值四分图方法不仅能够在普通雾天场景中获得接近真实值的大气光值 A,并且与雾天图像中存在大天空区域或白色景物干扰的特殊场景相适应。因此,5.1 节针对特殊场景所采用的基于 Skyline 精准搜索的灰度阈值四分图方法获得精准的大

气光值 A,能够运用在存在大天空区域的合成或非均匀雾天图像的去雾中。同样地,本节为节约处理时间将阈值设定为 215,将初始图像划分为背景和目标两个部分,如图 6-2 所示。

(a) 原始雾天图像　　　　(b) 灰度图　　　　(c) 一种改进阈值分割算法[8] (d) 阈值T设定为215的分割效果

图 6-2　灰度阈值分割方法定位 A 值区间

进一步精准地定位大气光值 A 所在区间,通过利用循环四分图方法分割天空区域,并采用 Skyline 算法搜索该区间,得到此区间像素的最大值,并将此结果设置成大气光值 A。图 6-3 展示了基于 Skyline 精准搜索的循环四分图方法精准定位 A 值区间。

(a) 原始雾天图像　　　　　(b) 阈值T设定为215的分割效果　　　(c) 循环四分图方法精准定位A值区间

图 6-3　基于 Skyline 精准搜索的循环四分图方法精准定位 A 值区间

3. 各向异性型高斯滤波方法优化透射率

由于初始透射率伴随景深的改变而呈现出快速变化的状况[9,10],该现象尤其在边缘处较为明显,因而,在整个雾天图像清晰化还原过程中边缘部分易产生晕轮效应的现象[11]。采用各向异性型高斯滤波方法优化透射率 $t(x,y)$,可改善清晰化图像细节,并抑制晕轮效应与过饱和效应;进而选用色调映射方法优化复原图像的整体效果,能够拉升整体图像的亮度、对比度与清晰度[12-14],从而优化图像的整体质量。

1)各向异性型高斯滤波方法的数学模型

双边型与基于各向异性型高斯滤波方法均可以保存图像中大量的边缘和角点[15,16]。但双边滤波模型需进行加权和均值的运算,这是因为算法所损耗的计算资源过多,而此算法整体的处理效率并不高[17,18]。而各向异性型高斯滤波方法自身具备较优的适应度和鲁棒性,能够存储大量的边缘与角点[19,20]。

传统的高斯滤波模型以原点为核心,并在 x 维度与 y 维度进行投影,得到的模型是圆。式(6-1)表示传统的高斯滤波模型,其中 σ 表示标准差,能够控制其平滑度,θ 表示方向角。

$$G(x,y,\sigma)=\frac{1}{2\pi\sigma^2}\exp\left(-\frac{1}{2}\left(\frac{x^2+y^2}{\sigma^2}\right)\right) \tag{6-1}$$

若将 x 与 y 之间设置差别的比值,则能够获得各向异性型高斯滤波模型[21,22],其投影在整个坐标系的二维平面上则形成一个椭圆,如式(6-2)所示。

$$G(x,y,\sigma_x,\sigma_y)=\frac{1}{2\pi\sigma_x\sigma_y}\exp\left(-\frac{1}{2}\left(\frac{x^2}{\sigma_x^2}+\frac{y^2}{\sigma_y^2}\right)\right) \tag{6-2}$$

图 6-4 展示了高斯滤波模型。其中,图 6-4(c)所示椭圆是图 6-4(b)中椭圆以原点为旋转中心顺时针旋转 θ 角度所获得的,可达到从时域转换到频域的目的,式(6-3)表示其坐标转化式。

$$\begin{bmatrix} u \\ v \end{bmatrix}=\begin{bmatrix} \cos\theta & \sin\theta \\ -\sin\theta & \cos\theta \end{bmatrix}\begin{bmatrix} x \\ y \end{bmatrix} \tag{6-3}$$

将式(6-6)代入式(6-5),可实现 θ 角的数学模型转化,式(6-4)表示各向异性型高斯滤波方法的模型。

$$G_\theta(u,v,\sigma_u,\sigma_v)=\frac{1}{2\pi\sigma_u\sigma_v}\exp\left\{-\frac{1}{2}\left[\frac{(x\cos\theta+y\sin\theta)^2}{\sigma_u^2}+\frac{(-x\sin\theta+y\cos\theta)^2}{\sigma_v^2}\right]\right\} \tag{6-4}$$

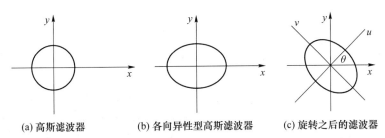

(a) 高斯滤波器　　　　(b) 各向异性型高斯滤波器　　　　(c) 旋转之后的滤波器

图 6-4　高斯滤波模型

针对图像中的各个部分,如果各向异性型高斯滤波方法设定单一比例的标准差 σ 和方向参量 θ 角,则会出现边缘和短轴一致时图像的模糊状况趋于最大程度的问题[23,24]。因此,所采用的滤波方式需使各向异性型高斯滤波的长度、宽度和方向基于图像特征的转变而转变。

2) 各向异性型高斯滤波方法优化透射率

各向异性型高斯滤波方法可在效果图像平滑处理的同时,有效并显著地保留结果图中的边缘细节。式(6-5)表示图 6-4(c)中的长轴标准差 σ_u。

$$\sigma_u^2(x,y)=1/t_g(x,y) \tag{6-5}$$

其中,x 与 y 分别代表特殊雾天场景图像中的像素点的横坐标与纵坐标;$t_g(x,y)$ 为透射率 $t(x,y)$ 的灰度值,该值是将灰度级压缩在 0 与 1 之间时所获得的参量。

由于平滑区域的 v 轴与 u 轴比例接近 1,而边缘部分的 v 轴与 u 轴比例接近 0,因此,确定效果图像的平滑程度是获取长短轴比例的关键;令 DC 表示小区域内的方差值,其所确定的灰度方差值表示透射图的平滑度[25,26],如式(6-6)所示。

$$\mathrm{DC}=1/MN\sum_{i=1}^{M}\sum_{j=1}^{N}(t_g(i,j)-\bar{t}_g(i,j))^2 \tag{6-6}$$

其中,MN 表示小区域的区间;$\bar{t}_g(i,j)$ 表示小区域的灰度平均值,$t_g(i,j)$ 与 $\bar{t}_g(i,j)$ 在 0 与 255 之间取值。R 用 K 和 DC 得到表示边缘部分或平滑区域下的 v 轴与 u 轴的比值:

$$R=K+\mathrm{DC} \tag{6-7}$$

其中,K 表示比例参量。用 σ_v 表示短轴标准差:

$$\sigma_v=R\cdot\sigma_u \tag{6-8}$$

各向异性型高斯滤波方法需要确定角度 θ 与比例 K 的值,即利用转换模型得到方向角 θ

的垂直梯度。式(6-9)与式(6-10)分别表示利用高斯解析式得到的水平方向与垂直方向的导数,其中 $\theta^\perp(x,y)$ 表示透射图在 (x,y) 点处的垂直梯度角,如式(6-11)所示。

$$E_x = \frac{\partial G(x,y,\sigma)}{\partial x} * t_g(x,y) \tag{6-9}$$

$$E_y = \frac{\partial G(x,y,\sigma)}{\partial y} * t_g(x,y) \tag{6-10}$$

$$\theta^\perp(x,y) = \arctan\left[E_y(x,y)/E_x(x,y)\right] \tag{6-11}$$

方向角度 θ 与垂直梯度 $\theta^\perp$ 之间相互转换模型:

$$\theta = \theta^\perp + 90 \tag{6-12}$$

将式(6-12)代入式(6-4),得到

$$G_{\theta^\perp}(u,v,\sigma_u,\sigma_v,) = \frac{1}{2\pi\sigma_u\sigma_v}\exp\left\{-\frac{1}{2}\left[\frac{(x\cos\theta^\perp + y\sin\theta^\perp)^2}{\sigma_u^2} + \frac{(-x\sin\theta^\perp - y\cos\theta^\perp)^2}{\sigma_v^2}\right]\right\}$$

$$\tag{6-13}$$

经过不断地实验可以得到这样的结论,若将 K 值设置为 20,则各向异性型高斯滤波方法能够实现对透射率处理效果的最佳状态,从而获得较好的透射率结果[27,28]。图 6-5 展示了各向异性型高斯滤波去雾方法处理透射图的效果。

(a) 原始雾天图像　　　(b) 灰度图　　　(c) 初始透射图　　　(d) 优化后的透射图效果

图 6-5　各向异性型高斯滤波去雾方法处理透射图的效果

3) 色调映射调整图像

在雾天环境下,基于天空中微粒对图像效果的影响,雾天拍摄获取的图像整体色彩常常趋于灰白色;此外,图像与真实状态中的效果相比较,像素值常常较高。事实上,利用雾天图像清晰化处理之后的效果图像,整体亮度常常偏暗[29,30];对实验所获得的效果图进行色调调整,可使处理之后的效果图中色度与对比度状态和真实效果更加接近。如图 6-6 展示了基于精准搜索的各向异性型高斯滤波去雾方法的色调调整效果,其中,图 6-6(b)表示色调调整后的效果,图像亮度值增大并且细节区域显得突出[31,32],与真实无雾场景下的图像效果较接近。

(a) 色调调整前的效果　　　(b) 色调调整后的效果

图 6-6　基于精准搜索的各向异性型高斯滤波去雾方法的色调调整效果

本节利用 Drago 对数方法完成对图像整体效果的色调调整,采用这种方法能够较大程度地提升图像的亮度、对比度与细节完整度[33]。此外,通过实验获得的映射关联代表显示器亮度与场景亮度之间的关系[34]。令 L_d 表示显示器的亮度:

$$L_d = \frac{L_{dmax} \times 0.01}{\lg(L_w^{max}+1)} \cdot \frac{\ln(L_w+1)}{\ln\left\{2+\left[\left(\frac{L_w}{L_w^{max}}\right)^{\frac{\ln b}{\ln 0.5}}\right] \times 8\right\}} \tag{6-14}$$

其中,L_{dmax} 为显示器的最大亮度,设置为 100;参数 b 的设定可表现出高亮度区间像素点的压缩程度和此区域细节的可见程度;如果参数 b 值很大,则图像的亮度压缩情况非常严重。采用基于 DCP 机理的雾天图像清晰化处理,其效果往往偏暗,所采用的色调映射方法能够在尽可能规避细节损失的状况下,提升结果图像暗区域的亮度与对比度。通过反复实验可知,将参数 b 的值设定在 $1.3 \sim 1.6$,图像处理后的效果最优。

4. 雾天图像清晰化整体流程

图 6-7 展示了本节方法的雾天图像清晰化整体流程图。

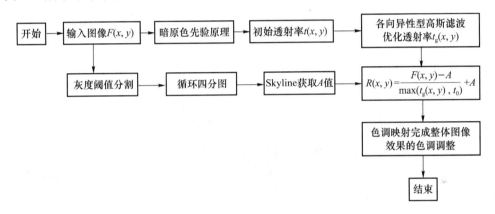

图 6-7　本节方法的雾天图像清晰化整体流程图

5. 实验结果对比与分析

为验证本节方法的效果,本节进行了大量对比实验,利用 MATLAB 2017a 软件对本节方法和不同文献方法进行验证。完成实验的设备运行内存为 4 GB、操作系统为 Windows 7、配置为 Inter corei7-2670QM CPU 5 GHz 等。

创建图像数据集,其中包含 512 幅通过拍摄或网络下载获取的户外雾天图像和理想图像(利用理想图像可完成合成雾天图像的创建),这些图像涵盖不同的户外自然场景,包括各种自然景观、建筑物、树木、湖景等。

实验采用客观评价策略,即根据实验数据完成无参考图像客观评价指标分析,得到本节方法和不同文献方法的实验效果。无参考图像客观评价指标选用亮度均值(Lum)、对比度(Con)、信息熵(Inf)和盲测评指标〔新见可见边指标(e)、均值梯度指标(r)和曝光像素点问题指标(η)〕,并通过运算处理时间完成本节方法和不同文献方法的对比,得出不同方法的单幅图像处理效率。

1) 实验效果

实验选用大天空区域的雾天图像,包含亭台、综合楼场地、建筑物等测试图像,图 6-8(a)、

图 6-9(a)、图 6-10(a)的分辨率分别为 280×360、600×800、980×1 260,并采用文献[35]方法、文献[36]方法、文献[37]方法、文献[38]方法和本节方法获得的实验结果图完成对比与分析。

图 6-8(a)所示的情景为大天空区域均匀轻雾环境下的亭台图像;图 6-8(b)所示图像的天空区域表现为深灰色,在增强型算法处理后,色彩被人为地加深,画面鲜亮但不自然;图 6-8(c)所示图像的天空和景物泛白严重,特别是图像中的浅色区域;图 6-8(d)所示图像存在大量的噪声,雾气去除效果差;图 6-8(e)所示图像的还原效果较好,但天空区域存在明显的噪声区;图 6-8(f)表示本节方法的效果图,图像的亮度、对比度和细节复原程度高,更加真实自然。

(a) 原始雾天图像   (b) 文献[35]方法   (c) 文献[36]方法

(d) 文献[37]方法   (e) 文献[38]方法   (f) 本节方法

图 6-8　本节方法和不同文献方法的雾天清晰化效果(亭台)

图 6-9(a)表示大天空区域的均匀浓雾环境下的综合楼场地图像;图 6-9(b)所示的图像整体呈现出深度的色偏效果,而且所获得的图像效果类似于版画,这是因为该方法单纯利用拉升图像对比度与亮度来人为提升图像效果;图 6-9(c)所示图像的效果泛白、存在大量图像噪声,是由于该方法对透射率的估计不准确;图 6-9(d)所示的图像还原效果较好,但存在图像细节较为模糊的状况;图 6-9(e)所示的图像效果偏暗,而且天空区域呈现出明显图像噪声的效果;图 6-9(f)表示本节方法所得的效果图,图像中保存一定量的雾气对细节的还原更加逼真,并且亮度和天空区域效果更加真实。

图 6-10(a)表示大天空区域的工业污染形成的局部非均匀雾天仰视楼盘图像;图 6-10(b)所示图像的天空区域反而被不均匀的雾气所加深,使整幅图像效果非常不自然;图 6-10(c)所示图像的天空区域还原状态近似于真实情景,但图像的细节存在模糊的现象;图 6-10(d)所示图像失真严重,更像是一幅油画;图 6-10(e)所示图像的天空区域泛蓝色,而且细节处未被凸显;图 6-10(f)表示本节方法所得的效果图,不仅真实地还原图像细节(如飞鸟),而且相对于不同文献方法的效果更佳。

(a) 原始雾天图像　　　　　(b) 文献[35]方法　　　　　(c) 文献[36]方法

(d) 文献[37]方法　　　　　(e) 文献[38]方法　　　　　(f) 本节方法

图 6-9　本节方法和不同文献方法的雾天清晰化效果(综合楼场地)

(a) 原始雾天图像　　　　　(b) 文献[35]方法　　　　　(c) 文献[36]方法

(d) 文献[37]方法　　　　　(e) 文献[38]方法　　　　　(f) 本节方法

图 6-10　本节方法和不同文献方法的雾天清晰化效果(建筑物)

2) 图像客观指标分析

(1) 无参考图像客观评价指标分析

针对图 6-8、图 6-9 和图 6-10,以及图像数据集中的另外 85 幅雾天图像(共 88 幅雾天图像),使用文献[35]方法、文献[36]方法、文献[37]方法、文献[38]方法和本节方法进行去雾处理,并对效果图进行对比与分析,得到 88 幅雾天图像清晰化结果的指标平均值(Aver)。无参考图像客观评价指标仍然选用亮度均值(Lum)、对比度(Con)、信息熵(Inf)和盲测评指标〔新见可见边指标(e)、均值梯度指标(r)和曝光像素点问题指标(η)〕。针对上述指标的分析与第3章一致,在此不做赘述。

表6-1所示为本节方法和不同文献方法的无参考图像客观评价指标结果。其中,文献[35]方法根据HSI色调空间,结合图像众数与图像连通机理设计天空区域自识别方法,针对这两个区域分别获取大气光值与透射率,再求取平均值,进而在RGB色调空间中结合大气散射物理模型的变形公式还原清晰化图像,但所获得的图像易出现类似版画的失真情况,但由于其所复原图像的细节、层次和边缘等信息被人为增强,因此,该方法的Inf、e和r指标较好。文献[37]方法通过分析图像像素的分布状况可避免白色背景的干扰,所求取的大气光值较为准确,但该方法对透射率的优化方式较粗糙,使得雾天图像清晰化效果存在一些不规则的噪声点,且该方法在通过大气散射模型的变形公式还原过程中,由于所获得的透射率不够精准,所获得的实验结果的Con、Inf、e和r指标较差。文献[36]方法将雾天环境捕获到的图像通过数学模型变换到HSI空间进行处理,将H变量设定为恒定值,完成S变量的拉伸变换处理与基于暗通道先验模型的I变量的优化,并结合像素级函数构造阈值模型将图像分为天空与非天空部分,分别计算并获取大气光值;针对透射率,其采用guide filter的方式完成优化,该方法所获得的清晰化图像仍然存在一定程度的晕轮效应和失真,因此,Con、e和η指标欠佳。文献[38]方法采用最小化暗通道值调节参数,并利用无监督的训练策略快速逼近暗通道值,该方法在大天空雾天图像参数学习过程中能够与大规模监督方法相适应,但却没有兼顾图像前景和背景的特点,容易导致图像模糊并在明亮区域出现伪影现象,因此,该方法所获得的Lum指标较好,但Inf、e和η指标不佳。本节方法采用灰度阈值分割结合循环四分图和Skyline方法获得精准的大气光值,该方法首先将雾天图像分为天空区域与非天空区域两个部分,进而采用循环四分图方法进一步在天空区域中定位大气光值所在的大致区间,再采用Skyline方法搜索Skyline点,将最大值设为大气光值,最后采用各向异性型高斯滤波方法优化透射率,其所获取的清晰化图像不仅可改善图像的亮度与对比度,而且能实现图像整体质量的提高,本节方法所获得的无参考图像客观评价指标结果均较好。

表6-1　本节方法和不同文献方法的无参考图像客观评价指标结果

方法	图像	Lum	Con	Inf	e	r	η
文献[35]方法	图6-8(b)	82.3	50.1	7.284 1	0.759 2	1.789 3	0.125 2
	图6-9(b)	59.8	49.5	7.209 6	0.739 2	1.412 3	0.139 8
	图6-10(b)	67.1	41.2	6.952 3	0.483 6	1.391 6	0.150 1
	Aver	65.2	45.8	7.109 6	0.621 5	1.538 2	0.136 2
文献[36]方法	图6-8(c)	**163.7**	29.8	6.218 9	0.458 6	1.301 4	0.276 2
	图6-9(c)	118.6	26.5	6.728 3	0.502 3	1.257 6	0.221 6
	图6-10(c)	103.7	25.3	6.509 2	0.510 9	1.309 1	0.218 6
	Aver	126.2	27.2	6.451 8	0.492 6	1.298 1	0.235 1
文献[37]方法	图6-8(d)	109.5	30.6	6.394 6	0.330 9	1.304 2	0.197 5
	图6-9(d)	86.4	31.9	6.625 3	0.352 1	1.297 8	0.163 9
	图6-10(d)	116.2	42.5	7.092 8	0.698 5	1.726 3	0.209 5
	Aver	95.3	36.9	6.821 5	0.451 2	1.569 3	0.193 8

方法	图像	Lum	Con	Inf	e	r	η
文献[38]方法	图 6-8(e)	152.0	52.3	7.359 8	0.779 3	1.706 8	0.159 6
	图 6-9(e)	52.8	30.6	6.856 9	0.633 1	1.315 2	0.193 6
	图 6-10(e)	82.3	31.8	6.753 1	0.598 7	1.298 3	0.212 3
	Aver	105.2	40.9	6.910 6	0.658 3	1.452 7	0.182 4
本节方法	图 6-8(f)	159.3	**55.8**	**7.394 5**	**0.786 5**	**1.818 7**	**0.079 8**
	图 6-9(f)	**152.8**	56.3	7.503 2	0.795 3	1.687 9	0.123 3
	图 6-10(f)	**138.2**	52.7	7.198 8	0.721 5	1.754 1	0.109 5
	Aver	**139.5**	51.2	7.251 8	0.753 1	1.729 3	0.115 2

（2）方法效率对比

本节方法与文献[35]方法、文献[36]方法、文献[37]方法和文献[38]方法进行对比。表 6-2 所示为本节方法和不同文献方法所用处理时间,以分辨率 600×800 的图像为例,本节方法所占用的处理时间为 1 363.5 ms,比文献[36]方法和文献[37]方法处理速度快;文献[35]根据 HSI 色调空间的图像连通区间设计了天空自识别方法,此方法的处理时间为 1 598.1 ms;文献[36]方法通过分析图像像素的分布状况可避免白色背景的干扰,此方法的处理时间为 1 338.3 ms;文献[37]方法将雾天环境捕获到的图像通过数学模型变换到 HSI 空间进行处理,此方法的处理时间为 1 286.2 ms;文献[38]方法采用最小化暗通道值调节该方法的参数,并利用无监督的训练策略快速逼近暗通道值,此方法的处理时间为 1 992.4 ms。

表 6-2　本节方法和不同文献方法所用处理时间　　　　（单位:ms）

分辨率	280×360	600×800	$980\times1\,260$
文献[35]方法	756.2	1 598.1	4 583.2
文献[36]方法	688.9	1 338.3	4 266.1
文献[37]方法	649.2	1 286.2	3 855.2
文献[38]方法	1 087.1	1 992.4	5 019.9
本节方法	708.3	1 363.5	3 897.8

6. 结论

本节首先采用阈值分割方法将雾天图像的背景与目标完成分离,获得天空区域,并利用循环四分图方法对天空区域进行分割,从背景中分离出包含大气光值 A 的大致区间,为进一步获得所要定位的大气光值 A 的区间,选用 Skyline 算法完成大气光值所在区间的搜索;其次采用各向异性型高斯滤波方法优化透射率,可改善清晰化图像的细节,抑制晕轮与过饱和效应,再利用色调映射方法调整清晰化图像效果,可提升图像亮度、对比度与清晰度,实现图像质量的改善。最后得到的图像不仅保存了图像中的大部分边缘与角点,而且具有较优的适应度和鲁棒性[39]。

6.2 基于天空区域阈值分割的去雾方法

1. 本节算法的整体设计思路

大气光值 A 是还原无雾图像的重要参量,大多数基于环境光模型的去雾算法对 A 值的处理不够精准。若取整幅图像的最大像素值,一些白色或偏白色的背景目标则被误取为 A 值。本节采用阈值分割结合二叉树模型选取 A 值,首先利用阈值分割搜索天空区域,定位 A 值区间;再采用二叉树模型对所得的天空区域分块,求取块的平均像素值,并比较其下大小,取平均像素值大的块做进一步分块比较,重复上述步骤至块中像素点数量小于给定的阈值 T;在锁定块的像素点群中定位 A 值,并采用改进的最小二乘方滤波对初始投射图 $t(x,y)$ 进行优化。该算法延续了最小二乘方滤波保持边缘能力强的优势的同时增强了去噪能力[40]。

本节算法的主要步骤如下。

(1) 对雾气图像进行阈值分割得到天空分区 s_1。

(2) 对天空区域 s_1 采用二叉树模型分割并求取灰度均值最大值区。

(3) 重复(2)直至区域 s_2 的像素个数小于给定的阈值 T。

(4) 将 s_2 的每个像素值与 255 对比,找到最接近的像素值即为 A 值。

(5) 应用暗通道先验模型确定暗通道图和初始透射图。

(6) 应用改进的最小二乘方滤波[12]优化透射图。

(7) 根据公式 $R(x,y)=\dfrac{F(x,y)-A}{\max(t_1(x,y),t_0)}+A$ 还原去雾图像。

2. 本节算法的具体实现

1) 阈值分割分区

将目标和背景分离开是阈值分割的目标,本节采用阈值分割的目的是将天空与其景物相分离[41,42]。阈值选取在阈值分割算法中往往占用大量处理时间,如大津法(OTSU)选取阈值的方式为

$$\mathrm{OTSU}=\max[w_0(t)\times(u_0(t)-u)^2+w_1(t)\times(u_1(t)-u)/2] \tag{6-15}$$

其中,t 为阈值,w_0 为背景在整幅灰度图像中所占比例,u_0 为背景灰度均值,w_1 为前景在整幅灰度图像中所占比例,u_1 为前景灰度均值,u 为整幅图像的灰度均值。

本节根据先验信息可知天空的像素值接近 255,因而手动选取阈值可节约处理时间。本节选取灰度阈值分割法,该方法是一种单阈值分割方法(只设一个阈值将图像分割为背景和目标两部分)。首先将图像转换为灰度图像,再利用每阶灰度出现的概率绘制直方图[43,44]。设原始图像为 $F(x,y)$,分割后的图像为 $F_1(x,y)$,T 为选取的阈值,则其基本式为

$$F_1(x,y)=\begin{cases}1, & F(x,y)\geqslant T \\ 0, & F(x,y)<T\end{cases} \tag{6-16}$$

对图 6-11(a)进行阈值分割,分别选取阈值 T 为 150、200、210。通过观察下图 6-11(b)~图 6-11(d)可知,算法可以将阈值设定为 210,找到天空区域 s 与原雾天图像进行对照,确定有雾图中的雾霾区域 s_1。

(a) 原始图像   (b) T=150

(c) T=200   (d) T=210

图 6-11 阈值分割图

2）二叉树模型确定大气光值 A

对阈值分割所得的天空区域 s_1 应用二叉树模型确定大气光值 A。将雾天图像中对应的 s_1 区域分割为面积相等的两部分，计算这两部分的灰度均值，并比较灰度均值的大小[44,45]。选取灰度均值大的部分 s_2 进一步分割，重复上述步骤，直到该部分的像素点 $a[mn]$ 个数小于给定的阈值 t。二叉树模型定位大气光值如图 6-12 所示。其中：

$$a[mn]=\begin{pmatrix} a_{00} & \cdots & a_{0n} \\ \vdots & & \vdots \\ a_{m0} & \cdots & a_{mn} \end{pmatrix}$$

将 a_{mn} 的值与 255 比较，差最小的 a_{mn} 即为本节选取的大气光值 A 。

(a) 有雾图   (b) 二叉树分割图

图 6-12 二叉树模型定位大气光值 A

3）改进的约束最小二乘方滤波优化透射比率

通过暗通道先验方法获取的图像，除天空以外的景物像素值至少有一个通道接近 0，进一步处理得到大气光值 A 和初始透射率，初始透射率中亮度值大的部分代表光线在此处透射率高[46]。但由于选用模块化处理以及原始投射图带来的深度断续问题[47,48]，采用 softmatting 优化初始透射率所用时间，占用该算法 70％以上的处理时间[49]。本节采用改进的最小二乘方（正则）滤波对透射率实现优化，传统的正则滤波对透射图边缘细节保持效果好，但其对噪声的处理效果不理想[50,51]。采用改进的约束最小二乘方滤波处理透射图，能在保持边缘细节的同时较好地处理噪声。

最小二乘方滤波的数学模型是基于图像退化复原模型的二维离散卷积[52,53]，改进的最小二乘方滤波引入约束条件进行推导[54,55]。式(6-17)展示了图像退化模型,其中 $f(x,y)$ 为给定图像,$n(x,y)$ 为相关噪声,$g(x,y)$ 为降质图像。

$$g(x,y) = H[f(x,y)] + n(x,y) \tag{6-17}$$

二维卷积的离散化模型如下:

$$h(x,y) * f(x,y) = 1/MN \sum_{m=0}^{M-1} \sum_{n=0}^{N-1} f(m,n)h(x-m,y-n) \tag{6-18}$$

改进的最小二乘方滤波给出了线性算子 B_1 和 B_2,并结合 $t(x,y)$ 构造优化后的透射比率 $t_1(x,y)$,为 $\|B_1 t(x,y)\|^2 + \|B_2 t(x,y)\|^2$,且满足约束条件 $\|g \cdot Ht(x,y)\|^2 = \|n\|^2$,利用上述两个条件选取拉格朗日因子 λ 构造函数[56,57],并实现求解最小值的问题。

$$J(t_1(x,y)) = \|B_1 t(x,y)\|^2 + \|B_2 t(x,y)\|^2 + \lambda(\|g \cdot Ht(x,y)\|^2 \cdot \|n\|^2) \tag{6-19}$$

$J(t_1(x,y))$ 对 $t(x,y)$ 的最小值采用微分算子求取:

$$\frac{\partial J(t_1(x,y))}{\partial t_1(x,y)} = 2B_1^T B_1 t(x,y) + 2B_2^T B_2 t(x,y) \cdot 2\lambda H^T g + 2\lambda H^T t(x,y) = 0 \tag{6-20}$$

$$\partial t_1(x,y) = \left(H^T H + \frac{1}{\lambda} B_1^T B_1 + \frac{1}{\lambda} B_2^T B_2\right)^{-1} H^T g \tag{6-21}$$

令 $R_{t_1(x,y)}$ 和 R_n 为 $t_1(x,y)$ 和 n 的自相关矩阵,则定义

$$B_1^T B_1 = R_{t(x,y)} R_n, \qquad B_2^T B_2 = C^T C,$$

$$t_1(x,y) = \left(H^T H + \frac{1}{\lambda} R_{t_1(x,y)}^{-1} R_n + \frac{1}{\lambda} C^T C\right)^{-1} H^T g \tag{6-22}$$

设定对角矩阵 D、A、B、E,则:

$$H = WDW^{-1}, \quad R_{t_1(x,y)} = WAW^{-1}, \quad R_n = WBW^{-1}, \quad C = WEW^{-1}$$

$$t_1(x,y) = \left(WD \times DW^{-1} + \frac{1}{\lambda} WA^{-1}BW^{-1} + \frac{1}{\lambda} WE \times EW\right)^{-1} WD \times W^{-1} g \tag{6-23}$$

透射到频域,式(6-23)化为

$$T_1(u,v) = \left[\frac{H^*(u,v)}{|H(u,v)|^2 + 1/\lambda[S_n(u,v)/S_{t_1(x,y)}(u,v) + 1/\lambda[P(u,v)]^2]}\right] T(u,v) \tag{6-24}$$

图 6-13 展示了初始透射图和利用本节方法处理后的透射图,可以看出,本节方法所得透射图较贴近现实[58,59]。

(a) 原始图像

(b) 暗通道图

(c) 有雾透射图

(d) 本节方法透射图

图 6-13　透射图

3. 有雾图像清晰化

本节通过阈值分割先确定天空区域,再应用二叉树模型较精准地确定大气光值 A,对初始透射率 $t(x,y)$ 采用改进的约束最小二乘方滤波优化得到 $t_1(x,y)$。应用式(6-25)对雾气图像还原,为避免求得的透射率 $t_1(x,y)$ 值过小(接近于零)导致去雾图像像素值被过度放大[60-62],使 $R(x,y)$ 产生很大的类似噪声干扰的问题,取 t_0 为透射率的下限值。

$$R(x,y) = \frac{F(x,y) - A}{\max(t_1(x,y), t_0)} + A \tag{6-25}$$

4. 实验比较与分析

采用 Windows XP 的操作系统,Inter corei7-990X CPU 5 GHz 的配置,在 4 GB 内存的操作平台上运行 Visual Studio 2012,加入 OpenCV2.4.5 实现本节方法。结果说明,本节方法提高了去雾图像的质量,节约了处理时间,提高了程序的运行效率[63,64]。

1)去雾图像效果对比

本节选取大量测试图像对本节方法进行测试,并与文献[65]方法和文献[66]方法进行比较,如图 6-14、图 6-15、图 6-16 所示,图像质量得到提升,并与无雾图像的效果接近。

(a) 原降质图像

(b) 文献[65]方法

(c) 文献[66]方法

(d) 本节方法

图 6-14 本节方法和其他文献方法降质图像复原(林木)

(a) 原降质图像

(b) 文献[65]方法

(c) 文献[66]方法

(d) 本节方法

图 6-15 本节方法和其他文献方法降质图像复原(建筑物)

(a) 原降质图像　　　　　　　　(b) 文献[65]方法

(c) 文献[66]方法　　　　　　　　(d) 本节方法

图 6-16　本节方法和其他文献方法降质图像复原(亭台)

2）评价指标对比

表 6-3 针对图 6-15、图 6-16 中的图像从平均梯度、信息熵和视觉信息保真度三个指标进行衡量。平均梯度指标中,文献[66]方法均优于文献[65]方法和本节方法。信息熵指标中,本节方法略优于文献[66]方法,优于文献[65]方法。视觉保真度指标中,本节方法优于文献[66]方法和文献[65]方法。对不同分辨率的图像,给出了处理时间的测量值。根据表 6-3 中数据可以得出,本节方法在图像的处理质量上有了提高,具有一定的鲁棒性。

表 6-3　几种算法指标值

类别	编号	平均梯度	信息熵	视觉保真度
雾天图像	图 6-14(a)	6.321 3	7.352 8	-
	图 6-15(a)	5.062 7	7.560 2	-
	图 6-16(a)	8.320 8	6.892 5	-
文献[65]方法	图 6-14(b)	8.829 5	7.420 5	2.031 5
	图 6-15(b)	5.052 3	6.568 3	1.301 5
	图 6-16(b)	9.012 9	6.967 8	1.603 6
文献[66]方法	图 6-14(c)	**12.052 8**	7.689 2	2.865 4
	图 6-15(c)	**10.682 6**	**7.856 3**	1.568 2
	图 6-16(c)	**15.628 3**	7.125 5	1.909 8
本节方法	图 6-14(d)	10.089 2	**7.862 8**	**3.210 5**
	图 6-15(d)	9.863 5	7.756 8	**2.156 7**
	图 6-16(d)	13.285 4	**7.368 2**	**3.098 2**

3）运算效率对照

以分辨率为 $600×800$ 的图像为例,文献[65]方法的处理时间为 19 560 ms,消耗在软抠图上计算透射率的时间为 14 083 ms,占用了该算法的大部分处理时间;本节方法的处理时间为 1 217 ms,处理速度较快,文献[66]方法处理相同大小的图片,耗时 1 105 ms,但处理效果不自然。表 6-4 中针对不同分辨率的图像,给出了文献[65]方法本节方法处理时间的测量值,可以得出,本节方法不仅在图像的处理质量上有了提高,还大量缩短了处理时间。

表 6-4 文献[65]方法和本节方法处理时间的测量值

图像编号	图像大小	处理效率对照		
		文献[65]方法 /ms	本节方法/ms	比率
1	280×320	5 663	314.61	18
2	300×450	8 960	500.83	17.89
3	350×550	9 980	560.05	17.81
4	400×600	14 560	821.67	17.72
5	455×670	16 898	981.87	17.21
6	500×800	18 312	1 057.27	17.32
7	620×850	20 158	1 201.30	16.78
8	1280×960	25 332	1 597.20	15.86

5. 结论

本节对环境光物理模型的未知参量大气光值 A 和透射率 $t(x,y)$ 的估计进行了创新。针对大气光值 A 的求取,首先采用阈值分割确定天空的大致范围,进而对该区域采用二叉树模型定位 A 值。对透射率则采用改进的约束最小二乘方滤波代替文献[65]方法中的软抠图。与文献[65]方法相比,本节方法大量缩短了处理时间,并得到了较好的去雾处理效果。

6.3 基于视觉感知的快速雾天图像清晰度复原方法

1. 引言

智能视觉图像处理系统被广泛地运用于视频监测、智能化驾驶与城市交通等领域[67,68]。但雾天状态下获取的图像往往严重降质,清晰度和对比度差,并很难避免失真和色偏等状况,对智能视觉图像处理系统的户外应用产生不利影响[69-71]。因此,本节给出一种适用于大多数实际图像应用设备,并具有显著运用价值的图像处理技术[72,73]。

本节提出了基于一种大气光学物理模型的新型去雾方法,包含两个板块:在第一个板块中,采用阈值分割结合二叉树分割的方法得到大气光值,该方法可提高在大气光学物理模型中求取参数的精准度;在第二个板块中,利用自适应各向异性型高斯滤波和色调调整处理透射率,本节方法的效率高,图像去雾效果好,和现有的主流去雾方法相比,本节方法能够得到更优质的视觉效果和颜色保真度。

2. 阈值分割获取大气光值 A

在很多去雾算法中,对大气光值 A 的估计往往很难避免强视觉区域带来的镜面反射作用[74,75]。例如,反射物常被错误地应用在估测大气光值 A 中。He[46] 采用整幅图像中最大像素值的 1% 作为大气光值 A,但该方法得到的 A 值精准度低。本节采用阈值分割获取大气光值 A 的大致区域,进而通过二叉树方法获得大气光值 A 的精确值。此外,本节方法的效率也可通过自适应维纳滤波和图像形态学方法估计。

1) 锁定天空区域

阈值分割[12]方法的目标是把前景从背景中分离,从而得到大气光值的大致区域,因而阈值分割方法的重要步骤即阈值的选择。从先验信息可得,天空模块的像素结果逼近 210,因而本节采用简单阈值分割方法不仅能节约处理时间,还能够避免大部分阈值分割策略中常见的处理效率问题。本节采用灰度阈值分割策略,即采用给定阈值把图像分割为前景与背景两个板块:先将图像转化为灰度图像,再利用单个灰度级产生的概率制作直方图[76,77]。将初始图像设定为 $V(x,y)$,分割图像设定为 $V_1(x,y)$,T 为设置阈值,基本计算式可表达如下:

$$V_1(x,y)=\begin{cases} 1, & V(x,y)\geqslant T \\ 0, & V_1(x,y)<T \end{cases} \tag{6-26}$$

设置阈值为 150、200 和 210 时的阈值分割模型如图 6-17 所示,可将天空部分 s 和前景完成分离。

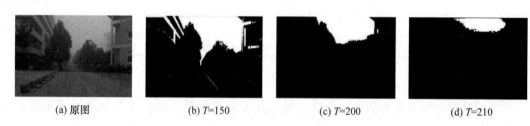

(a) 原图　　　　　(b) T=150　　　　　(c) T=200　　　　　(d) T=210

图 6-17　阈值分割模型

2) 精准地估测大气光值 A

为精准地获取大气光值 A,本节进一步采用二叉树模型进行分割,该方法的基本操作是将天空区域 s_1 分割为两个相等的部分,设定为 s_{21} 和 s_{22},测算这两个部分的灰度平均值并进行对比,将灰度平均值较大的部分设定为 $\bar{s}_{21}$,另一个部分则设定为 $\bar{s}_{22}$;选择区域 s_{21} 进一步采用相同的过程分割为两个子部分。对比最大灰度平均值 $\bar{s}_{n1}$ 和 255 的差值 d,重复上述步骤,直到 d 值小于给定的阈值 t,此时的 $\bar{s}_{n1}$ 即为大气光值。图 6-18 所示为二叉树分割示例。

$$d=|255-\bar{s}_{n1}| \tag{6-27}$$

$$\begin{cases} A=\bar{s}_{n1}, & d<t \\ A\neq \bar{s}_{n1}, & d\geqslant t \end{cases} \tag{6-28}$$

(a) 原图　　　　　　　　　(b) 二叉树分割

图 6-18　二叉树分割示例

3. 各向异性型高斯滤波优化大气光值 *A*

随着景物和观测者间的距离不断增加,大气光值 A 对图像的影响也随之增加,从人眼视觉的角度来说,表现为图像随雾气浓度增加而亮度增大[78,79]。结合上述雾天图像的先验知识与大气光值 A,代入式(6-29)所示的数学模型,则能完成 $t(x,y)$ 的粗估计。由于透射率 $t(x,y)$ 随景深的变化而迅速变化,并在边缘处迅速变化,因而,在后续的去雾过程中边缘处易出现晕轮效应。对此,He[46]采用软抠图算法结合大型矩阵处理透射率,但整个处理过程开销大并且消耗大量处理时间。本节采用各向异性型高斯滤波算法结合色调调整方法优化透射率。

1) 原始透射率求解

大气光值 A 与 $V(x,y)$ 和 $R(x,y)$ 具有几何相关性,透射率 $t(x,y)$ 代表两条矢量线的比率。

$$t(x,y)=\frac{\parallel A-V(x,y)\parallel}{\parallel A-R(x,y)\parallel}=\frac{A^C-V(x,y)}{A^C-R(x,y)},\quad C\in[R,G,B] \tag{6-29}$$

暗通道先验(DCP)的提出基于对大量户外无雾图像的持续观察,发现三组颜色通道中存在至少一组的颜色通道像素值极低。基于 DCP 的定义,本节假定 $R(x,y)$ 是不包含天空区域的无雾图像,因而其暗通道像素值很低并接近于 0。

$$R^{\mathrm{dark}}(x,y)\rightarrow0 \tag{6-30}$$

研究表明,图像中呈现出暗通道像素值低的现象主要包括以下三点:阴影(如城市中建筑物或移动车辆的影像)、彩色目标或目标物表面(如绿色植物、红色、黄色或者蓝色目标物)、暗景物[80,81]。

假定大气光值 A^C 的三通道已经给定,通过变量 A^C 得到

$$\frac{V^C(x,y)}{A^C}=t(x,y)\frac{R^C(x,y)}{A^C}+1-t(x,y) \tag{6-31}$$

由于像素的各个颜色通道是相互独立的,因而假定透射率在 $\Omega(x,y)$ 区间内保持不变,将透射率表述为 $t(x,y)$,对暗通道等式两端进行计算。

$$\min_{Z\in\Omega(x,y)}\left(\min_{C\in[R,G,B]}\left(\frac{V^C(x,y)}{A^C}\right)\right)=t(x,y)\min_{Z\in\Omega(x,y)}\left(\min_{C\in[R,G,B]}\left(\frac{R^C(x,y)}{A^C}\right)\right)+1-t(x,y) \tag{6-32}$$

由于 A^C 值为正,且清晰化图像 $R(x,y)$ 的暗通道为 0,可得

$$R^{\mathrm{dark}}(x,y)=\min_{C\in[R,G,B]}\left(\min_{Z\in\Omega(x,y)}\left(\frac{R^C(x,y)}{A^C}\right)\right)=0 \tag{6-33}$$

由此,结合式(6-30)和式(6-31),消除其中的一项,透射率 $t(x,y)$ 可以表述为

$$t(x,y)=1-\min_{Z\in\Omega(x,y)}\left(\min_{C\in[R,G,B]}\left(\frac{V^C(x,y)}{A^C}\right)\right) \tag{6-34}$$

为使去雾效果更加自然并且在景深变化处保留好的效果,本节对远距离目标保留了少量雾气[82],对式(6-34)引入 w_0 参数进行修正,并将 w_0 参量设置为 0.95,由此可得

$$t(x,y)=1-w_0\min_{Z\in\Omega(x,y)}\left(\min_{C\in[R,G,B]}\left(\frac{V^C(x,y)}{A^C}\right)\right),\quad 0\leqslant w_0\leqslant1 \tag{6-35}$$

采用软抠图方法得到优化之后的透射率 $t_1(x,y)$:

$$(L+\lambda U)t(x,y)=\lambda t_1(x,y) \tag{6-36}$$

U 和 L 是具有相同大小的矩阵,λ 是修正项。

2）各向异性型高斯滤波算法数学模型

双边滤波与基于各向异性的高斯滤波都能保持图像中的边缘与角点[83]。双边滤波装置需完成加权与均值运算，算法所占用的处理资源过多，算法的处理效率较低。而各向异性型高斯滤波存在较好的适应性和鲁棒性，并可保留大量角点与边缘。

传统的高斯滤波模板将原点视为核心，并对 xy 平面完成投影，其投影为圆，令 σ 为尺度，θ 为方向。传统高斯滤波的数学模型可表示为

$$G(x,y,\delta)=\frac{1}{2\pi\delta^2}\exp\left(-\frac{1}{2}\left(\frac{x^2+y^2}{\delta^2}\right)\right) \tag{6-37}$$

针对 x、y 设置不同的比值，可得各向异性型高斯滤波的数学模型，投影在坐标平面上形成一个椭圆：

$$G(x,y,\delta_x,\delta_y)=\frac{1}{2\pi\delta_x\delta_y}\exp\left(-\frac{1}{2}\left(\frac{x^2}{\delta_x^2}+\frac{y^2}{\delta_y^2}\right)\right) \tag{6-38}$$

椭圆以原点为中心顺时针旋转 θ 角，可将图像从时域转换到频域之上，其坐标转换模式为

$$\begin{bmatrix}u\\v\end{bmatrix}=\begin{bmatrix}\cos\theta & \sin\theta\\-\sin\theta & \cos\theta\end{bmatrix}\begin{bmatrix}x\\y\end{bmatrix} \tag{6-39}$$

将式（6-39）代入式（6-38）完成 θ 角旋转，则各向异性型高斯滤波算子为

$$G(x,y,\delta_x,\delta_y)=\frac{1}{2\pi\delta_x\delta_y}\exp\left\{-\frac{1}{2}\left[\frac{(x\cos\theta+y\sin\theta)^2}{\delta_u^2}+\frac{(-x\sin\theta+y\cos\theta)^2}{\delta_v^2}\right]\right\} \tag{6-40}$$

图 6-19 所示为高斯滤波模型。

(a) 高斯滤波器 (b) 各向异性型高斯滤波器 (c) 旋转之后的滤波器

图 6-19 高斯滤波模型

针对图像的各个板块，各向异性型高斯滤波利用确定比值的尺度因子 δ 与方向因子 θ，当边缘和短轴一致时，图像被模糊的状态趋向于极大值，因而滤波尺度与方向需要依据图像的不同特征而改变。

3）自适应各向异性型高斯滤波优化透射率

本节利用自适应各向异性型高斯滤波处理优化透射率时，可在完成平滑图像操作的同时，有效地保留边缘细节。图 6-19(c) 中的长轴尺度 δ_u 可利用式（6-41）确定。

$$\delta_u^2(x,y)=1/t_1(x,y) \tag{6-41}$$

其中，x 与 y 是雾天图像中某点像素值的横纵坐标，$t_1(x,y)$ 为透射图的灰度值，按灰度级压缩在 0 与 1 间。

本节利用下述规则判定短轴尺寸 δ_v，平滑区域的短轴、长轴比值趋近于 1；而边缘区域的短轴、长轴比值趋近于 0。因而，效果图的平滑度为获取比值的关键点，式（6-42）给出的灰度方差能够表现透射图的平滑程度。

$$\mathrm{DC} = 1/MN \sum_{i=1}^{M} \sum_{j=1}^{N} (t_1(i,j) - \bar{t}_1(i,j))^2 \tag{6-42}$$

其中,$M \times N$ 是选择的小区域区间;$\bar{t}_1(i_0,j_0)$ 是该区间的灰度均值,因而 $\bar{t}_1(i_0,j_0)$ 与 $t(i_0,j_0)$ 可在 0 和 255 间求取。DC 为小区域间方差。由式(6-43)可获取短轴和长轴间的比值 R:

$$R = K + \mathrm{DC} \tag{6-43}$$

在式(6-43)中,设定 K 为比例参数。则短轴尺寸 δ_v 可表达为

$$\delta_v = R \cdot \delta_u \tag{6-44}$$

自适应高斯型滤波需判定方向 θ 与比值 K 的关系,即通过转换获取方向角度 θ 的垂直角 $\theta^{\perp}$。利用 Guass 函数获取水平与垂直方向上的导数并和雾天图像完成卷积,得到雾天图像位于 (x,y) 点的垂直梯度角 $\theta^{\perp}$:

$$E_x = \frac{\partial G(x,y,\delta)}{\partial x} * t_1(x,y) \tag{6-45}$$

$$E_y = \frac{\partial G(x,y,\delta)}{\partial y} * t_1(x,y) \tag{6-46}$$

$$\theta^{\perp}(x,y) = \arctan[E_y(x,y)/E_x(x,y)] \tag{6-47}$$

而方向角 θ 和垂直角 $\theta^{\perp}$ 间可形成式(6-48)给定的关联:

$$\theta = \theta^{\perp} + 90 \tag{6-48}$$

把式(6-48)代入式(6-38),可获得式(6-49):

$$G(x,y,\delta_u,\delta_v,\theta^{\perp}) = \frac{1}{2\pi\delta_u\delta_v}\exp\left\{-\frac{1}{2}\left[\frac{(x\cos\theta^{\perp} + y\sin\theta^{\perp})^2}{\delta_u^2} + \frac{(-x\sin\theta^{\perp} - y\cos\theta^{\perp})^2}{\delta_v^2}\right]\right\} \tag{6-49}$$

δ_u、δ_v 和垂直梯度角度 $\theta^{\perp}$ 能够通过上式取到。通过反复实验可知,若 K 值设定为 20,则自适应各向异性型高斯滤波能够对透射率的处理效果实现最优,获得最优解的透射率 $t_1(x,y)$。图 6-20 和图 6-21 为本节方法处理透射率的中间过程。

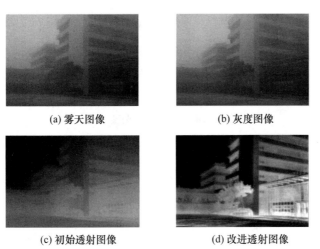

(a) 雾天图像　　　　　　　　(b) 灰度图像

(c) 初始透射图像　　　　　　(d) 改进透射图像

图 6-20　透射率(综合楼场地)

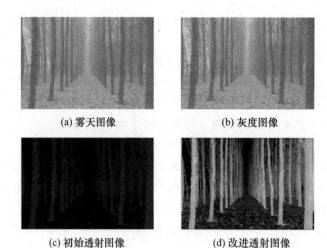

(a) 雾天图像   (b) 灰度图像

(c) 初始透射图像   (d) 改进透射图像

图 6-21   透射率(林木)

4) 清晰化图像复原

在大气光值 A 与透射率已知的情况下,无雾图 $R(x,y)$ 能够利用式(6-50)求取。

$$R^C(x,y)=\frac{V^C(x,y)-A^C}{\max\{t_1(x,y),t_0\}}+A^C \tag{6-50}$$

其中,t_0 为下限值,本节利用经验结果将其设置为 0.1。

5) 实验结果的色调调整

在雾气环境下,由于大气光的存在和影响,雾天拍摄的图像整体色彩往往趋近于灰白色;此外,和实际状态下的结果对比,雾天图像像素值往往更高,因而通过去雾清晰化操作后的效果图,其整体亮度不高,如图 6-22(b)所示。对实验所得的结果图像完成色调调整可使处理后的图像的色度与对比度更加接近真实结果。

(a) 原图   (b) 色调调整后图像

图 6-22   色调调整

色调调整常常应用于高动态图像处理[84],该方法首先将高动态图像进行压缩,使之可在低动态的显示屏幕上展现出来。本节应用 Drago 对数方法完成色调调整,可提高整体图像的亮度、细节完整度和对比度。在该方法中,映射关系能够展现显示器亮度和场景亮度的关系。

$$L_d=\frac{L_{dmax}\times 0.01}{\lg(L_{wmax}+1)}\cdot\frac{\ln(L_w+1)}{\ln\left\{2+\left[\left(\frac{L_w}{L_{wmax}}\right)^{\frac{\ln b}{\ln 0.5}}\right]\times 8\right\}} \tag{6-51}$$

其中,L_d 为显示器亮度,L_{dmax} 则为显示器的最大亮度,设定 L_{dmax} 为 100。参量 b 的设定能够体现亮度高区域像素值的压缩度与该区域细节的可见度。b 越大,压缩亮度的情况越严重。本节根据清晰化处理后的去雾效果较暗的状况,在尽可能避免细节丢失的情况下,提升结果图暗区域亮度与对比度。反复实验的结果可知,b 的区间介于 1.3 到 1.6 间,处理之后的效果达到最佳。根据图 6-22 可得,单纯利用算法处理后的结果图整体亮度不高,完成色调调整后,图像亮度值增大,其细节区间更加突出,和真实环境下的无雾清晰化图像效果接近。

4. 实验结果对比和分析

本节设置了大量实验验证本节方法的有效性。本节方法和对比方法均在 MATLAB 2012a 软件上验证。该软件在奔腾(R)D,E6700 GHz,CPU 8 GB 的电脑上搭建实验环境,其中文献[85]方法、文献[86]方法、文献[87]方法基于物理模型,文献[88]方法是增强型算法。上述方法均有好的去雾效果,本节实验主要通过对比本节方法和以上方法的去雾效果完成。

本节创建图像数据集,其中包括 512 幅通过网络下载和设备采集的方法得到的户外图像,包含了丰富的场景,如建筑、树、湖等的远景和近景。

1) 主观视觉评价

本节选取测试集中不同的雾天图像并将其运用在实验中。其中,雾天图像场景包括亭台(分辨率:320×480)、树木(分辨率:420×550)、建筑物(分辨率:550×620)。图 6-23～图 6-25 展现了本节方法和文献方法的对比。

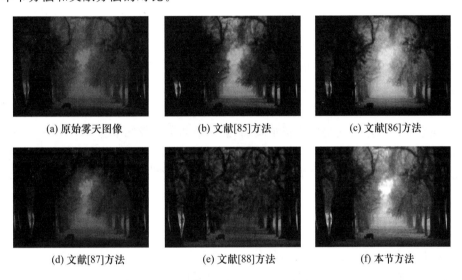

| (a) 原始雾天图像 | (b) 文献[85]方法 | (c) 文献[86]方法 |

| (d) 文献[87]方法 | (e) 文献[88]方法 | (f) 本节方法 |

图 6-23　本节方法和文献方法的对比(树木)

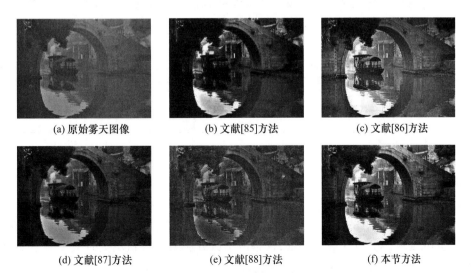

| (a) 原始雾天图像 | (b) 文献[85]方法 | (c) 文献[86]方法 |

| (d) 文献[87]方法 | (e) 文献[88]方法 | (f) 本节方法 |

图 6-24　本节方法和文献方法的对比(亭台)

(a) 原始雾天图像　　　　　(b) 文献[85]方法　　　　　(c) 文献[86]方法

(d) 文献[87]方法　　　　　(e) 文献[88]方法　　　　　(f) 本节方法

图 6-25　本节方法和文献方法的对比(建筑物)

　　文献[85]方法的去雾图像效果较暗,并存在不同程度的图像噪声;文献[86]方法结果泛白,存在光晕状况;文献[87]方法处理后的图像边缘细节模糊,局部降质状况严重,出现上述问题的原因是获得的透射率不够准确,从而在很大程度上扩大了图像噪声和颜色饱和度;而通过文献[88]方法处理,色偏现象在天空和非天空交界处产生;本节方法处理后的图像前景颜色鲜亮,保留了很小比例的雾气使得图像更加真实,同时强调了图像细节。

　　2) 客观评价

　　本节采用信息熵[16]完成对本节方法和其他 4 种方法的评价,该指标可以用以下的式子给出:

$$\text{IIE} = -\sum_{w=0}^{I-1} \frac{F_w}{M \times N} \lg \frac{F_w}{M \times N} \tag{6-52}$$

通常而言,图像的信息熵表示一副图像的信息丰富程度,IIE 结果越大,去雾后的效果越饱和清晰。由表 6-5 和图 6-26 可知,本节方法的 IIE 效果优于其他 4 种方法,这是由于本节方法对应天空区域的过饱和程度低,并且没有产生太多不需要的信息。从表 6-5 中可知,和其他 4 种方法相比,本节方法得到较好的 IIE 指标,能够保留清晰的边缘细节和较高的对比度。

表 6-5　各方法信息熵对比

信息熵	雾天图像	文献[85]方法	文献[86]方法	文献[87]方法	文献[88]方法	本节方法
图 6-23	7.09	7.35	7.25	7.19	7.56	7.69
图 6-24	7.23	7.49	7.78	7.32	7.81	8.01
图 6-25	6.93	7.03	7.13	7.23	7.42	7.59

　　3) 时间复杂度

　　为了检验本节方法在处理时间上的优越性,本节采用多种尺寸的图像进行实验。本节方法与文献[85]方法、文献[86]方法、文献[87]方法、文献[88]方法相比,速率较快,能够满足应用需求。其中,文献[85]方法效率很低,这是由于该方法采用软抠图处理大型稀疏矩阵,会占用大量计算资源;而文献[88]采用 ICA 方法,该方法执行效率高。

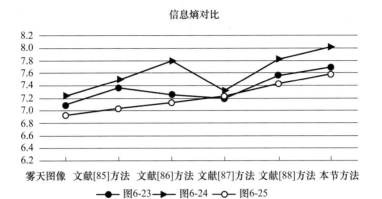

图 6-26 各方法信息熵对比

表 6-6 各方法效率对比

分辨率	文献[85]方法/ms	文献[86]方法/ms	文献[87]方法/ms	文献[88]方法/ms	本节方法/ms
320×480	15 312	2 958	2 548	1 031	1 095
420×550	17 263	3 126	2 837	1 153	1 209
550×620	20 642	3 576	3 352	1 329	1 311

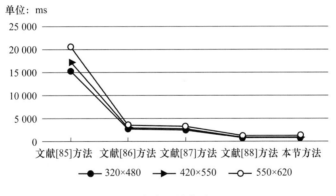

图 6-27 各方法效率对比

5. 结论

本节基于大气光学物理模型对未知参量包括大气光值 A 和透射率 $t(x,y)$ 进行估计,通过阈值分割方法得到天空区域,进而采用二叉树方法搜索该区域得到较为精准的大气光值,采用自适应高斯型滤波取代软抠图处理透射率。与文献[85]方法、文献[86]方法、文献[87]方法、文献[88]方法相比,使用本节方法处理的图像更加清晰、自然、有效,但结果存在很小的图像噪声和色偏现象。本节方法尤其适用于天空区域较大的图像。

6.4 基于暗原色先验的改进图像去雾方法

1. 引言

由于对暗通道图像进行最小值滤波时选取的窗口大小会影响去雾效果,因此恢复的图像的边缘区域(景深跳变比较大)会产生光晕[89-91],且光晕随窗口的增大而增加。为了解决图像边缘跳变区域的光晕现象,用改进的中值滤波代替最小值滤波,这样还避免了使用软抠图的方法,使得算法复杂度大大降低,运算时间也大大减少[92,93];为了解决明亮区域(如天空)的有雾图像带来的颜色失真问题,通过简单的阈值分割方法分割出这些明亮区域,然后对明亮区域的透射率重新修订,使得恢复的明亮区域图像颜色真实,较为清晰自然[94]。改进的暗原色先验去雾算法流程图如图 6-28 所示。

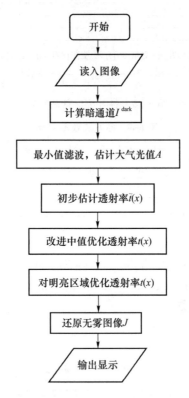

图 6-28　改进的暗原色先验去雾算法流程图

2. 改进的中值滤波

暗原色先验去雾算法通过最小值滤波求得透射率,但最小值滤波对图像的边缘维持的不好,导致后期恢复出的无雾图像有光晕效应,所以最后利用复杂度较高的软抠图算法去除,增加了算法的复杂度和时间运算量。中值滤波属于非线性空域滤波方法,对灰度的跳跃起到一定的平滑作用[95,96],消除孤立的噪声点[97],通改进的中值滤波,基本上消除了在图像边缘处产生的残雾效果,同时提高了运算效率,降低了算法复杂度,提高了图像质量[98-100]。

对此进行中值滤波得到 $I_{\mathrm{med}}(x)$,将其代入式(6-48),求得透射率 $\tilde{t}(x)$,再根据大气散射物理模型还原出无雾图像。

$$I_{\mathrm{med}}(x) = \underset{y \in \Omega}{\mathrm{med}}\big[I^c(y)\big] \tag{6-53}$$

$$\tilde{t}(x) = 1 - \mu \frac{I_{\mathrm{med}}(x)}{A} \tag{6-54}$$

图 6-29 展示了基于暗原色最小值滤波和中值滤波的复原图像。图 6-29(a)为原有雾图像;图 6-29(b)为采用最小值滤波,且未用软抠图算法求得的无雾图像,可以看出图像的边缘处有残雾,并产生严重的光晕现象;图 6-29(c)为采用中值滤波求得的复原图像。

(a)   (b)   (c)

图 6-29　基于暗原色最小值滤波和中值滤波的复原图像

但是由于中值滤波的特点,在图像非边缘区域的像素点强度分布较为均匀,影响较小[101,102],特别是在景深发生跳变的区域,像素点强度分布不均,采用中值滤波与最小值滤波相比,处理后的结果值偏大,根据公式(6-54)推算,对应点处的透射率估计值偏小,导致恢复出的图像在边缘处偏暗、偏黑,图像质量差[103-105]。

针对恢复后图像边缘偏黑的问题,对公式做如下修正:

$$J^{\text{dark}_m}(x)=\begin{cases}\text{med}\{\min\limits_{y\in\varOmega(x)}[\min\limits_{C\in\{\text{R,G,B}\}}[J^C(y)]\}, & \text{med}\{\min\limits_{y\in\varOmega(x)}[\min\limits_{C\in\{\text{R,G,B}\}}[J^C(y)]\}\leqslant K\cdot J^{\text{dark}}(x)\\ \min\limits_{C\in\{\text{R,G,B}\}}[J^C(y)], & \text{med}\{\min\limits_{y\in\varOmega(x)}[\min\limits_{C\in\{\text{R,G,B}\}}[J^C(y)]\}> K\cdot J^{\text{dark}}(x)\end{cases} \tag{6-55}$$

其中,$K=1.1$。上式表示当判断像素点处在图像边缘区域时,暗原色值取中值,否则暗原色值直接为该位置像素点三通道的最小值[106]。

图 6-30 展示了中值滤波和改进中值滤波的图像去雾结果对比。图 6-30(a)为直接用中值滤波算法得到的去雾图像,特点是前景偏黑,如图像的边缘(绿叶部分)有黑斑、偏暗,图像视觉效果偏差;图 6-30(b)为改进中值滤波算法得到的去雾图像,恢复出的图像自然清新,视觉效果较好。图 6-30(c)为图 6-30(a)对应的透射率图,经过中值滤波后显得略粗糙,在图像的边缘处更加明显。图 6-30(d)为图 6-30(b)对应的透射率图,经过改进中值滤波后显得更加精细,在图像的边缘处更加准确。图 6-30(e)为图 6-30(a)中边缘细节的图,绿叶的边缘黑得较为明显。图 6-30(f)为图 6-30(b)的边缘细节图,绿叶的色彩较为自然。

3. 明亮区域判断

暗原色去雾算法针对明亮部分(常见的有天空、白云、路面、水面等)恢复出的无雾图像存在着一定的失真[107,108]。这些明亮区域本身偏白,暗原色失效,即式(6-33)不成立,那么根据暗原色求出的透射率就会偏小,并接近 0。由于式(6-33)不成立,那么式(6-33)中的第二项就不为 0,就会得到

$$t=\frac{1-\dfrac{\min\limits_{y\in\varOmega(x)}[\min\limits_{C\in\{\text{R,G,B}\}}[I^C(y)]\}}{A}}{1-\dfrac{\min\limits_{y\in\varOmega(x)}[\min\limits_{C\in\{\text{R,G,B}\}}[J^C(y)]\}}{A}} \tag{6-56}$$

因为明亮区域不存在暗通道,或者说暗通道值很高,所以分母不为 1 且小于 1,那么所求得的透射率就会偏小。由式(6-57)知,当该点像素值小于大气光值 A 时,分母小于 1,去雾后

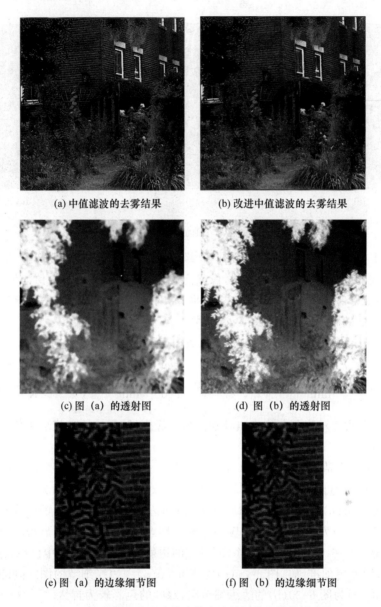

(a) 中值滤波的去雾结果　　　　　　(b) 改进中值滤波的去雾结果

(c) 图 (a) 的透射图　　　　　　　(d) 图 (b) 的透射图

(e) 图 (a) 的边缘细节图　　　　　　(f) 图 (b) 的边缘细节图

图 6-30　中值滤波和改进中值滤波的图像去雾结果对比

该点的像素值强度明显被降低,各通道的差异就会被错误地放大,使得恢复后的明亮区域颜色失真,变得昏暗,对比度大大降低。因此,对明亮区域的部分,需要进行透射率的改进。改进如下:

$$
t=\begin{cases}
1-\omega\dfrac{I_{\mathrm{dark}}}{A}, & |A-I_{\mathrm{dark}}|\geqslant D \\[3mm]
\dfrac{D}{|A-I^{j\mathrm{dark}}|}\left(1-\omega\dfrac{I_{\mathrm{dark}}}{A}\right), & |A-I_{\mathrm{dark}}|<D
\end{cases}
\tag{6-57}
$$

明亮区域的暗通道值普遍偏高,通过设定一个阈值 D,将每个像素点三通道的最小值(暗通道值)与所求得的大气光值 A 作差,若小于所设定的阈值 D,则为明亮区域(如天空部分),反之,则不是明亮区域。修正后的透射率值根据式(6-57)求出无雾图像。图 6-31 反映了明亮区域透射率修正前后的对比图,其中 $D=60$。

(a) 雾天图像　　　　　　(b) 未修正的透射图　　　　　(c) 修正后的透射图

(d) 未修正的去雾结果　　　　　　(e) 修正后的去雾结果

图 6-31　明亮区域透射率修正前后的对比图

由图 6-31 看出修正前的去雾结果里天空等明亮区域偏暗,且存在大面积的灰白区域,图像对比度效果不高;修正后的去雾结果图像显得更加自然真实、清晰明亮,对比度大大增强[109]。

4. 结论

本节对效果较为理想的暗原色先验去雾算法进行了仿真,给出了实验结果图,并分析了该算法的局限与缺点。主要针对算法耗时太长、复杂度较高和对天空等明亮区域暗原色理论失效这两方面问题,提出了暗原色先验的改进去雾算法;然后用改进的中值滤波代替耗时较多的软抠图算法,同时对明亮区域的透射率进行修正。实验结果证实了算法的有效性,获得了不错的清晰化效果。

6.5　基于雾气深度的图像去雾方法

1. 雾气深度的图像去雾算法

本节基于大气散射模型及暗原色原理,提出了一种较为新颖的方法,从获取雾天图像的亮度分量出发,结合场景深度,估计出雾气深度图,在此基础上求得的大气光值 A 更为准确;然后进行中值滤波,取得较为理想的透射率 $\tilde{t}(x)$,图像边缘得到一定的维持[110,111],最终获得良好的去雾效果。本节方法具有较低的时间复杂度,同时也取得了一定的去雾清晰效果。该算法的具体流程图如 6-32 所示。

1) 大气物理模型和暗原色先验原理

由 Narasimhan 提出的大气散射模型在计算机视觉和图像领域中得到了广泛的应用,该物理模型表示为

$$I(x) = J(x)t(x) + A(1 - t(x)) \tag{6-58}$$

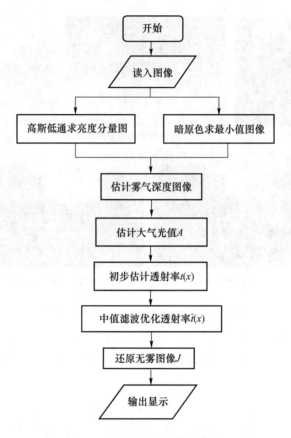

图 6-32   基于雾气深度的图像去雾算法流程

其中, $I(x)$ 为相机拍摄到的有雾图像, $J(x)$ 为自然的无雾图像, $t(x)$ 为场景透射率, 即场景的反射光到相机设备成像过程中没有被雾气颗粒散射的部分, A 为大气光照值。雾天图像的衰减主要由两部分组成: $J(x)t(x)$ 为直接衰减项, 即场景光经过雾天颗粒衰弱后被捕获的部分, $A(1-t(x))$ 为环境散射项, 即大气光照对成像过程的影响。透射率 $t(x)$ 可以表示为

$$t(x) = e^{-\beta d(x)} \tag{6-59}$$

其中, β 是大气散射系数, $d(x)$ 是场景深度。显然, 场景辐射度随着场景深度呈指数型衰减。图像去雾的目的就是由已知的有雾图像 $I(x)$ 准确地估计出 $t(x)$ 和 A 值, 才能正确复原出自然光彩的无雾图像 $J(x)$。

通过对户外无雾图片的统计观察发现暗原色先验原理: 在绝大多数非天空的局部区域里, 都存在一些至少有一个颜色通道的强度值很低的暗像素(dark pixels)。一幅图像的暗通道定义为

$$J^{\text{dark}}(x) = \min_{C \in \{R,G,B\}} \left\{ \min_{y \in \Omega(x)} [J^C(y)] \right\} \to 0 \tag{6-60}$$

其中, J^{dark} 是无雾图像 J 的暗通道, $\Omega(x)$ 是以像素点 x 为中心的局部邻域, J^C 是无雾图像 J 的 R、G、B 中的一个颜色通道。对于无雾图像 J 的非天空区域, J^{dark} 的值趋近于 0。

2) 初步估计透射率 $t(x)$

假设大气光值 A 已知, 且为常数, 对式(6-58)等号两边求最小值, 可得

$$\min_{y \in \Omega(x)} \left\{ \min_{C \in \{R,G,B\}} [I^C(y)] \right\} = \min_{y \in \Omega(x)} \left\{ \min_{C \in \{R,G,B\}} [J^C(y)] \right\} \cdot t + (1-t(x))A \tag{6-61}$$

将式(6-60)代入式(6-61), 发现式(6-61)中的第二项为 0, 可得

$$t(x) = 1 - \frac{\min\limits_{C \in \{R,G,B\}} \{\min\limits_{y \in \Omega(x)} [I^C(y)]\}}{A} \tag{6-62}$$

去雾后图像远端保留一点雾气,可使图像显得更加真实[112-114],因此在式(6-62)中引入常量系数 μ(0 $<\mu<$ 1),得式(6-63)。本节经过大量的雾天场景测试,最终选取 $\mu =$ 0.95[115,116]。

$$t(x) = 1 - \mu \frac{\min\limits_{C \in \{R,G,B\}} \{\min\limits_{y \in \Omega(x)} [I^C(y)]\}}{A} \tag{6-63}$$

3)基于雾气深度估计透射率 $\tilde{t}(x)$

利用初步求得的透射率,获得的无雾图像有明显的块效应,不能很好地保持图像边缘,在景深突变的地方容易产生伪影效应,最后采用软抠图的方法,虽然取得了一定的去雾效果,但是算法复杂度太高,耗时太多。后来,又采用了导向滤波的方法精细估计透射率,虽然降低了复杂度,但是与那些快速去雾处理算法相比,效率仍较低。本节提出一种较为新颖的方法估计雾气深度,能够合理地结合场景深度,通过雾气深度,经过中值滤波,取得较为理想的透射率 $\tilde{t}(x)$;图像得到平滑的同时,边缘细节得到了一定的保持,最后反演逆过程[117,118],获得无雾图像的最优估计值,实验结果表明本节方法去雾理想并取得不错的清晰效果。

处理的具体过程如下。

(1)在估计雾气深度图之前,对有雾图像进行高斯低通滤波,获取原图像的低频有效信息,即图像的亮度分量信息[119,120]。将输入图与高斯低通平滑函数进行卷积获得图像的亮度分量图[121]:

$$\tilde{L}(x,y) = I^C(x,y) * F(x,y) \tag{6-64}$$
$$F(x,y) = K e^{-(x^2+y^2)/\sigma^2} \tag{6-65}$$

其中,(x,y) 为像素点坐标,$F(x,y)$ 为高斯低通平滑函数,σ 为标准差,K 为归一化常数。本节采取的是 7×7 的窗口大小。

(2)对 R、G、B 三个通道的低频亮度信息 $\tilde{L}(x,y)$ 求平均,得 $\bar{L}(x,y)$。

(3)从平均亮度来看,无雾的场景亮度值较低,被雾气附着的场景,像素值普遍升高,亮度值也较高[122-124]。图像的平均亮度信息可以粗略地反映出雾气深度的大小。如果雾天图像的雾气分布不均匀,仅凭平均亮度就会错误估计,那么需要结合场景的深度信息来估计雾气深度 $I'(x,y)$。由暗原色先验知识可知,雾天图像的最小值图像包含了丰富的景深信息,并且可以用于粗略地估计雾气的浓度[125]。在此基础上,将平均亮度图归一化后与最小值图像相乘,从而估计出雾气深度图[126,127]。从一幅雾气图像来看,有雾气的地方,周围像素点的强度值都很高,相机接收到的场景辐射照度也会变大[128,129],平均亮度图不会很暗,最小值图像的值也很大,那么雾气最浓的点最后的亮度会更亮;从场景深度角度思考,到拍摄点距离越远(景深越大),最小值图像的值越大,若最后的亮度大,则说明图像远端的雾气越浓。为了使去雾后的视觉更加真实,符合人眼规律[130,131],加入调节参数 K,如式(6-66)和式(6-67)所示。

$$I'(x,y) = I_{\min}(x,y) \cdot \bar{L}(x,y) \cdot K \tag{6-66}$$
$$I_{\min}(x,y) = \min\limits_{C \in \{R,G,B\}} [I^C(x,y)] \tag{6-67}$$

其中,K 作为调节系数,经过大量的实验测试,选取 $K = 1.35$。

本节的雾气深度示意图如图 6-33 所示。图 6-33(a)为一幅带有明亮区域(天空)的有雾输入图。图 6-33(b)是通过对图像 6-33(a)求高斯低通滤波函数得到的亮度分量(低频信息)。

图 6-33(c)是图 6-33(a)的最小值图像(区域取 1×1),包含着一定的景深关系。图 6-33(d)是图 6-33(b)和图 6-33(c)线性融合出的雾气深度图。图 6-33(e)是加入调节参数 K 后的雾气深度图,与图 6-33(d)相比,估计得更加准确。图 6-33(f)为利用雾气深度图所复原出的最终无雾图像。

| (a) 原图像 | (b) 平均亮度图 | (c) 最小值图像 |
| (d) 雾气深度图(没有参数K) | (e) 雾气深度图(有参数K) | (f) 无雾图像 |

图 6-33 雾气深度示意图

对待估计的雾气深度图 $I'(x,y)$ 进行中值滤波得到 $I_{med}(x,y)$;将式(6-68)代入式(6-67)求得透射率 $\tilde{t}(x)$。

$$I_{med}(x,y) = \underset{(x,y)\in\Omega}{med}\left[I'(x,y)\right] \tag{6-68}$$

$$\tilde{t}(x) = 1 - \mu\frac{I_{med}(x)}{A} \tag{6-69}$$

$I_{med}(x,y)$ 是中值滤波后的图像,包含了原图像中丰富的纹理和边缘[132],在平滑的过程中对随机的噪声进行去除,还保留了一定的图像边缘特征[133,134],避免了暗通道最小值滤波带来的 halo 效应[135,136];用 $I_{med}(x)$ 求得的透射率,使图像大部分得到了平滑,场景深度渐变较大的地方也得到一定的保持;在得到一定处理效果的同时,和暗原色去雾方法相比,本节方法复杂度偏低,消耗时间较短,恢复的色彩也较好,复原图像具有良好的视觉效果[137]。

2. 估计大气光值 A

大气光值 A 的估计同样很重要。大气光值 A 的估计应该取雾气最浓的点,一般在图像的远端或者天空部分。对式(6-67)的分析可知,若 A 值估计得偏大,那么估计出来的透射率 $\tilde{t}(x)$ 偏大,导致图像去雾不干净,远端依然保持大量的雾气[138];若 A 值估计得过小,那么恢复近景的时候颜色会失真,亮度会偏暗。

通常在暗通道图上选取最亮的像素点的像素值或者取整幅图像前 5% 的最大像素的像素平均值作为 A 值。本节在粗略估计出的雾气深度图上,为了避免白色景物等的干扰,选取图像的前 1/5 行提取亮度最亮的点的坐标,将原雾图像中对应坐标的像素点的像素值(选取三个通道中的最大值)作为大气光值 A。该方法简单有效,能快速寻找到大气光值 A,同时能避免白色建筑物或者明亮景物的干扰,从而恢复无雾图像[139]。

图 6-34 所示为一幅分辨率为 600×525 的雾天图像,图像中圈出了大气光值 A 的位置。图 6-34 中包含了白色建筑物,下方圈出的中心位置坐标为(390,264),是利用暗通道选取最大值获得的,像素值为 230,估计出的 A 值偏大;左上角圈出的中心位置坐标为(0,0),是利用本节方法获得的,像素值为 192。本节方法有效地避免了白色景物的干扰,在雾气最浓的区域估计出 A 值,最后还原无雾图像。

图 6-34　估计大气光值 A

利用前面估计出的透射率 $\tilde{t}(x)$ 和大气光值 A,通过式(6-31)反解出无雾清晰图像,过程如下:

$$J(x) = \frac{I(x) - A}{\max\{\tilde{t}(x), t_0\}} + A \tag{6-70}$$

为了保证分母不为 0,设置透射率下限 $t_0 = 0.2$。如果透射率 $\tilde{t}(x)$ 趋近于 0,就会发生过去雾,恢复出的无雾图像会颜色失真。

3. 实验结果分析和客观评价

在配置为 Intel Core i5-3470 CPU 3.6 GHz,4 GB 内存的计算机上使用 vs2010 和 OpenCV 2.4.3 软件对本节方法进行了验证。文献[140]方法以及文献[141]方法都是目前图像复原中被引用较多的算法,MSRCR(Multi-Scale Retinex with Color Restoration)去雾算法[139]是目前流行的图像增强算法。所以,将本节方法同以上三种方法进行了比较,得出实验结果并给出了客观性的分析。

1) 主观评价

图 6-35～图 6-39 展示了几种去雾方法结果。从文献[140]方法的结果来看,图像上有些地方去雾不干净,图像的边缘部分、景深变化较大的区域存在很严重的伪影效应(图 6-38(c)近景中绿叶的边缘存在很严重的伪影效应)。从文献[141]方法的结果来看,该方法容易造成去雾过增强,引入一些图像噪声,对于近景的处理不好,使图像颜色明显失真,发生较为严重的色偏(图 6-36(b)中的建筑物过白),同时远景的雾去得不是很干净,导致恢复出来的图像效果欠佳(图 6-39(d)远端的雾气没有处理干净)。对于文献[139]方法的结果,参数的调整不当可能会使得处理后的图像偏暗一点(图 6-35(a)恢复的草堆亮度较暗,图 6-36(b)天空处理的不自然,呈现灰白色),对于远端的雾气处理的过少(图 6-37(c)中的房子没有显现出来)。本节方法还原的图像清晰度较高,图像边缘得到了一定的保持,没有发生过多的颜色失真,同时保留了一点雾气,使图像中的景物看上去真实,更具有层次感。

(a) 原图　　　(b) 文献[139]方法　　　(c) 文献[140]方法　　　(d) 文献[141]方法　　　(e) 本节方法

图 6-35　几种去雾方法结果比较（小麦）

(a) 原图　　　(b) 文献[139]方法　　　(c) 文献[140]方法　　　(d) 文献[141]方法　　　(e) 本节方法

图 6-36　几种去雾方法结果比较（建筑物）

(a) 原图　　　(b) 文献[139]方法　　　(c) 文献[140]方法　　　(d) 文献[141]方法　　　(e) 本节方法

图 6-37　几种去雾方法结果比较（房子）

(a) 原图　　　(b) 文献[139]方法　　　(c) 文献[140]方法　　　(d) 文献[141]方法　　　(e) 本节方法

图 6-38　几种去雾方法结果比较（林木）

(a) 原图　　　(b) 文献[139]方法　　　(c) 文献[140]方法　　　(d) 文献[141]方法　　　(e) 本节方法

图 6-39　几种去雾方法结果比较（街道）

2）客观评价

本节使用了平均梯度、信息熵以及峰值信噪比指标对以上四种去雾算法处理的小麦图像（图 6-35）进行了评价，如表 6-7～表 6-9 所示。平均梯度表示了图像的相对清晰度以及细节纹理反差特点,平均梯度越大,图像的层次感越强,图像也会越清晰;信息熵反映的是图像信息丰富的程度,信息熵越大,说明图像的信息量越大,图像的质感越好;峰值信噪比是使用最广泛的评价指标,反映不同图像之间的关联性,用来衡量图像的结构失真程度,其值越高说明两幅图像结构越相似,劣化的程度低且引入的噪声较少。

表 6-7 不同方法平均梯度比较

方法	平均梯度				
	图 6-35(a)	图 6-35(b)	图 6-35(c)	图 6-35(d)	图 6-35(e)
原图	0.021 4	0.018 1	0.034 3	0.032 3	0.022 6
文献[139]方法	0.036 9	0.026 6	0.037 2	0.021 8	0.037 2
文献[140]方法	**0.059 6**	**0.036 2**	**0.053 8**	**0.059 4**	**0.047 7**
文献[141]方法	0.028 1	0.021 4	0.036 5	0.034 4	0.034 0
本节方法	**0.039 5**	**0.029 7**	**0.044 9**	**0.039 7**	**0.041 1**

表 6-8 不同方法信息熵比较

方法	信息熵				
	图 6-35(a)	图 6-35(b)	图 6-35(c)	图 6-35(d)	图 6-35(e)
原图	7.215 7	7.193 5	7.483 4	7.418 2	7.342 0
文献[139]方法	6.917 2	6.770 3	7.447 0	7.344 0	7.543 0
文献[140]方法	**7.655 8**	**7.481 7**	**7.421 8**	**7.431 5**	**7.781 5**
文献[141]方法	7.241 9	7.469 2	7.612 0	7.548 6	7.632 7
本节方法	**7.505 2**	**7.402 1**	**7.107 9**	**7.146 6**	**7.624 7**

表 6-9 不同方法峰值信噪比比较

方法	峰值信噪比				
	图 6-35(a)	图 6-35(b)	图 6-35(c)	图 6-35(d)	图 6-35(e)
原图	-	-	-	-	-
文献[139]方法	63.493 2	58.317 9	61.480 7	62.595 5	59.783 4
文献[140]方法	63.320 4	63.011 8	62.783 9	62.748 7	**60.803 0**
文献[141]方法	**63.975 1**	62.315 0	**66.587 0**	63.785 4	57.504 6
本节方法	63.547 7	**65.802 8**	64.615 1	63.710 1	60.006 5

从表 6-7～表 6-9 中看出,与文献[139]方法、文献[140]方法相比,本节方法在一定程度上改善了雾天的图像对比度及清晰度;文献[141]方法在处理雾气较浓的图像时,信息熵偏低,导致图像处理边缘区域不自然,效果不好;文献[141]方法的平均梯度和信息熵普遍较高,但是它的峰值信噪比较低,这是由于这种图像增强算法会过增强,带来冗余噪声,有时还会引起色偏。本节方法和文献[139]方法相比,平均梯度较高,信息熵与文献[139]方法相接近,峰值信噪比较高,最大化地减少了结构的破坏,减少噪声的引入,提高了图像的对比度,符合人眼视觉需求。

3) 算法运行时间

去雾过程中,算法的运行时间是必须考虑的,在实际应用中能否快速处理是一项重要的衡量指标。文献[139]方法采用复杂度为 $O(N)$ 的中值滤波方法;文献[140]方法使用了 3 个尺度的高斯核,通过快速傅里叶变换在频域中进行卷积计算以快速实现。文献[141]方法采用了较为耗时的软抠图方法,复杂度较高,后来使用了导向滤波方法,运行效率仍较低。本节测试了以上方法的运行时间,结果说明本节方法在处理速度上具有一定的优越性和快速性。对于分辨率为 600×400 的图片,基于软扣图的文献[141]方法所用平均时间为 20.23 s,文献[140]方法为 2 s、文献[139]方法为 1.6 s,而本节方法只需 0.43 s,方便进一步实时处理雾天视频。

4. 结论

针对目前去雾算法复杂度高、耗时太长以及复原的图像视觉效果质量较低等问题,本节提出了一种新颖的去雾方法。从雾气深度的角度考虑,首先通过高斯低通滤波获取图像的低频信息(亮度分量),并结合场景深度与暗原色的最小值图像线性融合估计出有效的雾气深度图,从中选取最浓的雾气点获得的大气光值 A 更为准确,具有更强的鲁棒性;其次经过中值滤波,去噪的同时维持图像的边缘,取得了较为理想的透射率;最后通过大气散射模型反演逆过程,快速获得无雾清晰图像。和同类最新算法相比,本节方法时间复杂度较低,具有速度快的优势和较高的鲁棒性,并能取得较好的清晰化视觉效果。

6.6　基于图像分割的去雾方法

1. 引言

近年来,许多去雾算法被提出,去雾图像的质量也在不断地提升。由于雾霾条件下所得的单幅图像出现降质现象,因而对视觉效果要求高的图像进行复原具有必要性[142]。基于图像分割的去雾算法,以暗通道先验模型为基础,对大气光值 A 的求取和透射率 $t(x,y)$ 的处理方法实现改进。首先对单幅图像进行阈值分割找到天空区域,在所获取的天空区域结合 Skyline 算法,可以找到精确的大气光值 A;进而对初始透射率 $t(x,y)$ 采用改进的约束最小二乘方滤波进行优化,得到优化透射率 $t_1(x,y)$,最后将所得的大气光值 A 和优化透射率 $t_1(x,y)$ 利用大气光传输物理模型复原。本节方法的去雾结果保留了细致的边缘细节,同时本节方法具有高效的去除图像噪声能力[143,144]。实验结果表明,本节方法的处理时间大程度缩短,图像效果也得到了提升。

2. 改进的暗通道先验算法

1) 阈值分割划分区域

阈值分割的目的是将目标景物从背景中分割出来,进而将天空与其他景物分离,得到大气光值 A。阈值分割的主要步骤是分割阈值的选取,从先验知识可知,天空部分的像素值接近 255,因而本节选用手动设置阈值的方式以节约处理时间。本节选择简单阈值分割算法(也叫灰度级阈值分割算法,通过阈值的设定将图像划分为背景和目标这两个部分),该方法首先将图像转换为灰度图像,进而依据每一级灰度出现的概率绘制直方图[145-147]。设定原始图像为 $F(x,y)$,分割图像为 $F_1(x,y)$,T 为选定的阈值,基本公式表述为

$$F_1(x,y) = \begin{cases} 1, & F(x,y) \geqslant T \\ 0, & F(x,y) < T \end{cases} \tag{6-71}$$

设定阈值为 150、180 以及 200,阈值分割结果如图 6-40 所示。将阈值设定为 200,将天空区域

S 和原始雾天图像 $F(x,y)$ 实现分离[148,149]。大多数阈值分割方法自动设定阈值分割天空区域将花费算法的大部分处理时间,如 OTSU(大津法),其选取阈值的方式为

$$\mathrm{OTSU}=\max[w_0(t) * (u_0(t)-u)^2+w_1(t) * (u_1(t)-u)/2] \tag{6-72}$$

其中,t 为阈值,w_0 为整个图像的背景所占比值;u_0 为背景的平均灰度值;w_1 为整个图像中目标景物所占的比值;u_1 为目标景物的平均灰度值;u 为整幅图像的平均像素值。

| (a) 原图 | (b) T=150 |
| (c) T=180 | (d) T=200 |

图 6-40　阈值分割结果

2) Skyline 算法搜索大气光值 A

采用阈值分割的方法得到雾天图像天空部分的区域 S_1,进而采用 Skyline 算法搜索大气光值 A。Skyline 算法的目标是寻找最优解。本节采用 Skyline 算法寻找天空区域中像素的最大值,并且将该值设定为 A。该算法的实质是点 E_1 控制点 E_2,即点 E_1 在任何一个坐标维度上的值均不小于点 E_2,并且点 E_1 至少在某个维度上的值大于点 E_2。可以采用 $E_1=[E[1],E[2],\cdots,E[n]]$ 控制 $E_2=[E[1],E[2],\cdots,E[n]]$,当 $E[i]\geqslant E[j]$ 时,至少存在一个维度的值满足 $E[i]>E[j]$。如图 6-41 所示,点 E_2 和点 E_4 被点 E_1 所控制,点 E_4 和点 E_5 被点 E_3

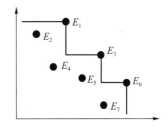

图 6-41　Skyline 模型

所控制,点 E_7 被点 E_6 所控制。点 E_1、点 E_3 和点 E_6 没有控制它们的点,因此为 Skyline 点,Skyline 点中具有所要查找的最大值点。

3) 改进的最小二乘滤波优化透射率

由于初始透射图会出现深度断续的现象[150,151]。文献[152]方法采用软抠图的方式处理初始透射率,但是该方法占用了 70% 以上的处理时间。本节选用改进的最小二乘滤波方法处理透射率,传统的滤波方式处理后,图像边缘细节易丢失,并且很难获得好的去噪效果[153]。而本节改进的最小二乘滤波方法保边去噪的能力强。

最小二乘滤波的数学模型是基于二维离散卷积的复原滤波模型,需要引入约束条件[154-156]。该模型中,$f(x,y)$ 为待处理图像,$n(x,y)$ 为相关噪声,而 $g(x,y)$ 为降质图像。

$$g(x,y)=H[f(x,y)]+n(x,y) \tag{6-73}$$

该离散模型的二维变换为

$$h(x,y) * f(x,y) = \frac{1}{MN} \sum_{m=0}^{M-1} \sum_{n=0}^{N-1} f(m,n) h(x-m, y-n) \tag{6-74}$$

改进的最小二乘滤波引入线性算子 B_1 和 B_2，采用 $\| B_1 t(x,y) \|^2 + \| B_2 t(x,y) \|^2$ 构建透射率 $t_1(x,y)$，并且其最小值满足 $\| g \cdot Ht(x,y) \|^2 = \| n \|^2$，采用拉氏算子 λ 构建下式：

$$J(t_1(x,y)) = \| B_1 t(x,y) \|^2 + \| B_2 t(x,y) \|^2 + \lambda (\| g \cdot Ht(x,y) \|^2 \cdot \| n \|^2)$$
$$\tag{6-75}$$

采用不同的操作数获取 $J(t_1(x,y))$ 和 $t(x,y)$ 的最小比例值[157,158]，如下式：

$$\frac{\partial J(t_1(x,y))}{\partial (t_1(x,y))} = 2B_1^{\mathrm{T}} B_1 t(x,y) + 2B_2^{\mathrm{T}} B_2 t(x,y) \cdot 2\lambda H^{\mathrm{T}} g + 2\lambda H^{\mathrm{T}} t(x,y) = 0 \tag{6-76}$$

设定 $R_{t_1(x,y)}$ 和 R_n 为 $t_1(x,y)$ 和 n 的自相关矩阵[159,160]，并且能够定义为 $B_1^{\mathrm{T}} B_1 = R_{t(x,y)} R_n$，$B_2^{\mathrm{T}} B_2 = C^{\mathrm{T}} C$。

$$\partial t_1(x,y) = \left(H^{\mathrm{T}} H + \frac{1}{\lambda} B_1^{\mathrm{T}} B_1 + \frac{1}{\lambda} B_2^{\mathrm{T}} B_2 \right)^{-1} H^{\mathrm{T}} g \tag{6-77}$$

$$t_1(x,y) = \left(H^{\mathrm{T}} H + \frac{1}{\lambda} R_{t(x,y)}^{-1} R_n + \frac{1}{\lambda} C^{\mathrm{T}} C \right)^{-1} H^{\mathrm{T}} g \tag{6-78}$$

定义 D、A、B、E 为对角矩阵，并且定义 $H = WDW^{-1}$，$R_{t(x,y)} = WAW^{-1}$，$R_n = WBW^{-1}$，$C = WEW^{-1}$。

$$t_1(x,y) = (WD^* DW^{-1} + \frac{1}{\lambda} WA^{-1} BW^{-1} + \frac{1}{\lambda} WE^* EW)^{-1} WD^* W^{-1} g \tag{6-79}$$

将式(6-80)变换到频域[161]，则可得

$$T_1(u,v) = \left[\frac{H^*(u,v)}{|H(u,v)|^2 + \frac{1}{\lambda} \left[S_n(u,v) / S_{t(x,y)}(u,v) + \frac{1}{\lambda} \left[p(u,v) \right]^2 \right]} \right] G(u,v) \tag{6-80}$$

图 6-42 给出了初始透射图像以及经过改进的最小二乘滤波处理的透射图像，与文献 [162] 方法处理所得的透射图像相比，更接近于真实值。

(a) 雾天图像

(b) 灰度图像

(c) 初始透射图像

(d) 改进透射图像

图 6-42 透射图

3. 实验结果

本节在 Windows XP 操作系统,Inter corei7-990X CPU 5 GHz,具有 4 GB 内存的计算机上运行 Visual Studio 2012,配合 OpenCV 2.4.5,采用本节方法实现去雾的目的。本节方法不仅能够节约处理时间,提高处理效率,也能够得到较为自然的图像处理结果。

1) 与其他去雾方法对比

本节选择大量测试图像进行去雾算法的对比,结果如图 6-43～图 6-45 所示。和文献[162]方法和文献[163]方法的对比,本节方法处理后的图像质量得到提升并且其效果接近真实自然的无雾图像。

  (a) 原降质图   (b) 文献[162]方法

  (c) 文献[163]方法   (d) 本节方法

图 6-43 本节方法和其他方法处理后的图像对比(建筑物)

  (a) 原降质图   (b) 文献[162]方法

  (c) 文献[163]方法   (d) 本节方法

图 6-44 本节方法和其他方法处理后的图像对比(小麦)

(a) 原降质图   (b) 文献[162]方法

(c) 文献[163]方法   (d) 本节方法

图 6-45　本节方法和其他方法处理后的图像对比（道路交通）

2）处理效率对比

以分辨率为 $600×800$ 的图像为例，文献[162]方法的处理时间为 19 560 ms，其中软抠图部分的耗时为 14 083 ms，该部分占用了大量处理时间；本节方法的处理时间为 1 117 ms，处理速度得到显著提高；文献[163]方法的图像处理速度为 1 205 ms，但其图像处理后失真明显。表 6-10 中给出不同分辨率图像的各算法处理时间，可以看出，本节方法在提高图像处理质量的同时缩短了处理时间。

表 6-10　不同分辨率图像的各算法处理时间

图像编号	分辨率	文献[162]方法/ms	文献[163]方法/ms	本节方法/ms
（1）	$220×300$	5 805	562	322.22
（2）	$280×400$	9 823	726	549.07
（3）	$300×500$	10 062	891	564.96
（4）	$350×550$	15 102	951	852.26
（5）	$450×600$	16 956	1 072	985.24
（6）	$500×750$	18 625	1 138	1 079.08
（7）	$600×800$	21 013	1 205	1 232.29
（8）	$1 200×900$	26 058	1 580	1 542.80

4. 结论

本节对大气光值 A 的求取方法进行改进，已有的基于大气光物理模型的去雾方法一般取整幅图像中像素的最大值，或者图像像素最大值的百分之一的平均值作为大气光值 A，但软抠图占用了整个算法处理时间的 70%。本节先采用阈值分割确定天空的区域，再利用 Skyline 算法实现 A 值的较准确定位，进而对初始透射图利用改进的约束最小二乘方滤波实现优化。该方法具备传统最小二乘方滤波去噪能力强的优点，并尽可能完整地保持了边缘细节。采用阈值分割结合 Skyline 算法确定 A 值，并且采用改进的约束最小二乘方滤波优化初始透射率是本节方法的创新之处。与以往方法相较,本节方法的处理速度得到显著提高,并且获得了较好的去雾效果。

本章参考文献

[1] LI B,PENG X,WANG Z,et al. An all-in-one network for dehazing and beyond[C]// International Conference on Computer Vision(ICCV), Venice, Italy:IEEE, 2017: 4770-4778.

[2] JOUNG Y K,LEE S K. Contrast enhancement algorithm using partially overlapped sub-block histogram equalization[J]. The Institute of Electronics Engineers of Korea S,1999,36(12).

[3] STARK J A. Adaptive image contrast enhancement using generalizations of histogram equalization[J]. IEEE Transactions on Image Processing,2000,9(5):889-896.

[4] KIM J,KIM L,HWANG S,et al. An advanced contrast enhancement using partially overlapped sub-block histogram equalization[J]. IEEE Transactions on Circuits and Systems for Video Technology,2001,11(4):475-484.

[5] 王时震,万惠琼,曾令沙,等. 应用暗原色先验规律的遥感影像去雾技术[J]. 测绘科学技术学报,2011,28(3):182-185.

[6] 贺辉,彭望璓,匡锦瑜. 自适应滤波的高分辨率遥感影像薄云去除算法[J]. 地球信息科学学报,2009,11(3):305-311.

[7] LAND H E. The retinex theory of color vision[J]. Scientific American,1977,237(6): 108-128.

[8] HAUTIERE N,TAREL J P,Halmaoui H. Enhanced fog detection and free-space segmentation for car navigation[J]. Machine Vision and Applications,2014,25(3):667-679.

[9] MCCANN,J J. Capturing a black cat in shade:past and present of retinex color appearance models[J]. Journal of Electronic Imaging,2004,13(1):36.

[10] NARASIMHAN G,SRINIVASA N,et al. Vision and the atmosphere [J]. International Journal of Computer Vision,2002,48(3):233-254.

[11] BADRINARAYANAN V, KENDALL A, CIPOLLA R. SegNet:A deep convolutional encoder-decoder architecture for scene segmentation [J]. IEEE Transactions on Pattern Analysis and Machine Intelligence,2015,PP(99):2481-2495.

[12] HE K,SUN J,TANG X. Guided image filtering[J]. IEEE Transactions on Pattern Analysis and Machine Intelligence,2013,35(6):1397-1409.

[13] 寇大磊,权冀川,张仲伟. 基于深度学习的目标检测框架进展研究[J]. 计算机工程与应用,2019,55(11):25-34.

[14] NOH H, HONG S, HAN B,et al. Learning deconvolution network for semantic segmentation[C]// International Conference on Computer Vision(ICCV),Santiago, Chile:IEEE,2015:3-12.

[15] 汪月云,黄微,王睿. 基于薄云厚度分布评估的遥感影像高保真薄云去除方法[J]. 计算机应用,2018,38(12):248-252.

[16] CHEN L C,Papandreou G,Kokkinos I,et al. DeepLab:Semantic image segmentation with deep convolutional nets,atrous convolution,and fully connected crfs[J]. IEEE Transactions on Pattern Analysis and Machine Intelligence,2018,40(4):834-848.

[17] LONG J,SHELHAMER E,DARRELL T. Fully convolutional networks for semantic segmentation[C]// Computer Vision and Pattern Recognition(CVPR). Boston,MA,USA:IEEE,2015:1-6.

[18] CAI B,XU X,JIA K,et al. DehazeNet:An end-to-end system for single image haze removal[J]. IEEE Transactions on Image Processing,2016,25(11):5187-5198.

[19] GOODFELLOW I J,WARDE F D,MIRZA M,et al. Maxout networks[J]. Computer Science,2013:1319-1327.

[20] REN W,LIU S,ZHANG H,et al. Single image dehazing via multi-scale convolutional neuralnetworks[C]//European Conference on Computer Vision(ECCV). Amsterdam,the Netherlands:Sprinter,2016:25-28.

[21] ZHAO X,WANG K,LI Y,et al. Deep fully convolutional regression networks for single image haze removal[C]// Visual Communications and Image Processing (VCIP). Sydney,Australia:IEEE,2018:8-19.

[22] KE L,LIAO P,ZHANG X,et al. Haze removal from a single remote sensing image based on a fully convolutional neural network[J]. Journal of Applied Remote Sensing,2019,13(3):1.

[23] 周红妹,杨星卫,陆贤. NOAA 气象卫星云检测方法的研究[J]. 遥感学报,1995(2):137-142.

[24] 宋小宁,赵英时. MODIS 图象的云检测及分析[J]. 中国图象图形学报,2003(09):112-116.

[25] 李微,方圣辉,佃袁勇,等. 基于光谱分析的 MODIS 云检测算法研究[J]. 武汉大学学报(信息科学版),2005(05):435-438+443.

[26] 马芳,张强,郭铌,等. 多通道卫星云图云检测方法的研究[J]. 大气科学,2007,31(1):119-128.

[27] 杨珊荣. MODIS 数据云检测算法及云补偿方法研究[D]. 福州:福建师范大学,2009.

[28] 周丽雅. 受云雾干扰的可见光遥感影像信息补偿技术研究[D]. 郑州:解放军信息工程大学,2011.

[29] HINTON G E,OSINDERO S,TEH Y W,et al. A fast learning algorithm for deep belief nets[J]. Neural Computation,2006,18(7):1527-1554.

[30] KRIZHEVSKY A,SUTSKEVER I,HINTON G E,et al. ImageNet classification with deep Convolutional neural networks[C]//Neural Information Processing Systems (NIPS),Nevada,United States:IEEE,2012:25-28.

[31] GIRSHICK R,DONAHUE J,DARRELL T,et al. Rich feature hierarchies for accurate object detection and semantic segmentation[C]// Computer Vision and Pattern Recognition(CVPR). Columbus,OH,USA:IEEE,2014:8-19.

[32]　CAICEDO J C, LAZEBNIK S. Active object localization with deep reinforcement learning[C]//International Conference on Computer Vision(ICCV), Santiago, Chile: IEEE, 2015:5-12.

[33]　SHELHAMER E, LONG J, DARRELL T. Fully convolutional networks for semantic segmentation[J]. IEEE Transactions on Pattern Analysis and Machine Intelligence, 2014, 39(4): 640-651.

[34]　CHEN G, ZHANG X, WANG Q, et al. Symmetrical dense-shortcut deep fully convolutional Networks for semantic segmentation of very-high-resolution remote sensing images[J]. IEEE Journal of Selected Topics in Applied Earth Observations and Remote Sensing, 2018, 11(5): 1633-1644.

[35]　ZHU Q, MAI J, SHAO L. A fast single image haze removal algorithm using color attenuation prior [J]. IEEE Transactions on Image Processing, 2015, 24 (11): 3522-3533.

[36]　MENG G, WANG Y, DUAN J, et al. Efficient image dehazing with boundary constraint and Contextual regularization[C]// International Conference on Computer Vision(ICCV), kunming, china: IEEE, 2014:3-14.

[37]　BERMAN D, TREIBITZ T, AVIDAN S. Non-local image dehazing[C]// Conference on Computer Vision and Pattern Recognition (CVPR). Las Vegas, NV, USA: IEEE, 2016:9-18.

[38]　TANG K, YANG J, WANG J. Investigating Haze-Relevant Features in a Learning Framework for Image Dehazing[C]// Computer Vision and Pattern Recognition (CVPR). Columbus, OH, USA: IEEE, 2014:9-16.

[39]　GOODFELLOW I J, POUGET A J, MIRZA M, et al. Generative adversarial nets [C]// Neural Information Processing Systems(NIPS), Quebec, Canada: IEEE, 2014:8-13.

[40]　DENTON E, CHINTALA S, SZLAM A, et al. Deep generative image models using a laplacian pyramid of adversarial networks [C]// Neural Information Processing Systems(NIPS), Quebec, Canada: IEEE, 2015:17-28.

[41]　CHEN X, DUAN Y, HOUTHOOFT R, et al. InfoGAN: Interpretable representation learning by information maximizing generative adversarial nets [C]//Neural Information Processing Systems(NIPS), Miami, Florida, USA: IEEE, 2016:27-35.

[42]　ROWLEY H A, BALUJA S, KANADE T. Neural network-based face detection[C]// Computer Vision and Pattern Recognition(CVPR). CO, USA: IEEE, 1996:9-15.

[43]　SUN Y, WANG X, TANG X. Deep convolutional network cascade for facial point detection[J]. IEEE Conference on Computer Vision and Pattern Recognition, 2013: 3476-3483.

[44]　OMKAR M, PARKHI A V, ANDREW Z. Deep face recognition [C]// British Machine Vision Conference (BMVC), Swansea, Britain: IEEE, 2015:19-26.

[45]　JOBSON DJ, RAHMAN Z, WOODELL GA. Properties and performance of a center/ surround retinex[J]. IEEE Transactions on Image Processing, 1997, 6(3): 451-462.

[46] GONG C,HAN J,LU X. Remote sensing image scene classification：Benchmark and state of the art[J]. Proceedings of The IEEE,2017,105(10):1865-1883.

[47] ZHANG L,ZHANG L,MOU X,et al. A comprehensive evaluation of full reference image quality assessment algorithms［C］// International Conference on Image Processing(ICIP),Florida,USA：IEEE,2012:28-35.

[48] WANG Z,SIMONCELLI E P,BOVIK A C. Multiscale structural similarity for image quality assessment[C]//The Thrity-Seventh Asilomar Conference on Signals,Systems &Computers(ACSSC),Miami,Florida,USA：IEEE,2003:38-42.

[49] ZHANG L,ZHANG L,MOU X,et al. FSIM：A feature similarity index for image quality assessment［J］. IEEE Transactions on Image Processing, 2011, 20 (8): 2378-2386.

[50] LIU A、LIN W、NARWARIA M. Image quality assessment based on gradient similarity[J]. IEEE Transactions on Image Processing,2012,21(4):1500-1512.

[51] KOVES P. Image features from phase congruency[J]. Videre：Journal of Computer Vision Research,1999,1(3):1-26.

[52] RONNEBERGER O,FISCHER P,BROX T. U-Net：Convolutional networks for biomedical image segmentation[J]. Springer International Publishing Switzerland, 2015,3(1):234-241.

[53] SONG F,QIANJIN F. Prostate MR image segmentation based on deep learning network PSP-NET[J]. Modern Electronics Technique,2019,42(12):148-151.

[54] GU Z,CHENG J,FU H,et al. CE-Net：Context encoder network for 2d medical image segmentation［J］. IEEE Transactions on Medical Imaging, 2019：38 (10): 2281-2292.

[55] ZHONG Z,LI J,CUI W,et al. Fully convolutional networks for building and road extraction：preliminary results［C］// International Geoscience and Remote Sensing Symposium(IGARSS),Miami,Florida,USA：IEEE,2016:87-92.

[56] MARMANIS D,WEGNER J D,GALLIANI S,et al. Semantic segmentation of aerial images with an ensemble of cnns[J]. ISPRS Annals of The Photogrammetry,Remote Sensing and Spatial Information Sciences,2016,3(3):473-480.

[57] MARMANIS D,SCHINDLER K,WEGNER J D,et al. Classification with an edge：improving semantic Image segmentation with boundary detection[J]. ISPRS Journal of Photogrammetry and RemoteSensing,2018,135:158-172.

[58] SHERRAH J. Fully convolutional networks for dense semantic labelling of high-resolution aerial imagery[J]. 2016,arXiv:1606.02585.

[59] AUDEBERT N, SAUX B L, LEFÈVRE S. Semantic segmentation of earth observation data using multimodal and multi-scale deep networks[J]. 2016,arXiv: 1609.06846.

[60] ROTTENSTEINER F,SOHN G,JUNG J,et al. The ISPRS benchmark on urban object classification and 3D building reconstruction[J]. ISPRS Annals of Photogrammetry,Remote Sensing and Spatial Information Sciences,2012,1(3):293-298.

[61] GONCALVES L T, GAYA J D, DREWS P, et al. DeepDive: An end-to-end dehazing method using deep learning[C]//Brazilian Symposium on Computer Graphics and Image Processing(SIBGRAPI), Gramado (RS), Brazil: IEEE, 2017: 8-19.

[62] 刘治群,杨万挺,朱强. 几何图像增强算法的研究比较[J]. 合肥师范学院学报,2010, 28(6): 60-63.

[63] 张璞,王英,王苏苏. 基于 CLAHE 变换的低对比度图像增强改进算法[J]. 青岛大学学报:工程技术版,2011,26(4):57-60.

[64] LIU C, CHENG I, ZHANG Y, et al. Enhancement of low visibility aerial images using histogram truncation and an explicit retinex representation for balancing contrast and color consistency[J]. ISPRS Journal of Photogrammetry and Remote Sensing, 2017, 128:16-26.

[65] HE K, SUN J. Fast guided filter[J]. IEEE Transactions on Pattern Analysis and Machine Intelligence, 2015; 35(6): 1397-1409.

[66] 马忠丽,文杰. 融合边缘信息的单尺度 Retinex 海雾去除算法[J]. 计算机辅助设计图形学报,2015,27 (2): 217-225.

[67] BISWAS B, ROY P, CHOUDHURI R, et al. Microscopic image contrast and brightness Enhancement using multi-scale retinex and cuckoo search algorithm [J]. Procedia Computer Science, 2015, 70: 348-354.

[68] JOBSON DJ, RAHMAN ZU, WOODELL GA. A multiscale retinex for bridging the gap between color images and the human observation of scenes [J]. IEEE Transactions on Image Processing, 2002, 6(7): 965-976.

[69] KOFFLER R. A procedure for estimating cloud amount and height from satellite infrared radiation data [J]. Monthly Weather Review, 1973, 101(3): 240-243.

[70] 章澄昌,周文贤. 大气气溶胶教程[M]. 北京:气象出版社,1995.

[71] 徐希孺. 遥感物理[M]. 北京:北京大学出版社,2005.

[72] WEI Y, YUAN Q, SHEN H, et al. A universal remote sensing image quality improvement method with deep learning [C]//Geoscience & Remote Sensing Symposium, Fort Worth, United States: IEEE, 2016: 78-92.

[73] 孙家抦. 遥感原理与应用[M]. 武汉:武汉大学出版社,2013.

[74] 吴兑. 关于霾与雾的区别和灰霾天气预警的讨论[J]. 广东气象,2005,31(4):3-7.

[75] 王晶. 雾天图像清晰化理论与方法研究[D]. 合肥:合肥工业大学,2014.

[76] 张瑞. 基于 Retinex 理论的图像增强算法研究 [D]. 重庆:重庆邮电大学,2017.

[77] 李德仁,王密,潘俊. 光学遥感影像的自动匀光处理及应用[J]. 武汉大学学报,2006, 31(9):753-756.

[78] 王惠,谭兵,沈志云. 多源遥感影像的去云层处理[J]. 测绘学院学报,2001,18(3): 195-198.

[79] 方勇,常本义. 联合应用多传感器影象消除云层遮挡影响的研究[J]. 中国图象图形学报,2001,6(2):138-141.

[80] 陈永,郭红光,艾亚鹏. 基于多尺度卷积神经网络的单幅图像去雾方法[J]. 光学学报, 2019,39(10):149-158.

[81] 朱锡芳. 光学图像去云雾方法研究[D]. 南京:南京理工大学,2008.

[82] ZHANG R,HUANG Y,ZHEN Z. A ultrasound liver image enhancement algorithm based on multi-scale retinex theory [C]// International Conference on Bioinformatics and Biomedical Engineering(ICBBE),cellular,molecular:IEEE,2011:92-103.

[83] 张泽浩,周卫星. 基于全卷积回归网络的图像去雾算法[J]. 激光与光电子学进展,2019,56(20):252-261.

[84] 邵帅. 空间光学遥感影像的实时清晰度提升技术研究[D]. 长春:中国科学院长春光学精密机械与物理研究所,2019.

[85] 陈清江,张雪. 基于全卷积神经网络的图像去雾算法[J]. 应用光学,2019,40(4):596-602.

[86] LI B,REN W,FU D,et al. Benchmarking single image dehazing and beyond[J]. IEEE Transactions on Image Processing,2017,28(1):492-505.

[87] 睢青青,李朝锋,桑庆兵. 改进多尺度卷积神经网络的单幅图像去雾方法[J]. 计算机工程与应用,2019,55(10):179-185.

[88] 赵建堂. 基于深度学习的单幅图像去雾算法[J]. 激光与光电子学进展,2019,56(11):146-153.

[89] 赵熹. 基于深度学习的图像去雾算法研究[D]. 西安:西安电子科技大学,2018.

[90] 吴迪,朱青松. 图像去雾的最新研究进展[J]. 自动化学报,2015,41(2):221-239.

[91] ZHANG Q,YUAN Q,ZENG C,et al. Missing Data Reconstruction in Remote Sensing Image With a Unified Spatial-Temporal-Spectral Deep Convolutional Neural Network[J]. IEEE Transactions on Geoscience and Remote Sensing,2018:1-15.

[92] ENOMOTO K,SAKURADA K,WANG W,et al. Filmy Cloud Removal on Satellite Imagery with Multispectral Conditional Generative Adversarial Nets[C]// 2017 IEEE Conference on Computer Vision and Pattern Recognition Workshops (CVPRW), Honolulu,HI,USA:IEEE,2017:89-93.

[93] SILBERMAN N,HOIEM D,KOHLI P,et al. Indoor segmentation and support inference From rgbd images[C]//European Conference on Computer Vision(ECCV), Dhruv Batra,Ramin Zabih:IEEE,2012: 746-760.

[94] REDMON J,FARHADI A. YOLOv3:an incremental improvement [C]// IEEE Conference on Computer Vision and Pattern Recognition,UT,USA:IEEE,2018:89-95.

[95] LIU F,SHEN C,LIN G. Deep convolutional neural fields for depth estimation from a single image[C]//Proceedings of the IEEE Conference on Computer Vision and Pattern Recognition(CPVR),Boston,MA,USA:IEEE,2015:5162-5170.

[96] RUDIN L I,OSHER S,FATEMI E. Nonlinear total variation based noise removal algorithms[J]. Physica D:nonlinear phenomena,1992,60(1-4):259-268.

[97] HE K,SUN J,TANG X. Single image haze removal using dark channel prior[C]// Proceedings of the IEEE Conference on Computer Vision and Pattern Recognition (CVPR). Florida,USA:IEEE,2009:1956-1963.

[98] ROTH S,BLACK M J. Fields of Experts[J]. International Journal of Computer Vision,2009,82(2):205-229.

[99] HE K,ZHANG X,REN S,et al. Deep Residual Learning for Image Recognition[C]// Proceedings of the IEEE Conference on Computer Vision and Pattern Recognition (CVPR),Las Vegas,NV,USA:IEEE,2016:770-778.

[100] DONG C,LOY C C,HE K,et al. Learning a Deep Convolutional Network for Image Super-Resolution[C]//European Conference on Computer Vision(ECCV). Zurich, Switzerland:IEEE,2014: 184-199.

[101] KIM J,LEE J K,LEE K M. Accurate Image Super-Resolution Using Very Deep Convolutional Networks[C]//Proceedings of the IEEE Conference on Computer Vision and Pattern Recognition (CVPR). Las Vegas, NV, USA: IEEE, 2016: 1646-1654.

[102] WANG X, YU K, DONG C, et al. Recovering realistic texture in image super-resolution by deep spatial feature transform [C]//Proceedings of the IEEE Conference on Computer Vision and Pattern Recognition(CVPR),Salt Lake City, UT,USA:IEEE,2018: 606-615.

[103] VASWANI A,SHAZEER N,PARMAR N,et al. Attention is all you need[C]// Neural Information Processing Systems (NIPS),Long Beach, USA: IEEE, 2017: 5998-6008.

[104] DABOV K, FOI A, KATKOVNIK V,et al. Color image denoising via sparse 3d collaborative filtering with grouping constraint in luminance-chrominance space [C]// IEEE International Conference on Image Processing(ICIP),Texas, USA: IEEE,2007: I-313.

[105] GUO S,YAN Z,ZHANG K,et al. Toward convolutional blind denoising of real photographs[C]//Proceedings of the IEEE Conference on Computer Vision and Pattern Recognition(CVPR),Long Beach,CA,USA:IEEE,2019: 1712-1722.

[106] YANG W,TAN R T,FENG J,et al. Deep Joint Rain Detection and Removal from a Single Image[C]//Proceedings of the IEEE Conference on Computer Vision and Pattern Recognition(CVPR),Honolulu,HI,USA: IEEE,2017: 1685-1694.

[107] BURGER H C,SCHULER C J,HARMELING S. Image denoising:Can plain neural networks compete with BM3D [C]//Proceedings of the IEEE Conference on Computer Vision and Pattern Recognition (CVPR), RI, USA: IEEE, 2012: 2392-2399.

[108] XIE J,XU L,CHEN E. Image Denoising and Inpainting with Deep Neural Networks [C]//Neural Information Processing Systems Conference(NIPS),Nevada,USA: IEEE,2012:341-349.

[109] SHI W,CABALLERO J,HUSZAR F,et al. Real-time single image and video super-resolution using an efficient sub-pixel convolutional neural network[C]//Proceedings of the IEEE Conference on Computer Vision and Pattern Recognition(CVPR),Las Vegas,NV,USA: IEEE,2016: 1874-1883.

[110] DONG C, LOY C C, TANG X. Accelerating the super-resolution convolutional neural network [C]//European Conference on Computer Vision (ECCV), Amsterdam, The Netherlands: IEEE, 2016: 391-407.

[111] LAI W S, HUANG J B, AHUJA N, et al. Deep laplacian pyramid networks for fast and accurate super-resolution[C]//Proceedings of the IEEE Conference on Computer Vision and Pattern Recognition(CVPR), HI, USA: IEEE, 2017: 624-632.

[112] WU X, LIU M, CAO Y, et al. Unpaired learning of deep image denoising[C]// European Conference on Computer Vision (ECCV), Glasgow, UK: IEEE, 2020: 352-368.

[113] FATTAL R. Dehazing Using Color-Lines. [J]. ACM Trans. Graph. , 2014, 34(1): 1-14.

[114] ZHU Q, MAI J, SHAO L. A Fast Single Image Haze Removal Algorithm Using Color Attenuation Prior. [J]. IEEE TIP, 2015, 24(11): 3522-3533.

[115] BERMAN D, TREIBITZ T, AVIDAN S. Non-local Image Dehazing [C]// Proceedings of the IEEE Conference on Computer Vision and Pattern Recognition (CVPR), Las Vegas, NV, USA: IEEE, 2016: 1628-1636.

[116] CAI B, XU X, JIA K, et al. DehazeNet-An End-to-End System for Single Image Haze Removal. [J]. IEEE TIP, 2016, 25(11): 5187-5198.

[117] LI B, PENG X, WANG Z, et al. AOD-Net-All-in-One Dehazing Network. [C]// International Conference on Computer Vision(ICCV), Honolulu, HI, USA: IEEE, 2017: 4780-4788.

[118] REN W, MA L, ZHANG J, et al. Gated Fusion Network for Single Image Dehazing [C]// Proceedings of the IEEE Conference on Computer Vision and Pattern Recognition(CVPR), Salt Lake City, UT, USA: IEEE, 2018: 3253-3261.

[119] YANG D, SUN J. Proximal Dehaze-Net: A Prior Learning-Based Deep Network for Single Image Dehazing[C]// European Conference on Computer Vision (ECCV), Glasgow, UK: IEEE, 2018: 702-717.

[120] CHEN Y L, HSU C T. A generalized low-rank appearance model for spatio-temporally correlated rain streaks [C]// International Conference on Computer Vision(ICCV), Tarapacá Chile: IEEE, 2013: 1968-1975.

[121] LUO Y, XU Y, JI H. Removing rain from a single image via discriminative sparse coding[C]//International Conference on Computer Vision (ICCV), Honolulu, HI, USA: IEEE, 2015: 3397-3405.

[122] LI Y, TAN R T, GUO X, et al. Rain Streak Removal Using Layer Priors[C]// Proceedings of the IEEE Conference on Computer Vision and Pattern Recognition (CVPR), Las Vegas, NV, USA: IEEE, 2016: 2736-2744.

[123] JIANG T X, HUANG T Z, ZHAO X L, et al. Fastderain: A novel video rain streak removal method using directional gradient priors [J]. IEEE Trans. On Image Processing, 2019, 28(4): 2089-2102.

[124] FU X, HUANG J, DING X, et al. Clearing the Skies-A Deep Network Architecture for

Single-Image Rain Removal. ［J］. IEEE Trans. On Image Processing，2017，26（6）：2944-2956.

［125］ FU X，HUANG J，ZENG D，et al. Removing rain from single images via a deep detail network［C］//Proceedings of the IEEE Conference on Computer Vision and Pattern Recognition(CVPR)，HI，USA：IEEE，2017：1715-1723.

［126］ ZHANG H，PATEL V M. Density-aware Single Image De-raining using a Multi-stream Dense Network［C］// Proceedings of the IEEE Conference on Computer Vision and Pattern Recognition(CVPR)，Salt Lake City，UT，USA：IEEE，2018：695-704.

［127］ PAN J，LIU S，SUN D，et al. Learning Dual Convolutional Neural Networks for Low-Level Vision［C］//Proceedings of the IEEE Conference on Computer Vision and Pattern Recognition(CVPR)，Salt Lake City，UT，USA：IEEE，2018：3070-3079.

［128］ REN D，SHANG W，ZHU P，et al. Single image deraining using bilateral recurrent network［J］. IEEE Transactions on Image Processing，2020，29：6852-6863.

［129］ WANG H，XIE Q，ZHAO Q，et al. A Model-driven Deep Neural Network for Single Image Rain Removal［C］// Proceedings of the IEEE Conference on Computer Vision and Pattern Recognition(CVPR)，Seattle，WA，USA：IEEE，2020：3103-3112.

［130］ JIANG K，WANG Z，YI P，et al. Multi-scale progressive fusion network for single image deraining［C］//Proceedings of the IEEE Conference on Computer Vision and Pattern Recognition(CVPR)，Seattle，WA，USA：IEEE，2020：8346-8355.

［131］ YANG J，WRIGHT J，HUANG T，et al. Image super-resolution as sparse representation of raw image patches［C］//Proceedings of the IEEE Conference on Computer Vision and Pattern Recognition(CVPR)，Anchorage，Alaska，USA：IEEE，2008：1-8.

［132］ YANG J，WRIGHT J，HUANG T S，et al. Image super-resolution via sparse representation［J］. IEEE Transactions on Image Processing，2010，19（11）：2861-2873.

［133］ HUANG S，SUN J，YANG Y，et al. Robust single-image super-resolution based on adaptive edge preserving smoothing regularization［J］. IEEE Transactions on Image Processing，2018，27(6)：2650-2663.

［134］ GAO X，ZHANG K，TAO D，et al. Image super-resolution with sparse neighbor embedding［J］. IEEE Transactions on Image Processing，2012，21(7)：3194-3205.

［135］ GLASNER D，BAGON S，IRANI M. Super-resolution from a single image［C］// International Conference on Computer Vision（ICCV），Honolulu，HI，USA：IEEE，2009：349-356.

［136］ HUANG J B，SINGH A，AHUJA N. Single image super-resolution from transformed self-exemplars［C］//Proceedings of the IEEE Conference on Computer Vision and Pattern Recognition(CVPR)，Boston，MA，USA：IEEE，2015：5197-5206.

［137］ FREEDMAN G，FATTAL R. Image and video upscaling from local self-examples［J］. ACM Transactions on Graphics（TOG），2011，30(2)：1-11.

[138] TIMOFTE R,DE SMET V,VAN GOOL L. Anchored neighborhood regression for fast example-based super-resolution [C]//International Conference on Computer Vision(ICCV),Sydney,Australia:IEEE,2013: 1920-1927.

[139] LUCY L B. An iterative technique for the rectification of observed distributions[J]. The astronomical journal,1974,79:745.

[140] TAI Y,YANG J,LIU X. Image super-resolution via deep recursive residual network [C]//Proceedings of the IEEE Conference on Computer Vision and Pattern Recognition(CVPR),Honolulu,HI,USA:IEEE,2017:3147-3155.

[141] REN W, LIU S, ZHANG H, et al. Single Image Dehazing via Multi-scale Convolutional Neural Net-works[C]// European Conference on Computer Vision (ECCV),Amsterdam,Holland,2016: 154-169.

[142] ZHANG K,ZUO W,GU S,et al. Learning deep CNN denoiser prior for image restoration[C]//Proceedings of the IEEE Conference on Computer Vision and Pattern Recognition(CVPR),Honolulu,HI,USA:IEEE,2017: 2808-2817.

[143] KIM J, LEE J K, LEE K M. Deeply-recursive convolutional network for image super-resolution[C]//Proceedings of the IEEE Conference on Computer Vision and Pattern Recognition(CVPR),Las Vegas,NV,USA: IEEE,2016: 1637-1645.

[144] ZHANG Y, LI K, LI K, et al. Image super-resolution using very deep residual channel attention networks[C]//European Conference on Computer Vision(ECCV), Istanbul,Turkey:IEEE,2018: 286-301.

[145] LEDIG C, THEIS L, HUSZÁR F, et al. Photo-Realistic Single Image Super-Resolution Using a Generative Adversarial Network[J]. 2017,4681-4690.

[146] SAJJADI M S M,SCHOLKOPF B,HIRSCH M. Enhancenet: Single image super-resolution through automated texture synthesis [C]//International Conference on Computer Vision(ICCV),Venice,Italy:IEEE,2017: 4491-4500.

[147] RICHARDSON W H. Bayesian-based iterative method of image restoration[J]. Journal of the Optical Society of America,1972,62(1):55-59.

[148] BERTALMIO M,SAPIRO G,CASELLES V,et al. Image inpainting[C]//the 27th Annual Conference on Computer Graphics and Interactive Techniques (SIGGRAPH),New Orleans,LA,USA: IEEE,2000: 417-424.

[149] BERTALMIO M,BERTOZZI A L,SAPIRO G. Navier-stokes,fluid dynamics,and image and video inpainting[C]// Proceedings of the IEEE Conference on Computer Vision and Pattern Recognition(CVPR),Kauai,HI,USA:IEEE,2001: I-355-I-362.

[150] TELEA A. An Image Inpainting Technique Based on the Fast Marching Method[J]. Journal of Graphics Tools,2004,9(1):23-34.

[151] BERTALMIO M, VESE L, SAPIRO G, et al. Simultaneous structure and texture image inpainting[J]. IEEE TIP,2003,12:882-889.

[152] LEVIN, ZOMET, WEISS. Learning how to inpaint from global image statistics [C]// International Conference on Computer Vision (ICCV), Nice, France: IEEE, 2003:305-312.

[153] ZORAN D，WEISS Y. From learning models of natural image patches to whole image restoration［C］//International Conference on Computer Vision（ICCV），Barcelona，Spain：IEEE，2011：479-486.

[154] BARNES C，SHECHTMAN E，FINKELSTEIN A，et al. Patchmatch：A Randomized Correspondence Algorithm for Structural Image Editing［J］. ACM TOG，2009，28(3).

[155] REN J S J，XU L，YAN Q，et al. Shepard Convolutional Neural Networks［C］//Neural Information Processing Systems Conference（NIPS），Montreal，Canada：IEEE，2015：85-92.

[156] PATHAK D，KRÄHENBÜHL P，DONAHUE J，et al. Context Encoders-Feature Learning by Inpainting［C］//Proceedings of the IEEE Conference on Computer Vision and Pattern Recognition（CVPR），Las Vegas，NV，USA：IEEE，2016：2536-2544.

[157] YANG C，LU X，LIN Z，et al. High-Resolution Image Inpainting using Multi-Scale Neural Patch Synthesis［C］//Proceedings of the IEEE Conference on Computer Vision and Pattern Recognition（CVPR），Las Vegas，NV，USA：IEEE，2016：2512-2618.

[158] LI C，WAND M. Combining Markov Random Fields and Convolutional Neural Networks for Image Synthesis［C］//Proceedings of the IEEE Conference on Computer Vision and Pattern Recognition（CVPR），Las Vegas，NV，USA：IEEE，2016：2479-2486.

[159] LI Y，LIU S，YANG J，et al. Generative Face Completion［C］//Proceedings of the IEEE Conference on Computer Vision and Pattern Recognition（CVPR），Honolulu，HI，USA：IEEE，2017：3911-3919.

[160] IIZUKA S，SIMO-SERRA E，ISHIKAWA H. Globally and locally consistent image completion［J］. ACM Trans. Graph. ，2017，36(4)：1-14.

[161] WIENER N. Extrapolation，interpolation，and smoothing of stationary time series with engineering applications［J］. The MIT Press，1949，8：1-6.

[162] LIM B，SON S，KIM H，et al. Enhanced Deep Residual Networks for Single Image Super-Resolution［C］//Proceedings of the IEEE Conference on Computer Vision and Pattern Recognition（CVPR），Honolulu，HI，USA：IEEE，2017：136-144.

[163] ZHANG H，PATEL V M. Densely Connected Pyramid Dehazing Network［C］//Proceedings of the IEEE Conference on Computer Vision and Pattern Recognition（CVPR），Sltlake city，USA ：IEEE，2018：3194-3203.